选择性催化还原烟气脱硝催化剂及其应用

杨勇平　陆　强等　著

科学出版社

北京

内 容 简 介

氮氧化物(NO_x)会引起雾霾、光化学烟雾、臭氧层空洞等环境问题，其有效治理事关国计民生。选择性催化还原(SCR)是最有效的烟气 NO_x 控制技术，其核心是 SCR 脱硝催化剂。本书系统地介绍了 SCR 脱硝催化剂理论基础、平板式 SCR 脱硝催化剂的制备与检测、SCR 脱硝工程技术、SCR 脱硝催化剂的失活与回收利用、SCR 脱硝催化剂的寿命预测与脱硝系统管理及 SCR 脱硝催化剂的性能改进等方面内容。

本书可供从事大气污染物控制的管理、研究和工程技术人员参考，也可供相关专业的高等院校师生学习使用。

图书在版编目(CIP)数据

选择性催化还原烟气脱硝催化剂及其应用 / 杨勇平等著. —北京：科学出版社，2021.4

ISBN 978-7-03-067971-0

Ⅰ. ①选⋯ Ⅱ. ①杨⋯ Ⅲ. ①发电厂-烟气-脱硝-催化剂-研究 Ⅳ. ①X773.017

中国版本图书馆CIP数据核字(2021)第017406号

责任编辑：范运年 孙 曼 / 责任校对：王萌萌
责任印制：师艳茹 / 封面设计：蓝正设计

科 学 出 版 社 出版

北京东黄城根北街 16 号
邮政编码：100717
http://www.sciencep.com

北京通州皇家印刷厂 印刷

科学出版社发行 各地新华书店经销
*

2021 年 4 月第 一 版 开本：720×1000 1/16
2021 年 4 月第一次印刷 印张：22 1/4
字数：430 000

定价：168.00 元

(如有印装质量问题，我社负责调换)

序

随着我国工业化进程的加快,大气污染已经是当前环境面临的重要问题。大气污染不仅对人类社会造成严重的负面影响,对自然生态环境的生物生存、生态多样性和生物的生存空间等都有严重威胁,引起了全社会的广泛关注。对此,国务院相继出台《大气污染防治行动计划》《打赢蓝天保卫战三年行动计划》等,对大气污染防治工作进行了全面部署,强化污染源头治理,改善环境空气质量,增强人民的蓝天幸福感。

煤炭等燃料在工业锅炉、窑炉等热力设备中的燃烧发电、供热过程会产生氮氧化物(NO_x)和二氧化硫(SO_2)等污染物,其中氮氧化物会引起雾霾、光化学烟雾、臭氧层空洞等环境问题,实现氮氧化物减排是改善空气质量的关键。目前最成熟高效的烟气脱硝技术是选择性催化还原(SCR)法,广泛应用于我国大中型锅炉等热力设备。SCR 脱硝技术的核心是催化剂,工业上应用的整体式 SCR 脱硝催化剂主要有蜂窝式、平板式和波纹板式,其中平板式 SCR 脱硝催化剂具有优异的防止飞灰堵塞、抗磨损和抗中毒等性能,特别适合于我国高灰烟气。

杨勇平教授长期从事大型燃煤发电系统节能减排的基础理论、关键技术研究以及相关技术成果的工程转化,在烟气脱硝领域积累了从理论研究、试验验证、中试装置到工业应用全过程开发的丰富经验。杨勇平教授参考国内外 SCR 脱硝领域的相关资料,并结合编者团队多年来积累的研究成果及工程经验,编写了《选择性催化还原烟气脱硝催化剂及其应用》一书。该书深入地阐述了 SCR 脱硝催化剂的组成、结构以及构效关系等基础理论知识、平板式 SCR 脱硝催化剂的工业制备与性能检测方法、催化剂的中毒失活与回收利用、脱硝工程技术、催化剂寿命预测与系统管理技术,最后还详细介绍了编者团队基于市场需求开发的多种新型 SCR 脱硝催化剂,包括宽温差、高温、抗砷中毒 SCR 脱硝催化剂等。

该书凝聚了作者长期积累的理论成果和工程经验,内容翔实,条理清晰,图文并茂地为读者展示了 SCR 脱硝技术的全貌。相信该书的出版会给广大从事烟气脱硝行业的学者和工程师提供参考和帮助,并对我国烟气脱硝技术的进步起到推进作用。

岳光溪

2020 年 10 月于北京

前　言

氮氧化物(NO_x)是主要的大气污染物之一，会严重损害人和动物的健康以及影响植物生长。氮氧化物主要来源于电力及热力生产等过程，近年来，我国对氮氧化物排放问题高度重视，2015 年开始实施号称"史上最严"的新环保法，涉及火电、轧钢、炼铁、水泥等多个行业，执行力度空前。

选择性催化还原(SCR)脱硝技术是目前最成熟最高效的氮氧化物脱除技术，其中催化剂是 SCR 脱硝技术的关键，直接决定了脱硝效果以及脱硝成本。当前商业化应用的脱硝催化剂主要是钒钛体系催化剂，具有脱硝率高、选择性好、SO_2氧化率低、运行稳定和成熟可靠等优点。

目前工业上应用的整体式 SCR 脱硝催化剂主要有蜂窝式、平板式和波纹板式。其中平板式 SCR 脱硝催化剂具有大通道结构，在防止飞灰堵塞、抗磨损和抗中毒等方面具有显著的优势，特别适合于我国高灰复杂烟气的脱硝。本书编者参考国内外 SCR 脱硝技术领域的文献，并结合编者团队多年来积累的研究成果及工程经验，编写了本书。由于水平有限，本书在选材等方面可能存在不足，但编者们还是希望共同完成这部有关 SCR 脱硝技术的专著，为从事大气污染物治理的工作者提供参考。

本书共分为 8 章。第 1 章为基础理论知识，主要介绍钒钛体系 SCR 脱硝催化剂的基本组成、构效关系和催化剂的协同催化作用等；第 2 章介绍平板式 SCR 脱硝催化剂的工业化制备；第 3 章对平板式 SCR 脱硝催化剂性能的检测方法进行系统介绍；第 4 章详细介绍几种 SCR 脱硝工程技术，包括氨源制备技术、SO_3测控技术等；第 5 章介绍 SCR 脱硝催化剂在实际烟气运行中的中毒失活问题；第 6 章详细介绍废弃 SCR 脱硝催化剂回收及循环再利用技术；第 7 章介绍 SCR 脱硝催化剂的寿命预测与脱硝系统管理技术；第 8 章详细介绍编者团队基于市场需求开发的多种新型 SCR 脱硝催化剂，包括宽温差 SCR 脱硝催化剂、高温 SCR 脱硝催化剂、抗砷中毒 SCR 脱硝催化剂以及联合脱硝脱汞催化剂等。

本书由杨勇平、陆强主笔，赵莉、曲艳超和陈晨参与编写。本书在编写过程中，得到了华北电力大学生物质发电成套设备国家工程实验室老师和研究生（刘吉、徐明新、吴洋文、杨江毅、唐诗洁、韩健、裴鑫琦、密腾阁、王涵啸、吴亚昌、欧阳昊东、周新越等)的大力支持和热情帮助,在此谨向他们表示衷心的感谢。此外,本书的出版还获得了华北电力大学中央高校基本科研业务费的支持。

限于编者水平,书中难免有不足和疏漏之处,敬请读者批评指正。

杨勇平

2020 年 5 月

目　　录

第1章 钒钛体系 SCR 脱硝催化剂理论基础

氨选择性催化还原法(NH₃-SCR)是目前应用最广泛的固定源烟气脱硝技术,早在 1978 年,日本便已成功实现 SCR 工艺的工业化应用,并开始输出到美国、欧洲及中国、韩国等地[1]。该法以氨气(NH₃)为还原剂,借助催化剂将氮氧化物(NOₓ)选择性地转化为无害的氮气(N₂)和水(H₂O),具有无副产物、装置简单、脱硝效率高、运行可靠等诸多优点[2]。SCR 脱硝技术中广泛使用的商业 SCR 脱硝催化剂是以五氧化二钒(V₂O₅)为活性组分、三氧化钨(WO₃)或三氧化钼(MoO₃)为催化助剂、二氧化钛(TiO₂)为担载体的 V₂O₅-WO₃(MoO₃)/TiO₂ 催化剂,适用的温度窗口为 300~420℃[3]。在有效温度区间内,这种催化剂的 NOₓ 转化率可达 90%以上,且烟气中二氧化硫(SO₂)和 H₂O 对催化剂活性影响很小[4]。

SCR 脱硝技术的核心是催化剂,催化剂的性能高低不仅直接影响 SCR 脱硝系统的整体效率和稳定性,也关系着 SCR 脱硝系统的投资与运行成本。为了研究开发 SCR 脱硝催化剂的配方与制备工艺,准确检测催化剂性能参数,预防催化剂中毒并实现失活催化剂的再生,需要深入了解 SCR 脱硝催化剂的理论知识,掌握 SCR 脱硝反应的本质以及催化剂表面结构与烟气组分间的微观作用机理。因此,SCR 脱硝催化剂的基础理论,是催化剂制备、检测、再生、管控以及性能改进等系列工艺技术的基础。本章主要从 SCR 脱硝催化剂的基本组成、微观结构特性、SCR 脱硝反应机理、SCR 脱硝催化剂的构效关系和催化剂的协同催化作用等方面展开,论述目前最常用的钒钛体系 SCR 脱硝催化剂的基础理论。

1.1 SCR 脱硝催化剂的基本组成

一般来说,催化剂的成分主要包括活性组分、载体、助剂以及其他添加剂。V₂O₅-WO₃(MoO₃)/TiO₂ 催化剂是目前工业上应用最广泛的 NH₃-SCR 催化剂,下面对其主要成分进行介绍。

1. 活性组分 V₂O₅

活性组分是催化剂中起催化作用的物质。一般而言,活性组分会分散在催化剂表面形成活性中心,这些活性中心是吸附反应物进行催化反应的位点,并且反应前后催化剂活性中心的数目与结构均不会发生变化。钒钛体系 SCR 脱硝催化剂上起催化作用的活性组分是 V₂O₅,V₂O₅ 负载于 TiO₂ 载体表面的形式如图 1-1 所示。V₂O₅ 别名钒酸酐,橙黄色或砖红色粉末,是一种以酸性为主的两性金属氧化物，微溶于水，不溶于乙醇，可溶于强碱生成偏钒酸盐(VO_3^-)或溶于强酸生成氧基钒离子(VO_2^+)。V_2O_5是一种强氧化剂，易被还原为低价钒氧化物，且表面存在大量酸性位，易于吸附NH_3，适用于富氧环境，在350～450℃时可保持较高的催化活性和选择性，这一特性使它成为SCR脱硝催化剂中应用最为普遍的活性组分，同时也作为触媒应用于许多有机、无机反应中。

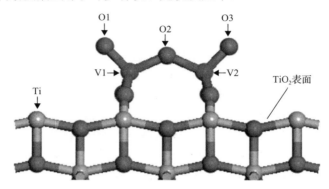

图1-1　负载于TiO_2载体表面的活性组分V_2O_5

然而，作为催化剂的主要活性组分，V_2O_5的含量并非越高越好。V_2O_5是接触法制备硫酸所用催化剂的主要活性组分，可以催化烟气中的SO_2氧化生成SO_3，SO_3再进一步与烟气中的NH_3、H_2O等组分反应，生成硫酸铵盐沉积在催化剂表面，从而造成催化剂孔道堵塞而失活。此外，过量的V_2O_5会导致还原剂NH_3的氧化，降低N_2选择性。高温时V_2O_5还会加速TiO_2晶型由锐钛矿型向金红石型的转变，导致催化剂的烧结失活。因此，在实际的SCR脱硝工程应用中，催化剂上V_2O_5的负载量较低，质量分数一般不超过2%[5]。

2. 载体TiO_2

载体又称担体(support)，是催化剂中支持和承载活性组分的物质，使催化剂具有一定的物理性状。载体与活性组分之间往往存在着一定的相互作用，但本身不具有催化活性。在催化剂中，载体主要起到以下作用。

(1)增大催化剂比表面积，提供大量孔道结构。对于负载型催化剂，活性组分充分分散在载体表面，大大增加了催化剂上活性中心的数目，使反应物可以在催化剂表面发生更充分的接触与反应，提升了催化剂的活性，同时也大大降低了活性组分的用量，节约了催化剂的生产成本。对于贵金属催化剂或有一定毒性的催化剂而言，选择合适的载体具有重要意义。

(2)提高催化剂的热稳定性。催化剂的使用环境往往具有较高的温度，活性组分易受热而过度聚集，粒径增大，从而导致催化剂的烧结失活。因此，实际使用的载体多为具备较好热稳定性的耐高温材料。载体一方面使活性组分在催化剂表面得到充分分散；另一方面可以避免催化剂受热破碎，延长催化剂的使用寿命。

（3）提升催化剂的抗中毒性能。烟气中存在着大量影响催化剂活性的有毒物质，而载体增加了活性组分在催化剂表面的分散度，使有毒物质更难与活性中心接触。此外，某些载体成分或载体上负载的助剂也可以保护催化剂活性中心，起到抗中毒的效果。

TiO_2 俗称钛白粉，是性能最好的白色颜料，具有无毒、熔点高、热稳定性好等特性，广泛应用于涂料、塑料、造纸、印刷油墨、化纤、橡胶、化妆品等工业领域。TiO_2 在自然界中存在板钛矿型、锐钛矿型和金红石型三种晶型，而钒钛系 SCR 脱硝催化剂载体为锐钛矿型 TiO_2。首先，锐钛矿型 TiO_2 具有较大的比表面积和独特的电子云结构，使钒氧化物可以在 TiO_2 表面具有很好的分散度，形成独立的 V^{5+} 活性中心，而负载量稍高时可以形成多聚的钒酸盐物种，为 SCR 脱硝反应提供更多的活性反应位点；其次，SO_2 氧化后生成的 SO_3 可能与催化剂载体发生反应生成硫酸盐，但以 TiO_2 为载体时，反应较弱且可逆，生成的硫酸盐在 300℃以上即可分解，稳定性比 Al_2O_3、ZrO_2 等载体表面生成的硫酸盐要差。此外，在实际应用过程中，少量存在的硫酸盐不仅不会遮蔽催化剂活性位点，反而会使钒钛催化剂表面酸性增强，NH_3 吸附容量增加，从而在一定程度上提高了 NH_3-SCR 的反应活性[6]。在商业 SCR 脱硝催化剂中，载体占整个催化剂粉体质量的 80%～90%，对催化剂的性能及成本有着较大的影响。

虽然锐钛矿型 TiO_2 具有以上优点，是一种较为理想的 SCR 脱硝催化剂载体，但在 NH_3-SCR 反应中，锐钛矿型 TiO_2 易处于热力学不稳定状态，在超过 450℃的高温环境下连续工作会发生锐钛矿型向金红石型的相变，使催化剂比表面积严重下降，催化活性丧失，即催化剂发生不可逆的烧结失活。而催化助剂的添加可以抑制锐钛矿型 TiO_2 的这种相变过程，如助剂 WO_3、MoO_3 等均属于钒钛体系 SCR 脱硝催化剂的常用助剂，可以显著提升催化剂性能和使用寿命。

3. 催化助剂 WO_3 和 MoO_3

催化助剂是催化剂中的重要成分，一般分为结构型助剂、调变型（电子性）助剂、扩散型助剂等。助剂本身并无催化活性或活性较低，但是可以提高催化剂的活性、选择性和稳定性，延长其使用寿命，钒钛体系 SCR 脱硝催化剂常用的催化助剂有 WO_3、MoO_3 等。

WO_3 是一种黄色粉末，不溶于水，溶于碱，微溶于酸，可用于制高熔点合金和硬质合金，也可制钨丝和防火材料等。图 1-2 为 WO_3 的结构模型，每个 W 原子均为六配位，被周围的 6 个氧形成的八面体所包围，每个氧为 2 个八面体所共用（共顶点），当八面体发生形变时，可形成不同结构的 WO_3 晶体。WO_3 的结构取决于温度，它在 740℃以上为四方晶系，330～740℃为正交晶系，17～330℃为单斜晶系，–50～17℃为三斜晶系。研究表明，催化助剂 WO_3 可以提高催化剂的活性及热稳定性[7-9]，一般在商用催化剂中质量分数占到 5%～10%。Camposeco 等[10]发现加入钨元素后，催化剂展现出良好的低温活性、较大的比表面积和较强的表面酸性。关于 WO_3 增强催化剂活性的机理目前还未有定论，基于量子化学的密度泛函理论（DFT）计算结果表明，由于催化剂表面钨原子的存在，水产生强烈吸附现象并分离产生氢氧化物基团，促进了 Brönsted 酸性位的产生，因此认为 WO_3 可提供较多的 Brönsted 酸性位，从而增强了催化剂的活性。有些学者则认为，WO_3 中 W 元素强大的电负性促进了 NH_3 的 N—H 键由共价键向离子键过渡，进而导致 NH_3 的活化。另外有研究表明 WO_3 的加入能够抑制锐钛矿型 TiO_2 向金红石型转化，提高催化剂的热稳定性，阻止催化剂的烧结和比表面积的丧失。同时，WO_3 还可与 SO_3 竞争载体表面的碱性位，阻碍硫酸盐的生成[4, 11, 12]。

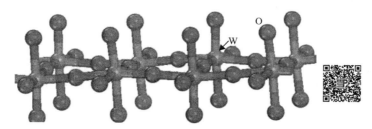

图 1-2　WO_3 晶体结构模型（彩图扫二维码）

MoO_3 是一种无色或黄白色粉末，属于斜方系晶体，熔点 795℃，沸点 1155℃，以[MoO_6]八面体为基本结构单元，连接形成层状的 MoO_3 化学计量结构，层与层间靠范德华力作用交错堆积排列（图 1-3）。在钒钛体系催化剂中，MoO_3 的加入不仅能够改变 V^{4+}/V^{5+} 比值和化学吸附氧比例，从而提高 SCR 脱硝催化剂的活性，还可以提高催化剂的抗中毒能力。有研究表明，MoO_3 的加入能提高催化剂的抗砷中毒性能，但其机理目前尚不完全明确[13]，一些学者认为可能是由于 MoO_3 进入 TiO_2 晶格中，使活性组分分布更加均匀[14]，笔者团队也对此开展了研究，将在第 8 章进行详细介绍。另外，还有研究表明，MoO_3 的加入能有效抑制 SO_2、H_2O 对催化剂的毒化作用，因为 MoO_3 可以阻碍 SO_2 吸附及其与 VO_x 活性中心的结合，从而显著抑制催化剂对 SO_2 的氧化能力，降低催化剂的 SO_2 氧化率[15, 16]。

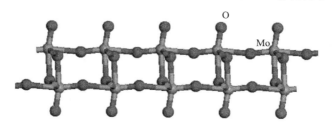

图 1-3　MoO_3 晶体结构模型

1.2　SCR 脱硝催化剂的微观结构特性

催化剂的微观结构特性不仅包括比表面积、孔结构、晶粒大小及分布等方面，还包括钒的表面价态及存在形式、钒钛之间的结合方式、钨(钼)表面分散状态、氧的存在形态等。催化剂活性组分、助剂与载体间的相互作用会导致催化剂的表面形态发生改变，进而影响催化剂的脱硝活性。

1.2.1　比表面积

催化反应过程是接触反应，多相催化反应一般是在催化剂表面上进行的，为了提升活性，一般需要将催化剂制成活性组分高度分散的高比表面积固体。催化剂的比表面积大小直接影响催化剂的活性，比表面积的测定可以评估催化剂的表面状态以及失活情况，应用最多的催化剂比表面积测定方法是 Brunauer-Emmett-Teller(BET)法。

BET 法因以著名的 BET 理论为基础而得名。1938 年，Brunauer、Emmett 和 Teller 三位科学家从经典统计理论推导出多分子层吸附公式(即著名的 BET 方程)，成为颗粒表面吸附科学的理论基础，被广泛应用于颗粒表面吸附性能研究及相关检测仪器的数据处理中。推导 BET 方程所采用模型的基本假设如下。

(1)吸附表面在能量上是均匀的，即各吸附位具有相同的能量。

(2)被吸附分子间的相互作用力可忽略不计。

(3)固体表面对气体吸附质的吸附可以是多层的，第一层未饱和吸附时就可由第二、第三层开始吸附，因此各层之间存在着动态平衡。

(4)除第一层的吸附热外，自第二层起各层的吸附热等于吸附质的液化热。

BET 的公式为

$$\frac{p}{V(p_0 - p)} = \frac{1}{CV_m} + \frac{C-1}{V_m C}\frac{p}{p_0} \tag{1-1}$$

式中，p 为氮气分压，Pa；p_0 为吸附温度下液氮的饱和蒸气压，Pa；V_m 为待测样品表面形成单分子层所需要的 N_2 体积，mL；V 为待测样品所吸附气体的总体积，mL；C 为与吸附有关的常数。

另有

$$V = 标定气体体积 \times 待测样品峰面积/标定气体峰面积 \tag{1-2}$$

标定气体体积需经温度、压力校正转换为标准状况下的体积。以 $p/[V(p_0-p)]$ 对 p/p_0 作图，可得一条直线，其斜率为 $(C-1)/(V_m C)$，截距为 $1/(V_m C)$，由此可得

$$V_m = \frac{1}{斜率 + 截距} \qquad (1\text{-}3)$$

定义每克催化剂的表面积为其比表面积，则由式(1-3)可得催化剂比表面积 (S_g) 为

$$S_g = \frac{V_m}{V_x} N_A A_m \qquad (1\text{-}4)$$

式中，V_x 为吸附质分子的摩尔体积，mL/mol；N_A 为阿伏伽德罗常量，$6.02 \times 10^{23} mol^{-1}$；$A_m$ 为吸附分子的横截面积，cm^2。

当 p/p_0 取点在 $0.05 \sim 0.35$ 内时，BET 方程与实际吸附过程相吻合，图形线性也很好，因此实际测试过程中选点应在此范围内。

影响 V_2O_5-WO_3(MoO_3)/TiO_2 催化剂比表面积的主要因素有 TiO_2 比表面积、活性组分和催化助剂的负载量、干燥及焙烧的温度与时间等，其中干燥及焙烧的温度对催化剂的比表面积有很大影响。研究表明，不同钒含量的钒钛体系 SCR 脱硝催化剂，在一定温度范围内，比表面积会随焙烧温度的增加而急剧下降，超过一定温度后，随着焙烧温度的提高，所制备催化剂的 NO_x 转化率逐渐降低[17]。

1.2.2　孔结构与晶粒大小

非均相反应中使用的催化剂常为多孔性物质，孔结构可直接影响催化剂的性能。孔结构的不同能改变催化剂的比表面积，影响催化反应速率，反应物在孔道中的扩散不同也会导致催化剂表面利用率的不同。此外，孔结构还能影响催化剂的寿命、机械强度、耐热性等。因此，性能优异的 SCR 脱硝催化剂除了要具有高脱硝活性，还应具有良好的孔隙结构。

由于实际的催化剂孔道结构十分复杂，在研究时往往采用简化后的结构模型，常用的描述孔结构的物理量有比孔容、孔隙率、平均孔径和孔径分布等。

1. 比孔容

比孔容又称孔体积，指 1g 催化剂颗粒内部所具有的细孔总容积，即 1g 催化剂的颗粒体积扣除其骨架体积，计算公式为

$$V_g = \frac{1}{\rho_p} - \frac{1}{\rho_t} \qquad (1\text{-}5)$$

式中，V_g 为比孔容，cm^3/g；ρ_p 为催化剂颗粒密度，g/cm^3；ρ_t 为催化剂表观密度，g/cm^3。

比孔容的测定通常利用填充介质如四氯化碳、汞、液氮等，测定时将介质压入催化剂孔内，通过测定压入介质的体积确定比孔容，计算公式为

$$V_g = \frac{W_2 - W_1}{W_1 \rho_d} \tag{1-6}$$

式中，W_1 为催化剂质量，g；W_2 为催化剂孔内充满介质后的质量，g；ρ_d 为填充介质的密度，g/cm³。

2. 孔隙率

孔隙率是催化剂的孔体积与整个颗粒体积的比，计算公式为

$$P = \frac{V_0 - V_c}{V_0} \times 100\% = \left(1 - \frac{\rho_t}{\rho}\right) \times 100\% \tag{1-7}$$

式中，P 为孔隙率，%；V_0 为催化剂表观体积，cm³；ρ_t 为催化剂表观密度，g/cm³；V_c 为催化剂密实体积，cm³；ρ 为催化剂密度，g/cm³。

3. 平均孔径与孔径分布

孔径可以简单地反映催化剂中孔隙的大小。由于固体内孔道的大小、形状和长度往往都是不均匀的，为了简化通常采用圆柱毛细孔模型进行计算，根据测得的比孔容 V_g 及比表面积，就可算出平均孔径。

反应物分子在催化剂孔道中的传质与反应速率受固体内不同孔道大小的影响，因此仅仅知道催化剂的平均孔径与孔容是不够的，还必须知道不同大小的孔所占体积的百分数，即孔径分布。孔径分布即孔容按孔径大小变化而变化的情况，由此可以了解催化剂颗粒中包含的微孔、介孔和大孔的数量。国际纯粹与应用化学联合会 (IUPAC) 定义的孔径尺寸为：微孔 (micropore，<2nm)、介孔 (mesorpore，2~50nm)、大孔 (macropore，>50nm)。孔径分布的主要测定方法有气体吸附法和压汞法，分别适用于 0.5~10nm 的微孔、介孔以及 10~100nm 的介孔与大孔。

气体吸附法基于毛细管凝聚原理，当吸附质的蒸气与多孔固体表面接触时，在表面吸附力场的作用下会形成一层吸附质的液膜。在孔内，液膜随着孔径的不同而发生不同程度的弯曲，而孔外的液膜则相对较为平坦。蒸气压增加时，吸附液膜的厚度也增加，达到一定厚度后，弯曲液面分子间的引力使得蒸气自发地转变为液态并填充整个孔道。发生凝聚现象的蒸气压 p/p_0 与孔径的关系可以由开尔文公式给出

$$r_k = \frac{-2\gamma V_n \cos\theta}{RT\ln(p/p_0)} \tag{1-8}$$

式中，r_k 为孔径，cm；γ 为吸附质液体表面张力，10^{-5}N/cm；V_n 为吸附质液体的

摩尔体积，mL/mol；θ 为弯月面与固体的接触角，通常在液体可以润湿固体表面时取 0°；p 为液体表面上的平衡蒸气压，Pa；p_0 为液体平面上的饱和蒸气压，Pa；R 为摩尔气体常量，8314.3J/(kmol·K)；T 为热力学温度，K。

因此，先测定不同相对压力下催化剂对蒸气的吸附量 V_m，而后借助开尔文公式计算出相应相对压力下的临界半径 r_k，即可得到吸附量与临界半径的关系；基于以 V_m 对 r_k 作图的结构曲线，可以求得孔径增加 Δr 时液体吸附量的增加量 ΔV_m，再利用 $\Delta V_m / \Delta r$ 对 r 作图即可得到孔径分布曲线。

压汞法也可用来测定材料的孔容和孔径分布。汞对大多数固体来说都是不浸润的，其接触角大于 90°。当汞进入毛细管孔时，表面张力使汞受到阻碍，因此必须施以外加压力克服毛细管阻力，才能使汞进入毛细管孔。作用在半径 r 的毛细孔截面上的压力为 $\pi r^2 p_w$，其中 p_w 为外加压强，沿着毛细孔周长由表面张力引起的阻力为 $-2\pi r\gamma \cos\theta$，其中 γ 为汞的表面张力。令压力与阻力相等，则整理可得

$$r = \frac{-2\gamma\cos\theta}{p_w} \tag{1-9}$$

对于汞，取 $\theta=140°$，$\gamma=480\times 10^{-5} \text{N/cm}$，则有

$$r = \frac{7500}{p_w} \tag{1-10}$$

从而催化剂孔径的大小可以用外加压力来测定，随着外加压力的增加，压入催化剂孔道的汞量也随之增加，直到 p_w 达到某一定值后，汞填满所有半径大于 $r=7500/p$ 的孔道。通过测定一定外压下压入的汞含量，然后计算该压力下催化剂的孔径，即可得到催化剂孔径分布。

催化剂干燥及焙烧的温度和时间对催化剂的孔结构有着重要的影响。有学者研究发现，在一定范围内提高干燥和焙烧的温度或延长其时间，催化剂的孔容及平均孔径均减小，这是因为温度的升高及时间的延长导致催化剂的团聚程度增加[17-19]。

催化剂的晶粒结构可由 X 射线衍射（XRD）进行表征。X 射线的波长与晶体原子间距处于同一数量级，当它照射到固体粉末催化剂中的微小晶粒时，将产生布拉格衍射效应。利用该效应，可以测定催化剂的晶体结构，包括催化剂的宏观对称类型即晶系和点群，以及晶胞中的原子数或分子数、微观点阵类型和空间群。利用衍射峰半峰高的增宽现象或小角散射效应，可测定不同晶轴方向的晶粒和无取向晶粒的平均直径，从而获得催化剂晶粒形状的信息。

晶粒结构也会对催化剂的活性造成影响，研究表明 SCR 脱硝催化剂中随着 V_2O_5 掺杂量由 0%提高至 10%，载体 TiO_2 中锐钛矿相比例增加，同时平均晶粒尺寸略微减小[17]。

1.2.3　钒的存在形式及表面价态

钒元素的价电子结构为 $3d^3 4s^2$，能形成氧化数为+2、+3、+4、+5 的化合物，最高氧化数为+5（d^0 构型）。SCR 脱硝催化剂表面的 V_2O_5 是一种负离子缺位的非计量化合物，当 V_2O_5 中的 O^{2-} 缺位时，缺位"□"要束缚一个电子形成"ⓔ"，且附近的 V^{5+} 变成 V^{4+} 以保持晶体的电中性，外层电子构型也发生 $d^0 \to d^1$ 的转变。通常称"ⓔ"为 F 中心，F 中心能提供准自由电子，因此被称为施主，其束缚的电子随温度的升高可更多地变成准自由电子。

VO_x 主要以单体和聚合体的形态分布在催化剂中[3]，如图 1-4 所示，钒物种的存在形式和价态分布对催化剂的脱硝活性具有十分重要的影响。Grzybowska-Świerkoze[20]等证明了 VO_x/TiO_2 催化剂在空气中焙烧时 V^{3+} 的存在，而 Rusiecka 等[21]利用电子顺磁共振技术（EPR）发现了高钒含量 VO_x/TiO_2 催化剂中 V^{4+} 的存在。改变配方和制备条件，可以改变催化剂表面元素的价态，优化钒元素的价态分布，从而提高催化剂的脱硝反应活性。

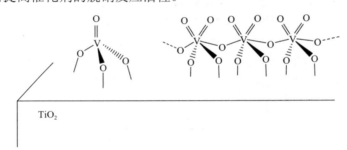

图 1-4　V_2O_5/TiO_2 催化剂表面 V_2O_5 单体和多聚体分布形态[3]

钒和载体 TiO_2 结合方式主要有 V=O、V—O—V 和 V—O—Ti。Choi 等[22]采用 X 射线光电子能谱（XPS）技术对 V_2O_5/TiO_2 催化剂测试，发现 TiO_2 单独存在时仅有 Ti^{4+} 物种，但负载钒后出现了亚稳定状态的 $V^{n+}(n \leqslant 4)$ 及 $Ti^{m+}(m \leqslant 3)$ 物种。一些研究认为由于催化剂中钒氧化物和 TiO_2 之间强烈的相互影响，因此催化剂中活性组分钒的价态由+5 价转变成+4 价，即 TiO_2 和 V_2O_5 之间存在电子相互作用[23]。

1.2.4　氧的吸附形态

一般认为，在催化剂表面上氧的吸附形态有电中性的氧分子物种 $(O_2)_{ads}$ 和带负电荷的氧离子物种（O^{2-}、O^-、O_2^-），不同氧化物表面的氧物种常常各不相同，在催化反应中也表现出不同的性能。化学吸附氧是 SCR 反应中最重要的氧物种，在催化剂表面随着温度的升高可以与表面离子相互作用并不断得到电子，由亲电子的 O_2^- 最终转变为亲核的晶格氧 O^{2-}。钒钛体系 SCR 脱硝催化剂中载体 TiO_2 及活

性组分 V_2O_5 均属于 n 型半导体，其特点是电子给体中心的浓度较低，使吸附的氧携带较少的负电荷而呈 O_2^- 形式。而对于催化剂的常用助剂 MoO_3 和 WO_3，氧与高氧化性的过渡金属中心离子组成具有确定结构的阴离子形式。Fang 等[24]的研究表明，催化剂表面化学吸附氧能促进 SCR 反应的进行，但只在一定程度影响氧化还原反应，并不对催化剂的脱硝活性起决定作用。

1.2.5　钨（钼）的赋存形态

在钒钛催化剂中加入 WO_3 后，发现体系中有四价钒的存在，钨和钒之间的相互作用影响了催化剂表面的 VO_x 物种，单一的 V_2O_5 物种出现多样化[25]；而且催化剂表面生成了大量以 W—OH 形式存在的 Brönsted 酸性位，提高了催化剂吸附 NH_3 形成 NH_4^+ 的能力；也有研究表明钨元素的含量变化引起了 V^{4+}/V^{5+} 和 W^{6+}/W^{5+} 比值的变化[26]。总的来说，在锐钛矿型 TiO_2 表面，V、W 元素之间的共同作用可能以 W—OH 与 V═O（V—O—V）和 V—O—W 的形式存在，从而使得助剂 WO_3 能够改善催化剂的化学性能并直接提高催化性能。

加入助剂 MoO_3 也能提高钒钛体系 SCR 脱硝催化剂的活性、选择性和稳定性。在催化剂中 Mo 元素主要以 Mo^{6+} 形式存在。Alemany 等[4, 27]研究了 MoO_3 对 V_2O_5/TiO_2 催化剂的影响，结果发现 MoO_3 可提高催化剂的热稳定性，MoO_3 的引入增强了钒物种在 TiO_2 上的附着力，改善了 V_2O_5 与 TiO_2 之间的电子作用，并且 Mo/V 比例增加有利于分散状态的 V—O—V 基团的形成。

1.3　SCR 脱硝反应机理

1979 年，日本 Kudamatsu 电厂首次实现了 SCR 脱硝技术的工业化应用[28]，之后有关商业 V_2O_5-WO_3（MoO_3）/TiO_2 型 SCR 催化剂脱硝反应机理的研究从未间断，时至今日仍是工业催化领域的重要课题。研究者们通过微观结构表征、反应动力学分析和量子化学理论计算等方法对商用 SCR 催化剂的脱硝反应机理进行了分析，为解释 SCR 催化剂的催化行为提出了许多重要的理论依据。然而时至今日，对于 SCR 催化剂的脱硝反应机理仍无定论。

目前，已基本达成的共识是 SCR 脱硝反应的本质是氧化还原反应，且商用 SCR 催化剂上 NH_3 与 NO 的反应遵循 Eley-Rideal 反应机理（图 1-5），即气相中的 NH_3 在催化剂表面活性位（酸性位）上解离吸附形成过渡吸附中间体，然后与气相中的 NO 和 O_2 反应生成 N_2 和 H_2O。其中，NH_3 在催化剂表面酸性位上的吸附与活化是催化反应的关键步骤，然而该表面酸性位究竟是 Lewis 酸性位还是 Brönsted 酸性位，亦或是两者兼有，学术界仍存在争论。因此，以两种不同的酸性位为中心，出现了两类得到普遍认可的商用 SCR 催化剂脱硝反应机理。

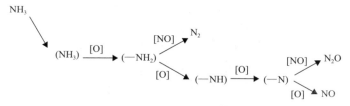

图 1-5　Eley-Rideal 机理模型

第一类 SCR 反应机理以 Ramis 等的研究为代表，他们提出了基于 Lewis 酸性位的 SCR 反应机理即"酰胺-亚硝酰胺"机理[3, 29, 30]，该机理所涉及的反应如式(1-11)～式(1-15)所示。

$$V^{5+}+NH_3+O^{2-} \longrightarrow V^{4+}\!\!-\!\!NH_2+OH^- \tag{1-11}$$

$$V^{4+}\!\!-\!\!NH_2+NO \longrightarrow V^{4+}\!\!-\!\!NH_2NO \tag{1-12}$$

$$V^{4+}\!\!-\!\!NH_2NO \longrightarrow V^{4+}+N_2+H_2O \tag{1-13}$$

$$2V^{4+}+1/2O_2 \longrightarrow 2V^{5+}+O^{2-} \tag{1-14}$$

$$2OH^- \longrightarrow H_2O+O^{2-} \tag{1-15}$$

该机理认为，NH_3 首先在催化剂表面的 Lewis 酸性位上发生解离吸附，随后活化为 $V^{4+}\!\!-\!\!NH_2$ 物种，与此同时 V^{5+} 被部分还原成 V^{4+}。活化后的 $V^{4+}\!\!-\!\!NH_2$ 基团与气相中的 NO 反应生成过渡中间体亚硝酰胺基团（$-NH_2NO$），随后分解为 N_2 和 H_2O。最后，还原态的 V^{4+} 被气相的 O_2 氧化为 V^{5+}，至此形成氧化还原循环反应，其具体的反应路径如图 1-6 所示。在该机理中，SCR 反应过程的决速步为活化后的 $V^{4+}\!\!-\!\!NH_2$ 基团与气相 NO 的反应，即反应式(1-12)。

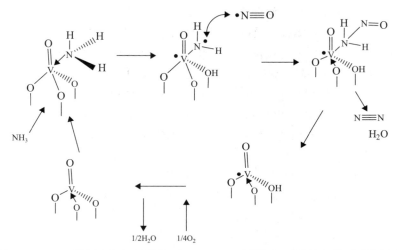

图 1-6　Ramis 等提出的钒基催化剂 NH_3-SCR "酰胺-亚硝酰胺"脱硝反应机理

第二类 SCR 反应机理以 Topsoe 等[31, 32]的研究为代表，他们提出了基于 Brönsted 酸性位的 SCR"双位"反应机理。该机理认为，NH_3 首先吸附在催化剂表面的 Brönsted 酸性位(V^{5+}—OH)上形成铵离子，受到邻位 V^{5+}＝O 基团的吸引，NH_4^+ 中的一个 H 迁移到相邻的 V^{5+}＝O 上形成活化态的 ^+H_3N 物种，与此同时 V^{5+}＝O 部分还原成 V^{4+}—OH。活化后的 ^+H_3N 物种与气相中的 NO 发生反应生成过渡中间体 ^+H_3N—N＝O 基团，随后迅速分解成 N_2 和 H_2O。反应中被还原的 V^{4+}—OH 被气相 O_2 重新氧化成 V^{5+}＝O，至此形成氧化还原循环反应，其具体的反应路径如图 1-7 所示。依据该机理，SCR 反应包括酸反应部分和氧化还原反应部分，直接证明了表面酸性和氧化还原性对催化活性的决定性作用。

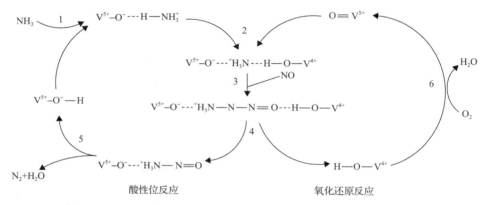

图 1-7　Topsoe 等提出的钒基催化剂 NH_3-SCR"双位"脱硝反应机理

仅靠实验研究难以深层次揭示 SCR 脱硝反应机理的本质，理论研究则可以构建贴近实际的催化剂模型，在原子尺度上对催化剂表面结构以及反应机理进行深层次研究。因此，DFT 计算方法越来越多地应用于 SCR 反应机理的研究之中。Soyer 等[33]将 SCR 反应分为 NH_3 的吸附活化、NH_2NO 形成和 NH_2NO 分解三步，在钒氧化物团簇上分别考察了 Lewis 酸性位和 Brönsted 酸性位上 NH_3 的吸附，结果表明 Brönsted 酸性位上 NH_3 可形成稳定的吸附构型，而 Lewis 酸性位上 NH_3 则无法稳定吸附，从而证实 NH_3 分子更倾向于在 Brönsted 酸性位上进行吸附与活化。首先，NH_3 分子在 Brönsted 酸性位活化并生成 NH_4^+，随后与 NO 分子在 Brönsted 酸性位发生反应形成 NH_3NHO、NH_2NO，最后 NH_2NO 在 VO_x 表面发生 H 原子的迁移异构，分解生成 N_2 和 H_2O。

随着计算方法的进步和计算能力的不断提升，对小型钒氧化物团簇的研究逐渐转为更加贴近实际的周期性表面模型理论计算。在 TiO_2(001) 为载体的 VO_x 催化剂体系上，DFT 计算得到了类似的结论[34]。在 NO 的还原阶段，NH_3 分子首先与 Brönsted 酸性位结合生成 V—NH_4^+ 结构，即 Brönsted 酸性位的活化；NO 分子与 Brönsted 酸性位的结合极弱，通常在气相中与 NH_4^+ 作用生成 NH_2NO 并最终分解为 N_2 和 H_2O；随后 VO_x 催化剂经过一系列的复杂过程，结合气相中的 NO 与 O_2，重新被氧化为含有正 5 价钒原子的中间体，并吸附 NH_3 再次生成含 5 价钒的 $V—NH_2NO$，最终分解生成 N_2 和 H_2O，催化剂的 VO_x 结构重新生成。

在 V_2O_5(001) 表面的计算也表明，Lewis 酸性位上 NH_3 的吸附能远小于 Brönsted 酸性位。然而，Yao 等[35]认为 Lewis 酸性位在 SCR 反应中更重要，并提出了基于 Lewis 酸性位的反应机理，反应共包括 4 步：①$NH_3+NO+V_2O_5 \longrightarrow N_2+H_2O+HV_2O_5$；②$NH_3+NO+HV_2O_5 \longrightarrow N_2+H_2O+HHV_2O_5$；③$NH_3+NO+HHV_2O_5 \longrightarrow N_2+2H_2O+HV_2O_4$；④$NH_3+NO+O_2+HV_2O_4 \longrightarrow N_2+2H_2O+V_2O_5$。在第一步中，Lewis 酸性位的 V=O 吸附 NH_3 后首先生成了 Brönsted 酸性位 V—OH，故认为 Lewis 酸性位已足以催化 SCR 反应的开始，第二步进一步生成双 V—OH 位点，随后在第三、第四步中形成 O 缺陷表面并最终恢复原状，总反应如式(1-16)。

$$4NH_3+4NO+O_2 \xrightarrow{V_2O_5} 4N_2+6H_2O \tag{1-16}$$

近年来东南大学张亚平等[36]运用原位漫反射傅里叶变换红外光谱(*in situ* DRIFTS)等方法对 V_2O_5-WO_3/TiO_2 和 V_2O_5-WO_3/TiO_2-ZrO_2 催化剂的脱硝机理进行研究，得出了一种与上述理论不同的 SCR 反应机理，他们认为 Brönsted 酸中心和 Lewis 酸中心都是催化剂的活性中心。在 Lewis 酸性位，NH_3 吸附后形成一种配位化合物，随后与 NO 结合生成[NH_2—NO]*，最后[NH_2—NO]*解离为 N_2 和 H_2O 分子；在 Brönsted 酸性位，NH_3 吸附后形成 NH_4^+，并与 NO 结合生成[NH_4^+—NO]*，随后[NH_4^+—NO]*分解为 N_2 和 H_2O。两种活性中心上的 NO 还原路径如图1-8所示。

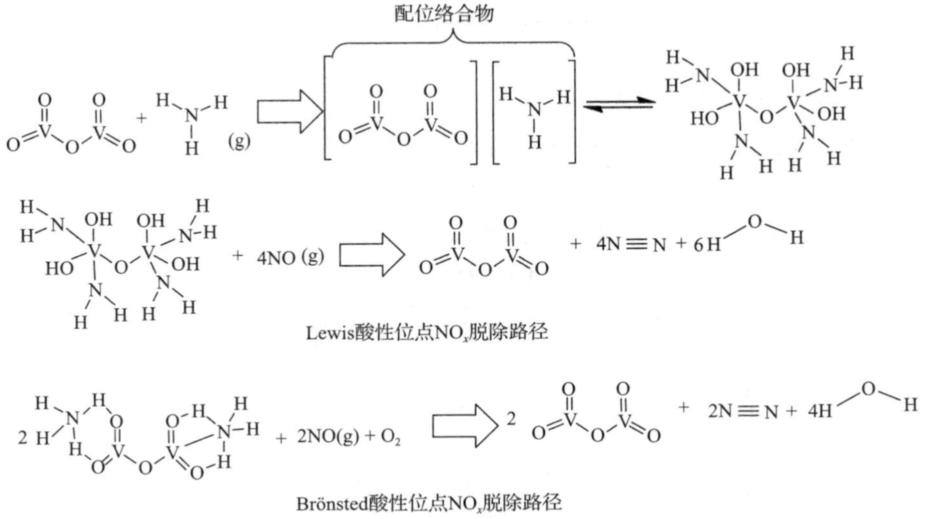

图 1-8　两种酸性位点上 NO 还原路径

总的来说，目前对 SCR 脱硝反应的理论研究尚未完善。虽然可以将 SCR 反应过程划分为一系列的基元反应，然而这些基元反应的过渡态难以在实验中得到完全确认。DFT 计算只能在已有基础上为反应提供部分理论解释与推测，或者定性地比较不同反应路径之间的速率和倾向性，阐明 SCR 反应的本质仍需结合实验表征进行验证。

1.4　SCR 脱硝催化剂的构效关系

V_2O_5-WO_3(MoO_3)/TiO_2 催化剂是目前商业应用最为广泛的催化剂，改变催化剂的配方或者制备方法，均会对催化剂的微观结构(包括比表面积、孔容、孔径、晶粒尺寸、钒元素表面价态、氧的赋存形态等)造成影响，而催化剂结构的改变势必会影响催化剂的脱硝性能。SCR 脱硝催化剂的制备条件、结构与性能之间存在着复杂的关联机制，深入了解了催化剂的构效关系，也就抓住了现有催化剂制备工艺的改进、新型催化剂的开发等先机。另外，在催化剂服役过程中也可以通过检测催化剂结构的变化来判断催化剂的状态，为催化剂的科学管理提供有效的建议。

SCR 脱硝催化剂的构效关系研究主要包括不同配方、不同制备工艺对 SCR 脱硝催化剂表面结构和性能的影响。笔者团队针对不同的催化剂制备工艺，如活性组分负载顺序、钒的助溶剂种类和前驱体溶液 pH 不同，结合脱硝效率测试以及 XPS、H_2 程序升温还原(H_2-TPR)、NH_3 程序升温脱附(NH_3-TPD)等催化剂微观表征方法，研究了 SCR 脱硝催化剂的构效关系。

1.4.1　催化剂组分负载量对构效关系的影响

1. V_2O_5 负载量对构效关系的影响

V_2O_5 是 SCR 脱硝催化剂中的主要活性组分，钒含量过低或过高都会影响催化剂的活性，商业 V_2O_5-WO_3(MoO_3)/TiO_2 催化剂中 V_2O_5 的质量分数通常控制在 0.6%～2.0%。钒含量过低时催化剂的活性组分不足，NO_x 转化率难以满足排放标准，而高钒含量虽有利于催化反应的进行，但同时 V_2O_5 也能将 SO_2 氧化成 SO_3 而带来一系列危害。SCR 脱硝催化剂的 SO_2 氧化率随钒负载量的增大而升高，生成的 SO_3 不仅可以与烟气中的氨和水发生反应生成硫酸铵盐，沉积在催化剂表面遮蔽活性位，影响催化剂的活性，而且还会造成烟道及设备的腐蚀[37]。因此，在催化剂的工业生产中应严格控制 V_2O_5 的含量。

对于不同 V_2O_5 负载量的钒钨钛和钒钼钛催化剂的典型脱硝效率测试结果如图 1-9 所示。可以看出，烟气温度为 250℃时，催化剂的脱硝效率随着 V_2O_5 含量的增加而增大；温度升高至 340℃时，催化剂的脱硝效率随着 V_2O_5 含量的增加呈先增后减的趋势。清华大学陈建军等[25]通过实验研究发现，随着钒含量的增加，SCR 脱硝催化剂的低温(300℃以下)活性显著增强，然而在高钒条件下继续增加 V_2O_5 含量对催化剂的低温活性影响不大，尤其是当 V_2O_5 含量大于 4%时，继续增加 V_2O_5 含量在低温(200～300℃)条件下几乎对催化剂活性无影响，但在高温(大于 350℃)条件下，随着 V_2O_5 含量的增加，催化剂的 NO_x 转化率和 N_2 生成选择性则发生快速下降。

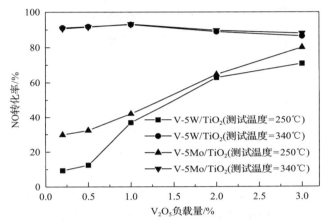

图 1-9　钒含量对催化剂脱硝活性的影响

V-5W(Mo)/TiO₂ 表示催化剂中 WO_3 或 MoO_3 含量为 5%，V_2O_5 含量不固定

当脱硝反应的温度较低时，脱硝效率的变化是由钒物种在载体表面的分布状态造成的。钒含量较低时，提高钒含量可以增加催化剂表面钒活性位点的数量，从而使催化剂低温活性明显上升。而继续增加钒含量，载体表面原本呈单层分散状态的钒物种会超过其单层分散阈值，催化剂表面钒的分散度降低，低聚 VO_x 物种发生聚合现象，生成大量的多聚态 VO_x 物种，并形成 V_2O_5 微晶和结晶区，从而抑制反应活性中心的形成，导致催化剂脱硝活性下降[38, 39]。因此，高钒条件下催化剂的低温活性不再增加，而高温活性持续下降。

2. WO_3(MoO_3)负载量对构效关系的影响

WO_3 作为重要的 SCR 脱硝催化剂活性助剂，有利于促进 V_2O_5 在 TiO_2 表面的单层分散，增加催化剂表面酸性，并抑制锐钛矿相 TiO_2 向金红石相转变，从而有效提高催化剂的低温活性和高温抗烧结能力[4, 11, 12]。MoO_3 可以提高催化剂的 NO_x 转化率及中高温条件下对 N_2 生成的选择性，还能使催化剂很好地适应水硫工况，降低 SO_2 氧化率。然而，助剂 WO_3 和 MoO_3 的负载量并不是越高越好，对不同 WO_3、MoO_3 负载量的 SCR 脱硝催化剂进行脱硝性能测试的典型结果如图 1-10 所示。由图 1-10 可知，随着助剂负载量的增加，V-W/TiO₂ 和 V-Mo/TiO₂ 催化剂的脱硝性能均呈现先增加后降低的趋势，在 WO_3 和 MoO_3 的含量为 5%时，催化剂均达到最高的脱硝效率。

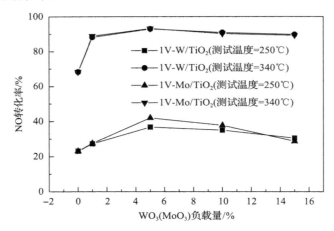

图 1-10 助剂含量对催化剂脱硝活性的影响

1V-W（Mo）/TiO_2 表示催化剂中 V_2O_5 含量为 1%，WO_3 或 MoO_3 含量不固定

另外有研究表明，钒含量不变时，增加 WO_3 的含量，可以提高催化剂的低温活性，但是当钒含量增加时，这种促进作用也会随之减弱。低钒条件下，增加 WO_3 负载量可以提高催化剂中高温活性，但在高钒条件下，增加 WO_3 负载量会使催化剂高温活性降低，这是由于过多的 WO_3 与 VO_x 竞争 TiO_2 的表面空间，促进了钒氧物种的团聚所致[25]。

1.4.2 催化剂活性组分负载顺序对构效关系的影响

催化剂制备时，不同的活性组分负载顺序会影响催化剂的微观结构，进而影响其脱硝效率。笔者团队在研究负载顺序对催化剂构效关系的影响时，按照先钒后钨（钼）、先钨（钼）后钒、同时负载钒钨（钼）三种顺序制备的钒钨（钼）钛脱硝催化剂，分别记为 A1、A2、A3 及 B1、B2、B3，图 1-11（a）和（b）为这些催化剂的脱硝活性测试结果。从图 1-11（a）中可以看到，烟气温度为 250℃时，催化剂 A1、A2 和 A3 的 NO 转化率分别为 25.0%、31.5%和 36.7%，A3 催化剂的脱硝效率最高；烟气温度为 340℃时，三个催化剂的活性规律相同且差距很小。在图 1-11（b）中，当烟气温度为 250℃时，催化剂 B3 的活性最好，脱硝效率为 42.0%，而催化剂 B2 的脱硝活性最差，效率仅为 28.8%；当烟气温度为 340℃时，三个催化剂活性对比具有与 250℃时相同的规律，且活性差距很小。比较图 1-11（a）和（b）可以知道，负载相同质量分数的 WO_3 和 MoO_3 时，1V-5Mo/TiO_2 催化剂的低温活性明显高于 1V-5W/TiO_2 催化剂。

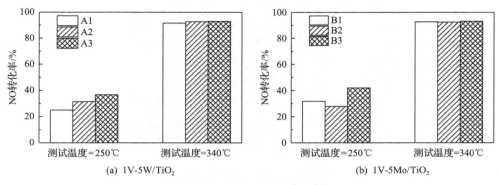

(a) 1V-5W/TiO$_2$　　　　　(b) 1V-5Mo/TiO$_2$

图 1-11　活性组分的负载顺序对催化剂脱硝效率的影响

xV-yW(Mo)/TiO$_2$ 表示催化剂中 V$_2$O$_5$ 含量为 x%，WO$_3$ 或 MoO$_3$ 含量为 y%，下同

　　通过 XPS 表征发现，活性组分负载顺序不同，其表面钒的价态和氧的种类都有所区别。图 1-12 为不同活性组分负载顺序催化剂的 V 2p$_{3/2}$ 和 O 1s XPS 谱图，钒价态和氧种类的比例列于表 1-1。在催化剂 A1、A2 和 A3 中，钒物种(V^{3+}+V^{4+})/V^{5+}

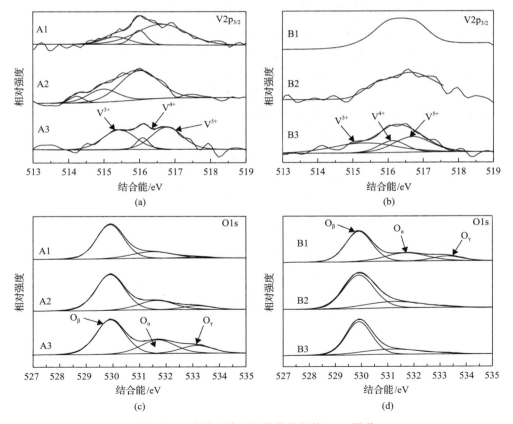

图 1-12　负载顺序不同的催化剂的 XPS 图谱

的比例分别为 0.41、0.42 和 1.16，这说明钒钨同时负载的方式最有利于低价钒的生成，而先钒后钨的负载方式最不利于生成低价钒。负载方式改变时，各组分间的相互作用也发生变化。同时负载时，活性组分和助剂之间的相互作用更强，促进了低价钒物种的生成。催化剂 B1、B2 和 B3 的 $(V^{3+}+V^{4+})/V^{5+}$ 比值分别为 1.45、0.76 和 1.65，采用钒钼同时负载的方式，钒钼之间的电子作用最强，低价钒物种的比例也最大。催化剂中 $(V^{3+}+V^{4+})/V^{5+}$ 的比例数值 A1＜B1、A2＜B2、A3＜B3，由此可知，采用相同助剂负载量及负载顺序，MoO_3 比 WO_3 更能促进低价钒物种的生成。

表 1-1 负载顺序不同的催化剂的钒价态和氧种类比例

催化剂	$V^{3+}/\%$	$V^{4+}/\%$	$V^{5+}/\%$	$(V^{3+}+V^{4+})/V^{5+}$	$O_{\alpha}/\%$	$O_{\beta}/\%$	$O_{\gamma}/\%$
A1	14.05	14.95	71.01	0.41	21.90	75.68	2.42
A2	5.70	24.12	70.18	0.42	22.43	70.18	7.39
A3	43.53	10.16	46.32	1.16	26.23	58.44	15.33
B1	16.36	42.79	40.85	1.45	26.10	63.29	10.61
B2	11.87	31.41	56.72	0.76	25.84	74.16	—
B3	41.28	20.95	37.77	1.65	26.64	73.36	—

图 1-12(c) 和 (d) 给出了不同负载顺序催化剂的 O 1s XPS 谱图，结合能为 529.9eV 的峰代表晶格氧 (O^{2-}，记为 O_{β})[40-42]，531.3～531.7eV 的峰代表化学吸附氧 (O_2^-，记为 O_{α})[43]，而位于 533.3eV 左右的峰代表化学吸附水产生的氧 (记为 O_{γ})，其中化学吸附氧的存在有利于促进催化剂的低温反应活性[44]。由表 1-1 可知，各催化剂中化学吸附氧的比例 [$O_{\alpha}/(O_{\alpha}+O_{\beta}+O_{\gamma})$] 顺序为 A1＜A2＜A3、B2＜B1＜B3，说明采用钒和活性助剂同时负载的方式，促进了氧原子与其他元素间的电子作用，更有利于催化剂表面化学吸附氧的生成。

图 1-13 为活性组分负载顺序不同时催化剂的 H_2-TPR 谱图，位于 400～500℃

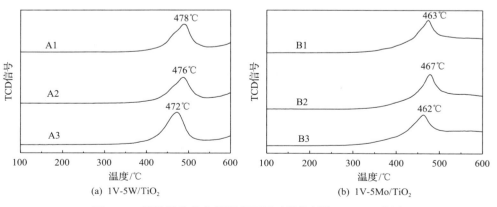

(a) 1V-5W/TiO$_2$ (b) 1V-5Mo/TiO$_2$

图 1-13 活性组分的负载顺序不同时催化剂的 H_2-TPR 谱图

的特征峰是 V^{5+} 到 V^{4+} 的还原峰[45-47]，钒物种越分散，低价态钒物种越多，其还原温度越低。从图 1-13 可以看出，催化剂中 VO_x 的还原温度顺序为 A1＞A2＞A3、B2＞B1＞B3，钒和助剂同时负载时，VO_x 的还原温度最低。同类催化剂中 A3 和 B3 的 V^{5+} 比例最低，对应还原温度也最低。

图 1-14(a) 给出了不同负载顺序钒钨钛催化剂的 NH_3-TPD 谱图，图中 200～400℃的脱附峰为催化剂的 Brönsted 酸性位[48]，400～500℃的脱附峰为 Lewis 酸性位[47]，脱附峰面积的大小代表了酸性位点上的 NH_3 吸附量。从图 1-14(a) 可以看到，只有催化剂 A3 的谱图存在明显的 Brönsted 和 Lewis 酸性位，另两个催化剂只检测到 Brönsted 酸性位，并且其峰面积也很接近。这说明钒和钨负载先后顺序对钒钨钛脱硝催化剂中 Brönsted 酸性位的生成影响不大，但采用钒钨同时负载的方式，钒钨物种间的相互作用更强，产生的酸位点尤其是 Lewis 酸性位更多。由图 1-14(b) 可知，采用不同负载方式制备的钒钼钛催化剂，均只检测到 Brönsted 酸性位，未检测到 Lewis 酸性位，并且催化剂 B1 和 B3 的脱附峰面积要大于 B2。这是由于采用先钼后钒的负载方式时，V_2O_5 与载体间的相互作用较弱，更容易在载体表面富集[49]，而不利于 Brönsted 酸性位 V^{5+}—OH 的生成。对比图 1-14(a) 和 (b) 可以发现，钒钼钛催化剂的起始脱附温度在 170℃ 左右，钒钨钛催化剂在 180℃ 左右，且钒钼钛催化剂弱酸位的脱附峰面积明显更大，两类催化剂形成的 W^{6+}—OH 和 Mo^{6+}—OH Brönsted 酸性位的不同是造成这一差异的原因。

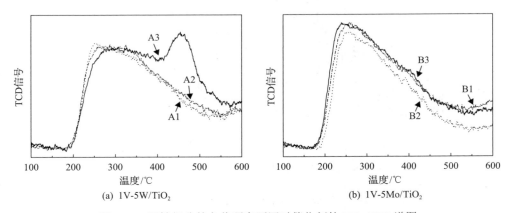

图 1-14　活性组分的负载顺序不同时催化剂的 NH_3-TPD 谱图

脱硝效率测试表明，钒钨同时负载的催化剂脱硝活性最好，钒钨同时负载的催化剂含有更高比例的低价钒物种及化学吸附氧，且 H_2-TPR 测试的还原温度较低，在 NH_3-TPD 测试中 NH_3 的吸附性能最好，在钒钼同时负载的催化剂上也可得到与此相同的结果。不同的是，在 1V-5W/TiO$_2$ 催化剂上可以检测到明显的 Lewis

酸性位，而 1V-5Mo/TiO$_2$ 催化剂表面 Lewis 酸性位则并未出现。通过以上结果可知，催化剂制备时活性组分负载顺序的不同会改变催化剂表面钒的物种比例和酸性位数目，而低价钒物种和 Brönsted 酸性位正是影响催化剂脱硝活性的主要因素，这进一步佐证了 Topsoe 等[31,32]提出的脱硝催化剂的反应机理。此外，同等条件下钒钼钛催化剂的低温活性均明显高于钒钨钛催化剂，这是由于助剂钼的添加更能促进低价钒物种的生成，从而降低了 VO$_x$ 的还原温度，并使催化剂表面具有更多的 Brönsted 酸性位，催化剂在低温下的 NH$_3$ 吸附性能更好。

1.4.3 催化剂制备中钒的助溶剂种类对构效关系的影响

等体积浸渍法制备 SCR 脱硝催化剂时，催化剂中的活性组分钒来自于偏钒酸铵，由于偏钒酸铵微溶于冷水，制备时常加入草酸或单乙醇胺作为助溶剂，研究表明，制备时助溶剂的不同会影响催化剂的脱硝活性。

笔者团队用 A3、B3 和 A4、B4 分别表示以草酸和以单乙醇胺为助溶剂的四种钒钨(钼)钛 SCR 脱硝催化剂，它们的脱硝活性测试结果如图 1-15 所示。可以看出，在同等测试条件下，催化剂的脱硝效率 A3＞A4、B3＞B4，即偏钒酸铵的助溶剂为草酸时，催化剂的脱硝效率更高。对比图 1-15 中 (a)、(b) 可知，当偏钒酸铵的助溶剂相同时，钒钼钛催化剂比钒钨钛催化剂的脱硝活性更高。

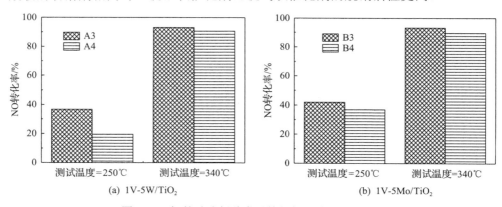

(a) 1V-5W/TiO$_2$ (b) 1V-5Mo/TiO$_2$

图 1-15 钒的助溶剂种类对催化剂脱硝效率的影响

图 1-16 给出了使用不同钒助溶剂的催化剂 V 2p$_{3/2}$ 和 O 1s 谱图，钒价态和氧种类的比例如表 1-2 所示。催化剂中 $(V^{3+}+V^{4+})/V^{5+}$ 的比值 A4＜A3、B4＜B3，表明相较单乙醇胺，使用草酸作为偏钒酸铵助溶剂有助于生成更多的低价钒物种。草酸的酸性和还原性均高于单乙醇胺，因此更有利于 V$_2$O$_5$ 的还原反应。催化剂表面 O$_\alpha$ 的比例 A4＜A3、B4＜B3，即采用草酸为助溶剂时 O$_\alpha$ 比例更高，这同样与草酸的酸性和还原性更强有关。

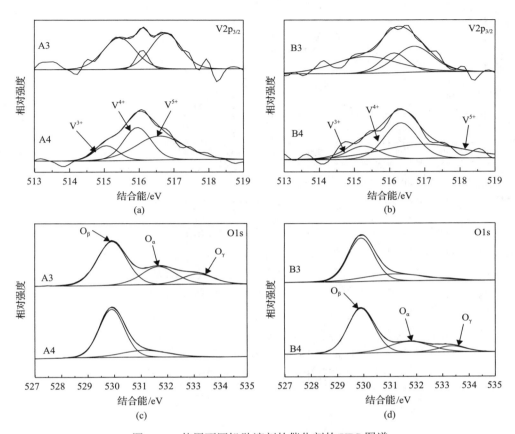

图 1-16　使用不同钒助溶剂的催化剂的 XPS 图谱

表 1-2　使用不同钒助溶剂的催化剂的钒价态和氧种类比例

催化剂	V^{3+}/%	V^{4+}/%	V^{5+}/%	$(V^{3+}+V^{4+})/V^{5+}$	O_α/%	O_β/%	O_γ/%
A3	43.53	10.16	46.32	1.16	26.23	58.44	15.33
A4	15.01	37.42	47.57	1.10	20.5	79.5	—
B3	41.28	20.95	37.77	1.65	26.64	73.36	—
B4	13.99	8.56	77.45	0.29	25.14	65.91	8.95

　　图 1-17 为催化剂的 H_2-TPR 谱图，可以看出，偏钒酸铵的助溶剂为草酸时，催化剂的还原温度明显低于使用单乙醇胺作为助溶剂时的还原温度，即 A3＜A4、B3＜B4。这说明草酸作为钒的助溶剂可以增强钒物种与其他组分间的相互作用，促进低价钒物种的生成。

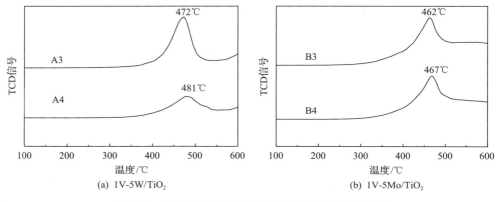

图 1-17　使用不同钒助溶剂的催化剂的 H_2-TPR 谱图

图 1-18(a) 和 (b) 分别给出了采用不同助溶剂制备的 1V-5W/TiO$_2$ 和 1V-5Mo/TiO$_2$ 催化剂 NH$_3$-TPD 谱图。从图 1-18(a) 可以看到，催化剂 A4 只存在明显的 Brönsted 酸性位，A3 则存在 Brönsted 和 Lewis 两种酸性位。这说明以草酸作为钒的助溶剂时，钒钨钛脱硝催化剂会产生更多的 Lewis 酸性位。由图 1-18(b) 可知，催化剂 B3 和 B4 中均存在大量的 Brönsted 酸性位，但均没有 Lewis 酸性位；B3 脱附峰面积略大但差别甚微。这说明草酸比单乙醇胺更能促进钒钼钛催化剂中 Brönsted 酸性位的形成，但促进作用并不明显。对比图 1-18(a) 和 (b) 可以发现以钨为活性助剂的催化剂起始脱附温度低于以钼为助剂的催化剂，且弱酸位的脱附峰面积更大。

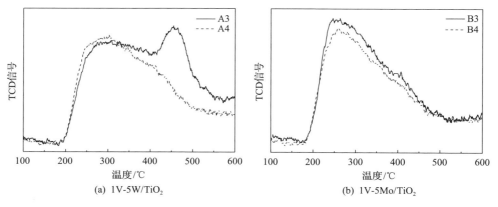

图 1-18　使用不同钒助溶剂的催化剂的 NH$_3$-TPD 谱图

相较于单乙醇胺，偏钒酸铵的助溶剂为草酸时，催化剂的脱硝效率更高，低价钒物种和化学吸附氧的比例更高，H$_2$-TPR 测试的还原温度更低，且 NH$_3$-TPD 测试中 NH$_3$ 吸附性能更好。这进一步说明，低价钒物种的比例、催化剂表面的化学吸附氧以及表面的酸性位点对于 SCR 脱硝催化剂的活性均具有十分显著的影响。

1.4.4　催化剂制备中偏钒酸铵溶液的 pH 对构效关系的影响

　　以草酸为偏钒酸铵的助溶剂时，草酸的添加量会影响偏钒酸铵溶液的 pH。为此，笔者团队进一步考察了偏钒酸铵溶液的 pH 分别为 3.11、2.34 和 1.40 时钒钨钛（A5～A7）和钒钼钛（B5～B7）催化剂的脱硝效率，结果如图 1-19 所示。可以看出，随着 pH 的减小，钒钨（钼）钛催化剂的脱硝效率有小幅度的增加，但增幅并不明显。当 pH=1.40 时催化剂的脱硝效率最高，在烟气温度为 340℃时，钒钨钛催化剂的脱硝效率最高为 94.6%，钒钼钛催化剂的最高脱硝效率则达到 95.2%。

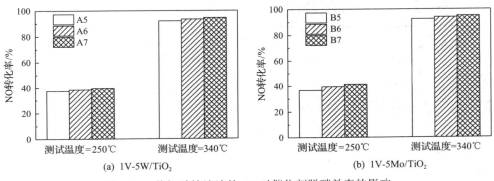

图 1-19　偏钒酸铵溶液的 pH 对催化剂脱硝效率的影响

　　基于不同 pH 的偏钒酸铵溶液制备的催化剂的 H_2-TPR 谱图如图 1-20 所示。从图 1-20（a）可以看到，1V-5W/TiO_2 催化剂中 VO_x 的还原峰在 465℃左右，当pH=3.11 时还原峰位置在 470℃，还原性最差。这说明增加偏钒酸铵溶液的酸性，有利于钒钨之间的相互作用，从而增强催化剂的氧化还原能力，提高催化剂的脱硝活性，这一研究结果可以补充 Dong 等[50]在前驱体溶液 pH 为 0.70～1.35 时对催化剂氧化还原特性的研究。

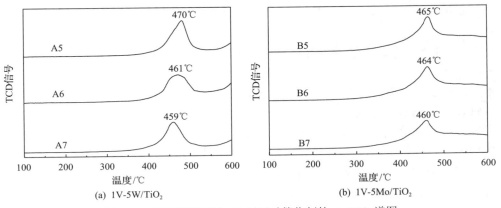

图 1-20　偏钒酸铵溶液 pH 不同时催化剂的 H_2-TPR 谱图

由图 1-20(b)可知，1V-5Mo/TiO$_2$ 催化剂 VO$_x$ 的还原峰在 460～465℃，峰的位置变化较小，规律与 1V-5W/TiO$_2$ 催化剂一致。这说明一定范围内增加偏钒酸铵溶液的酸性同样可以提高 1V-5Mo/TiO$_2$ 催化剂的氧化还原能力，但影响不大。

偏钒酸铵溶液的 pH 分别为 3.11、2.34 和 1.40 时，催化剂的 NH$_3$-TPD 谱图如图 1-21 所示。从图 1-21(a)可以看到，当偏钒酸铵溶液的 pH 为 2.34 和 3.11 时，1V-5W/TiO$_2$ 催化剂分别在 270℃和 460℃左右存在两个 NH$_3$ 的脱附峰，而 pH 等于 1.40 时，催化剂只在 250℃左右存在一个脱附峰，高温段 NH$_3$ 的脱附量明显减少。这说明偏钒酸铵溶液 pH 的改变，会影响 1V-5W/TiO$_2$ 催化剂表面酸性位的种类，当 pH 减小到 1.40 时会抑制 Lewis 酸性位的生成。

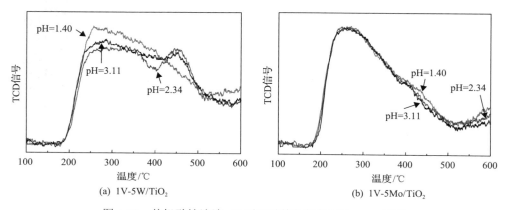

图 1-21　偏钒酸铵溶液 pH 不同时催化剂的 NH$_3$-TPD 谱图

由图 1-21(b)可知，钒前驱体溶液的 pH 改变时，1V-5Mo/TiO$_2$ 催化剂均在 250℃左右存在一个 NH$_3$ 的脱附峰，脱附曲线几乎没有变化。这说明偏钒酸铵溶液的 pH 基本不影响 1V-5Mo/TiO$_2$ 催化剂表面酸性位的种类和数量，催化剂表面只存在 Brönsted 酸性位。对比图 1-21(a)和(b)，可以推断钨的添加促进了 Lewis 酸性位的生成，这可能与钒钨之间强烈的相互作用有关。

1.5　钒钛体系 SCR 脱硝催化剂的协同催化作用

除脱硝反应外，SCR 脱硝催化剂对烟气中其他组分的反应也具有催化作用，如催化氧化 Hg^0(零价汞)为 Hg^{2+}，催化氧化 SO$_2$ 为 SO$_3$。对其他组分的催化作用可能会导致催化剂参与 SCR 反应活性位点的减少，进而影响到 SCR 脱硝催化剂的效率与选择性(NO$_x$→N$_2$，SO$_2$→SO$_3$)，但同时也可以对其加以利用，实现烟气中某些污染物的协同催化脱除(Hg^0→Hg^{2+})。本节将对钒钛体系 SCR 脱硝催化剂催化氧化 Hg^0 和 SO$_2$ 的机理进行介绍。

1.5.1　SCR 脱硝催化剂对 Hg^0 的催化氧化

大部分汞的化合物在温度高于 800℃时处于热不稳定状态，通常分解后会生成 Hg^0。在燃煤锅炉炉膛的高温环境下，几乎煤中所有的微量元素汞均转变为 Hg^0，并以气态的形式存在于烟气中，而留在底渣中的汞含量极低。随着烟气的流动冷却，部分 Hg^0 会转化为氧化态汞(Hg^{2+})和颗粒态汞(Hg^P)，因此燃煤烟气中的汞主要以 Hg^0、Hg^{2+} 和 Hg^P 三种形态存在。其中，Hg^{2+} 易溶于水，可通过燃煤电厂湿法脱硫系统去除，Hg^P 也可随飞灰在除尘设备中去除，而 Hg^0 则很难利用电厂现有的污染物控制设备去除，目前主要的处理方法有吸附法和氧化法[51]。实验研究表明，钒钛系 SCR 脱硝催化剂对烟气中的 Hg^0 具有一定的催化氧化作用，利用 SCR 脱硝催化剂的这一特性可以将烟气中的 Hg^0 氧化为易溶于水的 Hg^{2+}，而后通过湿法脱硫设备除去。该法基于电厂已有的 SCR 脱硝系统及湿法脱硫系统，不需额外安装新设备，相较于活性炭喷射法可节约高额的改建和运行成本，更易被燃煤电厂所接受。因此，SCR 脱硝催化剂对 Hg^0 的协同催化氧化控制在近年得到了广泛关注。

关于 Hg^0 的非均相氧化反应，迄今有多种初步的机理假设，包括 Deacon 过程、Mars-Maessen 机理、Eley-Rideal 机理以及 Langmuir-Hinshelvood 机理[52]。尽管上述机理都存在一定的合理性，但任一机理都不足以完全解释不同催化剂、不同气氛条件下 Hg^0 的非均相氧化过程。在上述四种主要的氧化机理中，Deacon 过程中的 HCl 首先通过催化剂作用生成 Cl_2 进而在气相将 Hg^0 氧化，而其余三种机理中 Hg^0 则首先由气相中吸附到催化剂表面，随后再发生氧化反应，三者之间的主要区别在于反应物状态的不同(气态、吸附态、是否与催化剂表面结合形成晶格氧化物)。

烟气中的 HCl 对 Hg^0 的氧化具有重要作用，其作为烟气中最主要的卤素来源，能够将 Hg^0 氧化生成 $HgCl_2$[53]，这就是 Hg^0 氧化的 Deacon 过程，总反应见式(1-17)：

$$Hg^0+2HCl+1/2O_2 \longrightarrow HgCl_2+H_2O \qquad (1-17)$$

通过 Deacon 过程可以将 HCl 转化为氧化能力更强的 Cl_2，增大 Hg^0 的氧化率，但也存在以下两个问题难以解释：①Cl_2 的平衡浓度过低(仅为 HCl 浓度的 1%左右)；②Hg^0 与 Cl_2 的反应极其缓慢[52]。因此在早先的研究中，Niksa 和 Fujiwara 认为 Deacon 过程还不足以解释 Hg^0 的非均相氧化，SCR 脱硝催化剂表面 Hg^0 的氧化应遵循 Eley-Rideal 机理[54]。何胜等[55]研究了负载在 TiO_2 上的 V_2O_5 对汞的氧化，实验结果也表明 Deacon 过程并不能很好地解释氧化机理，通过对催化剂进行 XPS 和傅里叶变换红外光谱(FTIR)分析，发现 HCl 在催化剂表面吸附后可与 V_2O_5

中的 V=O 反应形成 Cl—V^{5+}—OH, 活性 Cl 随后将吸附于催化剂表面的 Hg^0 氧化为 HgCl$_2$, 该过程遵循 Langmuir-Hinshelvood 机理。

上文提到的 Eley-Rideal 机理反应方程式如下：

$$A(g) \Longleftrightarrow A(ads) \tag{1-18}$$

$$A(ads)+B(g) \Longleftrightarrow AB(g) \tag{1-19}$$

式中，A、B 一般为 Hg^0 和卤素化合物如 HCl 等；ads 表示吸附态。Eley-Rideal 机理中，其中一种反应物不吸附于催化剂表面，而是在气相中与催化剂表面吸附的另一种反应物发生作用，反应速率主要取决于 A、B 两物质浓度、吸附平衡常数和表面的反应速率。

Langmuir-Hinshelwood 机理与 Eley-Rideal 机理类似，区别在于表面吸附位点的间距不同导致 Langmuir-Hinshelwood 机理的两种反应物均可以吸附于催化剂表面，随后在催化剂表面的两种吸附物种发生作用，反应式如下：

$$A(g) \Longleftrightarrow A(ads) \tag{1-20}$$

$$B(g) \Longleftrightarrow B(ads) \tag{1-21}$$

$$A(ads)+B(ads) \Longleftrightarrow AB(ads) \tag{1-22}$$

$$AB(ads) \Longleftrightarrow AB(g) \tag{1-23}$$

Eley-Rideal 机理和 Langmuir-Hinshelvood 机理目前各自受到了一些研究成果的支持。Gao 等[56]认为氮气气氛中 HCl 的存在抑制了 Hg^0 在催化剂表面上的吸附，因此 Hg^0 氧化机理应是 Eley-Rideal 机理。Liu 等[57]在 O$_2$ 和 HCl 存在的条件下，通过 XPS 技术对催化剂进行表征，发现参与 Hg^0 氧化的是吸附态的 HCl 而非气态 HCl，因此 V$_2$O$_5$-WO$_3$/TiO$_2$ 催化剂表面的 Hg^0 氧化过程在 O$_2$ 和 HCl 存在的条件下遵循 Langmuir-Hinshelvood 机理：一个 Hg^0 和两个 HCl 分子首先吸附于催化剂表面，随后吸附态的 Hg^0 和 HCl 反应生成 HgCl$_2$ 和 H$_2$O，整个循环反应的路径如图 1-22 所示。

量子化学计算表明，在 V$_2$O$_5$(001)表面，Hg^0、HCl 和 HgCl$_2$ 的吸附属于物理吸附，中间产物 HgCl 的吸附则属于化学吸附。Hg^0 的氧化过程可分为两个阶段：在第一阶段的反应中(Hg^0+HCl⟶HgCl)，HCl 与 V$_2$O$_5$(001)表面吸附的 Hg^0 发生反应生成 HgCl，该过程遵循 Eley-Rideal 机理；第二阶段中(HgCl+HCl⟶HgCl$_2$)，HCl 首先吸附于 V$_2$O$_5$(001)表面再与 HgCl 反应生成 HgCl$_2$，该过程遵循 Langmuir-Hinshelwood 机理[58]。在整个 Hg^0 氧化反应过程中，由于第二阶段的反应能垒较第一阶段更高，因此第二阶段 HgCl$_2$ 的生成是 Hg^0 氧化反应的速控步骤。

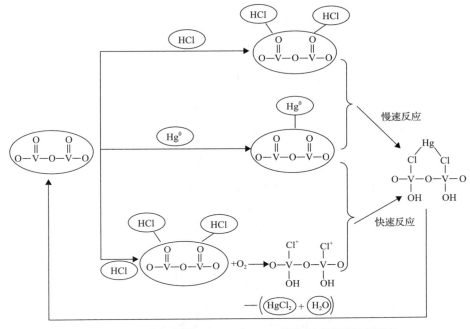

图 1-22　Liu 等提出的 V_2O_5-WO_3/TiO_2 催化剂表面汞氧化路径

在 V_2O_5/TiO_2(001) 表面，Hg^0 和 $HgCl_2$ 的吸附属于物理吸附，中间产物 HgCl 的吸附属于化学吸附，HCl 在催化剂表面会发生解离，分解为 H 和 Cl 原子吸附于 V_2O_5 上，气相中的 Hg^0 随后与 HCl 活化后的 V_2O_5 位点结合，因而 V_2O_5/TiO_2(001) 表面 Hg^0 的氧化遵循 Eley-Rideal 机理[59]。接下来的反应有两种可能的路径：①Hg^0 直接与 2 分子 HCl 经一步反应生成 $HgCl_2$；②Hg^0 首先与 1 分子 HCl 反应生成中间产物 HgCl，随后 HgCl 再与 HCl 反应生成 $HgCl_2$。通过对反应路径的能垒和反应热进行分析，可以知道 Hg^0 的氧化过程属于放热反应，速控步骤为 $HgCl_2$ 分子的生成过程。

为增强催化剂对 Hg^0 的催化氧化效果，可以向烟气中喷射部分卤素化合物如 HBr[60]。在 V_2O_5/TiO_2(001) 表面，HBr 对 Hg^0 的氧化作用与 HCl 类似，首先 HBr 分子发生解离并与 V_2O_5 结合形成活性 V 位点，随后气相中的 Hg^0 与活性位点反应生成 $HgBr_2$，该过程同样遵循 Eley-Rideal 机理。Hg^0 与 HBr 的反应也倾向于首先形成中间产物 HgBr，随后再反应生成 $HgBr_2$。HBr 与 Hg^0 反应的能垒低于 HCl 与 Hg^0 的反应，表明 V_2O_5/TiO_2(001) 表面 HBr 的氧化能力更强。

当烟气中不含 HCl 时，Hg^0 可能与 SCR 脱硝催化剂表面的晶格氧发生反应生成 HgO，此时催化剂表面损失的晶格氧由氧气补充，该过程遵循 Mars-Maessen 机理：

$$A(g) \rightleftharpoons A(ads) \tag{1-24}$$

$$A(ads) + M_xO_y \longrightarrow AO(ads) + M_xO_{y-1} \tag{1-25}$$

$$M_xO_{y-1} + 1/2O_2 \longrightarrow M_xO_y \tag{1-26}$$

$$AO(ads) \longrightarrow AO(g) \tag{1-27}$$

$$AO(ads) + M_xO_y \longrightarrow AM_xO_{y+1} \tag{1-28}$$

Gao 和 Li[61]计算了在 $V_2O_5/TiO_2(001)$ 表面 Hg^0 与晶格氧及 HCl 的反应路径及能量信息，结果表明 Hg^0 在 $V_2O_5/TiO_2(001)$ 表面被 HCl 氧化的过程应遵循 Eley-Rideal 机理。当烟气中 HCl 等组分含量不足时，Hg^0 通过 Mars-Maessen 机理被氧化的反应能垒明显高于 Hg^0 与 HCl 反应的能垒。因此，他们认为仅凭钒钛催化剂表面的晶格氧难以直接将 Hg^0 氧化。Zhao 等[62]在 V_2O_5-WO_3/TiO_2 催化剂中掺杂了 CeO_2，发现掺杂金属氧化物增加了催化剂表面的晶格氧，因而可促进催化剂的 Hg^0 氧化能力。XPS 谱图显示催化剂表面的汞元素主要为 Hg^0 和 HgO，故 Hg^0 被吸附于表面活性位点后被晶格氧原子氧化生成 HgO，反应路径应遵循 Mars-Maessen 机理，他们提出的 V_2O_5-WO_3/TiO_2 催化剂掺杂 CeO_2 后的 Hg^0 氧化机理如图 1-23 所示。

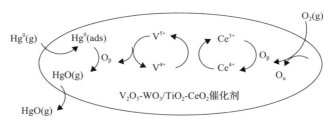

图 1-23　Zhao 等提出的 CeO_2 掺杂 V_2O_5-WO_3/TiO_2 催化剂表面 Hg^0 氧化机理

根据上述研究结果可以看出，目前对于 SCR 脱硝催化剂表面的 Hg^0 氧化机理尚无定论。当气氛中不存在 HCl 时，学者们认为在含有大量晶格氧的催化剂表面，Hg^0 可通过 Mars-Maessen 机理被氧化。当存在 HCl 时，目前的研究认为 Hg^0 和 HCl 会全部或部分地吸附于催化剂表面发生氧化，反应路径可能遵循 Eley-Rideal 机理或者 Langmuir-Hinshelvood 机理。

笔者团队借助量子化学中的密度泛函理论，对 SCR 脱硝催化剂表面 Hg^0 的催化氧化机理也作了进一步研究[63]。针对常见的 V_2O_5-WO_3/TiO_2 催化剂构建了周期性模型，模拟了助剂 WO_3 在 $V_2O_5/TiO_2(001)$ 表面的掺杂，通过对比分析详细考察了助剂 WO_3 对 Hg^0 催化氧化的影响机理。构建的 $V_2O_5/TiO_2(001)$ 和 V_2O_5-$WO_3/TiO_2(001)$ 催化剂的结构模型见图 1-24，催化剂模型经几何优化后的几何参数如

表 1-3 所示，W 掺杂后 VWO$_5$ 基团的键长相比 V$_2$O$_5$ 基团有所增大，可知 W 元素的掺杂略微改变了催化剂模型的几何结构。

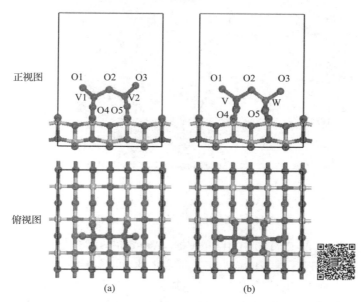

图 1-24　V$_2$O$_5$/TiO$_2$(001) 及 V$_2$O$_5$-WO$_3$/TiO$_2$(001) 催化剂结构模型(彩图扫二维码)

(a) V$_2$O$_5$/TiO$_2$(001)；(b) V$_2$O$_5$-WO$_3$/TiO$_2$(001)

表 1-3　V$_2$O$_5$/TiO$_2$(001) 催化剂和 V$_2$O$_5$-WO$_3$/TiO$_2$(001) 催化剂模型键长(Å)

	V1—O1	V1—O2	V2—O2	V2—O3	V2—O4
V$_2$O$_5$/TiO$_2$	1.603	1.805	1.804	1.604	1.763
V$_2$O$_5$-WO$_3$/TiO$_2$	1.605	1.884	—	—	—

	W—O2	W—O3	W—O4	Ti—O4
V$_2$O$_5$/TiO$_2$	—	—	—	1.834
V$_2$O$_5$-WO$_3$/TiO$_2$	1.861	1.734	1.816	1.941

注：1Å=0.1nm。

为考察 WO$_3$ 掺杂对催化剂表面性质的影响，笔者团队计算了 V$_2$O$_5$/TiO$_2$(001) 和 V$_2$O$_5$-WO$_3$/TiO$_2$(001) 表面的电荷差分密度(图 1-25)。在催化剂表面的 V—O、W—O 键区域，可以看出电荷在 O1、O2、O3 原子附近发生积聚，在 V、W 原子附近则由于电荷转移产生了空缺，这表明模型中 V、W 原子为给出电子的基团，而 O1、O2、O3 原子为接受电子的基团。此外，通过对比可以发现图 1-25(b) 中 W 原子附近的电荷空缺相比图 1-25(a) 中 V2 原子附近更大，这表明相比于 V 原子，掺杂后 W 与周围 O 原子成键时给出了更多的电荷，因而 W 掺杂后催化剂表面的 VWO$_5$ 团簇具备更高的催化反应活性。

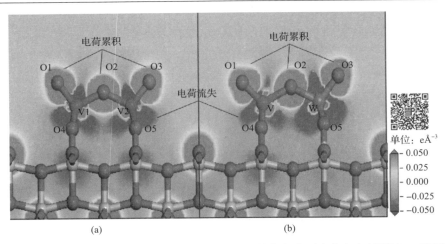

图 1-25　V_2O_5/TiO_2(001) 及 V_2O_5-WO_3/TiO_2(001) 催化剂表面电荷密度(彩图扫二维码)
(a) V_2O_5/TiO_2(001)；(b) V_2O_5-WO_3/TiO_2(001)

图 1-26 给出了 V_2O_5/TiO_2(001) 和 V_2O_5-WO_3/TiO_2(001) 催化剂模型的静电势，图中催化剂团簇附近区域静电势为正，远离催化剂团簇的区域静电势为负。可以看出，催化剂表面 V_2O_5 团簇周围的静电势为正，表明 V_2O_5 处原子核对正电荷的排斥作用占主导地位；同时，在 O1、O2、O3 位点的上方存在静电势为负的区域，利于 Hg、HgCl 等物质的吸附；由于 O1、O3 位点上方静电势负值较大，可以推测 O1、O3 是发生 Hg 吸附及氧化反应的主要位点。相比于图 1-26(a) 中的 V_2O_5 团簇，图 1-26(b) 中 VWO_5 团簇各处的静电势更高，这是由于 W 原子比 V 原子的核电荷数更多，因此对附近区域正电荷的排斥作用更强。

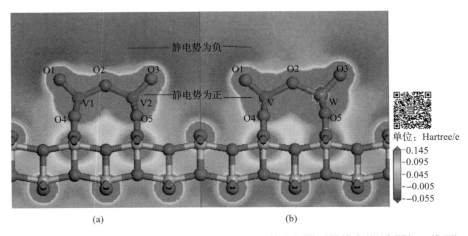

图 1-26　V_2O_5/TiO_2(001) 及 V_2O_5-WO_3/TiO_2(001) 催化剂模型的静电势(彩图扫二维码)
(a) V_2O_5/TiO_2(001)；(b) V_2O_5-WO_3/TiO_2(001)

为深入理解 WO₃ 掺杂后催化剂表面电子结构的变化，笔者团队对两种催化剂模型中 V_2O_5 和 VWO_5 团簇的部分态密度(PDOS)进行了计算，结果如图 1-27 所示。由图 1-27(a) 中可以看出，在费米能级附近，V_2O_5 团簇的价带(VB)主要由 O 原子的 2p 轨道以及 V 原子的 3d 轨道组成，价带宽度为 5.4 eV；导带(CB)则主要由 V 原子的 3d 轨道贡献，为外部电子提供了未占据的轨道。由图 1-27(b) 可以看出，W 原子掺杂后，催化剂 PDOS 图中各轨道均向低能区发生了迁移。在价带处，V 原子的 3d 轨道发生劈裂，使得价带的轨道强度降低，增加了此处电子的局域性；W 原子 3d 轨道的两个峰均与 O2 原子的 2p 轨道发生了杂化，表明 W 原子与 O2 位点之间的相互作用比 V 原子更强烈。同时，W 的掺杂也增加了 VWO_5 的价带、导带宽度(5.4eV→6.3eV，1.62eV→2.09eV)，减小了能隙(1.47eV→0.88eV)，从而使得催化剂表面的电荷转移更易发生。从上述分析可以看出，WO₃ 掺杂后催化剂表面电子的局域性以及反应活性均有所增强。

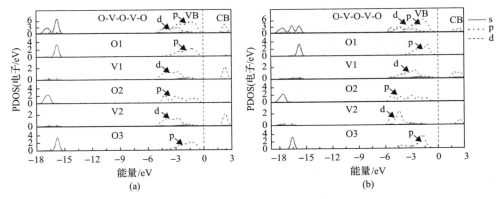

图 1-27　V_2O_5/TiO_2(001) 催化剂表面 V_2O_5 团簇及 V_2O_5-WO_3/TiO_2(001) 催化剂表面 VWO_5 团簇的部分态密度图(费米能级用虚线表示)

(a) V_2O_5 团簇的部分态密度图；(b) VWO_5 团簇的部分态密度图

气相反应物的吸附是非均相催化的第一步，考察了 Hg^0 在 V_2O_5/TiO_2(001) 和 V_2O_5-WO_3/TiO_2(001) 表面的吸附，优化后的几何构型如图 1-28 所示，相关几何参数、吸附能大小在表 1-4 中列出。可以看出，V_2O_5/TiO_2(001) 表面的 Hg^0 吸附能较小，属于物理吸附；在 V_2O_5-WO_3/TiO_2(001) 表面，WO₃ 掺杂后催化剂表面 Hg^0 的吸附能变化不大。

燃煤烟气中的 HCl 对 Hg^0 的氧化起重要作用，因此笔者团队研究了 HCl 分子在 V_2O_5/TiO_2(001) 和 V_2O_5-WO_3/TiO_2(001) 催化剂表面的吸附机理，考虑了所有可能的吸附位点及初始构型，得出的稳定吸附构型及吸附能分别见图 1-29 和表 1-5。在 V_2O_5/TiO_2(001) 表面，HCl 只有两种稳定的吸附构型，且 HCl 分子在 V_2O_5/TiO_2 催化剂表面并未发生解离。在 V_2O_5-WO_3/TiO_2(001) 催化剂表面，HCl

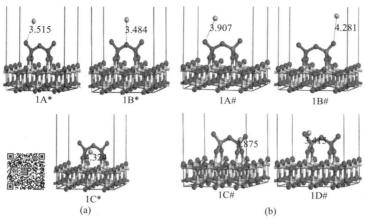

图 1-28　Hg⁰ 在 V₂O₅/TiO₂(001) 催化剂及 V₂O₅-WO₃/TiO₂(001)
催化剂表面上的吸附构型(彩图扫二维码)

(a) V₂O₅/TiO₂(001) 催化剂；(b) V₂O₅-WO₃/TiO₂(001) 催化剂

表 1-4　Hg⁰ 在 V₂O₅/TiO₂、V₂O₅-WO₃/TiO₂ 催化剂表面上各构型的吸附能

催化剂表面		R_{Hg-O}/Å	E_{ads}/(kJ/mol)
V₂O₅/TiO₂	1A*	3.515	−7.193
	1B*	3.484	−7.454
	1C*	4.324	−14.160
V₂O₅-WO₃/TiO₂	1A#	3.907	−6.952
	1B#	4.281	−7.314
	1C#	3.875	−9.667
	1D#	3.415	−9.278

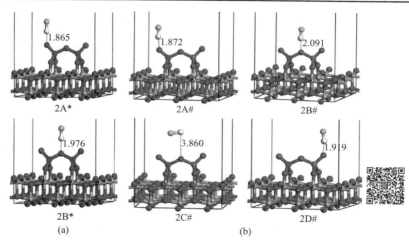

图 1-29　HCl 在 V₂O₅/TiO₂(001) 催化剂及 V₂O₅-WO₃/TiO₂(001)
催化剂表面上的吸附构型(单位：Å，彩图扫二维码)

(a) V₂O₅/TiO₂(001) 催化剂；(b) V₂O₅-WO₃/TiO₂(001) 催化剂

表 1-5　HCl 在 V₂O₅/TiO₂(001)、V₂O₅-WO₃/TiO₂(001) 催化剂表面上各构型的吸附能

催化剂表面		$R_{H\text{-}O}$/Å	$R_{H\text{-}Cl}$/Å	E_{ads}/(kJ/mol)
V₂O₅/TiO₂	2A*	1.865	1.313	−29.475
	2B*	1.976	1.307	−28.292
V₂O₅-WO₃/TiO₂	2A#	1.872	1.311	−28.241
	2B#	2.091	1.299	−18.653
	2C#	3.860	1.291	−10.151
	2D#	1.919	1.307	−25.754

的吸附能大小与 V₂O₅/TiO₂(001) 表面相近，HCl 分子在 V₂O₅-WO₃/TiO₂(001) 表面也发生较弱的吸附。可以认为，WO₃ 的掺杂几乎不影响钒钛基脱硝催化剂对 HCl 的吸附。

　　HgCl 是 Hg⁰ 在氧化过程中生成的一种中间产物，HgCl 分子在催化剂表面的稳定吸附构型及吸附能大小分别如图 1-30 和表 1-6 所示。HgCl 分子在 V₂O₅/TiO₂ (001) 表面倾向于通过 Hg 原子与表面 O1 原子结合的方式，发生较稳定的化学吸附。在 V₂O₅-WO₃/TiO₂(001) 催化剂表面，HgCl 的吸附能较小，HgCl 的吸附不如在 V₂O₅/TiO₂(001) 表面更稳定，因此 W 原子的掺杂虽然在某种程度上促进了 HgCl 分子在催化剂表面的解离，但降低了 HgCl 的吸附能，从而利于中间产物 HgCl 从表面释放，参与下一阶段的氧化反应(HgCl→HgCl₂)。

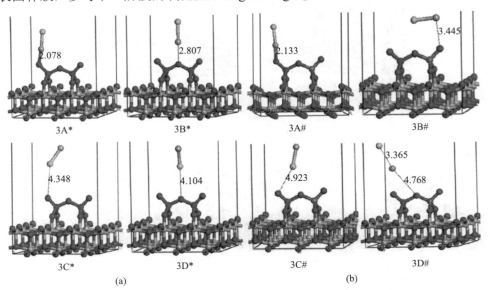

图 1-30　HgCl 在 V₂O₅/TiO₂(001) 催化剂及 V₂O₅-WO₃/TiO₂(001) 催化剂表面上的吸附构型(单位：Å)

(a) V₂O₅/TiO₂(001) 催化剂；(b) V₂O₅-WO₃/TiO₂(001) 催化剂

表 1-6　HgCl 在 V₂O₅/TiO₂(001)、V₂O₅-WO₃/TiO₂(001) 催化剂表面上各构型的吸附能

催化剂表面		R_{Hg-O}/Å	R_{Cl-O}/Å	R_{Hg-Cl}/Å	E_{ads}/(kJ/mol)
V₂O₅/TiO₂	3A*	2.078	—	2.333	−121.202
	3B*	2.807	—	2.525	−96.883
	3C*	—	4.348	2.442	−94.303
	3D*	—	4.104	2.454	−93.350
V₂O₅-WO₃/TiO₂	3A#	2.133	—	2.372	−94.675
	3B#	3.445	—	2.570	−72.427
	3C#	—	4.923	2.498	−101.183
	3D#	4.768	—	3.365	−114.783

　　HgCl₂ 是 Hg⁰ 被氧化后生成的最终产物，V₂O₅/TiO₂(001) 表面的 HgCl₂ 稳定吸附构型及吸附能大小分别如图 1-31 和表 1-7 所示。HgCl₂ 分子在 V₂O₅/TiO₂(001) 表面的吸附属于物理吸附，因此表面的 HgCl₂ 分子很容易再释放到气相中。对于 V₂O₅-WO₃/TiO₂(001) 表面，HgCl₂ 的吸附能有所增大，表明相比 V₂O₅/TiO₂(001) 表面，WO₃ 增强了催化剂对 HgCl₂ 的捕集作用，因而利于烟气中 Hg 元素的脱除。

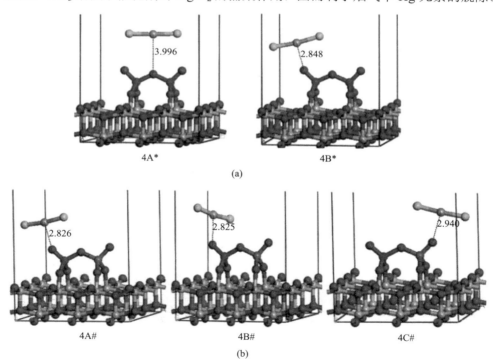

图 1-31　HgCl₂ 在 V₂O₅/TiO₂(001) 催化剂及 V₂O₅-WO₃/TiO₂(001) 催化剂表面上的吸附构型(单位：Å)
(a) V₂O₅/TiO₂(001) 催化剂；(b) V₂O₅-WO₃/TiO₂(001) 催化剂

表 1-7　HgCl₂ 在 V₂O₅/TiO₂(001)、V₂O₅-WO₃/TiO₂(001) 催化剂表面上各构型的吸附能

催化剂表面		R_{Hg-O}/Å	R_{Hg-Cl}/Å	E_{ads}/(kJ/mol)
V₂O₅/TiO₂	4A*	3.996	2.332	−16.369
	4B*	2.848	2.316	−5.642
V₂O₅-WO₃/TiO₂	4A#	2.826	2.333	−36.990
	4B#	2.825	2.333	−38.108
	4C#	2.940	2.330	−33.662

　　在上述研究基础上，笔者团队进一步探索了 Hg⁰ 在 V₂O₅/TiO₂(001) 和 V₂O₅-WO₃/TiO₂(001) 表面的氧化机理，计算出氧化反应的路径、能垒及过渡态构型。通过对比，考察了 WO₃ 掺杂对 V₂O₅/TiO₂ 催化剂表面 Hg⁰ 氧化机理的影响。反应路径的势能图如图 1-32 所示，路径中涉及的反应物、产物及过渡态构型如图 1-33 所示。图 1-32 中实线即为 V₂O₅/TiO₂(001) 表面 Hg⁰ 的氧化路径，依据产物不同，氧化路径可分为两个阶段：在第一阶段，首先一个 HCl 分子和一个 Hg 原子与 V₂O₅/TiO₂(001) 表面结合，放出 51.2kJ/mol 热量；随后 HCl 分子发生分解，需克服的能垒为 50.4kJ/mol；Cl、Hg 原子继续靠近形成 HgCl 分子，这一过程吸收 34.6kJ/mol 热量。HgCl 生成后，第二阶段的氧化反应按 IM2→IM3→TS2→FS 的路径进行，首先催化剂 O3 位点上垂直吸附另一 HCl 分子，放出 27.6kJ/mol 热量；随后 HCl 分子再度发生解离，这一过程能垒为 187.8kJ/mol；最后，HgCl 分子 Hg 端与 Cl*结合形成 HgCl₂ 并从催化剂表面脱附，这一过程需放热 29.2kJ/mol。可以看出，Hg⁰ 与 HCl 的两步氧化反应遵循 Langmuir-Hinshelwood 机理，而不同于 Wang 等和 Zhang 等计算得出的 Eley-Rideal 机理，反应决速步为第二阶段 HgCl₂ 分子的生成过程，整个反应路径的能垒为 187.8kJ/mol[59, 60]。

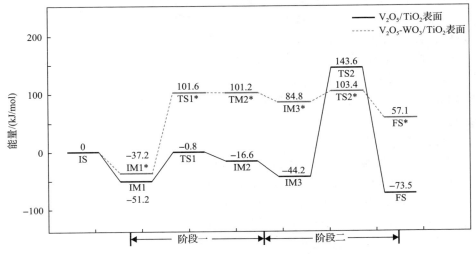

图 1-32　V₂O₅-WO₃/TiO₂(001) 催化剂表面 Hg⁰ 氧化路径

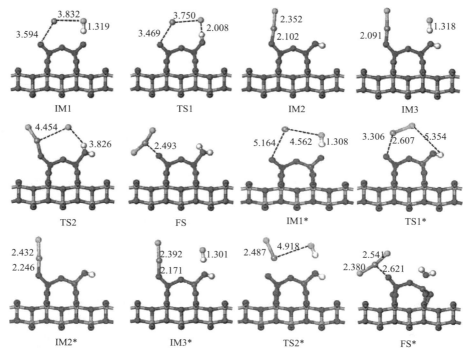

图 1-33　V_2O_5/TiO_2 和 $V_2O_5\text{-}WO_3/TiO_2(001)$ 催化剂表面 Hg^0 氧化起始态（IM）、过渡态（TS）、终态（FS）构型（单位：Å）

　　$V_2O_5\text{-}WO_3/TiO_2(001)$ 表面 Hg^0 的氧化路径如图 1-32 中虚线部分所示，整个反应仍可分为两个阶段。第一阶段是 HgCl 的生成过程：首先，Hg^0、HCl 吸附于 $V_2O_5\text{-}WO_3/TiO_2(001)$ 表面并放出 37.2kJ/mol 热量；随后，HCl 分子解离，跨越 138.8kJ/mol 的能垒，生成的 HgCl 分子吸附于催化剂表面的 O1 位点，这一阶段的反应需吸热 138.4kJ/mol。第二阶段中，O3 位点吸附另一 HCl 分子并放出 16.4kJ/mol 热量；随后，吸附于 O1、O3 的 HgCl 和 HCl 分子发生反应，HCl 分子解离生成 Cl* 并与 HgCl 分子结合为 $HgCl_2$，第二阶段中生成 $HgCl_2$ 分子放热 27.7kJ/mol，能垒为 18.6kJ/mol。可以看出，在 $V_2O_5\text{-}WO_3/TiO_2(001)$ 催化剂表面 Hg^0 与 HCl 之间的反应同样遵循 Langmuir-Hinshelwood 机理，但由于反应第一阶段的能垒较高，因此反应的决速步为 HgCl 的生成阶段。

　　基于上述讨论可以知道，一方面，WO_3 掺杂后催化剂表面 Hg^0、HgCl 的吸附能降低，Hg^0 与吸附剂表面之间的相互作用相对较弱，使得在 Hg^0 氧化的第一阶段，HgCl 的生成过程具有较高的反应能垒；另一方面，WO_3 掺杂表面 $HgCl_2$ 的吸附能更大，表明 $HgCl_2$ 与催化剂表面结合更加稳定，HgCl 的吸附能则较小，有利于中间产物 HgCl 从催化剂表面脱附进一步氧化生成 $HgCl_2$，从而使这一阶段的反应能垒相对较低。因此，在 WO_3 掺杂改性的 $V_2O_5\text{-}WO_3/TiO_2(001)$ 表面，HgCl 的生成过程能垒较高，是 Hg^0 氧化路径的决速步，而 V_2O_5/TiO_2(001) 表面 Hg^0 氧化的决速步则为 $HgCl_2$ 的生成过程。比较这两种模型表面 Hg^0 氧化的能垒可以发现，WO_3 的改性一定程度上降低了钒钛体系 SCR 脱硝催化剂表面 Hg^0 氧化的反应能垒 (138.8kJ/mol *vs* 187.8kJ/mol)，增强了对烟气中 Hg^0 的催化氧化能力，从而促进了 SCR 脱硝催化剂对烟气中 Hg^0 的脱除。

1.5.2　SCR 脱硝催化剂对 SO_2 的催化氧化

1. SO_2 的催化氧化机理研究

1) SCR 脱硝催化剂作用下 SO_2 氧化反应机理

SO_2 在钒钛催化剂的催化作用下氧化生成 SO_3 是催化剂表面硫酸铵盐(主要是 NH_4HSO_4)形成的重要步骤。为减少硫酸铵盐的生成，削弱其对催化剂本身以及空气预热器(简称空预器)等设备的危害，必须严格控制 SO_2 的氧化率，而深入探究 SO_2 氧化的反应机理将为控制 SO_2 氧化率提供理论依据。现有关于 SO_2 对催化剂影响的研究主要集中在其对催化剂的毒害作用，而对其氧化机理的研究相对欠缺。除了 SCR 脱硝技术领域，其他领域(如工业硫酸的生产等)也有涉及 SO_2 的催化氧化反应，但不同行业所采用的催化剂类型(载体及助剂)有所不同，因此对应的 SO_2 氧化机理也存在差异[64, 65]。不同学者通过催化剂微观结构表征、反应动力学分析等手段对商用 SCR 脱硝催化剂的 SO_2 氧化机理进行了探索和实践，取得了重要的成果，但至今对 SO_2 氧化的反应机理尚无定论。目前，普遍认可的钒钛催化剂的 SO_2 氧化机理主要有以下两类。

第一类 SO_2 氧化机理以 Liu 等[66]的研究为代表，通过 FTIR 手段，探究了 SO_2 在催化剂表面的吸附及氧化行为，给出了可能的氧化过程：SO_2 首先吸附在催化剂表面的 V 位点上，并与其上的 V^{5+}—OH 发生反应生成金属硫酸盐($VOSO_4$)中间体，然后该中间体分解形成气态 SO_3，同时造成氧空位，V^{5+} 被还原成 V^{4+}，随后 V^{4+} 再次被解离吸附的 O 氧化为 V^{5+}，因此 SO_2 氧化生成 SO_3 的过程可以看作是催化剂表面晶格中某些部位 O 原子的传递过程。该过程所涉及的氧化反应如式(1-29)~式(1-31)。

$$V_2O_5 + SO_2 \longrightarrow V_2O_4 + SO_3 \tag{1-29}$$

$$2SO_2 + O_2 + V_2O_4 \longrightarrow 2VOSO_4 \tag{1-30}$$

$$2VOSO_4 \longrightarrow V_2O_5 + SO_2 + SO_3 \tag{1-31}$$

该过程给出了参与氧化反应的 V 位点及反应的中间物种，但反应过程中所涉及的基元反应还需进一步的研究。

第二类 SO_2 氧化机理以 Dunn 等[67]的研究为代表，通过反应动力学手段，探究了 SO_2 在催化剂表面的吸附及氧化现象，提出了可能的 SO_2 氧化路径：SO_2 分子吸附在 V_2O_5 团簇表面，并与表面 $(Ti—O)_3V^{5+}$＝O 中的 V—O—Ti 碱性氧物种配位形成 $(V^{5+})·SO_2$-ads 中间体，随后中间体上的 V^{5+}—O—SO_2 键断裂生成气态 SO_3，同时造成氧空位，V^{5+} 被还原成 V^{3+} 并再次被解离吸附的 O 氧化为 V^{5+}，至此完成了整个氧化还原路径。此外，催化剂表面氧化生成的 SO_3 酸性要强于 SO_2，因此会与 V—O—Ti 中的氧原子间存在更强烈的引力作用，从而导致气态 SO_3 分子与 SO_2 间的竞争吸附，使 SO_2 的氧化过程更为复杂，详细的氧化路径如图 1-34 所示。

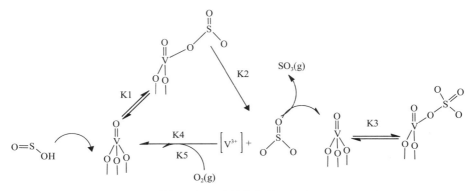

图 1-34　Dunn 等提出的钒基催化剂催化氧化 SO_2 的反应机理

在上述基础上，Dunn 等[68]进一步研究了钒钛催化剂表面 V 物种的存在形态，结果表明当 V 元素的负载量较低时，V 在 TiO_2 表面优先以孤立的四面体结构的 $(Ti—O)_3V^{5+}$＝O（包含一个 V＝O 端键和三个 V—O—Ti 桥键）配体存在；V 的负载量较高时，载体表面孤立的 V 配体将发生聚合，使两个 V—O—Ti 键断裂并形成两个 V—O—V 桥键，形成多聚态的钒氧物种；而当 V 的负载量超过单层覆盖率（13mmol V^{5+}/m^2 或 8 个 V 原子 atoms/nm^2）时，在单层 V 结构之上会形成分离的 V_2O_5 晶体结构。

为阐述 V 元素结合形态与 SO_2 氧化率之间的关系，Dunn 等[69]进一步采用拉曼光谱手段研究了不同载体氧化物上化学键的拉曼频率与 SO_2 氧化反应的转换频率（turn over frequency，TOF，即单位时间内每个表面 V 位点上所氧化的 SO_2 分子数）之间的关系，结果表明 SO_2 氧化率与 V＝O 端键和 V—O—V 桥键无关，而与 V—O—M（M 为载体氧化物金属原子）桥键有关，原因可能是对于不同的载体氧化物，V—O—M 键的强度各不相同。此外，研究还表明在低于 400℃时，SO_2 氧化的转换频率非常低，为 10^{-6}～$10^{-4}s^{-1}$，且与催化剂表面 V 的覆盖率无关，这表明只需要一个钒氧位点即能完成 SO_2 的催化氧化。催化 SO_2 氧化反应的转换频率越高，含有的能够吸附酸性 SO_2 分子的钒位点的比例就越高，因此也就越容易发生氧化还原循环反应。此外，Dunn 等[70]还研究了不同载体氧化物中 V—O—M 氧桥对催化剂 SO$_2$ 氧化率的具体影响，结果表明 V—O—M 氧桥的碱性可能影响酸性 SO$_2$ 在催化剂表面的吸附和氧化过程。载体中阳离子电负性越高，则氧的电子密度越低，其碱性也就越弱。氧的碱性越弱，其吸附酸性 SO$_2$ 分子的能力越弱，从而抑制催化剂催化氧化 SO$_2$ 的能力。各载体氧化物离子的电负性大小顺序如下：Ce＜Zr＜Ti＜Al＜Si，SO$_2$ 氧化反应的转换频率大小顺序如下：Ce＞Zr＞Ti＞Al＞Si，由此可以看出载体氧化物的电负性与相应催化剂 SO$_2$ 氧化的转换频率呈负相关。

2）SCR 脱硝催化剂的 SO$_2$ 吸附-脱附研究

SO$_2$ 吸附是其在催化剂上氧化的重要步骤。有学者对不同钒负载量的 V$_2$O$_5$/TiO$_2$ 催化剂进行了 SO$_2$ 程序升温脱附（SO$_2$-TPD）实验研究，表征结果如图 1-35 所示。TiO$_2$ 的 SO$_2$ 脱附峰分别出现在 150℃、270℃和 740℃处；150℃和 270℃处的 SO$_2$ 脱附峰对应从表面脱附的 SO$_2$ 分子或在表面与羟基结合的 SO$_2$ 的脱附[71]；位于 740℃附近的 SO$_2$ 脱附峰来源于 SO$_2$ 吸附过程在表面形成的稳定的硫酸盐化合物的分解[72-74]。随着 V$_2$O$_5$ 负载量的增加，150℃和 270℃处对应的 SO$_2$ 脱附峰的面积逐渐减小，同样的，在 740℃附近 SO$_2$ 脱附峰的温度和面积也随着 V$_2$O$_5$ 含量增加而减小。在 V$_2$O$_5$/TiO$_2$ 催化剂表面，硫酸根只能与表面的 Ti—O 结合，而不与表面的钒氧化物结合，而钒氧化物与 TiO$_2$ 表面的 Ti—O 结合形成 Ti—O—V 位点[75]。故随着 V$_2$O$_5$ 负载量的增加，会造成与 Ti—O 结合的硫酸根逐步减少，相应的硫酸根分解出的 SO$_2$ 随之减少。与纯 TiO$_2$ 相比，V$_2$O$_5$/TiO$_2$ 催化剂在 400～500℃出现新的 SO$_2$ 脱附峰，且峰面积随着 V$_2$O$_5$ 含量的增加而增加。根据文献分析，该 SO$_2$ 脱附峰与表面亚硫酸盐的分解有关[76, 77]。

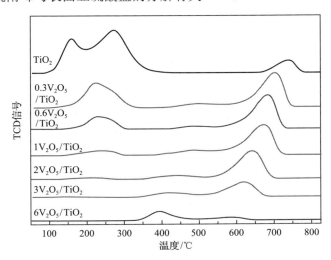

图 1-35　不同 V$_2$O$_5$ 负载量的 V$_2$O$_5$/TiO$_2$ 催化剂的 SO$_2$-TPD 曲线

3) SO$_2$ 在 SCR 脱硝催化剂表面的赋存形态

SO$_2$ 和 V$_2$O$_5$/TiO$_2$ 催化剂表面的相互作用可以采用原位漫反射傅里叶变换红外光谱系统进行检测。图 1-36 是 3V/Ti 催化剂在 50℃下被 1vol% SO$_2$、5vol% O$_2$ 混合气(载气为氮气)处理随时间变化的原位漫反射傅里叶变换红外光谱。随着时间的增加,1070cm^{-1}、1147cm^{-1}、1170cm^{-1}、1283cm^{-1}、1340cm^{-1}、1373cm^{-1} 和 1636cm^{-1} 处的峰强度增大,同时 1030cm^{-1}、2042cm^{-1}、3620cm^{-1} 和 3668cm^{-1} 处的峰强度随时间增加而减小。根据其他学者研究结果,1147cm^{-1}、1340cm^{-1} 和 1373cm^{-1} 附近的峰属于气态 SO$_2$[78-80]。关闭 SO$_2$ 和 O$_2$ 并采用 N$_2$ 吹扫之后,属于气态 SO$_2$ 的峰(1147cm^{-1} 和 1373cm^{-1})消失,1340cm^{-1} 处的峰强度减弱,这是由于在 3V/Ti 催化剂表面存在弱吸附的 SO$_2$(此吸附态的 SO$_2$ 会在 1340cm^{-1} 处出峰)[81]。关闭 SO$_2$ 和 O$_2$ 并采用 N$_2$ 吹扫之后,在 1170cm^{-1} 和 1283cm^{-1} 处出现新峰,1170cm^{-1} 和 1283cm^{-1} 属于双齿配位硫酸根在 V$_2$O$_5$/TiO$_2$ 催化剂表面的振动峰[72, 82]。1070cm^{-1} 处的振动峰属于非对称亚硫酸氢根的振动[81, 83],1030cm^{-1} 处的振动峰属于钒氧化物末端 V=O 的振动[31, 84-86],2042cm^{-1} 处的振动峰属于钒氧化物末端 V=O 的倍频振动。由图 1-36 可以看出,通入 SO$_2$ 和 O$_2$ 后,V=O 振动峰的强度逐渐降低。关闭 SO$_2$ 和 O$_2$ 并采用 N$_2$ 吹扫之后,V=O 振动峰仍然是负的,表明 V=O 被含硫组分占据。3668cm^{-1} 和 3620cm^{-1} 处的振动峰属于 V—OH 物种[87],V—OH 振动峰在 SO$_2$ 和 O$_2$ 气氛下强度逐渐降低,关闭 SO$_2$ 和 O$_2$ 并采用 N$_2$ 吹扫之后,V—OH 振动峰强度恢复至最初水平,说明 V—OH 与 SO$_2$ 之间相互作用很弱[10, 17]。

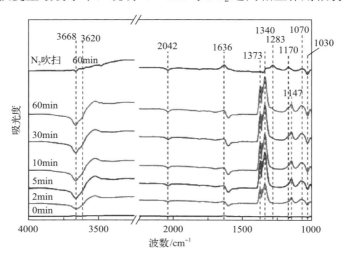

图 1-36　3V/Ti 催化剂在 50℃下吸附 SO$_2$ 随时间变化的原位漫反射傅里叶变换红外光谱

图 1-37 是 3V/Ti 催化剂在 50℃下被 1% SO$_2$、5% O$_2$ 混合气(载气为氮气)处理然后在 N$_2$ 气氛下进行升温脱附的原位漫反射傅里叶变换红外光谱。1030cm^{-1}

和 2042cm^{-1} 处的振动峰属于钒氧化物末端 V═O 的振动[31,84-86]，这两个振动峰一直
到温度升至 450℃都是负的，这说明直到 450℃占据 V═O 的含硫组分都没有脱附。
属于双齿配位硫酸根的 1170cm^{-1} 和 1283cm^{-1} 处的振动峰到温度升至 450℃仍未消
失，归属于弱吸附 SO$_2$ 的 1340cm^{-1} 处的振动峰在温度升至 300℃时消失[81]。同时，
归属于亚硫酸氢根的 1070cm^{-1} 处的振动峰在温度升至 200℃时消失[81, 83]；归属于三
齿硫酸根[(Ti—O)$_3$S═O]的 1373cm^{-1} 处的振动峰在温度升至 300℃时开始出现，这
表明弱吸附的 SO$_2$ 在 300℃时转变成了硫酸根[88]；归属于吸附态 H$_2$O 的 1628cm^{-1}
处的振动峰在 300℃时消失，表明 SO$_2$ 在催化剂上吸附时形成的水已从表面蒸发。

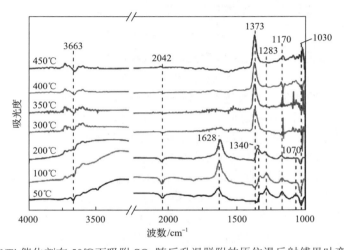

图 1-37　3V/Ti 催化剂在 50℃下吸附 SO$_2$ 随后升温脱附的原位漫反射傅里叶变换红外光谱

　图 1-38 是 3V/Ti 催化剂在 350℃下被不同气体组分（5%O$_2$、1%SO$_2$、1%SO$_2$+

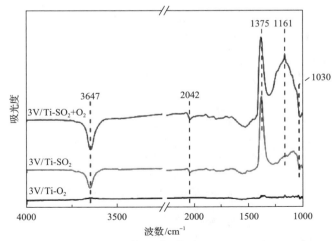

图 1-38　3V/Ti 催化剂在 350℃下不同气氛处理的原位漫反射傅里叶变换红外光谱

5%O$_2$)处理后的原位漫反射傅里叶变换红外光谱。由图 1-38 可知，归属于钒氧化物末端 V=O 的 1030cm^{-1} 和 2042cm^{-1} 处的振动峰、归属于 Ti—OH 的 3647cm^{-1} 处的振动峰、归属于硫酸根的 1375cm^{-1} 处的振动峰在 350℃下被 SO$_2$ 或者 SO$_2$+O$_2$ 处理时开始出现，在 1161cm^{-1} 处的振动峰归于 SO$_3$[79, 84-86]。这表明在 350℃下无论 O$_2$ 是否存在，SO$_2$ 都可以在 3V/Ti 催化剂上被氧化成硫酸盐或 SO$_3$。

2. SCR 脱硝过程中 SO$_2$ 氧化率的影响因素

影响 SCR 脱硝催化剂 SO$_2$/SO$_3$ 氧化率的因素主要有催化剂 V$_2$O$_5$ 的负载量、催化助剂、燃煤飞灰、催化剂壁厚以及烟气成分、反应温度等。

1) 催化剂 V$_2$O$_5$ 负载量对 SO$_2$ 氧化率的影响

V$_2$O$_5$ 对钒钛催化剂的 SCR 脱硝反应和 SO$_2$ 氧化反应均具有良好的催化作用，且上述两个反应的转化率均与 V$_2$O$_5$ 含量密切相关。研究表明，随着 V$_2$O$_5$ 含量的增加，两个反应的转化率均有提升，但 SO$_2$/SO$_3$ 转化率的增速更快(图 1-39)，这是因为 SO$_2$ 的氧化率与催化剂的氧化性密切相关。在 SCR 脱硝催化剂中，随着 V$_2$O$_5$ 含量的提高，V$_2$O$_5$ 先后以单体钒氧物种、低聚合度钒氧物种、高聚合度钒氧物种和 V$_2$O$_5$ 晶体的形式存在，当钒含量超过某一范围时，将会迁移团聚在一起形成 V$_2$O$_5$ 晶体。V$_2$O$_5$ 晶体是工业制备硫酸所用催化剂的主要活性物质，所以随着 V$_2$O$_5$ 含量的增加，催化剂的氧化性将不断增强，使得 SO$_2$ 的氧化率不断提高。由此可知，可以通过适当降低 V$_2$O$_5$ 含量的方式来控制 SO$_2$ 氧化率，但这要以牺牲部分脱硝效率为代价，所以单纯减少 V$_2$O$_5$ 含量并不是控制 SO$_2$ 氧化率的最优路径。

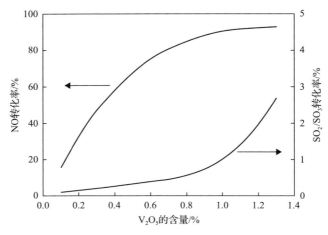

图 1-39　V$_2$O$_5$ 含量对 SCR 脱硝催化剂 NO 转化率和 SO$_2$/SO$_3$ 转化率的影响

2) 催化助剂对 SO$_2$ 氧化率的影响

商业 SCR 脱硝催化剂的主要成分为活性组分 V$_2$O$_5$ 和载体 TiO$_2$。此外，为了提升催化剂性能，还需要掺杂特定的金属氧化物作为催化助剂，其中最常见的催化助剂为 WO_3 和 MoO_3，这些催化助剂的存在对 SO_2 氧化率也具有一定的影响。一般而言，WO_3 的掺杂主要是为了提高催化剂的热稳定性和表面酸性。值得注意的是，根据 Sazonova 等[89]的研究结果，WO_3 的掺杂还能有效降低催化剂的 SO_2 氧化率，提高其抗硫性能。然而，Dunn 等[67-70]则持有与之相反的观点，认为 WO_3 的掺杂会使催化剂的 SO_2 氧化率提高，Morikawa 等[90]也研究得出了相似的结论。与 WO_3 的作用相似，MoO_3 的掺杂也是为了提高催化剂的热稳定性和表面酸性，另外还能增强催化剂的抗砷中毒能力。Kwon 等[13]发现 MoO_3 的掺杂还能够抑制 SO_2 与 V＝O 键的反应，进而减弱 SO_2 在催化剂表面的吸附，且研究还发现催化剂中 Mo^{6+}/Mo^{5+} 比值越高，催化剂的抗硫性能就越好。

综上所述，虽然 WO_3 对 SO_2 氧化率的具体作用存在争议，但催化助剂对 SO_2 氧化率会产生影响已毋庸置疑，这为改善催化剂的抗硫性能提供了一种可能的方法，即通过引入特定的物质来抑制 SO_2 的氧化。

3）燃煤飞灰对 SO_2 氧化率的影响

煤燃烧后形成的灰分一部分会落入炉膛底部形成炉渣，而另一部分则随高温烟气进入尾部烟道形成飞灰，飞灰的主要成分为 SiO_2、Al_2O_3、Fe_2O_3、CaO、MgO、K_2O 和 Na_2O 等金属氧化物及其金属盐。当它们随烟气流经催化剂时，会沉积在催化剂表面和内部孔道，堵塞催化剂表面活性位或与活性位发生化学反应而使催化剂逐渐失活，飞灰中的碱金属物种和 Fe_2O_3 等物质对 SO_2 氧化率有显著影响。

工业硫酸的生产中，其核心过程 SO_2 的氧化反应也是在钒催化剂的催化作用下进行的，该催化剂除了以 V_2O_5 为活性组分外，还以碱金属（主要有 K、Na 和 Cs 等）硫酸盐为催化助剂[64, 91]，可见碱金属物种的存在对 SO_2 的氧化反应具有促进作用，一方面 SO_2 氧化率随碱金属含量的增加而提高[92, 93]，另一方面多种碱金属物质间的协同作用还能改变 V＝O 键的强度，强化 SO_2 的氧化。此外，Long 和 Yang[94]以 Fe_2O_3 为活性组分替代常规的 V_2O_5 制备了 Fe_2O_3/TiO_2-PILC 催化剂，并进行了 SO_2 氧化率测试，结果表明虽然其 SO_2 氧化率略低于常规钒钛催化剂，但 SO_2 的氧化依然较为明显，说明 Fe_2O_3 对 SO_2 的氧化具有显著的催化作用。这一结论也得到了徐永福和苏维瀚[95]的研究证实。

综上所述，对于新鲜的钒钛体系催化剂，随着使用时间的延长，烟气中含有的碱金属物种和 Fe_2O_3 等会沉积在其表面并逐渐渗透到内部孔道，参与到 SO_2 的氧化反应中，使得催化剂的 SO_2 氧化率升高。

4）催化剂壁厚对 SO_2 氧化率的影响

由于 SCR 脱硝反应和 SO_2 氧化反应速率的差别较大，故两者在催化剂中的发生部位有所不同。根据化学动力学，SCR 反应非常迅速，受外扩散控制，该反应主要发生在催化剂 0.1mm 的外部表层内，这一表层对催化剂的脱硝性能具有决定性影响。而 SO_2 氧化反应相对较为缓慢，其过程由化学动力学控制，该反应发生在催化剂所有壁厚内，如图 1-40 所示。因此催化剂仅最表层的成分会对 SCR 脱硝反应有贡献，大量的催化剂成分主要用于 SO_2 的氧化过程[96]。

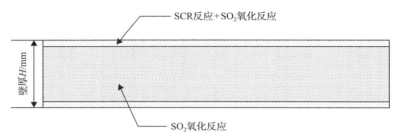

图 1-40　SCR 反应和 SO_2 氧化反应发生部位示意图

商业 SCR 脱硝催化剂有蜂窝式、平板式和波纹板式等型式，不同型式的催化剂的壁厚有所不同。一般而言，催化剂壁越薄，SO_2 氧化率越低，但对应的机械性能也会越差。因此，在进行催化剂成型时，应综合考虑机械性能和 SO_2 氧化率之间的关系。

5）反应工况对 SO_2 氧化率的影响

烟气中的不同组分（如 SO_2、SO_3、O_2、NO、NH_3 和 H_2O 等）和反应温度均会对脱硝催化剂的 SO_2 氧化率产生不同程度的影响。研究表明，SO_2 氧化的稳态反应速率随着 SO_2 浓度的升高，表现出先增大后减小的趋势，当 SO_2 浓度为 200ppm（1ppm=10^{-6}）时，反应速率达到最大值[97]。氧化产物 SO_3 会与 SO_2 竞争吸附催化剂表面的钒物种，使得 SO_2 分压对其氧化率的影响变得相对复杂[67]。若不考虑 SO_3 的抑制作用，SO_2 分压对其氧化率的影响因子约为 0.52±0.09 阶，而若考虑 SO_3 的抑制作用，则 SO_2 分压对其氧化率的影响因子约为 1.01±0.03 阶，SO_3 分压对 SO_2 氧化率的影响因子约为−1.00±0.03 阶。Orsenigo 等[98]针对 SO_2 浓度对其氧化率的影响进行了动力学研究，结果表明当入口 SO_2 浓度发生突增或突减时，出口 SO_3 浓度随运行时间的延长相应地单调递增或递减，直至达到新的稳定状态，这说明出口 SO_3 浓度对入口 SO_2 浓度变化的响应是连续的。

对于 O_2 分压对 SO_2 氧化率的影响，多位学者研究表明，当 O_2 分压处于 0.1vol%～1vol%时，O_2 分压对 SO_2 氧化率的影响因子约为 0.53 阶。而当 O_2 分压高于 1%时，SO_2 的氧化率基本保持不变。在实际的工业应用中，催化剂表面的 O_2 分压为 2vol%～6vol%，即催化剂表面被吸附的氧充分浸润，表明 SO_2 氧化率与 O_2 分压无关[67, 97]。

Svachula 等[97]认为，NO_x 对 SO_2 的氧化过程具有轻微的促进作用，而 NH_3 对该过程具有极强的抑制作用。因此，在 NO_x 和 NH_3 共存的条件下，其影响需要根据两者的相对含量确定。当 NH_3/NO_x 较低时，SO_2 的氧化率高于 NO_x 和 NH_3 均不存在时的情况，说明此时 NO_x 的促进作用为主导因素。随着 NH_3/NO_x 的增大，NH_3 的抑制作用逐渐增强并为主导因素，SO_2 的氧化率逐渐降低。

Orsenigo 等[98]针对反应温度对 SO_2 氧化率的影响进行了动力学研究。结果表明，出口 SO_3 浓度对反应温度变化的响应是不连续的，当反应温度由 653K 突降为 623K 时，模拟 SCR 反应器出口的 SO_3 浓度由 14ppm 突降至 7ppm，随后回升并稳定在 10ppm；当反应温度再由 623K 升至 633K 后，出口 SO_3 浓度再次发生突变，由 10ppm 瞬时增大至 13ppm，随后逐渐降低至 11.3ppm 附近。这表明 SCR 脱硝催化剂的 SO_2 氧化率对工况变化的响应具有瞬态效应，这可能是因为温度的改变导致催化剂表面硫物种的覆盖度发生了变化。

参 考 文 献

[1] 李俊华. 烟气脱硝关键技术研究及应用[M]. 北京: 科学出版社, 2015.

[2] 顾卫荣, 周明吉, 马薇. 燃煤烟气脱硝技术的研究进展[J]. 化工进展, 2012, 31 (9): 2084-2092.

[3] Busca G, Liettib L, Ramis G, et al. Chemical and mechanistic aspects of the selective catalytic reduction of NO_x by ammonia over oxide catalysts: A review[J]. Applied Catalysis B: Environmental, 1998, 18: 1-36.

[4] Alemany L J, Lietti L, Ferlazzo N, et al. Reactivity and physicochemical characterization of V_2O_5-WO_3/TiO_2 de-NO_x catalyst[J]. Journal of Catalysis, 1995, 155 (1): 117-130.

[5] Casanova M, Rocchini E, Trovarelli A, et al. High-temperature stability of V_2O_5/TiO_2-WO_3-SiO_2 SCR catalysts modified with rare-earths[J]. Journal of Alloys & Compounds, 2006, 408 (2): 1108-1112.

[6] Bosch H, Janssen F. Control technologies[J]. Catalysis Today, 1988, 2: 369-532.

[7] Wang C, Yang S, Chang H, et al. Dispersion of tungsten oxide on SCR performance of V_2O_5-WO_3/TiO_2: Acidity, surface species and catalytic activity[J]. Chemical Engineering Journal, 2013, 225: 520-527.

[8] Shan W, Liu F, He H, et al. A superior Ce-W-Ti mixed oxide catalyst for the selective catalytic reduction of NO_x with NH_3[J]. Applied Catalysis B: Environmental, 2012, 115-116: 100-106.

[9] Nijhuis T A, Beers A E W, Vergunst T, et al. Preparation of monolithic catalysts[J]. Catalusis Reviews, 2001, 43 (4): 345-380.

[10] Camposeco R, Castillo S, Mugica V, et al. Role of V_2O_5-WO_3/$H_2Ti_3O_7$-nanotube-model catalysts in the enhancement of the catalytic activity for the SCR-NH_3 process[J]. Chemical Engineering Journal, 2014, 242: 313-320.

[11] Amiridis M D, Duevel R V, Wachs I E. The effect of metal oxide additives on the activity of V_2O_5/TiO_2 catalysts for the selective catalytic reduction of nitric oxide by ammonia[J]. Applied Catalysis B: Environmental, 1999, 20 (2): 111-122.

[12] Kobayashi M, Hagi M. V_2O_5-WO_3/TiO_2-SiO_2-SO_4^{2-} catalysts: Influence of active components and supports on activities in the selective catalytic reduction of NO by NH_3 and in the oxidation of SO_2[J]. Applied Catalysis B: Environmental, 2006, 63 (1/2): 104-113.

[13] Kwon D W, Park K H, Hong S C. Enhancement of SCR activity and SO_2 resistance on VO_x/TiO_2 catalyst by addition of molybdenum[J]. Chemical Engineering Journal, 2016, 284: 315-324.

[14] Bourikas K, Fountzoula C, Kordulis C. Monolayer binary active phase（Mo-V）and（Cr-V）supported on titania catalysts for the selective catalytic reduction（SCR）of NO by NH_3[J]. Langmuir, 2004, 20（24）: 10663-10669.

[15] Liettil L, Nova I, Ramis G, et al. Characterization and reactivity of V_2O_5-MoO_3/TiO_2 de-NO_x SCR catalysts[J]. Journal of Catalysis, 1999, 187（2）: 419-435.

[16] Liettil L, Nova I, Forzatti P. Selective catalytic reduction（SCR）of NO by NH_3 over TiO_2-supported V_2O_5-WO_3 and V_2O_5-MoO_3 catalysts[J]. Topics in Catalysis, 2000, 11（1-4）: 111-122.

[17] 张新, 吴俊升, 魏丹. 钒含量和焙烧温度对 V_2O_5/TiO_2 催化剂物理和化学性质的影响[J]. 科技导报, 2012, 33: 35-40.

[18] 杨用龙, 何胜, 苏秋凤. 焙烧温度对 Mn-Cu/TiO_2 催化剂性能的影响[J]. 热力发电, 2015, 4: 73-77.

[19] 张信莉, 王栋, 彭建升. 煅烧温度对 Mn 改性 Fe_2O 省略剂结构及低温 SCR 脱硝活性的影响[J]. 燃料化学学报, 2015, 2: 243-250.

[20] Grzybowska-Świerkoze B. Thirty years in selective oxidation on oxides: What have we learned[J]. Topics in Catalysis, 2000, 11（1/4）: 23-42.

[21] Rusiecka M, Grzybowska B, Ga Sior M. *O*-xylene oxidation on V_2O_5-TiO_2 oxide system[J]. Applied Catalysis, 1984, 10（2）: 101-110.

[22] Choi S H, Cho S P, Lee J Y, et al. The influence of non-stoichiometric species of V/TiO_2 catalysts on selective catalytic reduction at low temperature[J]. Journal of Molecular Catalysis A: Chemical, 2009, 304（1）: 166-173.

[23] Choo S T, Lee Y G, Nam I S, et al. Characteristics of V_2O_5 supported on sulfated TiO_2 for selective catalytic reduction of NO by NH_3[J]. Applied Catalysis A: General, 2000, 200（1/2）: 177-188.

[24] Fang J, Bi X, Si D, et al. Spectroscopic studies of interfacial structures of CeO_2-TiO_2 mixed oxides[J]. Applied Surface Science, 2007, 253（22）: 8952-8961.

[25] 陈建军, 李俊华, 柯锐, 等. 钒和钨负载量对 V_2O_5-WO_3/TiO_2 表面形态及催化性能的影响[J]. 环境科学, 2007, 9: 1949-1953.

[26] Chen M, Zheng X M. Effect of promoter thallium for a novel selectivity oxidation catalyst studied by X-ray photoelectron spectroscopy[J]. Journal of Molecular Catalysis A: Chemical, 2003, 201（1/2）: 161-166.

[27] Alemany L, Berti F, Busca G, et al. Characterization and composition of commercial V_2O_5-WO_3-TiO_2 SCR catalysts[J]. Applied Catalysis B: Environmental, 1996, 10（4）: 299-311.

[28] Nakatsuji T, Miyamoto A. Removal technology for nitorogen oxides and sulfur oxides from exhaust gases[J]. Catalysis Today, 1991, 10（1）: 21-31.

[29] Ramis G, Busca G, Bregani F, et al. Fourier transform-infrared study of the adsorption and coadsorption of nitric oxide, nitrogen dioxide and ammonia on vanadia-titania and mechanism of selective catalytic reduction[J]. Applied Catalysis, 1990, 64: 259-278.

[30] Ramis G, Yi L, Busca G. Ammonia activation over catalysts for the selective catalytic reduction of NO_x and the selective catalytic oxidation of NH_3. An FT-IR study[J]. Catalysis Today, 1996, 28（4）: 373-380.

[31] Topsoe N, Topsoe H, Dumesic J. Vanadia/titania catalysts for selective catalytic reduction（SCR）of nitric-oxide by ammonia: Ⅰ. Combined temperature-programmed *in situ* FTIR and on-line mass-spectroscopy studies[J]. Journal of Catalysis, 1995, 151（1）: 226-240.

[32] Topsoe N, Dumesic J, Topsoe H. Vanadia-titania catalysts for selective catalytic reduction of nitric-oxide by ammonia: Ⅱ. Studies of active sites and formulation of catalytic cycles[J]. Journal of Catalysis, 1995, 151（1）: 241-252.

[33] Soyer S, Uzun A, Senkan S, et al. A quantum chemical study of nitric oxide reduction by ammonia (SCR reaction) on V$_2$O$_5$ catalyst surface[J]. Catalysis Today, 2006, 118(3): 268-278.

[34] Arnarson L, Falsig H, Rasmussen S B, et al. A complete reaction mechanism for standard and fast selective catalytic reduction of nitrogen oxides on low coverage VO$_x$/TiO$_2$ (001) catalysts[J]. Journal of Catalysis, 2017, 346: 188-197.

[35] Yao H, Chen Y, Zhao Z, et al. Periodic DFT study on mechanism of selective catalytic reduction of NO via NH$_3$ and O$_2$ over the V$_2$O$_5$ (001) surface: Competitive sites and pathways[J]. Journal of Catalysis, 2013, 305(9): 67-75.

[36] 张亚平, 王龙飞, 李娟, 等. V$_2$O$_5$-WO$_3$/TiO$_2$-ZrO$_2$ 脱硝催化剂中 ZrO$_2$ 和 WO$_3$ 的促进作用: 催化性能、形态及反应机理[J]. 催化学报, 2016, 37(11): 1918-1930.

[37] 张道军, 马子然, 孙琦, 等. 硫酸氢铵在钒基选择性催化还原催化剂表面的生成、作用及防治[J]. 化工进展, 2018, (7): 2635-2643.

[38] Khodakov A, Olthof B, Bell A T, et al. Structure and catalytic properties of supported vanadium oxides: Support effects on oxidative dehydrogenation reactions[J]. Journal of Catalysis, 1999, 181(2): 205-216.

[39] Giakoumelou I, Fountzoula C, Kordulis C, et al. Molecular structureand catalytic activity of V$_2$O$_5$/TiO$_2$ catalysts for the SCR of NO by NH$_3$: *In situ* Raman spectra in the presence of O$_2$, NH$_3$, NO, H$_2$, H$_2$O, and SO$_2$[J]. Catal, 2006, 239(1): 1-10.

[40] Youn S, Jeong S, Kim D H. Effect of oxidation states of vanadium precursor solution in V$_2$O$_5$/TiO$_2$ catalysts for low temperature NH$_3$ selective catalytic reduction[J]. Catalysis Today, 2014, 232: 185-191.

[41] Casanova M, Llorcy J, Sagar A, et al. Mixed iron-erbium vanadate NH$_3$-SCR catalysts[J]. Catalysis Today, 2015, 241: 159-168.

[42] Kobayashi M, Kuma R, Morita A. Low temperature selective catalytic reduction of NO by NH$_3$ over V$_2$O$_5$ supported on TiO$_2$-SiO$_2$-MoO$_3$[J]. Catalysis Letters, 2006, 112(1): 37-44.

[43] Zhao K, Han W, Tang Z, et al. Investigation of coating technology and catalytic performance over monolithic V$_2$O$_5$-WO$_3$/TiO$_2$ catalyst for selective catalytic reduction of NO$_x$ with NH$_3$[J]. Colloids and Surfaces A: Physicochemical and Engineering Aspects, 2016, 503: 53-60.

[44] Liu F, He H, Zhang C. Novel iron titanate catalyst for the selective catalytic reduction of NO with NH$_3$ in the medium temperature range[J]. Chemical Communications, 2008, 17: 2043-2045.

[45] Putluru S S R, Schill L, Gardini D, et al. Superior deNO$_x$ activity of V$_2$O$_5$-WO$_3$/TiO$_2$ catalysts prepared by deposition-precipitation method[J]. Journal of Materials Science, 2014, 49(7): 2705-2713.

[46] Seo P W, Lee J Y, Shim K S, et al. The control of valence state: How V/TiO$_2$ catalyst is hindering the deactivation using the mechanochemical method[J]. Journal of Hazardous Materials, 2009, 165(1/3): 39-47.

[47] Seo P W, Cho S P, Hong S H, et al. The influence of lattice oxygen in titania on selective catalytic reduction in the low temperature region[J]. Applied Catalysis A: General, 2010, 380(1/2): 21-27.

[48] Zhu L, Zhong Z, Yang H, et al. Effect of MoO$_3$ on vanadium based catalysts for the selective catalytic reduction of NO$_x$ with NH$_3$ at low temperature[J]. Journal of Environmental Sciences, 2017, 56: 169-179.

[49] 赵乐乐, 王守信, 王远洋. V$_2$O$_5$-WO$_3$/TiO$_2$ 催化剂的制备及其烟气脱硝性能[J]. 工业催化, 2015, 23(11): 874-881.

[50] Dong G J, Zhang Y F, Zhao Y, et al. Effect of the pH value of precursor solution on the catalytic performance of V$_2$O$_5$-WO$_3$/TiO$_2$ in the low temperature NH$_3$-SCR of NO$_x$[J]. Journal of Fuel Chemistry and Technology, 2014, 42(12): 1455-1463.

[51] 赵彬, 易宏红, 唐晓龙, 等. 燃煤烟气汞形态转化及脱除技术[J]. 现代化工, 2015, (35): 58-62.

[52] Presto A A, Granite E J. Survey of catalysts for oxidation of mercury in flue gas[J]. Environmental Science & Technology, 2006, 40(18): 5601-5609.

[53] Cao Y, Gao Z, Zhu J, et al. Impacts of halogen additions on mercury oxidation, in a slipstream selective catalyst reduction (SCR), reactor when burning sub-bituminous coal[J]. Environmental Science & Technology, 2008, 42(1): 256-261.

[54] Niksa S, Fujiwara N. A predictive mechanism for mercury oxidation on selective catalytic reduction catalysts under coal-derived flue gas[J]. Journal of the Air & Waste Management Association, 2005, 55(12): 1866-1875.

[55] He S, Zhou J, Zhu Y, et al. Mercury oxidation over a vanadia-based selective catalytic reduction catalyst[J]. Energy & Fuels, 2009, 23(1): 253-259.

[56] Gao W, Liu Q, Wu C Y, et al. Kinetics of mercury oxidation in the presence of hydrochloric acid and oxygen over a commercial SCR catalyst[J]. Chemical Engineering Journal, 2013, 220(11): 53-60.

[57] Liu R, Xu W, Tong L, et al. Role of NO in HgO oxidation over a commercial selective catalytic reduction catalyst V_2O_5-WO_3/TiO_2[J]. 环境科学学报(英文版), 2015, 38(12): 126-132.

[58] Liu J, He M, Zheng C, et al. Density functional theory study of mercury adsorption on V_2O_5 (001) surface with implications for oxidation[J]. Proceedings of the Combustion Institute, 2011, 33(2): 2771-2777.

[59] Zhang B, Liu J, Dai G, et al. Insights into the mechanism of heterogeneous mercury oxidation by HCl over V_2O_5/TiO_2 catalyst: Periodic density functional theory study[J]. Proceedings of the Combustion Institute, 2015, 35(3): 2855-2865.

[60] Wang Z, Liu J, Zhang B, et al. Mechanism of heterogeneous mercury oxidation by HBr over V_2O_5/TiO_2 catalyst[J]. Environmental Science & Technology, 2016, 50(10): 5398.

[61] Gao Y, Li Z. A DFT study of the HgO, oxidation mechanism on the V_2O_5-TiO_2 (001) surface[J]. Molecular Catalysis, 2017, 433: 372-382.

[62] Zhao L, Li C, Zhang J, et al. Promotional effect of CeO_2 modified support on V_2O_5-WO_3/TiO_2 catalyst for elemental mercury oxidation in simulated coal-fired flue gas[J]. Fuel, 2015, 153: 361-369.

[63] Wu Y W, Ali Z, Lu Q, et al. Effect of WO_3 doping on the mechanism of mercury oxidation by HCl over V_2O_5/TiO_2 (001) surface: Periodic density functional theory study[J]. Applied Surface Science, 2019, 487: 369-378.

[64] Parvulescu V, Paun C, Parvulescu V, et al. Vanadia-silica and vanadia-cesium-silica catalysts for oxidation of SO_2[J]. Journal of Catalysis, 2004, 225(1): 24-36.

[65] Lapina O B, Bal'Zhinimaeva B S, Boghosian S, et al. Progress on the mechanistic understanding of SO_2 oxidation catalysts[J]. Catalysis Today, 1999, 51(3/4): 469-479.

[66] Liu Y M, Shu H, Xu Q S, et al. FT-IR study of the SO_2 oxidation behavior in the selective catalytic reduction of NO with NH_3 over commercial catalysts[J]. Journal of Fuel Chemistry and Technology, 2015, 43(8): 1018-1024.

[67] Dunn J P, Koppula P R, Stenger H G, et al. Oxidation of sulfur dioxide to sulfur trioxide over supported vanadia catalysts[J]. Applied Catalysis B: Environmental, 1998, 19(2): 103-117.

[68] Dunn J P, Stenger H G, Wachs I E. Oxidation of SO_2 over supported metal oxide catalysts[J]. Journal of Catalysis, 1999, 181(2): 233-243.

[69] Dunn J P, Stenger H G, Wachs I E. Oxidation of sulfur dioxide over supported vanadia catalysts: Molecular structure-reactivity relationships and reaction kinetics[J]. Catalysis Today, 1999, 51(2): 301-318.

[70] Dunn J P, Sstenger H G, Wachs I E. Molecular structure-reactivity relationships for the oxidation of sulfur dioxide over supported metal oxide catalysts[J]. Catalysis Today, 1999, 53(4): 543-556.

[71] Tang F, Xu B, Shi H, et al. The poisoning effect of Na^+ and Ca^{2+} ions doped on the V_2O_5/TiO_2 catalysts for selective catalytic reduction of NO by NH_3[J]. Applied Catalysis B Environmental, 2010, 94(1): 71-76.

[72] Xu W, He H, Yu Y. Deactivation of a Ce/TiO_2 catalyst by SO_2 in the selective catalytic reduction of NO by NH_3[J]. Journal of Physical Chemistry C, 2009, 113(11): 4426-4432.

[73] Zhao L, Li X, Hao C, et al. SO_2 adsorption and transformation on calcined NiAl hydrotalcite-like compounds surfaces: An *in situ* FTIR and DFT study[J]. Applied Catalysis B Environmental, 2012, 117-118(3): 339-345.

[74] Chen Y X, Jiang Y, Li W Z, et al. Adsorption and interaction of H_2S/SO_2 on TiO_2[J]. Catalysis Today, 1999, 50(1): 39-47.

[75] Dunn J P, Jehng J, Kim D S, et al. Interactions between surface vanadate and surface sulfate species on metal oxide catalysts[J]. Journal of Physical Chemistry B, 1998, 102(32): 6212-6218.

[76] Overbury S H, Mullins D R, Huntley D R, et al. Chemisorption and reaction of sulfur dioxide with oxidized and reduced ceria surfaces[J]. Journal of Physical Chemistry B, 1999, 103(51): 11308-11317.

[77] Kijlstra W S, Komen N J, Andreini A, et al. Promotion and deactivation of V_2O_5/TiO_2 SCR catalysts by SO_2 at low temperature[J]. Studies in Surface Science & Catalysis, 1996, 101(96): 951-960.

[78] Ji P, Gao X, Du X, et al. Relationship between the molecular structure of V_2O_5/TiO_2 catalysts and the reactivity of SO_2 oxidation[J]. Catalysis Science & Technology, 2015, 6(4): 1187-1194.

[79] Datta A, Cavell R G, Tower R W, et al. Claus catalysis. 1. Adsorption of sulfur dioxide on the alumina catalyst studied by FTIR and EPR spectroscopy[J]. Journal of Physical Chemistry, 1985, 89(3): 443-449.

[80] Goodman A L, Li P, Usher C R, et al. Heterogeneous uptake of sulfur dioxide on aluminum and magnesium oxide particles[J]. Journal of Physical Chemistry A, 2001, 105(25): 6109-6120.

[81] Nanayakkara C E, Pettibone J, Grassian V H. Sulfur dioxide adsorption and photooxidation on isotopically-labeled titanium dioxide nanoparticle surfaces: Roles of surface hydroxyl groups and adsorbed water in the formation and stability of adsorbed sulfite and sulfate[J]. Physical Chemistry Chemical Physics, 2012, 14(19): 6957-6966.

[82] Jiang B Q, Wu Z B, Liu Y, et al. DRIFT study of the SO_2 effect on low-temperature SCR reaction over Fe-Mn/TiO_2[J]. Journal of Physical Chemistry C, 2010, 114(11): 4961-4965.

[83] Chang C C. Infrared studies of SO_2 on γ-alumina[J]. Journal of Catalysis, 1978, 53(3): 374-385.

[84] Busca G, Lavalley J C. Use of overtone bands to monitor the state of the catalyst active phases during infrared studies of adsorption and catalytic reactions[J]. Spectrochimica Acta Part A Molecular Spectroscopy, 1986, 42(4): 443-445.

[85] Busca G, Centi G, Marchetti L, et al. Chemical and spectroscopic study of the nature of a vanadium oxide monolayer supported on a high-surface-area TiO_2 anatase[J]. Langmuir, 1986, 2(5): 568-577.

[86] Cristiani C, Forzatti P, Busca G. ChemInform abstract: Surface structure of vanadia-titania catalysts: Combined laser-raman and fourier transform-infrared investigation[J]. Cheminform, 1989, 116(2): 586-589.

[87] Wang J, Wang X, Liu X, et al. Catalytic oxidation of chlorinated benzenes over V_2O_5/TiO_2 catalysts: The effects of chlorine substituents[J]. Catalysis Today, 2015, 241: 92-99.

[88] Guo X, Bartholomew C, Hecker W, et al. Effects of sulfate species on V_2O_5/TiO_2 SCR catalysts in coal and biomass-fired systems[J]. Applied Catalysis B Environmental, 2009, 92(1): 30-40.

[89] Sazonova N, Tsykoza L, Simakov A V, et al. Relationship between sulfur dioxide oxidation and selective catalytic NO reduction by ammonia on V_2O_5/TiO_2 catalysts doped with WO_3 and Nb_2O_5[J]. Reaction Kinetics and Catalysis Letters, 1994, 52(1): 101-106.

[90] Morikawa S, Yoshida H, Takahashi K, et al. Improvement of V_2O_5-TiO_2 catalyst for NO_x reduction with NH_3 in flue gases[J]. Chemistry Letters, 1981, (2): 251-254.

[91] Paun C, Pârvulescu V, Centeno M A, et al. New vanadia-mesoporous catalysts for the oxidation of SO_2 in diluted gases[J]. Catalysis Today, 2004, 91 (4): 33-37.

[92] Eriksen K M, Karydis D, Aboghosian S, et al. Deactivation and compound formation in sulfuric acid catalysts and model systems[J]. Journal of Catalysis, 1995, 155 (1): 32-42.

[93] Doering F J, Berkel D A. Comparison of kinetic data for K/V and Cs/V sulfuric acid catalysts[J]. Journal of Catalysis, 1987, 103 (1): 126-139.

[94] Long R Q, Yang R T. Selective catalytic reduction of nitrogen oxides by ammonia over Fe^{3+}-exchanged TiO_2-pillared clay catalysts[J]. Journal of Catalysis, 1999, 186 (2): 254-268.

[95] 徐永福, 苏维瀚. Mn(II), Fe(III)和活性炭对 S(IV)液相氧化的催化作用[J]. 催化学报, 1995, 16 (1): 77-80.

[96] 李锋, 於承志, 张朋, 等. 低 SO_2 氧化率脱硝催化剂的开发[J]. 电力科技与环保, 2010, 26 (4): 18-21.

[97] Svachula J, Alemany L J, Ffelazzo N, et al. Oxidation of SO_2 to SO_3 over honeycomb denoxing catalysts[J]. Industrial and Engineering Chemistry Research, 1993, 32 (5): 826-834.

[98] Orsenigo C, Beretta A, Forzatti P, et al. Theoretical and experimental study of the interaction between NO_x reduction and SO_2 oxidation over DeNO$_x$-SCR catalysts[J]. Catalysis Today, 1996, 27 (1/2): 15-21.

第 2 章　平板式 SCR 脱硝催化剂的制备

　　1957 年美国 Englehard 公司首先申请了以氨作为还原剂的 SCR 脱硝技术专利，20 世纪 60 年代初 SCR 脱硝技术及催化剂在日本和欧洲得到工业化研究，直到 70 年代末 SCR 脱硝技术才正式投入商业应用。研究 SCR 脱硝催化剂的科研机构和厂商众多，但大部分集中于蜂窝式催化剂的研究和生产，如 Englehard、MHI、SAKAI、CCIC、NSK、KWH 和 BASF 等。最早成功研发并拥有平板式催化剂生产技术的只有 BHK 公司，此后，Siemens（即后来的 Argillon）从 CCIC 转让了蜂窝式催化剂技术，并自主开发了平板式催化剂生产工艺，和 BHK 一起成为当时国际上仅有的两家平板式 SCR 脱硝催化剂供应商。近年来，笔者团队也成功自主研发了平板式 SCR 脱硝催化剂生产技术，形成了国内唯一具有自主知识产权的成套技术。

　　早年蜂窝式催化剂市场占有率远高于平板式催化剂，但随着平板式 SCR 脱硝催化剂的逐渐推广及其在高灰烟气中应用的优势，在燃煤烟气脱硝市场占有率上也在逐步拉近与蜂窝式催化剂的差距。我国燃煤烟气中含灰量普遍在 $20\sim40g/m^3$，部分甚至高达 $50g/m^3$ 以上，平板式催化剂在高灰分条件下体现出的优异性能得到了广泛的市场认可[1]。"燃煤应用上，蜂窝式催化剂适合低灰条件，平板式催化剂适合高灰条件"的理念，逐渐得到了专家和行业内人士的认可。

　　目前国内 SCR 脱硝催化剂生产厂家众多，但大多数都在生产蜂窝式催化剂。造成这种现象的主要原因是我国早先的 SCR 脱硝催化剂技术以引进为主，虽然国内厂商在引进技术时均重点考虑过平板式催化剂，但是当时全世界仅有的 2 家平板式催化剂生产厂商，即日立 BHK 和德国 Argillon，均不愿意进行技术转让，所以国内厂商只有退而求其次选择蜂窝式催化剂。基于这一特点，国内不同研究机构和催化剂生产厂商，对于蜂窝式催化剂都已经比较熟悉，但对平板式催化剂的了解程度不深。

　　在商业平板式 SCR 脱硝催化剂应用中，催化剂配方和生产工艺是影响催化剂性能的重要因素，催化剂的成型制备工艺对催化剂脱硝性能和机械性能都有重要影响，催化剂的脱硝性能和机械性能决定了其在实际烟气中的应用效果，基于此，本章将单独介绍平板式 SCR 脱硝催化剂的工业化制备。

2.1　SCR 脱硝催化剂成型助剂

　　催化剂成型的方法很多，成型方法的选择主要从以下两个方面考虑：一是成型前粉体的物理化学性质，二是成型后对催化剂物化性质的要求[2, 3]。因此，一旦催化剂的组分确定后，就要根据成型主料的理化性质，添加某些数量较少，称作助剂或添加剂的物质，以改善成型主料的粉体附着性、凝集性，并使成型后的催化剂经干燥、焙烧处理后获得需要的形状尺寸、机械强度及孔结构。

成型助剂按其在成型过程中所起的作用主要可分为黏结剂、润滑剂、结构助剂三类。

2.1.1　黏结剂

根据黏结剂在催化剂成型中的作用原理，可将黏结剂分为基体黏结剂、薄膜黏结剂和化学黏结剂[4, 5]，这三类黏结剂的常见示例如表 2-1 所示。

表 2-1　黏结剂的分类及示例

基体黏结剂	薄膜黏结剂	化学黏结剂
沥青	水	$Ca(OH)_2+CO_2$
水泥	水玻璃	$Ca(OH)_2$+糖蜜
棕榈蜡	塑料树脂	$MgO+MgCl_2$
石蜡	动物胶	水玻璃+$CaCl_2$
黏土	淀粉糊	水玻璃+CO_2
高岭土	树胶	HNO_3
干淀粉	皂土	铝溶胶
树胶	糊精	硅溶胶
聚乙烯醇	糖蜜	硅铝胶
甲基纤维素	乙醇等有机溶剂	

1. 基体黏结剂

这类黏结剂常用于催化剂的压缩成型及挤出成型。成型前将少量黏结剂与主料充分混合，使黏结剂填充于成型物料空隙中，这样物料在压缩成型时，黏结剂能够包围粉粒表面，增大物料可塑性，提高粒子间的结合强度，同时还兼有稀释及润滑作用，减少颗粒内摩擦作用。以石蜡为例，其熔点为 55～60℃，密度为 0.88～0.90g/mL，具有受热时有可塑性，冷却时又可凝固的特点，并且在高于 150℃时即可挥发而不影响成型后的焙烧工序。氧化铝成型时，由于 Al_2O_3 具有极性和亲水性，因此使用石蜡等非极性、憎水的黏结剂，通过单分子吸附在氧化铝表面形成薄层，具有良好的成型效果。

2. 薄膜黏结剂

薄膜黏结剂多数是液体，黏结剂呈薄膜状覆盖在粉体颗粒的表面，经干燥后增加成型物的强度。黏结剂用量主要由粉体的孔隙率、粒径分布及比表面积综合决定，其中比表面积尤为重要。一般情况下，0.5%～2%的用量即可以使物料表面达到合适的湿度，较细的颗粒可能需要 10%，微细或亚微细颗粒用量更多。对于低堆密度、高比表面积的粉体，黏结剂用量可超过 30%。

水是最常用的薄膜黏结剂，乙醇、丙酮、四氯化碳等也可用作黏结剂使用。使用薄膜黏结剂时，湿成型物的强度可能较低，但干燥后强度会有所增加。单独使用水作为黏结剂时，若物料可溶，水能使结晶和颗粒表面发生溶解，水蒸发时，会产生越过颗粒界面的重结晶；若为不可溶有机物，由于范德华力的作用，水可以促进结合，从而增加颗粒的实际接触面积。

3. 化学黏结剂

化学黏结剂的作用是黏结剂组分之间发生化学反应或黏结剂与物料之间发生化学反应。如氧化镁成型时加入氯化镁溶液，颗粒之间生成氯氧化物，使成型产品具有很好的强度。在氧化铝载体成型时，可用稀硝酸、铝溶胶等作为黏结剂，稀硝酸对氧化铝具有胶溶作用，可以增强氧化铝颗粒的黏合强度。氢氧化铝成型时加入稀硝酸，会产生一种触变现象：氢氧化铝溶胶在外力作用下能获得较大的流动性，外力解除后，又重新稠化，这种现象称作触变性，因此氢氧化铝捏合后，外观看起来很干硬，而加工成型时却变得稀薄。触变原因可能是由于扩散层水分子排列有规则、H^+与 OH^-排列定向、有一定结合力，施加外力破坏这种结合，就使其容易流动，这一现象与离子种类、浓度、电位及扩散层厚度等因素有关。

2.1.2　润滑剂

在成型过程中，为了使粉体层所承受压力能更好传递，成型压力均匀以及物料与壁之间摩擦系数降低，需添加少量润滑剂，常见成型润滑剂如表 2-2 所示。

表 2-2　常用成型润滑剂

液体润滑剂	固体润滑剂
水	滑石粉
润滑油	石墨
甘油	硬脂酸
可溶性油	硬脂酸镁或其他硬脂酸盐
硅树脂	二硫化钼
聚丙烯酰胺	干淀粉
	田菁粉
	石蜡

成型过程中，润滑剂在物料之间起作用，称为内润滑作用；如果用于润滑物料与模板表面，则称为外润滑作用。用于内润滑时，润滑剂用量一般为 0.5%～2%（质量分数），而用于外润滑时，润滑剂用量更少。液体润滑剂常起到黏结剂和润滑剂的双重作用，实际上，任何液体在成型过程中都可以形成或多或少的薄膜，从而减少颗粒之间及其与模具的摩擦。

固体润滑剂可用于较高压力成型。在压片物料中加入足够的冲模模型润滑剂可降低壁与物料的摩擦，从而使压力更均匀地传递到整个片剂，产生均一压紧而无差别的应力，否则在压片负荷移去时，应力松弛，使片剂破裂，产生"脱帽"和"断药"现象。但润滑剂加入量也不宜过多，否则会降低催化剂成型后的机械强度。挤出成型时广泛使用的助挤剂也是润滑剂的一种，助挤剂具有减小料团与螺杆及缸壁之间摩擦的作用，使压力均匀地传递到整个物料上，使高固含量物料能顺利连续挤出，同时也可起到调整产品孔结构的作用。

有时采用单一助挤剂，产品机械性能不能达到满意的效果。如生产圆柱形含磷氧化铝载体时，采用田菁粉作为助挤剂进行工业生产时，存在成型条弯曲严重、易断裂出粉、催化剂机械性能差等问题；如果采用柠檬酸、草酸、田菁粉的复合助挤剂，不但能顺利挤出载体，还可以提高产品强度。

2.1.3 结构助剂

1. 有机结构助剂

为了调节催化剂的孔结构，在成型过程中需加入少量的结构助剂，从某种意义上讲，这些结构助剂也起着黏结剂或润滑剂的作用。在氧化铝成型时，在水凝胶中加入一定量干凝胶后成型，孔容可从 0.45mL/g 增加到 0.61mL/g。如果需要更大的孔，可以利用大颗粒堆积时所形成的空隙。例如，将 1500℃煅烧后的刚玉粉料，用少量瓷土作黏结剂，再加入松香皂(松香、明胶、纯碱)和明矾发泡成型，干燥硬化后在 1580℃煅烧，即可获得高孔隙率、大孔径的轻质氧化铝。

美国氰胺公司提出一种在氧化铝载体挤出成型过程中控制孔结构和压碎强度的技术，其特点是在增加孔容和孔径的同时，提高载体的压碎强度。该技术的关键是在物料混捏过程中加入少量表面活性剂，包括阳离子型、阴离子型、非离子型和两性类型表面活性剂。

常用的阳离子型表面活性剂包括长链的一级、二级、三级胺的盐类(如十八胺盐、十七胺盐等)，常用的阴离子型表面活性剂包括羟乙磺酸钠的油酸酯、羟乙磺酸钠的椰油酸酯等，非离子型表面活性剂包括脂肪族链烷醇酰胺，如二乙醇胺的月桂酸酰胺等，两性表面活性剂包括 N-3-羧基丙基十八胺钠盐等。

添加表面活性剂对改进氧化铝孔结构及强度的影响列于表 2-3[6]；氢氧化铝干

胶粉成型时，加入活性炭，可降低堆密度，增加孔容，结果如表 2-4 所示；添加聚乙二醇等有机造孔剂时，对氧化铝物性影响如表 2-5 所示。

表 2-3　添加表面活性剂对氧化铝挤出物料物性的影响

表面活性剂类型	加入量/%	挤出速度/(kg/min)	孔容/(mL/g)	比表面积/(m²/g)	压碎强度/MPa
未添加	0	1.13	0.805	333	0.05
非离子型 I	1	0.10	0.900	348	0.71
非离子型 I	3	0.95	0.940	315	0.56
非离子型 I	5	0.95	0.950	328	0.49
非离子型 II	1	0.10	0.900	331	0.50
非离子型 II	3	1.13	0.900	307	0.61
非离子型 II	5	1.13	1.000	331	0.53
阴离子型	1	1.18	0.915	352	0.75
阴离子型	3	1.13	0.960	332	0.50
阴离子型	5	1.04	1.020	335	0.45

表 2-4　添加活性炭造孔剂对氧化铝物性的影响

活性炭加入量/[g/100g Al(OH)₃]	堆密度/(g/cm³)	孔容/(mL/g)	比表面积/(m²/g)	α-Al₂O₃[①]/%
10	0.810	0.44	63.5	22.0
5	0.866	0.41	68.8	28.3
0	0.992	0.36	53.9	46.0

①灼烧温度 1000～1100℃。

表 2-5　添加造孔剂对所得氧化铝物性的影响

添加剂类型	浓度/%	添加方法	堆密度/(g/cm³)	孔容/(mL/g)	比表面积/(m²/g)
聚乙二醇 4000[①]	12.5	熔化聚合物混入水胶中	0.43	0.72	275
聚乙二醇 4000	25.5	熔化聚合物混入水胶中	0.44	0.69	265
聚乙二醇 4000	50.0	熔化聚合物混入水胶中	0.39	1.06	253
聚乙二醇 4000	75.0	熔化聚合物混入水胶中	0.26	1.29	275
聚乙二醇 400	37.5	熔化聚合物混入水胶中	0.48	0.51	327
聚乙二醇 1000	37.5	熔化聚合物混入水胶中	0.42	0.79	304
聚乙二醇 6000	37.5	熔化聚合物混入水胶中	0.35	1.32	257
聚乙二醇 20000	37.5	熔化聚合物混入水胶中	0.38	0.97	239
聚环氧乙烷	10.0	干燥聚合物粉末混入水胶中	0.34	1.07	309
聚环氧乙烷	20.0	干燥聚合物粉末混入水胶中	0.29	1.44	359
纤维素甲醚	10.0	添加聚合物揉入水胶中	—	0.84	278

续表

添加剂类型	浓度/%	添加方法	堆密度/(g/cm³)	孔容/(mL/g)	比表面积/(m²/g)
纤维素甲醚	20.0	添加聚合物揉入水胶中	—	1.64	247
纤维素甲醚	40.0	添加聚合物揉入水胶中	—	1.54	302
聚丙烯酰胺	5.0	于溶有聚合物溶液中沉淀胶	0.15	2.07	334
聚丙烯酰胺	10.0	于溶有聚合物溶液中沉淀胶	0.07	5.32	283
聚丙烯酰胺	3.3	聚合物浓溶液混入水胶中	0.59	0.51	278
聚丙烯酰胺	5.0	聚合物浓溶液混入水胶中	0.47	0.55	246
聚丙烯酰胺	6.6	聚合物浓溶液混入水胶中	0.33	0.99	279
聚丙烯酰胺	10.0	于溶有聚合物溶液中沉淀胶	0.19	1.57	324
聚丙烯酰胺	15.0	于溶有聚合物溶液中沉淀胶	0.13	2.72	—
聚丙烯酰胺	20.0	于溶有聚合物溶液中沉淀胶	0.13	3.96	340
聚丙烯酰胺	3.0	聚合物浓溶液混入水胶中	0.52	0.33	285
聚丙烯酰胺	8.0	聚合物浓溶液混入水胶中	0.41	0.81	305

①数字代表平均分子量。

2. 无机结构助剂

由于平板式催化剂在实际应用中，大多采用高尘布置方式，烟气中高浓度的飞灰会对催化剂产生严重的磨损而导致其寿命大幅下降。为提升平板式 SCR 脱硝催化剂的机械性能，往往需要在催化剂成型过程中添加一些无机结构助剂，以提升催化剂的耐磨强度和黏附强度。

玻璃纤维是平板式催化剂中最常见的无机结构助剂，玻璃纤维在催化剂中主要起"搭桥"或"钢筋"的作用，可以提高催化剂粉体之间的结合力，大幅提升催化剂的黏附强度[7]。玻璃纤维是以玻璃球为原料，经高温熔制、拉丝、络纱等工艺制造而成，其单丝的直径为几微米到二十几微米，每束纤维丝都由数百根甚至数千根单丝组成，具有很强的抗拉伸强度。玻璃纤维的主要成分为氧化硅、氧化铝、氧化钙和氧化硼等，根据玻璃纤维中碱金属含量的多少，可分为无碱玻璃纤维（Na_2O 含量为 0wt%～2wt%）、中碱玻璃纤维（Na_2O 含量为 8wt%～12wt%）和高碱玻璃纤维（Na_2O 含量为 13wt%以上）。

玻璃纤维对催化剂活性也有一定的影响。当玻璃纤维添加量较少时，其对催化剂活性影响很小，而当玻璃纤维添加量较大时，催化剂活性则迅速下降。以 $Ce-Mn-TiO_2$ 催化剂为例，在 100℃时，玻璃纤维添加量为 20%与添加量为 15wt%相比，NO 转化率下降了 12wt%（图 2-1），这可能是由于玻璃纤维中 Na、K、Ca 等碱金属或碱土金属元素降低了 NH_3 在催化剂表面的吸附[8]；同时，玻璃纤维的添加会使催化剂比表面积减小，这一双重作用是高玻璃纤维添加量导致催化剂活性降低的原因。

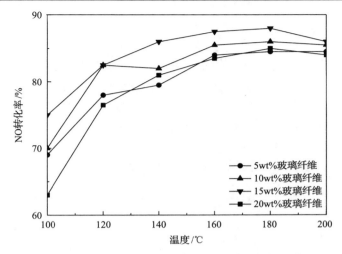

图 2-1　玻璃纤维添加量对催化剂脱硝活性的影响

　　玻璃纤维的添加能够改善催化剂的黏附性能，而催化剂耐磨性能的提升则需要添加其他类型的无机黏结剂，如高岭土、膨润土、蒙脱土、陶土、拟薄水铝石和硅溶胶等。

2.2　平板式 SCR 脱硝催化剂成型技术

　　平板式 SCR 脱硝催化剂的制备采用压覆式工艺，生产工艺如下：不锈钢网板清洗—物料混合—物料捏合—辊压涂覆—压制褶皱—切割—组装—焙烧—组装为模块，图 2-2 为平板式 SCR 脱硝催化剂生产过程示意图。

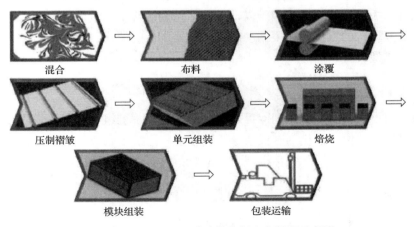

图 2-2　平板式 SCR 脱硝催化剂生产过程示意图

2.2.1　混炼

混炼是催化剂成型工艺中的重要步骤，一方面要保证活性组分能均匀地负载在载体上，另一方面也要保证催化剂泥料有适当的塑性和强度以便于催化剂的成型。催化剂的混炼步骤为：首先将偏钒酸铵溶液、偏钨酸铵溶液或仲钼酸铵溶液、水等加入二氧化钛载体中充分搅拌均匀，保证偏钒酸铵、偏钨酸铵或仲钼酸铵能均匀浸渍到二氧化钛表面，其中偏钒酸铵溶液在溶解过程中需要加入草酸、氨水或单乙醇胺等助溶剂辅助溶解；活性组分负载均匀后，再将成型助剂加入混料中继续搅拌均匀，此时催化剂泥料具有一定的黏性和强度。

2.2.2　练泥

为了消除催化剂泥料组分分布不均匀和含有气泡等缺陷，一般在挤出机的机头安装锥形练泥头对塑性泥料进行真空练泥。通过揉挤、挤出作用，同时抽出泥料中的空气，物料组织趋向均匀、致密，从而使泥料的可塑性和最终产品的机械强度均得到提高。

2.2.3　辊压涂覆

挤出后的泥料切片布置于不锈钢网板上，经过第一级辊压铺料设备被均匀涂覆在不锈钢网板上，经第一级辊压后的催化剂网板进入烘干炉进行第一步干燥，烘干炉温度需根据网板厚度、走线速度、泥料含水量等条件调控在合适的范围内。初步干燥后的催化剂网板通过二级辊压设备，将干燥后的催化剂进一步压实，然后催化剂网板再经二级烘干炉干燥，控制催化剂的含水率，最后经三、四级辊压成型。飞剪设备的定尺飞剪根据产品尺寸将辊压后的催化剂网板定尺切块，随后进入压褶成型设备。

2.2.4　压褶

由飞剪设备切块的催化剂网板进入压褶成型设备机组第一条皮带，并被输送到分线机械手工位，催化剂网板由分线机械手分配给 2 台或者多台压褶机，网板压褶成型后由皮带机送入装箱机械手工位装箱，而后送入焙烧炉焙烧。

2.2.5　焙烧

将组装好的催化剂放入隧道炉焙烧。为防止添加剂的受热分解对催化剂孔结构产生影响，并防止催化剂焙烧温度上升过快而导致催化剂开裂，实际焙烧过程通常采用程序升温。焙烧温度过低则添加剂分解不完全，而焙烧温度过高会导致催化剂出现烧结情况，使载体二氧化钛晶型由锐钛矿型向金红石型转变，催化剂比表面积下降，最终产品活性无法满足使用需要。因此，合适的焙烧温度和升温程序对催化剂的热稳定性和活性均有十分显著的影响。

图 2-3 是 V_2O_5-WO_3/TiO_2 催化剂在 650～900℃温度下焙烧后的 XRD 谱图[9]。当焙烧温度低于 750℃时，催化剂的 XRD 谱图中只检测到锐钛矿型 TiO_2 以及单斜型 WO_3；WO_3 的加入可以抑制 TiO_2 晶型的转化，提高其相变温度。随着温度的继续升高，载体二氧化钛晶型开始由锐钛矿型向金红石型转变。

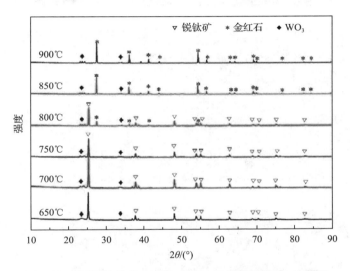

图 2-3　不同温度焙烧 V_2O_5-WO_3/TiO_2 催化剂的 XRD 谱图

图 2-4 是不同温度焙烧 V_2O_5-WO_3/TiO_2 催化剂的扫描电镜(SEM)图，从图中可以看出，焙烧后的催化剂由球形颗粒组成三维孔状结构。在 650℃、700℃和750℃条件下焙烧的催化剂表面形貌很类似，粒径大约在 100nm；当焙烧温度升至800℃时，催化剂颗粒开始明显长大，粒径增至约 200nm。随着粒径的增长，三维孔状结构开始被破坏，从而引起催化剂孔道堵塞。

2.2.6　装箱

焙烧合格的单元体，按照组装要求被装入大箱体模块内，最后包装成成品，经检验合格后发货。为了方便更换催化剂模块，常用的平板式 SCR 脱硝催化剂单板尺寸参数如表 2-6 所示。

(a) 650℃   (b) 700℃

(c) 750℃   (d) 800℃

(e) 850℃   (f) 900℃

图 2-4　不同温度焙烧 V_2O_5-WO_3/TiO_2 催化剂的 SEM 图

表 2-6　平板式 SCR 脱硝催化剂单板尺寸参数

项目	标准尺寸/mm	尺寸偏差/mm
宽度	456	±3
厚度	0.7	±0.1
长度	500~600	0/−3

催化剂模块应放置于平整地面的木质托盘或木方上，且与地面间距大于10cm。如果地面潮湿，必须铺垫防潮、隔水雨布。叠放催化剂模块时，叠放层数最多不超过两层，底层模块上要铺垫两根同样规格的木方，且木方须垫在模块两端的角钢上，有利于模块质量通过木方获得均匀支撑，如图 2-5 所示。模块堆放好后，周边做好围栏和警示标志[10]。

图 2-5　平板式 SCR 脱硝催化剂模块组装

2.3　平板式 SCR 脱硝催化剂成型设备

2.3.1　混炼机

混炼机是平板式 SCR 脱硝催化剂生产的核心装备之一，混炼机的运行状态直接影响催化剂的质量和产量，混炼机主要由混合缸、转子、星爬、括板、机架、机座、轴承(座)、齿轮(箱)、减速机、底盘、液压站、液压缸、自动化润滑系统、电机、自动化电控柜等组成，外观及结构如图 2-6 所示。设备工作是由转子、星爬、括板、混炼盘的共同旋转达到对物料的混炼、捏和及分散的效果，转子转速和旋转方向可调，反转可以打散泥料，消除其内应力。

河南康宁特环保科技股份有限公司公开了一种脱硝催化剂物料混炼用密封式混炼机[11]，该混炼机包括回转料筒、混炼盘、安装架以及动力装置，如图 2-7 所示。混炼盘底部中央处设有排料门，回转料筒与混炼机外壁间设有内封闭门，排料门与混炼盘间设有低密封门。该混炼机可以较好地解决脱硝催化剂物料混炼过程中粉尘污染问题，同时可以将混炼时间由原来 6h 缩短至 4.5h，提高了工作效率。

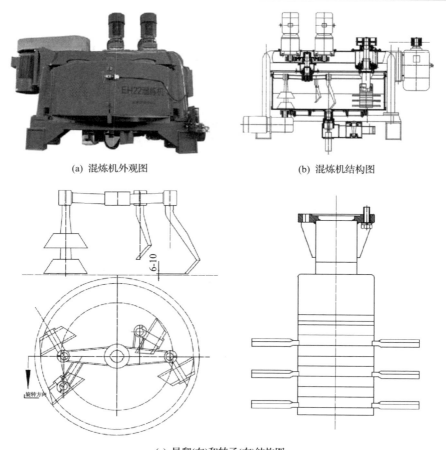

(a) 混炼机外观图　　　　　　　　　　(b) 混炼机结构图

(c) 星爬(左)和转子(右)结构图

图 2-6　混炼机外观及结构图

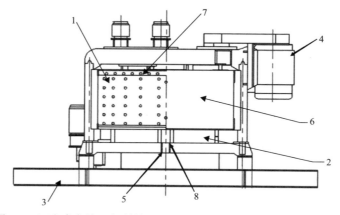

图 2-7　河南康宁特环保科技股份有限公司研发的混炼机结构示意图

1.回转料筒；2.混炼盘；3.安装架；4.动力装置；5.排料门；6.外壁；7.内密封门；8.低密封门

江苏龙源催化剂有限公司公开了一种用于脱硝催化剂混炼机的三效搅拌装置[12]，如图 2-8 所示。物料加入到混炼机后，打开电机，搅拌耙子和搅拌盘开始搅拌。搅拌耙子和搅拌盘围绕第一转动轴转动的同时，自身也进行转动，且转动方向相反，靠近内部的物料不断向外运动，而靠近外部的物料不断向内部方向运动，物料在内外部之间被强制性地不断进行碰撞和剪切运动。同时，搅拌耙子高低不一，物料被底部的刮铲不断地上下翻动，搅拌转子的上、中、下三条搅拌棱可以有效打碎物料，减少了运动死区，提高了混炼物料的均匀性、分散性和流动性。

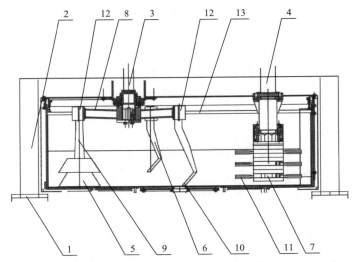

图 2-8　江苏龙源催化剂有限公司研发的混炼机结构示意图

1.支撑件；2.外壳；3.第一转动轴；4.第二转动轴；5.搅拌盘；6.搅拌耙子；7.搅拌转子；
8.大齿轮；9.搅拌柱；10.刮铲；11.搅拌棱；12.行星齿轮；13.行星架

2.3.2　不锈钢网板清洗装置

在平板式 SCR 脱硝催化剂的生产工艺中，不锈钢网板作为催化剂涂覆的载体，其性能的好坏，将直接影响平板式催化剂的机械性能。然而，在不锈钢网板的制作工艺中，需要用到大量的切削油，这些切削油将会影响后续催化剂的涂覆。因此，不锈钢网板在催化剂泥料涂覆之前，需要进行去油处理。常见的处理方式有两种，即高温处理和溶液清洗，高温处理是将不锈钢网板置于电加热炉内，利用高温除掉网板上的切削油，原理较为简单，本节主要介绍溶液清洗法处理不锈钢网板。

北京华电光大新能源环保技术有限公司公开了一种平板式 SCR 脱硝催化剂专用不锈钢网板高压喷射清洗装置[13]，如图 2-9 所示。清洗装置的储槽上部连有输送装置，储槽两侧分布的输送装置的上下方安装有喷射梁，喷射梁呈对称分布，可以同时对网板进行上下两面清洗，增强清洗效果。喷射梁可以根据网板的厚度进行上下位置调节，喷射梁上装有喷嘴，方向一致，且可以调节，喷嘴喷射的形状为直线形，喷射梁上下对称两个喷嘴喷射方向会汇聚在网板的同一直线上，实现对网板的强力清洗。高压喷淋清洗工位使用过的清洗液流到储槽中，然后经滤油装置的刮油器，将表面油污排入排水装置中，过滤后的清洗液流到水箱中，经加热装置加热，过滤装置除杂，然后通过喷淋泵将清洗液分布到储槽内的上下两个喷射梁，实现清洗剂的循环利用。高压喷淋漂洗工位使用过的水流到储槽，然后经滤油装置的刮油器，将表面油污排入到排水装置，过滤后的水流到水箱中，经加热装置加热，过滤装置除杂，然后通过喷淋泵将水分布到储槽内的上下两个喷射梁，实现水的循环利用。常压清洗工位采用海绵和毛刷除去网板表面清洗剂和油污，避免对高压喷淋漂洗工位的再次污染，高压切水工位采用高压风泵切水，对网板进行干燥，防止设备和网板生锈，延长设备使用寿命。

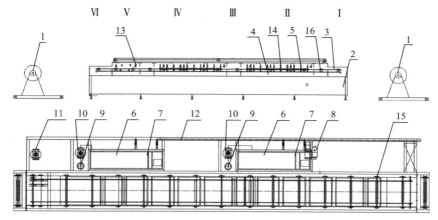

图 2-9　北京华电光大新能源环保技术有限公司不锈钢网板清洗布置图

1.卷板机；2.支架；3.输送装置；4.储槽；5.喷淋装置；6.水箱；7.加热装置；8.滤油装置；9.过滤装置；10.喷淋泵；11.高压风泵；12.排水装置；13.切水装置；14.喷嘴；15.喷射梁；16.辊棒；Ⅰ.进料工位；Ⅱ.高压喷淋清洗工位；Ⅲ.常压清洗工位；Ⅳ.高压喷淋漂洗工位；Ⅴ.高压切水工位；Ⅵ.出料位

2.3.3　真空练泥机

为了方便将催化剂泥料均匀布置在不锈钢网板上，并消除泥料组分分布不均匀和气泡等缺陷，一般采用真空练泥机对泥料进行加工。泥料经真空练泥机处理后，结构较为致密，泥料的可塑性得到提升。

真空练泥机主要由练泥机、真空泵和抽真空辅件(管路、滤清器等)组成。真空泵及其辅件专用于抽吸练泥机真空室内的气体，使真空室保持一定的真空度。电机通过传动装置带动上下轴转动，泥料从加料口加入，经不连续螺旋铰刀破碎、混揉、捏练和输送，再经连续螺旋铰刀的挤压，通过筛板被挤成细小的条状进入真空室。在真空室内泥料中的空气被抽走，然后泥料经下轴的基础螺旋进一步挤压揉练，由机头和机嘴挤出，切断后即成为具有一定截面形状、大小、强度和致密度的成型用泥段。图 2-10 为一种双轴式真空练泥机外观图。

图 2-10　双轴式真空练泥机

　　郑州一邦电工机械有限公司公开了一种大直径真空练泥机[14]，如图 2-11 所示。该装置机架上设置有立式减速箱，立式减速箱的上部连接有加料斗，加料斗中设有加料螺旋。立式减速箱的输入轴通过联轴器传动连接于驱动机构，而立式减速箱的输出轴与加料螺旋同轴传动连接。在加料斗的输出端连接混炼室，混炼室中设有与加料螺旋同轴连接的初步混炼螺旋，在混炼室上连接真空室，真空室的内部通过密封固定在其外壁上的轴承座转动装配有螺旋铰刀及与螺旋铰刀配合的梳子板，在真空室的出料端设置有出泥装置。出泥装置由出泥筒和轴向穿装在出泥筒中的出料螺旋叶片组成，出料螺旋叶片与真空室中的螺旋铰刀同轴连接。为加强泥料的出泥质量，出料螺旋叶片采用三段依次设置的输送叶片、混炼叶片和末端加压叶片组成，输送叶片、混炼叶片和末端加压叶片之间互不衔接。为减少"死泥"现象，降低泥料与出泥筒的内壁之间摩擦生热，输送叶片的中径螺旋升角为 14°～16°，混炼叶片的中径螺旋升角为 10°～13°，末端加压叶片的中径螺旋升角为 12°～14°。同时，为减少泥料内外密度不一致，防止泥料出现外紧内松现象，出泥筒采用圆柱筒形结构，使泥料在出泥筒中仅受到出料螺旋叶片的轴向挤压力，从而保证了泥料内外密度的一致性。

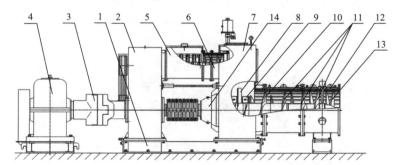

图 2-11　郑州一邦电工机械有限公司研发的真空练泥机示意图
1.机架；2.立式减速箱；3.联轴器；4.驱动机构；5.加料斗；6.混炼室；7.真空室；8.螺旋铰刀；
9.梳子板；10.输送叶片；11.混炼叶片；12.出泥筒；13.末端加压叶片；14.轴承座

2.3.4　辊压机

辊压机是平板式 SCR 脱硝催化剂生产的核心装备之一，辊压机主要由机架、工作辊、动力总成及其他配件组成。辊面材质对泥料能否顺利涂覆在不锈钢网板上有重要影响，若辊面材质不合适，则容易发生泥料粘辊，严重时会造成停车。辊缝调节采用上辊下压式，下辊为基准辊，调节辊缝时通过上压盖调节压下螺母即可调节辊缝，辊缝大小通过塞尺测量并调整至工作范围，图 2-12 为笔者团队开发的辊压机。

图 2-12　辊压机

在平板式催化剂的生产线中，为了保证辊子能够平稳地将所输送的催化剂送入下一个加工流程，通常需要保证辊子相对于地面处于水平状态，这样才能保证在辊子上所输送的催化剂相对于辊子本身不会发生侧向位移。目前大多数辊子在水平方向上往往不能进行调节，这就使得在辊子上输送的催化剂在进入下一工序前会出现一定的误差，而如果辊子发生倾斜，则需通过调节机器整体水平度对辊子进行调节，操作非常不方便，精度也比较差，严重影响生产效率。

北京迪诺斯环保科技有限公司开发了一种用于平板式催化剂的辊子校平装置[15]，如图 2-13 所示。该装置包括定辊和动辊、两个支撑部、两个调整机构和两个测量机构。定辊的两端分别支撑在两个支撑部上，调整机构包括丝杠和连接块，丝杠包括光杆部和螺纹部，丝杠的光杆部可设置在支撑部上，螺纹部与连接块螺纹连接，光杆部连接有手柄。动辊的两端分别由两个调整机构的连接块转动支撑，测量机构设置在支撑部和连接块上，用以测量连接块和支撑部的相对位置。通过将定辊固定设置在支撑部上，并设置丝杠和连接块来连接动辊和支撑部，实现了通过调整丝杠来调整动辊的水平度。

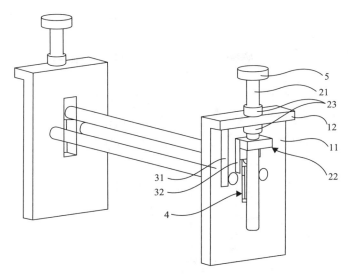

图 2-13　北京迪诺斯环保科技有限公司研发的辊子校平装置示意图

11.第一支撑板；12.第二支撑板；21.丝杠；22.连接块；23.限位部；31.第一测量件；32.第二测量件；4.滑槽；5.手柄

2.3.5　干燥炉

平板式 SCR 脱硝催化剂的干燥过程也是制备催化剂的重要环节，远红外烘干炉(图 2-14)是最常用的干燥装置，置于辊压机后用于除去平板式 SCR 脱硝催化剂中的部分水分。远红外线是一种不可见的光线，波长为 5.6～1000μm，远红外线加热是使远红外辐射元件发出的远红外线被加热物料所吸收，直接转变为热能而达到干燥的目的[16]。采用远红外线干燥催化剂，具有高效快干、节约能源和干燥质量好等特点，可实现平板式 SCR 脱硝催化剂的连续化干燥。

图 2-14　远红外烘干炉外观

苏州工业园区姑苏科技有限公司公开了一种用于蜂窝式催化剂的连续干燥炉[17]，该炉同样适用于平板式催化剂的连续干燥，如图 2-15 所示。该干燥炉包括进料台、炉体、出料台和传送带等。进料台和出料台对称设置在炉体的两侧，进料台和出料台上均安装有传动轮，传送带包覆在传动轮外侧，传动轮与变频驱动电机相连接，传送带穿过炉体内部。加热采用燃气加热，热效率高，加热速度快。热风循环采用炉侧循环风机，经特殊的调风装置，风速可达 40 m/s 以上，热风均匀对流，炉温均匀性好。

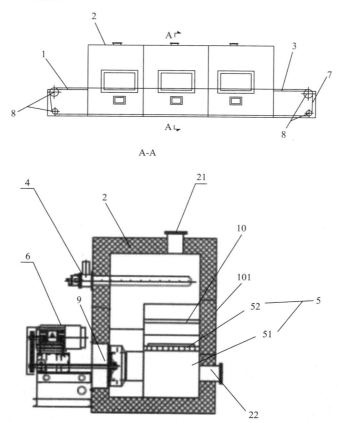

图 2-15   苏州工业园区姑苏科技有限公司研发的连续干燥炉示意图
1.进料台；2.炉体；3.出料台；4.加热装置；5.送风机构；6.循环风机；7.传送带；8.传动轮；9.进风机构；
10.隔热板；21.第一管路；22.第二管路；51.导风腔；52.导风板；101.检修门

2.3.6   随动剪

随动剪由移动导轨、剪床和随动皮带三部分组成，对平板式催化剂跟踪剪切。移动导轨通过伦茨伺服电机控制；剪床是液压剪板机，通过对阀门的调节可以调节刀的剪切角度和剪切压力；随动皮带跟随随动剪运动，将剪切的平板式催化剂单板输送出去。

　　液压随动剪主要由两个剪切液压缸、一个复位缸、两个导向杆及活动底座、活动梁、上横梁、轮子等部件构成。当需要随动剪工作时，按下剪切控制按钮，液压缸充油，活动梁升起，当剪刃开始切入平板式催化剂时，由卷取机张力拉动催化剂，随动剪在剪刃与催化剂的摩擦力带动下与催化剂保持同步行走。剪断催化剂后，上限位电器开关动作，活动梁下降，下限位开关动作，通过延时继电器发出复位信号，复位缸充油复位，复位结束后，复位限位开关动作，复位缸卸荷，控制按钮自动复位，随即进入下一个剪切周期。各液压执行件在完成动作后，自动卸荷，复位缸平时没有压力，直接和油箱相通，当失去卷取张力产生的摩擦力时，催化剂作用在随动剪剪刃上的推力克服随动剪自重产生的滚动摩擦力，推着随动剪往前走，仅靠两个弹簧作用在压铁上的压力，就能方便地压下，此时随动剪延时返回，就能避免催化剂卡在剪刃上，保证生产持续进行[18, 19]。图 2-16 是一种典型液压随动剪示意图及外观图。

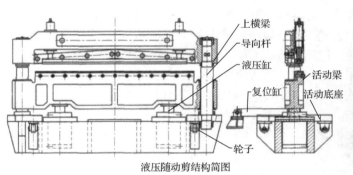

图 2-16　液压随动剪示意图及外观图

2.3.7　压型机

　　压型机(图 2-17)主要由机架、凸轮机构、动力总成、复位机构、压型模具、卷曲机构、定位机构、滑枕机构、薄膜张紧机构、输送皮带系统、伺服驱动系统等组成。

　　工作时气爪将平板式催化剂抓取到压型机入口皮带上，通过皮带伺服系统将板料输送至压型机型腔内，此时定位机构定位板材的纵向和横向位置，待定位机构复位后，凸轮机构在动力总成的驱动下开始从内到外依次压型动作。压型的同时，卷曲机构和薄膜张紧机构配合协调动作保证薄膜不被压断。压型完毕时薄膜复位，同时输送皮带重新启动，将压好的催化剂运送出压型机[20]。

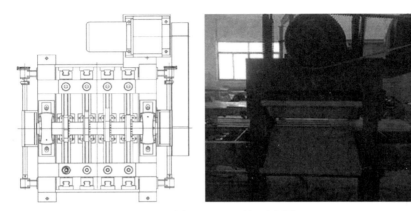

图 2-17　压型机示意图

北京华电光大新能源环保技术有限公司公开了一种平板式 SCR 脱硝催化剂连续压褶装置[21]，该压褶装置包括机架、驱动机构、转动轴和多级凸轮机构，每级凸轮机构均包括模具组件、滑枕机构和凸轮，如图 2-18 所示。工作时，将平板式 SCR 脱硝催化剂送入模具组件中，转动轴在驱动部件的带动下开始转动，同时带动多级凸轮机构开始依次工作。首先，第一级凸轮机构完成平板式 SCR 脱硝催化剂第 1 次压褶，此后的各级凸轮机构依次开始工作，完成第 2 次至第 n 次压褶；待各级凸轮机构均完成一次压褶工作后，第一级凸轮机构开始新一轮的压褶工作。该压褶装置通过引入多级凸轮机构，实现了平板式 SCR 脱硝催化剂的高效连续压褶。

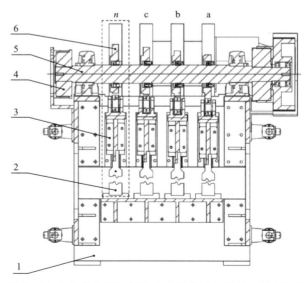

图 2-18　北京华电光大新能源环保技术有限公司研发的连续压褶装置示意图

1.机架；2.模具组件；3.滑枕机构；4.驱动部件；5.转动轴；6.凸轮；a.第一级凸轮机构；

b.第二级凸轮机构；c.第三级凸轮机构；n.第 n 级凸轮机构

2.3.8　装箱机械手

压型机压褶后的催化剂单板，经装箱机械手依次装入小箱体，组成一个催化剂单体，方便焙烧后装入大箱体模块。与人工码垛装箱相比，装箱机械手更为高效，提高了生产线的自动化水平，是保证产品质量、提高合格率和产能的有效途径，装箱机械手外观如图 2-19 所示。

图 2-19　装箱机械手示意图

江苏龙源催化剂有限公司公开了一种用于蜂窝式 SCR 脱硝催化剂生产用的机械手[22]，如图 2-20 所示。机械手包括水平移动单元、垂直移动单元、翻转浸泡单元、抽真空抓取单元和配套的控制系统。该机械手采用多个抽真空吸盘同时抓取，可以一次搬运多块物料，集抓取搬运、翻转浸泡和堆垛码放多个功能于一体，能够实现抓取搬运、翻转浸泡和堆垛码放多种作业自动一次完成，减少作业次数，降低作业损坏率，大大减轻工人的劳动强度，提高工作效率。

2.3.9　焙烧炉

平板式 SCR 脱硝催化剂焙烧最常用的设备是隧道窑。隧道窑主要由窑体、加热系统、排潮系统、网带运转系统、调速系统、测控系统和冷却系统等组成。窑体采用轻质材料，减小窑体厚度，降低窑体的蓄散热量，利于窑体温度的自动控制及节能降耗。窑体分为预热带、烧成带和冷却带三部分，排潮管路设在窑体预热带前段，设有支排风管，支排风管在窑炉顶的排风口采用鸭嘴形式的烟气分流器，利于窑炉横断面的温度均匀分布。加热系统有电加热和燃气加热两种，与电加热相比，燃气加热方式成本低，因此采用较多；网带运转系统由驱动装置、网带、纠偏装置、滚筒、托辊等部分组成；冷却系统通过一台冷却风机在冷却带打冷风和往急冷带中换热器内打冷风的方式，实现对平板式催化剂的间接冷却。图 2-21 为一种热风循环托辊焙烧炉外观图。

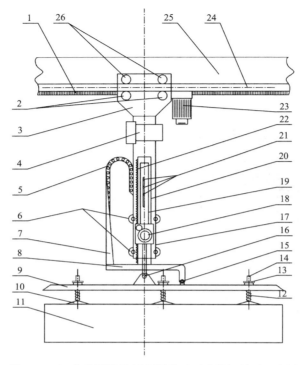

图 2-20　江苏龙源催化剂有限公司研发的机械手示意图

1.水平直线运行齿条；2.水平直线运行下限位滚轮；3.水平移动支架；4.干式真空泵；5.移动电缆托架；6.垂直移动限位导轮；7.移动脱缆支架；8.翻转支撑曲臂支撑架；9.抓取吸盘固定架；10.抽真空吸盘；11.物料；12.平衡缓冲弹簧；13.悬挂限位帽；14.抽真空管接口；15.翻转铰支件；16.着力铰支件；17.垂直移动导向架；18.垂直移动驱动伺服电机减速机；19.翻转驱动汽缸；20.垂直方向移动支架；21.翻转汽缸位置感应器；22.垂直移动运行齿条；23.水平移动驱动伺服电机减速机；24.水平移动导轨；25.水平导轨固定支架；26.水平直线运行悬挂滚轮

图 2-21　热风循环托辊焙烧炉外观

隧道窑内设 20 个温区（1m 一个温区），依次分为干燥段、煅烧段和降温段。1～5 区为加热升温区，温度由 20℃升至 300℃；6～15 区为煅烧区，温度由 300℃升至 560℃；16～20 区为降温冷却区，温度由 560℃降至 50℃，图 2-22 为某催化剂焙烧温度曲线。

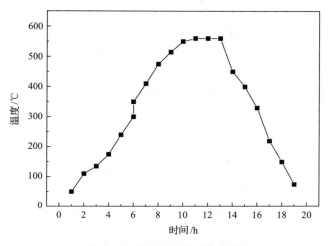

图 2-22　催化剂焙烧温度曲线

北京华电光大新能源环保技术有限公司公开了一种 SCR 脱硝催化剂干燥焙烧一体炉[23]，示意图如图 2-23 所示。该干燥焙烧一体炉包括炉体、高温气入口、

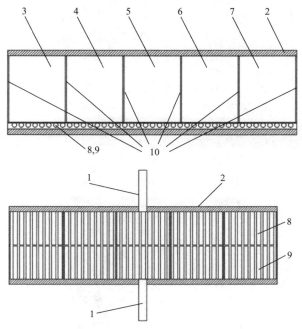

图 2-23　北京华电光大新能源环保技术有限公司研发的干燥焙烧一体炉示意图
1.高温气入口；2.炉体；3、4、6、7.干燥室；5.焙烧室；8、9.输送装置；10.挡板

焙烧室、干燥室、输送装置和挡板。炉体内部由挡板分割为焙烧室和干燥室共五个腔室。高温气由高温气入口通入焙烧室，完成焙烧过程后向两侧干燥室流动，完成物料的干燥过程；炉体底部的输送装置以双向步进的方式输送物料，连续性地完成物料的干燥、焙烧和冷却过程。该炉能够充分利用完成焙烧的高温气和高温物料的余热连续处理物料，适用于 SCR 脱硝催化剂半成品物料的干燥和焙烧。

山东海润环保科技有限公司公开了一种 SCR 脱硝催化剂专用的隧道窑[24]，如图 2-24 所示。窑体内设置输送装置，输送装置上方设有转运板，下方设有下风道风量调节装置。窑体的两侧设有上风道、上风道风量调节腔、送风道、燃烧腔和下风道，其中窑体、上风道、上风道风量调节腔、送风道、燃烧腔和下风道之间相互连通，上风道和下风道连通窑体内部。窑体外设置风机，风机通过送风道连通燃烧腔。转运板上开设风孔，输送装置上设置网状输送带。窑体采用双渠道送风，使 SCR 脱硝催化剂升温过程均匀，产品质量得以提升。

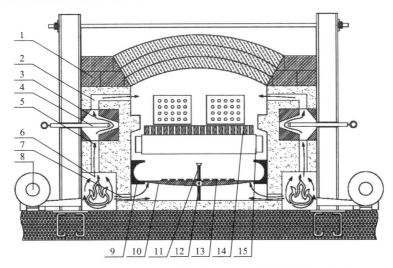

图 2-24　山东海润环保科技有限公司研发的隧道窑示意图

1.窑体；2.上风道；3.上风道风量调节腔；4.风量调节闸板；5.送风道；6.燃烧腔；7.下风道；8.风机；9.浮板调节限位端块；10.风量调节浮板；11.导向柱；12.浮板连接轴；13.砝码板；14.转运板；15.输送装置

参 考 文 献

[1] 李峰. 以纳米 TiO_2 为载体的燃煤烟气脱硝 SCR 催化剂的研究[D]. 南京: 东南大学, 2006.

[2] 袁处, 刘少光, 桑劲鹏. 助剂与活性组份对 SCR 脱硝催化剂性能的影响[C]//中国功能材料及其应用学术会议, 长沙, 2010.

[3] 周治峰. 固体催化剂成型工艺的研究进展[J]. 辽宁化工, 2015, 44(2): 155-157.

[4] 朱洪法. 催化剂成型[M]. 北京: 中国石化出版社, 1992.

[5] 朱洪法. 催化剂载体制备及应用技术[M]. 北京: 石油工业出版社, 2002.

[6] 张继光. 催化剂制备过程技术[M]. 北京: 中国石化出版社, 2004.

[7] 徐成, 陈涛. 添加剂对 Mn-Ce/TiO₂ 脱硝催化剂机械性能和低温活性的影响[J]. 山东化工, 2017, 46(18): 40-42.

[8] 孙科, 刘伟, 王跃军, 等. Ce-Mn/TiO₂ 低温 SCR 脱硝催化剂成型工艺中添加剂的影响实验研究[J]. 环境污染与防治, 2013, 35(11): 37-41.

[9] Wang C, Li X D, Yuan Y, et al. Effects of sintering temperature on sensing properties of V₂O₅-WO₃-TiO₂ electrode for potentiometric ammonia sensor[J]. Sensors and Actuators B: Chemical, 2017, 241: 268-275.

[10] 李俊华, 杨恂, 常化振, 等. 烟气催化脱硝关键技术研发及应用[M]. 北京: 科学出版社, 2015.

[11] 蔡星烁, 崔建峰. 一种脱硝催化剂制备过程中物料混炼用密封式混炼机: 201620960633.1[P]. 2017-03-15.

[12] 汪德志, 白伟, 吴刚. 脱硝催化剂混炼机的三效搅拌装置: 201320323762.6[P]. 2013-11-20.

[13] 张景文. 一种平板式 SCR 脱硝催化剂专用不锈钢网板的高压喷射清洗装置: 201320828675.6[P]. 2014-05-28.

[14] 王新, 王贞. 大直径真空练泥机: 201010563762.4[P]. 2012-10-17.

[15] 孙杰, 李可, 郭建军. 用于生产板式催化剂的辊子校平装置: 2017209115176.9[P]. 2018-02-13.

[16] 朱洪法. 固体催化剂的远红外干燥[J]. 武汉化工学院学报, 1992, 14(3/4): 181-184.

[17] 张海木. 一种蜂窝型催化剂连续干燥炉: 201510859412.5[P]. 2016-05-25.

[18] 卢嘉玲, 徐庆华. 铝板铸轧机液压随动剪的结构设计[J]. 世界有色金属, 2012, (7): 42-44.

[19] 刘海昌. 新型板带飞剪机的设计[J]. 机械设计与制造, 2007, (9): 123-124.

[20] 张景文. 一种平板式 SCR 脱硝催化剂连续压褶装置: 201320730206.0[P]. 2014-04-23.

[21] 张景文. 一种平板式 SCR 脱硝催化剂连续压褶装置与压褶方法: 201310581768.8[P]. 2014-02-19.

[22] 汪德志, 白伟, 刘长松. 用于脱硝蜂窝陶瓷催化剂生产中的机械手: 201110191812.5[P]. 2013-06-26.

[23] 张景文. 一种 SCR 脱硝催化剂干燥焙烧一体炉: 201220578050.4[P]. 2013-04-17.

[24] 杨公平. SCR 脱硝催化剂专用隧道窑: 201520493949.X[P]. 2015-12-09.

第 3 章　平板式 SCR 脱硝催化剂的检测

催化剂作为 SCR 脱硝系统的核心，在安装前和使用过程中的性能检测与评价是脱硝系统运行管理中的一项重要工作，是评价催化剂质量和估算使用寿命的重要依据，直接关系到脱硝系统的连续稳定运行。本章主要基于 GB/T 31584—2015《平板式烟气脱硝催化剂》[1] (简称国家标准)，对平板式 SCR 脱硝催化剂的几何特性、理化性能以及脱硝参数检测的有关内容进行系统的介绍。除了国家标准外，一些使用单位也对平板式 SCR 脱硝催化剂有明确的规范要求，例如，中国华电集团有限公司制定了《中国华电集团公司火电机组 SCR 催化剂强检要求》[2] (简称华电强检标准)，本章也将一并进行介绍，作为对国家标准的补充。此外，本章还归纳了西安热工研究院有限公司等单位对催化剂使用过程中 SO_2 氧化率、氨逃逸等重要性能指标的检测方法。这些检测方法的确立，可为催化剂厂家和使用单位了解和评价催化剂性能提供参考。

3.1　平板式 SCR 脱硝催化剂外观及几何特性测定

平板式催化剂的国家标准和华电强检标准均对催化剂外观和几何特性测定方法做了详细的说明，下面将分别进行介绍。

3.1.1　外观

1. 国家标准

催化剂模块外包装应完好无破损，催化剂单元金属壳应无明显划痕和凹陷损伤；同时，为了保证催化剂单元的结构稳定性，还应确保模块焊接处无气孔、弧焊、漏焊、虚焊和夹渣等缺陷；此外，模块顶部应装有防尘格栅，以防止大颗粒物直接接触催化剂。

2. 华电强检标准

华电强检标准对催化剂结构、催化剂表面和催化剂断面单元形状等方面均有要求：催化剂外观无裂纹和裂缝，无变形、变色现象，且无催化剂成分从基板上脱落；催化剂表面应平整光滑，不得有锋棱、尖角、毛刺，不得有剥离、气泡等缺陷；催化剂单元断面应为平行褶皱板结构。

3.1.2　几何特性

1. 国家标准

按照国家标准的规定,平板式 SCR 脱硝催化剂的几何性能应符合表 3-1 的要求。

表 3-1　平板式 SCR 脱硝催化剂几何性能要求

参数		指标	允许偏差
单板	长度(l)/mm	450～660	±3
	宽度(w)/mm	456	±3
	厚度(d_p)/mm	0.6～0.9	±0.1
单元	截面边长($a=b$)/mm	464	±2
	高度(h)/mm	462～672	±2
模块	宽度(A)/mm	954	±3
	长度(B)/mm	1882	±3
	高度(H)/mm	712～2036	±3
几何比表面积/(m²/m³)		261～350	—
开孔率/%		85～90	—

注:单元在模块框内的单层布置方式为 4×2,层数可以布置为 1～3 层。

1) 单板、单元、模块尺寸的测定

使用卷尺(最大允许误差为±1mm)和游标卡尺(最大允许误差为±0.01mm)测量平板式催化剂单板、单元和模块尺寸。测量单板时,测量结果应为同一单板不同位置的三次测量结果的算术平均值,且三次测量结果的相对偏差应不大于 4%。催化剂单板厚度的测量结果精确至 0.01mm,其他外观尺寸的测量结果精确至 1mm。

2) 几何比表面积和开孔率的测定

根据平板式催化剂单板、单元尺寸测量结果,可以计算得到催化剂几何比表面积和开孔率。

催化剂的几何比表面积 A_p(m²/m³)按公式(3-1)计算。

$$A_p = \frac{S_C}{V} = \frac{2nl(b_{gs} - xb_k)}{V} \times 10^{-6} \tag{3-1}$$

式中,S_C 为烟气流经催化剂单元的总表面积,m²;V 为催化剂单元体积,m³;2 为单板表面数;n 为单元中单板数;l 为单板长度,mm;b_{gs} 为折弯前单板宽度,mm;x 为相邻单板间接触面的数量;b_k 为相邻单板间的接触宽度(示意图见图 3-1),mm。

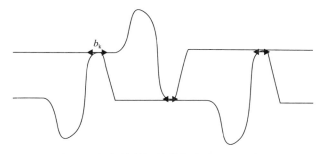

图 3-1　相邻单板间的接触宽度(b_k)示意图

平板式催化剂的开孔率 ε 按公式(3-2)计算：

$$\varepsilon = \left(1 - \frac{n d_p b_{gs}}{ab}\right) \times 100\% \qquad (3\text{-}2)$$

式中，n 为单元中单板数；d_p 为单板厚度，mm；b_{gs} 为折弯前单板宽度，mm；a 和 b 为单元截面边长，mm。

2. 华电强检标准

1) 外观尺寸的测量

平板式催化剂外观尺寸检测项目如图 3-2 和图 3-3 所示。每个单元体测量点的数量应不少于 9 个区域，且应分布均匀，最终结果取其算术平均值。其中，单元体的长度(l)及横截面尺寸(a，b)的测量结果精确到 1mm，板体壁厚(d_p)、间距(P)、波高(h_s)和波宽(b_s)的测量结果精确到 0.1mm。

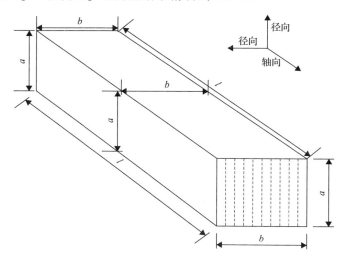

图 3-2　平板式催化剂单元体长度及截面尺寸

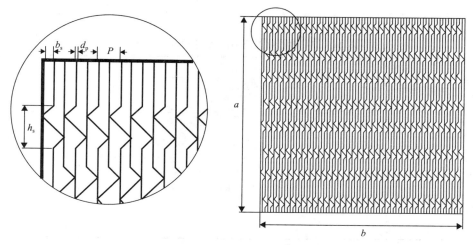

图 3-3　平板式催化剂单元体板体尺寸测量

华电强检标准对测量尺寸的偏差也进行了详细规定。单元体长度方向、宽度方向及高度方向尺寸偏差为 –1～2mm；模块外形在宽度方向尺寸偏差为 –3～5mm，长度方向尺寸偏差为 –2～4mm，高度方向在催化剂模块低于 1600mm 时尺寸偏差为 ±3mm，模块高于 1600mm 时尺寸偏差为 ±5mm。此外，平板式催化剂壁厚及间距应不小于供货技术协议中规定的数值。

2) 几何比表面积和开孔率的计算

平板式催化剂几何比表面积按公式 (3-3) 计算：

$$A_{\mathrm{p}} = \frac{2 \times w' \times n \times 100}{w \times w} \tag{3-3}$$

式中，w 为催化剂单元体中单板的宽度，mm；w' 为折弯前的单板宽度，mm；n 为催化剂单元体中单板的数量。

比表面积应不小于供货技术协议中规定的数值。

平板式催化剂开孔率按公式 (3-4) 计算：

$$\varepsilon = \left(1 - d_{\mathrm{p}} \times w' \times \frac{n}{w \times w}\right) \times 100 \tag{3-4}$$

式中，d_{p} 为催化剂单元体中单板的厚度，mm。

开孔率应不小于供货技术协议中规定的数值。

3.2　平板式 SCR 脱硝催化剂理化性能测定

国家标准和华电强检标准对平板式 SCR 脱硝催化剂的理化性能进行了规定，

但测试项目和方法有一定差异，对于国家标准，其测定内容如表 3-2 所示。

表 3-2 平板式 SCR 脱硝催化剂理化性能要求

项目	指标	允许偏差
耐磨强度/(mg/100U)	≤130	
比表面积/(m²/g)	≥60	—
孔容/(mL/g)	≥0.25	—
二氧化钛(TiO₂)的质量分数/%	≥75	—
五氧化二钒(V₂O₅)的质量分数/%	≤0.5	±0.08
	0.5～1.0	±0.10
	1.0～2.0	±0.15
	>2.0	±0.30

3.2.1 比表面积

催化剂比表面积可以用全自动比表面积与孔径分析仪测试，也可按照《气体吸附 BET 法测定固态物质比表面积》（GB/T 19587—2017）[3]进行测试，国家标准和华电强检标准按照 GB/T 19587—2017 中的容量法测定，下面对其进行介绍。

1. 原理

物质表面包括颗粒外部和内部通孔的表面积，如图 3-4 所示。在低温条件下，将待测物质置于气体体系中并达到吸附平衡。通过测量平衡吸附压力和吸附的气体量，而后根据方程式(1-1)求出试样单分子层吸附量，即可计算出试样的比表面积。

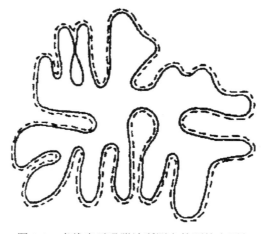

图 3-4 虚线表示吸附法所测定的颗粒表面积

2. 仪器和材料

天平，杜瓦瓶，盛样器，蒸气压力温度计，吸附气体(氮气、氩气或氪气)，载气(氦气或氢气)，液体氮或液体氧。

容量法测定比表面积所用仪器如图 3-5 所示。

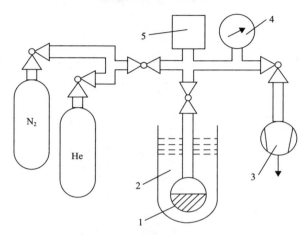

图 3-5　容量法比表面积测定仪
1.样品；2.盛有液氮的杜瓦瓶；3.真空系统；4.压力计；5.气体量管

3. 测试步骤

1) 取样及预处理

在待测的平板式 SCR 脱硝催化剂上截取适量样品用于测试，所取样品不应包括催化剂中金属网板。在测定前，需要通过脱气预处理除去试样表面物理吸附的物质。SCR 脱硝催化剂的脱气条件通常为真空条件下 300℃处理样品 30min，脱气处理后，将盛样器冷却至测量温度。

2) 测量

根据吸附气体的使用方式，容量法可分为非连续式和连续式。在非连续式容量法中，每一次进入样品室的吸附气体量是已知的，待吸附达到平衡时，容积内气体压力发生下降，根据气体状态方程可以求出吸附气体量(进入量管中的气体量与吸附平衡后量管和样品泡中剩余的气体量之差)。而在连续式容量法中，进入的吸附气体量可由压差和流过标准毛细管或计量阀的时间计算。

死体积(除去样品以外的样品室体积)必须在吸附等温线测量之前或之后来确定，该体积用氦气在测量的温度下进行标定，对于某些吸附氦气的材料，标定应在测定了氦气的吸附等温线后进行。

4. 计算

1) 死体积因子

死体积因子 φ 由公式(3-5)求出：

$$\varphi = \frac{273.15(P_c - P_c')V_p}{1.01325 \times 10^5 (273.15 + t) P_c'} \tag{3-5}$$

式中，P_c 为充入量管中氦气的压力，Pa；P_c' 为量管中氦气向样品泡膨胀后的压力，Pa；V_p 为量管体积，cm^3；t 为实验时环境温度，℃。

2) 充入的吸附气体量

充入的吸附气体量由公式(3-6)求出：

$$V_e = \frac{273.15 P_c V_p}{1.01325 \times 10^5 (273.15 + t)} \tag{3-6}$$

3) 剩余的吸附气体量

当吸附达到平衡后，剩余的吸附气体量由公式(3-7)求出：

$$V_t = P\left[\varphi + \frac{273.15 V_p}{1.01325 \times 10^5 (273.15 + t)} \right] \tag{3-7}$$

式中，P 为平衡吸附压力，Pa。

4) 吸附气体量

$$V = V_e - V_t \tag{3-8}$$

5) 比表面积

$$S = \frac{V_m \sigma N_A}{V_0} \tag{3-9}$$

$$S_W = \frac{S}{m} \tag{3-10}$$

$$S_V = S_W \rho \tag{3-11}$$

式中，S 为总表面积，m^2；S_W 为质量比表面积，m^2/g；S_V 为体积比表面积，m^2/cm^3；σ 为吸附质分子横断面积，cm^2(在 77K 温度条件下，吸附气体为氮气时，$\sigma=0.162nm^2$；吸附气体为氩气时，$\sigma=0.166nm^2$；吸附气体为氪气时，$\sigma=0.202nm^2$)；N_A 为阿伏伽德罗常量，$6.022 \times 10^{23} mol^{-1}$；$V_0$ 为 1mol 吸附质的体积(标态)，

$22.414cm^3$；ρ 为样品材料的有效密度，g/cm^3。

3.2.2　孔容

催化剂孔容可以用全自动比表面积与孔径分析仪测试，也可按照 GB/T 21650.1—2008《压汞法和气体吸附法测定固体材料孔径分布和孔隙度　第 1 部分：压汞法》[4]进行测试，国家标准和华电强检标准均按照 GB/T 21650.1—2008 中规定的压汞法测定催化剂孔容，下面对其进行介绍。

1. 原理

汞在外压作用下可以进入多孔体，不断增压且以进汞体积作为函数，即可测得进入多孔体测试样品的汞体积，从而得到测试样品的孔径分布。测试方法包括连续增压方式和步进增压方式。

2. 仪器和材料

(1)样品膨胀计：内含内径均匀的毛细管,用于对样品进行抽真空处理或进汞。实验时需准备多个毛细管直径各异和样品体积不同的膨胀计，通常情况下，毛细管的内体积应在样品的孔和空隙体积预期值的 20%～90% 之间。

(2)测孔仪：含有多个适于高压和低压操作的窗口，通过测量毛细管内汞柱与膨胀计外的金属套管间电容变化来测定注汞体积的变化，最大操作压力为 $400MPa$，分辨率≤$1mm^3$。

(3)汞：分析纯，纯度大于 99.4%。

3. 测定步骤

1)采样

从待测的平板式 SCR 脱硝催化剂上截取实验样品，取样时注意应不含基材金属网板。可取两份样品，以备重复测量。

2)预处理

测试前对待测样品进行加热、抽真空和惰性气体脱气等预处理，除去样品内部的吸附物质。通常情况下，较为适宜的预处理条件为在 3Pa 的真空烘箱中加热至 110℃ 处理 4h。

3)膨胀计装样

样品经过预处理后，操作人员需在清洁的手套箱中将样品装至干净、干燥的样品膨胀计中，装样过程在氮气保护下完成，以避免水蒸气吸附等二次污染发生。完成装样后，将样品膨胀计转移到测孔仪。

4) 抽真空

注汞前对样品进行抽真空处理，除去样品中吸附的水蒸气和气体。抽真空过程应确保待测样品孔结构不会发生变化，且应避免样品中的细粉末进入真空系统。

5) 向样品膨胀计注汞

维持样品的真空状态并开始向样品膨胀计注汞，注汞压力应小于 5kPa。当样品膨胀计处于垂直状态时，注汞压力为外压力与汞静压力之和。

6) 测量

测量过程依次在低压和高压单元进行。首先，根据待测样品的大致孔径范围和汞进入孔时适当的平衡条件，使干燥的空气、氮气或氦气等非活性气体进入真空状态的样品池，采用分级连续升压或步进升压方式增压，并通过图表或计算机记录外压力和对应的注汞体积。

在低压单元达到最大压力后，降压至大气压，而后将样品膨胀计转移至高压单元。将压力首先调至低压单元最终压力，记录此时注汞体积作为计算后续进汞体积的初体积。继续通过汞面上液压油以分级连续方式、步进方式或阶梯方式增压，通过图表或计算机记录压力和相应的注汞体积，测出外压力与汞柱下降的函数关系。当达到所需最大压力后开始降压，并记录该过程退汞体积与降压大小的关系直至降压至大气压，完成测量过程。在通过观察确认汞已经渗透到大部分样品中后，从测孔仪中取出样品膨胀计。

7) 空白实验和样品压缩率修正

在测试样品过程中不断升压的条件下，汞、样品、样品膨胀计以及体积探测系统中的其他组件均会受到不同程度的挤压，造成压缩效应，从而带来进汞体积的误差。尤其对于孔隙率较小、易被压缩的样品，压缩效应带来的误差尤为明显，因此需要通过空白实验对此修正。空白实验使用与测试样品尺寸和热容相似的无孔检查样，且实验条件与实际测试样品的条件相同，在计算过程中引入通过空白实验得到的相关修正值，可以降低压缩效应带来的误差，使测试结果更加准确。

8) 孔径分布的计算

外压力与进汞孔的净宽成反比。对于圆柱形孔，Washburn 方程给出了压力与孔径间的关系。应用 Washburn 方程，压力读数可以转换成孔径，如式 (3-12) 所示：

$$d_{k} = \frac{-4\gamma\cos\theta}{p} \tag{3-12}$$

式中，d_k 为孔径，m；γ 为汞的表面张力，N/m；θ 为液相测得汞在样品上的接触角，rad；p 为外压力，Pa。

汞的表面张力 γ 与样品的材质、温度以及样品表面的曲率有关。室温条件下，γ 介于 0.470～0.490N/m，如果该值未知，应取 γ=0.480N/m。此外，接触角 θ 通常介于 125°～150°之间，如果该值未知，可取 θ=140°。

3.2.3　化学成分

平板式催化剂国家标准中主要测定 TiO_2、V_2O_5、三氧化钼、二氧化硅和三氧化二铝几种化学成分，而华电强检标准中除上述成分外，还需测定 W、Ba、K、Na、Ca、Fe、P 和 As 等元素，两种标准中检测方法相同，均按照《烟气脱硝催化剂成分分析方法》(GB/T 31590—2015)[5]规定的 X 射线荧光光谱法(XRF)测定。GB/T 31590—2015 中分析方法包括熔融法和压片法，下面以平板式催化剂国家标准中几种化学组分测定为例进行说明。

1. 原理

元素的原子受到高能辐射激发而引起内层电子的跃迁，同时发出具有一定特征波长的 X 射线，根据测得谱线的波长和强度进行元素定性和定量分析。

2. 仪器设备和试剂

主要的测试仪器为 X 射线荧光光谱仪，其他辅助仪器设备还包括：烘箱，马弗炉，天平，压片机及模具，干燥器，铂-金坩埚，瓷坩埚和移液管。

所需试剂包括：高纯二氧化钛，高纯五氧化二钒，高纯三氧化钼，高纯二氧化硅，高纯三氧化二铝，偏硼酸锂，无水四硼酸锂，20g/L 溴化锂溶液和碘化铵饱和溶液。

3. 分析步骤——熔融法

1) 灼烧减量的测定

将约 1.0g 试样置于经过 1150℃灼烧处理的瓷坩埚内，而后于马弗炉内在 1150℃温度条件下灼烧至恒量。灼烧减量的质量分数 ω_1 按公式(3-13)计算(结果保留到小数点后 2 位)。

$$\omega_1 = \frac{m_1 - m_2}{m} \times 100\% \tag{3-13}$$

式中，m_1 为灼烧前试样和坩埚质量，g；m_2 为灼烧后试样和坩埚质量，g；m 为灼烧前试样质量，g。

2) 样片的准备

在铂-金坩埚中加入试样(质量根据 ω_1 计算结果确定，试样质量为[0.6/(1−ω_1)]g)

及 6g 偏硼酸锂或无水四硼酸锂，充分混匀后再加入 1mL 溴化锂溶液或碘化铵溶液。而后将坩埚在 1150℃条件下熔融 15min，冷却后得到分析试样的样品。熔融时需转动或振动铂-金坩埚以保证熔融均匀，制得的样片应是均匀的玻璃体，无气泡或未熔小颗粒，且下表面平整光滑。

3) 校准曲线的绘制

(1) 校准样片的制备。

将高纯 TiO₂、MoO₃、V₂O₅、SiO₂、Al₂O₃ 试剂置于称量瓶中 105℃干燥 2h，而后放入干燥器内冷却至室温，按照上述熔融法样片制备方法配制校准样片。配制的校准样片中各物质的质量分数如表 3-3 所示。

表 3-3　平板式催化剂熔融法校准样片中各物质含量　（单位：%）

校准样片编号	TiO₂	MoO₃	V₂O₅	SiO₂	Al₂O₃
PC1	0.5340	0.0180	0.0240	0.0240	0.0000
PC2	0.5280	0.0210	0.0210	0.0270	0.0030
PC3	0.5220	0.0240	0.0180	0.0300	0.0060
PC4	0.5160	0.0270	0.0150	0.0330	0.0090
PC5	0.5100	0.0300	0.0120	0.0360	0.0120
PC6	0.5040	0.0330	0.0105	0.0375	0.0150
PC7	0.4980	0.0360	0.0090	0.0390	0.0180
PC8	0.4920	0.0390	0.0075	0.0405	0.0210
PC9	0.4860	0.0420	0.0060	0.0420	0.0240
PC10	0.4800	0.0450	0.0045	0.0450	0.0270
PC11	0.4740	0.0480	0.0030	0.0480	0.0300
PC12	0.4620	0.0525	0.0015	0.0510	0.0330
PC13	0.4500	0.0558	0.0006	0.0558	0.0378
PC14	0.4440	0.0585	0.0000	0.0585	0.0390

(2) 校准曲线的建立。

用 X 射线荧光光谱仪重复测量校准样片至少 2 次，在仪器所配软件中选择合适的校准方程，以校准样片中该元素质量分数和测量的荧光强度平均值计算出校准曲线参数和系数，得到校准曲线。

4) 样片的测定

使用 X 射线荧光光谱仪测试分析样片，将分析样片平滑的一面朝向靶源，避免人手接触表面，对样片进行扫描得到灼烧基分析结果(熔融法制备样片为灼烧基)。

5) 结果计算

元素的质量分数 ω_i 按公式(3-14)计算。

$$\omega_i = \omega_{mi}(1 - \omega_1) \tag{3-14}$$

式中，ω_{mi} 为灼烧基测得元素的质量分数的数值，%；ω_1 为灼烧减量的质量分数的数值，%。

取平行测定结果的算数平均值作为最终测定结果，平行测定结果的相对偏差应小于等于 0.6%。

4. 分析步骤——压片法

1) 样片的准备

将待测试样倒入模具中，用压片机加压至 25MPa 以上保持 15s，制得样片表面应平整光滑，无裂缝或松散情况。制备的样片存放于干燥器内待用。

2) 校准曲线的绘制

(1) 校准样片的制备。

将高纯 TiO_2、MoO_3、V_2O_5、SiO_2、Al_2O_3 试剂置于称量瓶中 105℃干燥 2h，而后放入干燥器内冷却至室温，按照上述压片法样片制备方法配制校准样片。配制的校准样片中各物质的质量分数如表 3-4 所示。

表 3-4　平板式催化剂压片法校准样片中各物质含量　　　（单位：%）

校准样片编号	TiO₂	MoO₃	V₂O₅	SiO₂	Al₂O₃
PC1	89.00	3.00	4.00	4.00	0.00
PC2	88.00	3.50	3.50	4.50	0.50
PC3	87.00	4.00	3.00	5.00	1.00
PC4	86.00	4.50	2.50	5.50	1.50
PC5	85.00	5.00	2.00	6.00	2.00
PC6	84.00	5.50	1.75	6.25	2.50
PC7	83.00	6.00	1.50	6.50	3.00
PC8	82.00	6.50	1.25	6.75	3.50
PC9	81.00	7.00	1.00	7.00	4.00
PC10	80.00	7.50	0.75	7.50	4.50
PC11	79.00	8.00	0.50	8.00	5.00
PC12	77.00	8.75	0.25	8.50	5.50
PC13	75.00	9.30	0.10	9.30	6.30
PC14	74.00	9.75	0.00	9.75	6.50

(2)校准曲线的建立。

用 X 射线荧光光谱仪重复测量校准样片至少 2 次，在仪器所配软件中选择合适的校准方程，以校准样片中该元素质量分数和测量的荧光强度平均值计算出校准曲线参数和系数，得到校准曲线。

3)样片的测定

使用 X 射线荧光光谱仪测试分析样片，将分析样片平滑的一面朝向靶源，避免人手接触表面，对样片进行扫描得到分析结果。

取平行测定结果的算术平均值为测定结果，平行测定结果的相对偏差应不大于 0.6%。

3.2.4　耐磨强度

国家标准和华电强检标准中平板式催化剂耐磨强度的测试仪器和材料相同，但测试条件略有差异。

1. 仪器和材料

旋转式磨耗测试仪(推荐型号为 TABER5135 型，如图 3-6 所示，其余还有卷尺、电子天平、干燥箱、干燥器、切割机、锥钻等。

图 3-6　TABER5135 型旋转式磨耗测试仪

2. TABER5135 型旋转式磨耗测试仪设置及使用

(1)开启电源，进入磨耗测试仪主控制界面。

(2)按"ENTER"键，再按数字按钮，输入"300"，最后按"ENTER"键，即设置总转数为 300r。

(3)按"MENU"键进入选择模式，按"数字 1"键可选择"Speed"(每分钟转数），再按"数字 1"键，选择"60Cycles/Minute"（60r/min），选定后，仪器界面返回主界面。

（4）按"MENU"键进入选择模式，按"数字 4"键可选择"Vacuum"（真空吸尘装置功率），按"ENTER"键后再按数字按钮可设置真空吸尘装置功率，设置为 100%，再按"ENTER"键确定，确定后，仪器界面返回主界面。

（5）按下"START"键启动测试。测试过程中如需暂停，按"STOP"键，再按"START"键可继续测试。磨耗测试仪在转动 300r 后自动停止，测试完成或者仪器暂停时，按"CLEAR"键计数将归零，再次按下"START"键后，则会继续下一个测试程序。

3. 测试板的准备

避开平板式 SCR 脱硝催化剂表面凸起部分，用切割机截取表面平整且长度和宽度均为 90mm 的试样，用锥钻在试样中心钻孔得到测试板，如图 3-7 所示。将测试板放于干燥箱中，60℃干燥 30min，而后放入干燥器中冷却 30min，密闭称量，待用。

4. 测试方法

1）国家标准

按照上述设置方法正确设定磨耗测试仪参数，而后将称量后的测试板固定在磨耗测试仪上，并将磨轮和吸尘管旋转至测试板上方，国家标准测试中使用一个磨轮，磨轮附加砝码质量为 750g；点击"START"键启动测试，5min 后仪器自动停止，将磨轮和吸尘管从测试板上方旋转移开；小心取下测试板并移入干燥箱中，60℃干燥 30min，然后置于干燥器中冷却 30min，密闭称量。测试板经过测试后如图 3-8 所示。

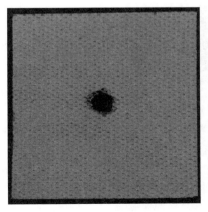

图 3-7　平板式催化剂测试板

图 3-8　测试后的测试板

催化剂的耐磨强度 ξ_p（mg/100r）按式（3-15）计算：

$$\xi_p = \frac{2 \times (m_1 - m_2)}{n} \times 100 \tag{3-15}$$

式中，m_1 为测试前测试板质量的数值，mg；m_2 为测试后测试板质量的数值，mg；n 为磨轮的转数（$n=300r$）。

2）华电强检标准

华电强检标准的测试方法和流程与国家标准相似，不同点在于使用磨轮的数量以及附加砝码质量。不同于国家标准测试，华电强检标准使用两个磨轮，磨轮附加砝码总质量为 1.0kg，图 3-9 为按华电强检标准测试中的测试板。

图 3-9　测试中的测试板

华电强检标准中催化剂耐磨强度 ξ_p 按式（3-16）计算：

$$\xi_p = \frac{2 \times (W_1 - W_2)}{3} \tag{3-16}$$

式中，ξ_p 为平板式催化剂的磨损强度，mg/100U；W_1 为测试板测试前质量，mg；W_2 为测试板测试后质量，mg。

3.2.5　黏附强度

国家标准中并未规定测试催化剂的黏附强度，下面介绍华电强检标准中平板式催化剂黏附强度的测试方法。

1. 仪器和材料

圆柱体弯曲试验仪（图 3-10），卷尺，电子天平，干燥箱，干燥器，切割机。

2. 测试板的准备

避开平板式 SCR 脱硝催化剂表面凸起部分，用切割机截取表面平整、长度为 90mm、宽度为 50mm 的试样作为测试板，如图 3-11 所示。将测试板放于干燥箱中，60℃干燥 30min，而后放入干燥器中冷却 30min，密闭称量，待用。

图 3-10　圆柱体弯曲试验仪

图 3-11　黏附强度测试板

3. 测试方法

将测试板固定在圆柱体弯曲试验仪上，调整位置使测试板与仪器底座垂直并与轴棒相切，而后手动拧紧底座旋钮；平稳转动调节把手绕轴棒(选择 $\Phi 8mm$ 的轴棒)旋转 180°，停顿 2s 后将调节把手回转至初始位置；松底座旋钮，小心取出测试板并移入干燥箱中 60℃干燥 30min，然后置于干燥器中冷却 30min；冷却后，称量弯曲后测试板质量并记录，而后将测试板上催化剂去除干净，称量剩余基材，最后通过计算得到测试板的剥落率。

黏附强度测试示例如图 3-12 所示，剥落率按照式(3-17)计算：

$$\lambda = \left(1 - \frac{W_2 - W_0}{W_1 - W_0}\right) \times 100 \tag{3-17}$$

式中，λ 为剥落率，%；W_0 为基材质量，根据试样截面积和单位面积基材的质量计算，g。

4. 判定标准

华电强检标准中平板式催化剂黏附强度的判定依据如表 3-5 所示。通常情况下，平板式催化剂黏附强度参考值为不大于 2.0%。

图 3-12　黏附强度测试

表 3-5　平板式催化剂黏附强度判定标准

等级	1	2	3	4	5
剥落率/%	0～0.5	0.5～1.0	1.0～2.0	2.0～3.0	>3.0

3.3　平板式 SCR 脱硝催化剂反应性能的测定

平板式 SCR 脱硝催化剂的反应性能是脱硝系统能否高效稳定运行的关键，国家标准中要求测试平板式催化剂的活性以及 SO_2/SO_3 转化率，而华电强检标准中除了上述两项测试内容外，还要求测试氨逃逸和系统压降。

3.3.1　国家标准

1. 实验装置

催化剂反应性能实验装置示意图如图 3-13 所示。

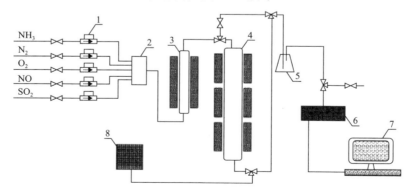

图 3-13　催化剂反应性能实验装置示意图

1.质量流量计；2.气体混合器；3.预热炉；4.反应器；5.NH$_3$吸收瓶；6.烟气分析仪；7.数据处理系统；8.尾气吸收系统

2. 测试

脱硝催化剂的脱硝性能参数按以下步骤进行测定。

1) 测试前准备

(1) 烟气。

测试平板式催化剂所需试验烟气可采用配气法、燃烧法或其他方法产生，烟气测试参数见表 3-6，烟气成分检测方法及参考标准见表 3-7。

表 3-6　测试烟气条件

参数	设定值	允许偏差
空速/h^{-1}	13333	±3(相对值)
烟气温度/℃	380	±3(绝对值)
SO_2 浓度/(mg/m^3)	1429	±1(相对值)
NO 浓度/(mg/m^3)	402	±1(相对值)
O_2 浓度/%	5	±0.2(绝对值)
氨氮摩尔比	1	0/+0.1(绝对值)
H_2O 含量/%	15	±1(相对值)

表 3-7　推荐的烟气成分检测方法及标准

序号	烟气成分	推荐的检测方法	参考标准
1	NO/NO$_2$	非分散红外吸收法 盐酸萘乙二胺分光光度法	HJ 692—2014[6] HJ/T 43—1999[7]
2	O_2	磁力机械式氧分析仪法	JJG 662—2005[8]
3	SO_2	非分散红外吸收法 碘量法 离子色谱法	HJ 629—2011[9] HJ/T 56—2017[10] GB/T 14642—2009[11]
4	SO_3	高氯酸钡-钍试剂法 离子色谱法	GB/T 21508—2008[12] GB/T 14642—2009[11]
5	NH_3	氨气敏电极法 次氯酸钠-水杨酸分光光度法 离子色谱法	GB/T 14669—1993[13] HJ 534—2009[14] GB/T 15454—2009[15]
6	H_2O	冷凝法 重量法	GB/T 16157—1996[16]

(2) 测试样的制备与装填。

按照宽度 60~150mm、长度 500mm 从待测平板式催化剂上裁切测试样，将裁切好的测试样在装置内按照单层进行装载，待用。

(3) 系统试漏。

向系统内缓慢通入氮气，并保持系统内压力高于 0.1MPa。稳压 10min 后，在所有密封点涂刷中性发泡剂，仔细检查是否有密封点漏气。试漏合格后，及时缓慢泄压。

(4) 老化。

不通入 NH_3 和 NO，其他气体按照表 3-6 要求通入系统。保持至少 12h，然后每隔 1h，测定反应器出口烟气中 SO_2 和 SO_3 的体积分数，当连续 4 次测试数据不存在同一种趋势且相对偏差小于 10%时，老化结束。

2) 测试

(1) 活性测定。

准备工作完成后，按照表 3-6 要求通入全部气体，稳定 1h 后开始测试。测试过程中，每隔 1h 测定一次反应器进出口 NO_x 浓度，当连续 4 次测定结果不存在同一种趋势且测定结果相对偏差小于 3%时，NO_x 浓度测试完毕，取连续 4 次测定结果的算术平均值作为最终测定结果。

(2) SO_2/SO_3 转化率的测定。

完成活性测试后停止通入 NH_3，其他气体依然按照表 3-6 要求保持不变，稳定并保持 1h。然后每隔 1h 测定一次反应器进出口 SO_3 和 SO_2 体积分数。当连续 4 次测定结果不存在同一种趋势且相邻两次测定结果相对偏差小于 10%时，SO_2/SO_3 转化率测试完毕，取连续 4 次测定结果的算术平均值作为最终测定结果。

3. 结果计算

1) 脱硝效率

催化剂的脱硝效率 η 按式(3-18)计算：

$$\eta = \frac{C_1 - C_2}{C_1} \times 100\% \tag{3-18}$$

式中，C_1 为反应器入口 NO_x 浓度(标态，干基)，mg/m^3；C_2 为反应器出口 NO_x 浓度(标态，干基)，mg/m^3。

2) 催化剂活性

当氨氮物质的量比(简称氨氮比)等于 1 时，催化剂的活性 $K(m/h)$ 按式(3-19)计算：

$$K = -AV \times \ln(1 - \eta) \tag{3-19}$$

式中，AV 为面速度，m/h；η 为催化剂脱硝效率，以百分数表示。

催化剂的活性应不小于 35m/h。

3) SO_2/SO_3 转化率

催化剂的 SO_2/SO_3 转化率 E 按式(3-20)计算:

$$E = \frac{\varphi_1 - \varphi_2}{\varphi_3} \times 100\% \qquad (3\text{-}20)$$

式中，φ_1 为反应器出口 SO_3 体积分数(标态，干基)，$\mu L/L$；φ_2 为反应器进口 SO_3 体积分数(标态，干基)，$\mu L/L$；φ_3 为反应器进口 SO_2 体积分数(标态，干基)，$\mu L/L$。

催化剂的 SO_2/SO_3 转化率应不大于 1.0%。

3.3.2　华电强检标准

1. 测试装置及烟气参数

脱硝催化剂单元体工艺特性指标测试装置如图 3-14 所示，主要测试参数列于表 3-8。

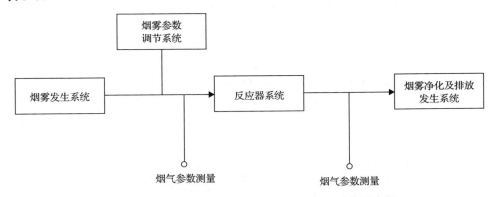

图 3-14　脱硝催化剂单元体工艺特性指标测试装置流程

表 3-8　脱硝催化剂单元体工艺特性指标测试主要参数

试验烟气条件(湿基)	参数	单位
流量	50~550	m^3/h
温度	280~450	℃
SO_2 浓度	500~15000	mg/m^3
NO 浓度	100~1300	mg/m^3
O_2 浓度	2~18	%
H_2O 浓度	3~22	%
NH_3 浓度	40~800	mg/m^3

　　脱硝催化剂单元体工艺特性指标测试装置的烟气成分检测方法及参考标准见表 3-9。

表 3-9　华电强检标准推荐的烟气成分检测方法及标准

序号	烟气成分	推荐方法	参考标准
1	NO/NO_2	化学发光法 盐酸萘乙二胺分光光度法	ISO 7996—1985[17] HJ/T 43—1999[7]
2	O_2	磁力机械式氧分析仪法	JJG 662—2005[8]
3	SO_2	紫外荧光法 碘量法 离子色谱法	ISO 10498—2004[18] HJ/T 56—2017[10] GB/T 14642—2009[11]
4	SO_3	高氯酸钡-钍试剂法 离子色谱法	GB/T 21508—2008[12] GB/T 14642—2009[11]
5	NH_3	氨气敏电极法 次氯酸钠-水杨酸分光光度法	GB/T 14669—1993[13] HJ 534—2009[14]
6	H_2O	冷凝法 重量法	GB/T 16157—1999[16]

2. 测试结果计算

1）脱硝效率

催化剂的脱硝效率 η 按式（3-21）计算：

$$\eta = \frac{C_1 - C_2}{C_1} \times 100\% \tag{3-21}$$

式中，η 为催化剂单元体的脱硝效率，%；C_1 为反应器入口 NO_x 浓度（标态，干基，过剩空气系数 1.4），mg/m^3；C_2 为反应器出口 NO_x 浓度（标态，干基，过剩空气系数 1.4），mg/m^3。

　　脱硝效率应不低于供货技术协议中规定的数值，氨逃逸小于 3ppm 时，脱硝效率不小于设计效率 η_0+5%。

2）活性

催化剂的活性 K 按式（3-22）计算：

$$K = 0.5 \times AV \times \ln \frac{MR}{(MR - \eta)(1 - \eta)} \tag{3-22}$$

式中，K 为催化剂单元体的活性，m/h；AV 为面速度，m/h；MR 为氨氮比。

　　催化剂的初设反应活性 K_0 应不低于 35m/h。

3) SO_2/SO_3 转化率

SO_2/SO_3 转化率按式 (3-23) 计算：

$$X = \frac{S_{3o} - S_{3i}}{S_{2i}} \times 100 \tag{3-23}$$

式中，X 为催化剂单元体的 SO_2/SO_3 转换率，%；S_{3o} 为反应器出口 SO_3 浓度，μL/L；S_{3i} 为反应器进口 SO_3 浓度，μL/L；S_{2i} 为反应器进口 SO_2 浓度，μL/L。

华电强检标准规定的 SO_2/SO_3 转化率与设计煤种硫分 (Sar) 有关。当 Sar＜2.5% 时，SO_2/SO_3 转化率应不高于 1%；而当 Sar≥2.5% 时，SO_2/SO_3 转化率则应不高于 0.75%。

4) 氨逃逸

折算到基准氧含量 (6%) 下的氨逃逸 C_{NH_3} 按式 (3-24) 计算：

$$C_{NH_3} = C'_{NH_3} \times \frac{21 - 6}{21 - \phi_{O_2}} \tag{3-24}$$

式中，C_{NH_3} 为折算到基准氧含量下的氨逃逸，mg/m³；C'_{NH_3} 为实测的氨逃逸，mg/m³；ϕ_{O_2} 为实测的氧含量，%。

氨逃逸应不高于 2.28mg/m³。

5) 压降

催化剂的烟气压降 (Pa) 按式 (3-25) 计算：

$$\Delta P = P_{out} - P_{in} \tag{3-25}$$

式中，ΔP 为催化剂单元体的烟气压降，Pa；P_{out} 为反应器出口烟气静压，Pa；P_{in} 为反应器入口烟气静压，Pa。

压降应不大于供货技术协议中规定的数值。

3.3.3　SO_2 氧化率及氨逃逸检测方法

目前，烟气中的 NO、NO_2、SO_2、O_2 等组分可以由烟气分析仪等仪器实现在线检测，结果准确且重复性好，是当前主流的检测方法。然而可用于 NH_3、SO_3 在线检测的仪器昂贵，功能单一，性价比低，尚未得到广泛应用，因此目前主要采取在线采样和离线测定的方法确定烟气中 NH_3 和 SO_3 的浓度。国家标准和华电强检标准中给出了 NH_3 和 SO_3 的检测方法，但并未给出平板式催化剂 SO_2 氧化率和氨逃逸的具体检测方法。多家检测机构依据 GB/T 21508—2008、GB/T 14669—1993 等标准中 NH_3 和 SO_3 检测方法，并结合实际采样和检测中遇到的问题，优化改良后形成了各自的平板式催化剂 SO_2 氧化率和氨逃逸的检测方法。在众多单位中，西安热工研究院有限公司的检测方法误差小、重复性好，得到业内广泛认可，在此对其进行介绍。

1. SO_2 氧化率

1）原理

用专用的气体采样系统对烟气进行等速采样，采样系统中的过滤装置用来过滤烟气中的颗粒物。用异丙醇溶液吸收烟气中的 SO_3 而不会同时吸收 SO_2，通过使烟气先后经过异丙醇溶液和 H_2O_2 溶液的方式，分别吸收 SO_3 和 SO_2，分析溶液中 SO_4^{2-} 的含量可计算得到烟气中 SO_3 和 SO_2 的浓度。

2）仪器设备

采样枪（前端塞石英棉过滤灰尘），125mL 洗气瓶，智能双路烟气采样器（推荐型号为崂应 3072），250mL 容量瓶，10mL 移液管，250mL 锥形瓶。

3）试剂

80% 异丙醇溶液，2g/L 钍试剂溶液，0.005mol/L 高氯酸钡溶液。

4）采样

在第一个洗气瓶中加入 70mL 异丙醇溶液，分别移取 75mL 3% H_2O_2 溶液于另外两个洗气瓶中，按先异丙醇溶液后 H_2O_2 溶液的顺序连接三个洗气瓶；采样前将采样头置于采样点，将采样头、洗气瓶及采样器依次连接；开启智能双路烟气采样器，采集一定体积的烟气，采集结束后，从烟道取下采样头，记录最后读数；收集洗气瓶中的溶液，用异丙醇溶液洗涤吸收 SO_3 的洗气瓶及连接处，将洗液及收集液转移至 250mL 容量瓶中，用 80% 异丙醇溶液定容；用去离子水洗涤 H_2O_2 溶液洗气瓶及连接处，将洗液及收集液转移至 250mL 容量瓶中，用去离子水定容。

烟气中 SO_3 的采集在反应器入口、出口进行，而烟气中 SO_2 的采集在反应器入口进行。

5）吸收液滴定

用移液管从容量瓶中移取 50mL 收集到的 SO_3 溶液于 250mL 锥形瓶中，加入 4～5 滴钍试剂作指示剂，用配制好的高氯酸钡溶液进行滴定，当溶液颜色出现突变粉色现象时，即为滴定终点。记录下消耗的高氯酸钡溶液的体积。

用移液管从容量瓶中移取 2mL 收集到的 SO_2 溶液于 250mL 锥形瓶中，加入去离子水稀释至 60mL，加入 4～5 滴钍试剂作指示剂，用配制好的高氯酸钡溶液进行滴定，当溶液颜色出现突变粉色现象时，即为滴定终点。记录下消耗的高氯酸钡溶液的体积。

6) 结果计算

烟气中 SO_3 的浓度(ppm)按式(3-26)进行计算:

$$C_{SO_3} = \frac{C_1 \times V \dfrac{250}{V'} \times 22.4 \times 1000}{V_{nl}} \tag{3-26}$$

式中，C_{SO_3} 为烟气中 SO_3 的浓度，ppm；C_1 为高氯酸钡溶液浓度，mol/L；V 为消耗的高氯酸钡溶液的体积，mL；V' 为滴定分析时移取的样品溶液的体积，mL；V_{nl} 为采气体积(标准状态)，L。

烟气中 SO_2 的浓度(ppm)按式(3-27)进行计算:

$$C_{SO_2} = \frac{C_2 \times V_1 \dfrac{250}{V_1'} \times 22.4 \times 1000}{V_{nl}'} \tag{3-27}$$

式中，C_{SO_2} 为烟气中 SO_2 的浓度，ppm；V_1 为消耗的高氯酸钡溶液的体积，mL；C_2 为高氯酸钡溶液的浓度，mol/L；V_1' 为滴定分析时移取的样品溶液的体积，mL；V_{nl}' 为采气体积(标准状态)，L。

烟气中 SO_2 氧化率按式(3-28)进行计算:

$$w = \frac{C_{SO_3出口} - C_{SO_3入口}}{C_{SO_2}} \times 100\% \tag{3-28}$$

2. 氨逃逸

1) 原理

氨气敏电极为复合电极，由 pH 玻璃电极和银-氯化银电极组成，其中 pH 玻璃电极为指示电极，银-氯化银电极为参比电极。测试时，两个电极置于装有氯化铵填充液的塑料套管中，管底用一张微孔疏水薄膜与待测液隔开。向待测液中加入强碱，使待测液中铵盐转化为氨，并由扩散作用通过薄膜(水和其他离子均不能通过)进入塑料套管，使管内氯化铵填充液中 $NH_4^+ \rightleftharpoons NH_3 + H^+$ 的反应平衡向左移动，导致氢离子浓度改变。由 pH 玻璃电极测得其变化，并根据电极电位与氨浓度的对数线性关系测得待测液样品中氨的含量。

2) 仪器设备

离子浓度测量仪(推荐型号为 Thermo Scientific^{TM} Orion^{TM} Star A214 台式 pH/ISE)，双路烟气采样器(推荐型号为崂应 3072 型)，洗气瓶，采样管(采样管采用的是石英管外面套钢管的方式，钢管前端装有的玻璃棉起到除灰的作用，石英管的长度能接触到钢管里面的玻璃棉）。

3）试剂

3‰～5‰ H_2SO_4 溶液，2mol/L NaOH 溶液。

4）采样

准备好装有稀硫酸吸收液的洗气瓶、采样管、烟气采样器和连接软管；连接设备，而后将采样管伸入反应器出口采样孔中，使石英管的前端在烟道的中间位置；启动采样器，5min 后停止采样，收集洗气瓶中的吸收液，并用去离子水充分清洗石英管、管路及洗气瓶，将清洗液与吸收液转移至 250mL 容量瓶中，用去离子水定容，摇匀；记录采样时的工况条件和抽气的标准体积。

5）分析

（1）离子浓度测量仪的准备。

按照离子浓度测量仪操作规程组装电极并进行调试和标定。

（2）测量。

取处理好的样品溶液 50mL 于小烧杯中，将清洗好的电极插入烧杯溶液中；移取适量的氢氧化钠溶液到烧杯中，立即按"measure"键和"stirrer"键，开始测量，当示数稳定并且显示"就绪"后，记录下此时的浓度值；再向烧杯中加入少量氢氧化钠溶液，看示数是否有较大的波动，如果有较大范围的波动，说明加入的氢氧化钠的量不够，需要重新取 50mL 样品溶液进行重新测量，如果变化不大，则取之前记录的浓度值作为测试结果。

6）数据处理

不折算氧量的氨逃逸浓度按式（3-29）进行计算：

$$C'_{NH_3} = \frac{C_{NH_4^+} \times V_S \times 22.4 \times 1000}{1000 \times 1000 \times 14 \times V_{nl}} \tag{3-29}$$

式中，C'_{NH_3} 为不折算氧量的氨逃逸浓度，ppm；$C_{NH_4^+}$ 为测出的 NH_4^+ 浓度，ppb；V_S 为样品溶液的总体积，mL（本实验中为 250 mL）；V_{nl} 为采气体积（标准状态），L。

折算到基准氧含量（6%）下的氨逃逸浓度按式（3-30）进行计算：

$$C_{NH_3} = \frac{C'_{NH_3} \times (21 - 6)}{21 - \phi_{O_2}} \tag{3-30}$$

式中，C'_{NH_3} 为不折算氧量的氨逃逸浓度，ppm；C_{NH_3} 为折算到基准氧含量（6%）下的氨逃逸浓度，ppm；ϕ_{O_2} 为实测氧含量，%；21 为环境空气中氧含量的数值，%。

参 考 文 献

[1] 中华人民共和国国家质量监督检验检疫总局, 中国国家标准化管理委员会. 平板式烟气脱硝催化剂: GB/T 31584—2015[S]. 北京: 中国标准出版社, 2016.

[2] 中国华电集团有限公司. 中国华电集团公司火电机组 SCR 催化剂强检要求[S]. 北京: 中国华电集团有限公司, 2013.

[3] 中华人民共和国国家质量监督检验检疫总局, 中国国家标准化管理委员会. 气体吸附 BET 法测定固态物质比表面积: GB/T 19587—2017[S]. 北京: 中国标准出版社, 2017.

[4] 中华人民共和国国家质量监督检验检疫总局, 中国国家标准化管理委员会. 压汞法和气体吸附法测定固体材料孔径分布和孔隙度 第 1 部分: 压汞法: GB/T 21650.1—2008[S]. 北京: 中国标准出版社, 2008.

[5] 中华人民共和国国家质量监督检验检疫总局, 中国国家标准化管理委员会. 烟气脱硝催化剂化学成分分析方法: GB/T 31590—2015[S]. 北京: 中国标准出版社, 2016.

[6] 生态环境部. 固定污染源废气 氮氧化物的测定 非分散红外吸收法: HJ 692—2014[S]. 北京: 中国标准出版社, 2014.

[7] 国家环境保护总局. 固定污染源排气中氮氧化物的测定 盐酸萘乙二胺分光光度法: HJ/T 43—1999[S]. 北京: 中国标准出版社, 2004.

[8] 国家质量监督检验检疫总局. 顺磁式氧分析器检定规程: JJG 662—2005[S]. 北京: 中国标准出版社, 2005.

[9] 环境保护部. 固定污染源废气 二氧化硫的测定 非分散红外吸收法: HJ 629—2011[S]. 北京: 中国环境科学出版社, 2011.

[10] 国家环境保护总局. 固定污染源排气中二氧化硫的测定 碘量法: HJ/T 56—2000[S]. 北京: 中国环境科学出版社, 2004.

[11] 中华人民共和国国家质量监督检验检疫总局, 中国国家标准化管理委员会. 工业循环冷却水及锅炉水中氟、氯、磷酸根、亚硝酸根、硝酸根和硫酸根的测定 离子色谱法: GB/T 14642—2009[S]. 北京: 中国标准出版社, 2010.

[12] 中华人民共和国国家质量监督检验检疫总局, 中国国家标准化管理委员会. 燃煤烟气脱硫设备性能测试方法: GB/T 21508—2008[S]. 北京: 中国标准出版社, 2008.

[13] 国家环境保护总局. 空气质量 氨的测定 离子选择电极法: GB/T 14669—1993[S]. 北京: 中国标准出版社, 1994.

[14] 中华人民共和国环境保护部. 环境空气氨的测定 次氯酸钠-水杨酸分光光度法: HJ 534—2009[S]. 北京: 中国环境科学研究院, 2010.

[15] 中华人民共和国国家质量监督检验检疫总局, 中国国家标准化管理委员会. 工业循环冷却水中钠、铵、钾、镁和钙离子的测定 离子色谱法: GB/T 15454—2009[S]. 北京: 中国标准出版社, 2010.

[16] 国家环境保护总局. 固定污染源排气中颗粒物测定与气态污染物采样方法: GB/T 16157—1996[S]. 北京: 中国标准出版社. 1996.

[17] 中华人民共和国生态环境部. 环境空气 氮氧化物质量浓度的测定 化学发光法: HJ 1044—2019[S]. 北京: 中国标准出版社, 2019.

[18] 中华人民共和国生态环境部. 环境空气 二氧化硫的测定 紫外线荧光法: HJ 629—2019[S]. 北京: 中国标准出版社, 2019.

第4章 SCR脱硝工程技术

SCR脱硝技术是在催化剂的作用下，使用NH_3等还原剂选择性地将氮氧化物还原为N_2和H_2O，该方法具有脱硝效率高、选择性好等优点，广泛应用于各类固定源和移动源氮氧化物的排放控制，是目前最为成熟的烟气脱硝技术。

SCR脱硝技术所用的还原剂NH_3主要来源于液氨、氨水及尿素，其中液氨和氨水是危险品，在存储和运输方面存在安全隐患，尿素作为无危险的制氨原料，便于运输和储存。在《火电厂氮氧化物防治技术政策》和《火力发电厂设计规范》中都明确规定，位于大中城市及其近郊区的电厂宜选用尿素作为还原剂。此外，脱硝过程中由于喷氨量或烟气流速不均匀、控制系统精确度欠佳等原因，易导致脱硝系统运行工况偏离设定工况，引起硫酸铵盐堵塞、氨逃逸超标等问题，因此烟气流场的均布特性以及烟气中SO_3的检测与控制技术也是SCR脱硝技术的关键。本章将从SCR脱硝技术基础、尿素制氨技术、SO_3测控技术、SCR流场模拟与优化技术以及SCR烟气脱硝系统运行与维护等方面对SCR脱硝技术进行详细介绍。

4.1 SCR脱硝技术基础

4.1.1 燃煤电站SCR脱硝技术的应用及发展现状

1. 氮氧化物的来源、危害及控制技术

1) 氮氧化物的来源及危害

氮氧化物是重要的大气污染物之一，包括N_2O、NO、NO_2、N_2O_3、N_2O_4、N_2O_5等多种化合物，除NO_2以外，其他氮氧化物都不稳定，遇光、湿或热后易变成NO或NO_2，因此对大气造成污染的主要是NO、NO_2。化石燃料燃烧是氮氧化物产生的主要来源之一，而我国能源结构特征为"富煤贫油少气"，以煤炭为主的一次能源结构形势在未来几十年内不会改变。煤炭直接燃烧产生的氮氧化物占全国氮氧化物排放总量的35%～40%，每燃烧一吨煤，就要产生5～30kg氮氧化物，其中90%以上是NO，5%～10%为NO_2，另外还有极少量的N_2O等[1]。

氮氧化物作为一次污染物和二次污染物，对人类健康有着较大的危害。当空气中氮氧化物含量达到150×10^{-6}(体积分数)时，会对人体器官产生强烈的刺激作用。NO会与血液中的血红蛋白结合，使血液输氧能力下降，造成缺氧，甚至会麻痹中枢神经并导致窒息死亡；NO还具有致癌作用，对细胞分裂和遗传信息的传递会产生不良影响。在紫外线照射下，NO_2 和大气中的碳氢化合物作用生成光化学烟雾，而光化学烟雾会导致人体发生癌变，严重危害人类健康；NO_2 进入人体呼吸系统会造成哮喘、肺气肿及造血组织功能丧失，破坏人的心、肺、肝、肾等器官，其毒性比 NO 更强。

NO_x 除了直接危害人类健康外，还会对环境造成多种危害：①NO 可以与平流层臭氧反应生成 NO_2 和 O_2，打破臭氧平衡，导致平流层臭氧枯竭，造成臭氧层空洞；②NO_2 是酸雨中硝酸和亚硝酸的前驱体，NO_x 排放量的增加使得我国酸雨污染由硫酸型向硫酸和硝酸复合型转变，硝酸根离子在酸雨中的比例已经从 20 世纪 80 年代的 1/10 快速上升为 1/3；③NO_x 中的 N_2O 也是引起全球气候变暖的主要因素之一，虽然其在大气中含量不高，但其造成温室效应的能力是 CO_2 的 200～300 倍。

2）燃煤过程氮氧化物生成机理

按燃烧过程中 NO_x 的生成机理不同，NO_x 可分为：燃料型 NO_x、热力型 NO_x 和快速型（瞬时反应型）NO_x[2]。

燃料型 NO_x 是燃料中含氮化合物在燃烧过程中热分解后氧化而成的，与火焰附近氧浓度密切相关，通常煤粉燃烧生成的燃料型 NO_x 占全部 NO_x 的 80%以上[3]。煤中有许多含氮的环状有机化合物，如吡咯、吡啶、喹嗪、吲哚、吖啶、喹啉等，这些化合物中的氮以原子状态存在于氮的有机化合物中，当发生热分解反应时，一部分燃料氮会随挥发分析出，形成挥发分氮，留在煤焦中的氮形成焦炭氮，还有一部分燃料氮直接转化为 N_2 并随挥发分析出。燃料型 NO_x 的生成大致可分为几个阶段：①燃料氮的热分解，燃料中的含氮有机化合物在一般的燃烧条件下，被分解成氰化氢（HCN）、氨（NH_i）和氰（CN）等中间产物，随着挥发分一起从燃料中析出；②挥发分氮燃烧，随挥发分析出的挥发氮遇到氧气之后，经过一系列的均相反应被氧化成 NO_x；③焦炭氮燃烧，焦炭中的氮通过焦炭表面的多相氧化反应直接生成 NO_x。由于煤的燃烧过程由挥发分燃烧和焦炭燃烧两个阶段组成，故燃料型 NO_x 的形成也由挥发分中氮的氧化和焦炭中剩余氮的氧化两部分组成，具体如图 4-1 所示。

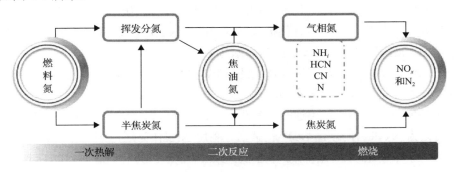

图 4-1　燃煤过程氮氧化物生成机理

热力型 NO_x 是空气中的 N_2 在高温下氧化而成的。影响热力型 NO_x 生成量的主要因素是燃烧温度、氧气浓度和反应时间，其中温度对热力型 NO_x 的生成影响最大。随着反应温度的升高，其反应速率呈指数规律增加，当温度为 1600℃ 时，热力型 NO_x 生成量可占炉内 NO_x 总量的 25%～30%。影响热力型 NO_x 生成的另一个主要因素是反应环境中的氧浓度，NO_x 生成速率与氧浓度的平方根成正比[4]。

快速型 NO_x 是碳氢化合物燃料浓度过高时，在反应区附近快速生成的 NO_x。燃料挥发物中碳氢化合物高温分解生成的 CH 自由基可以和空气中 N_2 反应生成 HCN 和 N，再进一步与氧气作用以极快的速率生成 NO_x，其形成时间只需要 60 ms，生成量与炉膛压力的 0.5 次方成正比，而与温度的关系不大[5]。快速型 NO_x 是在煤燃烧过程中由于燃料过多、过量空气系数为 0.7～0.8 时所特有的产物，生成地点不是火焰面而是在火焰面内部。快速型 NO_x 生成量很少，在分析计算中一般可以忽略不计，仅在燃用不含氮的碳氢燃料时才予以考虑。

3）氮氧化物控制技术

燃煤电站降低 NO_x 排放的方法主要有三类，分别是：燃烧前脱硝，即燃料脱硝；燃烧中脱硝，即改进燃烧方式脱硝；燃烧后脱硝，即烟气脱硝。前两种方法是减少燃烧过程中 NO_x 的生成量，而第三种方法是燃烧后对烟气进行集中治理。

燃烧前脱硝是通过处理将燃料煤转化为低氮燃料，其难度大且成本较高。

燃烧中脱硝技术的基本原理包括：①通过降低过量空气系数和氧浓度，使煤粉在缺氧条件下燃烧；②在过量空气条件下，降低燃烧温度，减少热力型 NO_x 的生成；③缩短烟气在高温区的停留时间。目前国内外普遍采用的燃烧中脱硝技术主要包括低 NO_x 燃烧器技术、空气分级燃烧技术、燃料分级燃烧技术和烟气再循环技术等[6]。

燃烧后脱硝技术，即烟气脱硝净化技术，按相态可分为湿法脱硝和干法脱硝。湿法脱硝的原理是先通过氧化剂将难溶于水的 NO 转化为 NO_2 等高价 NO_x，再用液体吸收剂将其吸收。常用氧化剂包括 $KMnO_4$、ClO_2 和 O_3 等，而吸收剂一般用稀硝酸或 NaOH、KOH、Na_2CO_3 或氨水等碱性溶液。

干法脱硝主要包括选择性非催化还原（SNCR）脱硝和 SCR 脱硝。SNCR 脱硝的基本原理是把含有氨基的还原剂（如氨、尿素）喷入 800～1100℃ 炉膛，在没有催化剂的情况下，还原剂迅速热分解生成 NH_3 并与烟气中的 NO_x 进行反应，使 NO_x 转化为 N_2 和 H_2O。而 SCR 脱硝则是利用 NH_3 作为还原剂，在合适的温度条件下，通过催化剂的催化作用，选择性地将烟气中的 NO_x 还原成 N_2 和 H_2O[7]。SCR

法是国际上应用最多、技术最成熟、脱硝效率最高的烟气脱硝技术，受到广泛关注。图 4-2 为燃煤电站降低 NO_x 排放的技术途径。

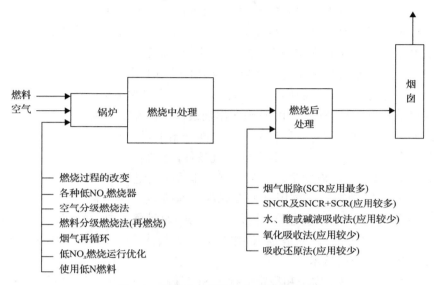

图 4-2　燃煤电站降低 NO_x 排放的途径

2. SCR 脱硝技术的国内外应用状况

　　SCR 脱硝技术由美国 Engelhard 公司 1957 年提出，于 20 世纪 70 年代末首先在工业锅炉上成功投入商业运行[8]。目前，以 NH_3 作为还原剂的 SCR 脱硝技术已广泛应用于燃煤锅炉等热力系统，氮氧化物转化率可达 90%～95%，已成为燃煤电站等行业最广泛采用的烟气脱硝技术。美国发电公司所属的 CarneysPoint 电厂是美国最早安装 SCR 脱硝系统的电厂，为保证进入催化剂区域的高灰含量的烟气分布均匀，在 SCR 脱硝系统反应器中装有旋转导叶、流量分配装置以及流量调整器，它是美国运行记录最长的 SCR 脱硝系统，目前运行情况良好并能满足环保要求。日本的火电厂发电量仅次于美国和中国，日本日立、三菱重工等生产的 V_2O_5-WO_3/TiO_2 体系催化剂分别于 1977 年和 1979 年于燃油和燃煤锅炉中投入使用，该技术及催化剂也被欧盟多个国家所引进。目前，SCR 脱硝技术广泛应用于日本的燃煤锅炉，SCR 装置占到燃煤发电行业脱硝工艺系统的 90%以上。德国自 20 世纪 80 年代中期开始在中、低硫煤锅炉上安装 SCR 脱硝系统，同时也推广低氮燃烧系统，氮氧化物减排量在欧洲各国中最为显著。目前，德国和日本 SCR 烟气脱硝装置机组总容量超过 20GW，美国装有 SCR 脱硝系统的机组总容量超过 110GW，这些国家的工业实践证明，SCR 烟气脱硝设备运行可靠，脱硝效果较为理想[9]。

我国烟气脱硝技术的研究开展得相对较晚，20 世纪 80 年代脱硝催化剂配方与生产线均为引进日本和欧美技术。经过行业的不断发展和技术进步，到 21 世纪初 SCR 脱硝催化剂的生产已实现国产化。随着国家对于氮氧化物减排的严格要求，SCR 脱硝技术也正在快速发展中，从脱硝工艺选择方面来看，我国绝大部分燃煤电厂以及多数其他工业脱硝行业所使用的脱硝工艺均为 SCR 脱硝技术，脱硝效率最高可超过 90%，且脱硝反应过程中不会生成二次污染。SCR 脱硝技术的核心是脱硝催化剂，传统的 SCR 脱硝催化剂最佳工作温度范围为 300～420℃，在低于或高于此温度范围时，催化剂脱硝活性开始下降，并发生可逆或不可逆的中毒失活现象。因此，针对不同行业的烟气条件，如燃气轮机、垃圾焚烧炉排放的高温（＞500℃）烟气，玻璃窑炉、钢铁行业排放的低温（＜300℃）烟气，燃用富砷煤电厂排放的富砷烟气，燃用高碱金属的准东煤电厂或生物质电厂排放的高碱金属烟气等，需要开发适用于不同烟气工况的脱硝催化剂。此外，基于不同脱硝机理的不同脱硝工艺的联合使用也是脱硝技术的一个重要发展方向，如 SNCR/SCR 联合脱硝技术。

脱硝系统的高效、安全和稳定运行与 SCR 脱硝工程技术密切相关，因此开发适用于 SCR 脱硝催化剂的脱硝工程技术极为重要，在实现控制氮氧化物排放的同时，还可以推动脱硝行业发展，完善脱硝产业的技术层次。

3. 氮氧化物排放标准

早在 1996 年，国家环境保护局在 GB 13223—1991《燃煤电厂大气污染物排放标准》基础上对此标准进行了修订，代之以 GB 13223—1996《火电厂大气污染物排放标准》[10]，该标准针对 1997 年 1 月 1 日以后的新扩或改建电厂 1000t/h 以上锅炉的 NO_x 排放值进行了限制。随着国家对 NO_x 排放要求的进一步提高，2004 年 1 月 1 日开始实施的 GB 13223—2003《火电厂大气污染物排放标准》[11]，对上述标准又进行了修订，标准对 NO_x 排放进行了分时段限制，燃煤锅炉 NO_x 排放限值为 450～1100mg/m³。

目前现行标准 GB 13223—2011《火电厂大气污染物排放标准》于 2011 年 7 月 18 日发布，并于 2012 年 1 月 1 日开始实施[12]。此版标准制定了更加严格的 NO_x 排放限制，NO_x 排放标准值为 100mg/m³。对于采用 W 型火焰锅炉、循环流化床锅炉、2003 年 12 月 31 日前建成投产或通过环评报告审批的电站锅炉，NO_x 排放标准值为 200mg/m³（表 4-1）。

表 4-1　火力发电锅炉及燃气轮机组大气污染物排放浓度限值 (2011 年)

序号	燃料和热能转化设施类型	污染物项目	适用条件	限值/(mg/m³)	污染物排放监控位置
1	燃煤锅炉	烟尘	全部	30	
		二氧化硫	新建锅炉	100 200①	
			现有锅炉	200 400①	
		氮氧化物(以 NO₂ 计)	全部	100 200②	
		汞及其化合物	全部	0.03	
2	以油为燃料的锅炉或燃气轮机组	烟尘	全部	30	
		二氧化硫	新建锅炉及燃气轮机组	100	
			现有锅炉及燃气轮机组	200	
		氮氧化物(以 NO₂ 计)	新建燃油锅炉	100	烟囱或烟道
			现有燃油锅炉	200	
			燃气轮机组	120	
3	以气体为燃料的锅炉或燃气轮机组	烟尘	天然气锅炉及燃气轮机组	5	
			其他气体燃料锅炉及燃气轮机组	10	
		二氧化硫	天然气锅炉及燃气轮机组	35	
			其他气体燃料锅炉及燃气轮机组	100	
		氮氧化物(以 NO₂ 计)	天然气锅炉	100	
			其他气体燃料锅炉	200	
			天然气燃气轮机组	50	
			其他气体燃料燃气轮机组	120	
4	燃煤锅炉,以油、气体为燃料的锅炉或燃气轮机组	烟气黑度(林格曼黑度,级)	全部	1	烟囱排放口

①位于广西壮族自治区、重庆市、四川省和贵州省的火力发电锅炉执行该限值;②采用 W 型火焰炉腔的火力发电锅炉,现有循环流化床火力发电锅炉,以及 2003 年 12 月 31 日前建成投产或通过建设项目环境影响报告书审批的火力发电锅炉执行该限值。

重点地区 NO$_x$ 全部执行 100mg/m³ 限值(表 4-2),根据环境保护工作的要求,重点地区是指国土开发密度较高,环境承载能力开始减弱,或大气环境容量较小、生态环境脆弱,容易发生严重大气环境污染问题而需要严格控制大气污染物排放的地区。

表 4-2　重点地区大气污染物特别排放限值（2011 年）

序号	燃料和热能转化设施类型	污染物项目	适用条件	限值/(mg/m³)	污染物排放监控位置
1	燃煤锅炉	烟尘	全部	20	
		二氧化硫	全部	50	
		氮氧化物(以 NO_2 计)	全部	100	
		汞及其化合物	全部	0.03	
2	以油为燃料的锅炉或燃气轮机组	烟尘	全部	20	烟囱或烟道
		二氧化硫	全部	50	
		氮氧化物(以 NO_2 计)	燃油锅炉	100	
			燃气轮机组	120	
3	以气体为燃料的锅炉或燃气轮机组	烟尘	全部	5	
		二氧化硫	全部	35	
		氮氧化物(以 NO_2 计)	燃气锅炉	100	
			燃气轮机组	50	
4	燃煤锅炉，以油、气体为燃料的锅炉或燃气轮机组	烟气黑度(林格曼黑度，级)	全部	1	烟囱排放口

随着国民经济的迅速发展和工业化进程的不断加快，我国对环保领域的要求越来越高，针对燃煤电厂 NO_x 的排放标准也随之不断升级，日趋严格。目前欧盟、美国、日本等发达国家和地区新建大型燃煤电厂执行的 NO_x 排放标准限值分别为 200mg/m³、200mg/m³ 和 135mg/m³，我国在重点地区执行 NO_x 特别排放限值为 50mg/m³，与西方发达国家相比我国排放标准修订频次更高，排放绩效下降幅度更大。

4.1.2　SCR 脱硝技术原理及影响因素

1. SCR 脱硝技术原理及反应过程

1) SCR 脱硝技术原理

SCR 脱硝是在适宜的反应温度下，通过还原剂(NH_3、尿素)和催化剂，选择性地将 NO_x 还原为 N_2 的过程，SCR 脱硝技术原理的主要反应化学方程式如下：

$$4NO+4NH_3+O_2 \longrightarrow 4N_2+6H_2O \tag{4-1}$$

$$6NO+4NH_3 \longrightarrow 5N_2+6H_2O \tag{4-2}$$

$$6NO_2+8NH_3 \longrightarrow 7N_2+12H_2O \tag{4-3}$$

$$2NO_2+4NH_3+O_2 \longrightarrow 3N_2+6H_2O \tag{4-4}$$

SCR 反应过程的机理较为复杂，典型的 SCR 反应过程为式(4-1)，目前认为 SCR 反应主要遵循 Eley-Rideal 机理(详见本书第 1 章)。由于烟气成分的复杂性和氧气的存在，在 SCR 脱硝过程中还会发生一系列副反应并生成相应产物，这些副反应会对环境及设备造成有害影响。例如，SCR 脱硝过程中生成的 N_2O 是一种强温室气体，可以引发光化学烟雾和破坏臭氧，其生成过程如下：

$$4NH_3+4NO+3O_2 \longrightarrow 4N_2O+6H_2O \tag{4-5}$$

$$2NH_3+2O_2 \longrightarrow N_2O+3H_2O \tag{4-6}$$

$$2NH_3+8NO \longrightarrow 5N_2O+3H_2O \tag{4-7}$$

除上述副反应外，由于烟气中的部分 SO_2 被氧化成 SO_3，SO_3 和过量氨反应生成 $(NH_4)_2SO_4$ 或 NH_4HSO_4，这两种物质具有腐蚀性和黏性，会对烟道设备造成损害，反应过程如下：

$$2SO_2+O_2 \longrightarrow 2SO_3 \tag{4-8}$$

$$NH_3+SO_3+H_2O \longrightarrow NH_4HSO_4 \tag{4-9}$$

$$2NH_3+SO_3+H_2O \longrightarrow (NH_4)_2SO_4 \tag{4-10}$$

$$SO_3+H_2O \longrightarrow H_2SO_4 \tag{4-11}$$

氨还可与卤素元素 Cl 或 F 产生副反应，甚至进一步影响烟气中汞等重金属的迁移和转化。因此，这些副反应产物也是脱硝过程中必须设法避免的，应采取相应治理措施。

2）SCR 脱硝反应过程

SCR 脱硝反应过程示意图如图 4-3 所示，主要过程包括[13]：①氨在催化剂表面的扩散；②氨在催化剂内部小孔的扩散；③氨在催化剂活性区域中间被吸附；④NO_x 从烟气中扩散到被吸附的氨的表面；⑤NO_x 和氨发生反应生成氮气和水；⑥氮气和水脱离催化剂表面；⑦氮气和水扩散到烟气。

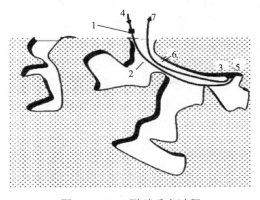

图 4-3　SCR 脱硝反应过程

2. SCR 脱硝过程的主要影响因素

影响 SCR 脱硝效果的关键因素包括：催化剂类型、反应温度、空塔速度及 NH_3/NO_x 摩尔比，其中催化剂是关键。

1) 催化剂类型

SCR 脱硝催化剂基于结构形式分类主要包括平板式、蜂窝式和波纹板式，其中平板式和蜂窝式应用最多。结构形式设计的最重要目的是防堵塞和防磨损，该性能是保证 SCR 脱硝设备长期安全和稳定运行的关键，也是 SCR 脱硝催化剂设计的基本要求。对于一定的反应器截面，在相同的催化剂节距下，平板式催化剂的通流面积最大，占比一般在 85%以上，蜂窝式催化剂次之，通流面积一般在 80% 左右。在结构方面，平板式催化剂的壁面夹角数量最少，且流通面积最大，最不容易堵灰。蜂窝式催化剂通流面积一般，且每个催化剂壁面夹角都是 90°直角，在恶劣的烟气条件中，更容易产生灰分搭桥而引起催化剂的堵塞。鉴于平板式催化剂在防止飞灰堵塞、抗磨损和抗中毒等方面具有显著的优势，其更适用于我国高灰复杂烟气的脱硝。

除了结构形式外，SCR 脱硝催化剂的设计更重要的是其化学组成，应保证催化剂具有活性高、抗中毒能力强、机械强度和耐磨损性能好、具有合适的操作温度区间等特点。目前工程中应用的 SCR 脱硝催化剂主要是 V_2O_5-WO_3(MoO_3)/TiO_2 型催化剂[14]。

2) 反应温度

反应温度对 SCR 脱硝过程影响重大，不同组成的 SCR 脱硝催化剂均有特定的最佳反应温度，常规 V_2O_5-WO_3(MoO_3)/TiO_2 型 SCR 脱硝催化剂的活性温度窗口是 300～420℃。当低于该温度窗口时，催化剂活性低，脱硝效率下降，并且还会导致 NH_3 和 SO_3、H_2O 反应生成硫酸铵盐，堵塞催化剂的表面，使得催化剂的活性和脱硝效率进一步下降；当高于该温度窗口时，催化剂则会发生烧结等物理变化和 NH_3 氧化等问题，也会使脱硝效率降低。因此针对常规 SCR 脱硝催化剂的活性温度窗口，现有 SCR 脱硝系统大多设置在 300～420℃烟气中，以保证较高的脱硝效率和较长的使用寿命。针对我国煤种成分复杂多变、锅炉燃料种类多样、燃烧工况与烟气特性差异巨大，常规 SCR 脱硝催化剂的温度区间无法满足不同行业、不同烟气环境使用需求的现状，深入研究适用于多温度区间的 SCR 脱硝催化剂及工业化生产技术，拓展 SCR 脱硝催化剂的应用领域具有重要的意义和广阔的前景。

3) 烟气的空塔速度

空塔速度(空速)是指反应器每小时的进料量(SCR 脱硝的烟气体积量)与催化

剂量(SCR 脱硝催化剂的体积量)的比值。空速代表了催化剂的处理能力，是 SCR 脱硝工艺设计中的一项关键参数。烟气在反应塔内的空速决定了烟气的停留时间，空速越大，烟气停留时间越短，催化剂与烟气的接触时间越短，会导致 NH_3 与 NO 反应不充分，脱硝效率降低，NH_3 逃逸量增大，同时烟气流对催化剂的冲击力较大，易造成磨损和破坏。然而，当空速过低时，会导致催化剂体积量大幅增加，而且烟气停留时间增大，容易造成烟气与催化剂长时间接触后导致 NH_3 氧化反应，从而也会在一定程度上降低脱硝效率。因此，空速应该根据 SCR 反应塔的布置、脱硝效率、烟气温度、允许的 NH_3 逃逸量等要求和实际工况确定，目前燃煤电厂常规 SCR 装置空速一般设计在 $2000 \sim 3000h^{-1}$。

4) NH_3/NO_x 摩尔比

理论上，SCR 脱硝反应中反应 1mol 的 NO 需要 1mol 的 NH_3。当 NH_3/NO_x 摩尔比小于 1 时，随着 NH_3 量的增加，脱硝效率明显提高，此时 NH_3 量不足是影响 NO_x 脱除效率的主要因素。当 NH_3/NO_x 摩尔比继续增大，过量的 NH_3 又会带来二次污染，不仅 NH_3 的逃逸量增加，NH_3 还会与烟气中的 SO_3 反应生成硫酸铵盐，导致下游设备的堵塞。NH_3 的逃逸率是脱硝系统运行性能的重要指标，通常进入脱硝系统中的 NH_3 不会全部参与催化还原反应，会有小部分 NH_3 量随着烟气进入下游烟道，因此，喷 NH_3 量应根据反应器进口 NO_x 的浓度值进行合理调整[15]。

4.1.3　SCR 脱硝技术的工艺流程及主要设备

1. SCR 脱硝系统组成及布置方式

SCR 脱硝系统包括 SCR 反应器、还原剂氨气制备和供应系统以及其他辅助系统。SCR 反应器在锅炉尾部烟道的布置位置方案主要有三种，即省煤器与空气预热器(空预器)之间、静电除尘器和空预器之间、湿法烟气脱硫装置(WFGD)之后。

1) 布置于省煤器与空预器之间

此段烟气未经过除尘、脱硫处理，烟气中含有较高浓度的飞灰和 SO_2，对催化剂和设备会造成一定的损害，然而此段烟气温度较高，适合 SCR 反应的进行，无需对烟气进行二次加热，因此被广泛采用(图 4-4)。

2) 布置于空预器和静电除尘器之间

烟气经过除尘器后可有效降低飞灰对催化剂的磨损、堵塞和污染，但一般的静电除尘器在 $300 \sim 420℃$ 的高温下很难运行(图 4-5)。目前高温静电除尘器只有在日本等少数国家有所应用，世界范围内应用很少。

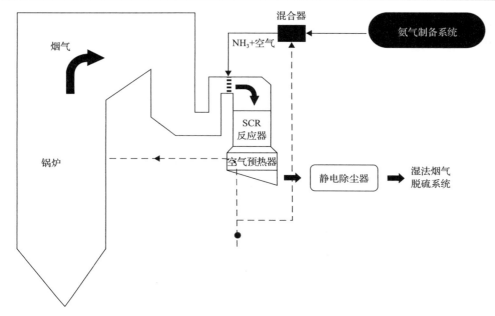

图 4-4　SCR 反应器布置于省煤器与空预器之间

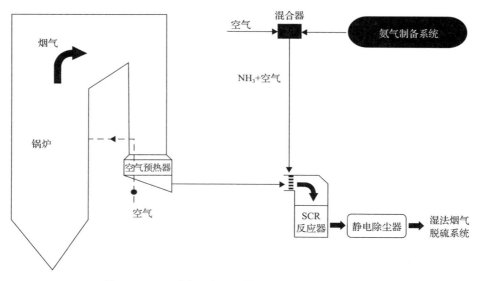

图 4-5　SCR 反应器布置于静电除尘器和空预器之间

3）布置于 WFGD 之后

　　SCR 反应器布置在 WFGD 之后的优点显而易见，进入反应器的烟气较为干净，烟气对催化剂的使用寿命影响较小（图 4-6）。然而，WFGD 之后烟气温度仅有 50～60℃，为保证脱硝效率和氨逃逸满足标准，需要对烟气进行加热升温，运行成本较高，故也极少被采用。

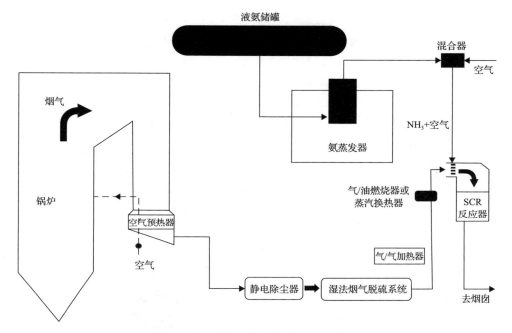

图 4-6　SCR 反应器布置于 WFGD 之后

2. SCR 脱硝系统的工艺流程

SCR 脱硝系统包括氨气制备和供应系统、氨/空气混合系统、氨喷射系统、SCR 反应器、SCR 脱硝催化剂、SCR 烟道系统、废水处理系统和控制系统等，其工艺流程如图 4-7 所示。烟气在锅炉省煤器出口处进入垂直布置的 SCR 反应器，烟气经过均流器后进入催化剂层。在催化剂层前设有氨气注入系统，烟气与氨气充分混合后在催化剂的催化作用下进行反应，脱除 NO_x。反应后的烟气依次经过空预器、除尘器、引风机和脱硫装置后排入烟囱。

3. SCR 脱硝系统的主要设备

SCR 脱硝系统的主要设备包括：反应器/催化剂系统、烟气/氨的混合系统、氨的储备与供应系统、烟道系统和控制系统等。

（1）反应器/催化剂系统：系统中应含有反应器、反应用催化剂、吹灰器等。催化剂布置方式一般采用 2+1 或 3+1 布置，其中备用层是将新催化剂安装在预留的催化剂位置，并充分利用尚未完全失效的旧催化剂，以减少催化剂更换费用。由于燃煤电厂的烟气灰分含量较高，严重影响催化剂的使用寿命，吹灰器则成为 SCR 脱硝系统中的必备设备，常用吹灰器包括蒸汽吹灰器和声波吹灰器。

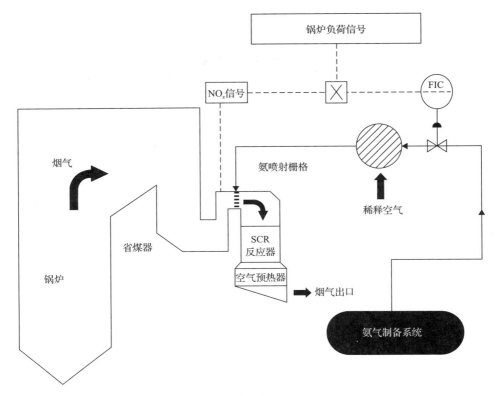

图 4-7　SCR 脱硝系统工艺流程图

(2)烟气/氨的混合系统：包含稀释风机、静态混合器、氨喷射格栅、空气/氨混合器。空气/氨混合器和静态混合器主要保证氨和烟气的均匀混合，使得 NH_3/NO_x 沿烟道截面均匀分布。

(3)氨的储备与供应系统：主要包括卸料压缩机、氨蒸发器(电/蒸汽)、氨罐、缓冲罐、稀释槽等。当尿素为氨源时，需要采用热解或水解工艺制氨。

(4)烟道系统：包括挡板、膨胀节、导流板、烟道。

(5)控制系统：主要设备则包括分布式控制系统(DCS)、可编程逻辑控制器(PLC)、仪表、盘柜等。

4.2　尿素制氨技术

SCR 脱硝技术所用还原剂氨源主要包括液氨、氨水及尿素[16]。采用液氨和氨水作为氨源具有工艺简单、运行成本低和维护便利等优势，但液氨和氨水均为危险化学品，容易挥发，而氨气在常温常压条件下的爆炸极限为 16%～25%(体积分数)[17]，因此使用液氨和氨水在运输和存储等方面均存在一定的安全隐患。尿素无毒且无爆炸性，使用尿素作为氨源十分安全，在运输、存储和制氨时不存在氨泄漏、爆炸等危险隐患[18]。虽然使用尿素为 SCR 脱硝系统制备还原剂工艺相对复杂，且投资运行成本较高，但出于安全性考虑，越来越多的 SCR 脱硝系统选择使用尿素作为氨源，有关尿素制氨技术的研究也越来越广泛。目前，尿素制氨技术主要包括尿素热解和水解技术，表 4-3 为液氨、氨水及尿素作为氨源的比较[19]。

表 4-3　液氨、氨水及尿素制氨技术比较

项目	液氨	氨水	尿素	
			热解法	水解法
技术水平	成熟	成熟	成熟	成熟
原料来源	方便	不便	很方便	很方便
占地面积	较大	大	小	小
安全性	很危险	危险	最安全	安全
系统复杂性	最简单	简单	复杂	复杂

4.2.1　尿素的理化性质及工业生产

尿素又称碳酰胺，是由碳、氮、氧、氢元素组成的有机化合物，分子式为 $CO(NH_2)_2$，常态下呈无色或白色针状或棒状结晶体。工业尿素含氮量 46.67%，为白色略带微红色固体颗粒，无明显味道，密度为 $1.335g/cm^3$，熔点为 132.7℃，沸点为 196.6℃，能溶解于水、甲醇、甲醛、乙醇和液氨等溶剂，不溶于乙醚、氯仿等[20]。

尿素热稳定性较差，加热至 150～160℃将脱氨成缩二脲产生氨气，同时变为氰酸，若迅速加热将完全分解为氨气和二氧化碳。此外，尿素具有酰胺的结构，因而与酰胺具有相似的性质，但由于分子中两个氨基连在同一羰基上，因此又具有以下特性：①碱性尿素分子中有两个氨基，其中一个氨基可与强酸成盐，呈弱碱性；②尿素在酸、碱或尿素酶的作用下，易发生水解反应，生成氨和二氧化碳。

尿素的用途十分广泛，可以作为原料生产三聚氰胺、脲醛树酯、水合肼、四环素、苯巴比妥、味精等多种产品，在工业上还可以作为缓蚀剂用于金属酸洗。此外，尿素还是肥料、饲料、洗洁精等多种商业产品的成分。工业生产尿素以液氨和二氧化碳为原料，化学反应式如下：

$$2NH_3+CO_2 \longrightarrow NH_2COONH_4 \longrightarrow CO(NH_2)_2+H_2O \qquad (4\text{-}12)$$

4.2.2 尿素热解制氨技术

1. 尿素热解的基本原理

目前国际上广泛应用的尿素热解制氨技术由美国燃料公司 1995～2000 年在实验室研发成功，并于 2002 年在美国电站第一次商业应用[21]。该技术是利用辅助能源，如高温空气或烟气作为热源，在 350～650℃的温度条件下，将雾化的尿素溶液直接分解为氨气，稀释后的低浓度氨气作为还原剂在烟道与烟气混合后进入 SCR 反应器[22]。尿素在高温高压或常温高压条件下，C—N 键裂解生成 NH_3 和 CO_2 的反应如下所示：

$$CO(NH_2)_2 \longrightarrow NH_3 + HNCO \tag{4-13}$$

$$HNCO + H_2O \longrightarrow NH_3 + CO_2 \tag{4-14}$$

然而，尿素热解过程中伴随着一系列中间反应，尤其在低温条件下会产生多种副产物，因此研究尿素热解规律对于工业应用中掌控尿素热解过程具有重要意义。Chen 和 Isa[23]通过热重法-质谱(TG-MS)联用技术研究发现，尿素在其熔点温度(132.7℃)前已经开始发生少量分解。Koebel 等[24-26]通过能量分析对尿素热解温度进行了研究，发现在 80℃时，尿素就已经开始分解，当达到尿素熔点温度时，可以观察到明显分解现象。而 Schaber 等[27]则认为尿素在 152℃左右才真正开始分解，温度越高，尿素分解越完全，而在低温条件下，尿素分解过程会伴随着一系列复杂的中间反应。曹圆媛等[28]认为温度对尿素热解效率影响显著，随着温度升高，热解效率逐渐增大，并通过实验确定 650℃为尿素热解最佳温度。Wang 等[29]研究了氧气浓度和不同添加剂对尿素溶液热解产物的影响，没有氧气和添加剂时，在 473～923K 温度范围内，NH_3 的产率逐渐增加，在 923～1073K 的温度范围内，NH_3 的产率保持在 60%左右；氧气可以在一定的温度范围内促进尿素热解，但当反应温度高于 923K 时，由于氧气的氧化作用，NH_3 的产率明显下降；Na_2CO_3 和 $NaNO_3$ 的加入可以提升 NH_3 的产率，减少 N_2O 和 CO 的生成，但在高温条件下无法抑制氧气对于 NH_3 的氧化作用。Schaber 等[30]通过热重法(TG)、傅里叶变换红外光谱(FTIR)、高效液相色谱(HPLC)等多种分析手段对尿素热解特性进行了研究，把尿素热解过程按照温度分为 4 个阶段：室温至 190℃、190～250℃、250～360℃以及 360℃以上。当温度低于 360℃时，首先，尿素分解产生异氰酸，异氰酸又与未分解的尿素反应生成缩二脲，而后随着温度的升高，尿素、缩二脲、异氰酸又会发生复杂的副反应，生成三聚氰酸、三聚氰胺、三聚氰酸一酰胺、三聚氰酸二酰胺等副产物，图 4-8 为尿素热解低温段主要副产物，图 4-9 为尿素热解中间反应机理。

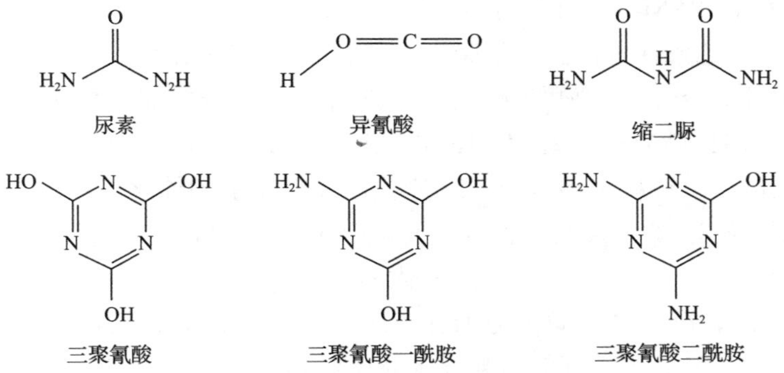

图 4-8　尿素热解低温段主要副产物

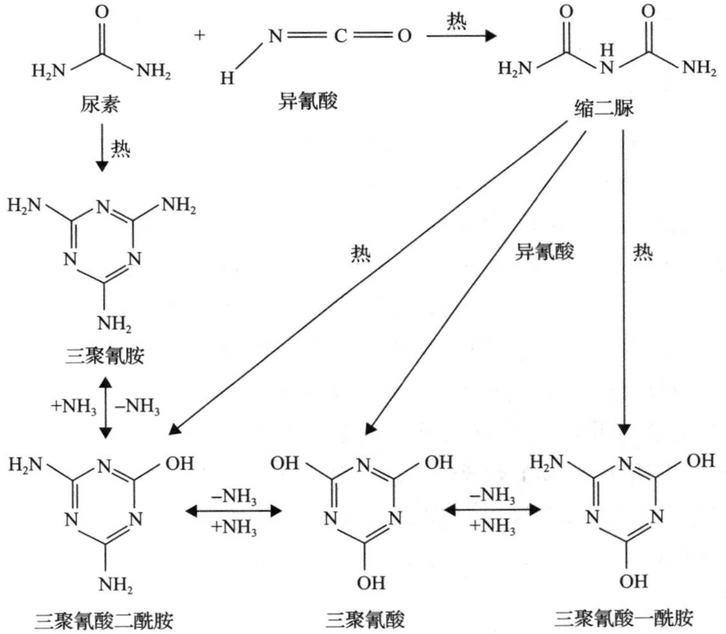

图 4-9　尿素热解中间反应机理

　　如何使尿素充分热解，减少副产物的生成，更多地获得还原剂 NH_3 是尿素热解制氨技术的研究热点。由尿素热解反应式(4-13)和式(4-14)可知，促进尿素热解中间产物 HNCO 的水解，可以显著提升 NH_3 产量，并减少有 HNCO 参与的中间反应的发生。然而，HNCO 自身的水解速率十分有限[31]，近年来有关 HNCO 催化水解的研究得到了越来越多的关注[32]，研究的催化剂包括 V_2O_5-WO_3/TiO_2、Cu/ZSM-5、Fe/ZSM-5、TiO_2、Al_2O_3 等。Lin 和 Bai[33]研究发现，V_2O_5-WO_3/TiO_2 对于 HNCO 水解的催化作用优于 TiO_2，催化效果随着钒含量的上升而下降；

Cu/ZSM-5 和 Fe/ZSM-5 同样具有较好的催化 HNCO 水解作用，但 Cu/ZSM-5 催化剂在有 O_2 存在的条件下，会同时催化氧化 NH_3，而 Fe/ZSM-5 催化剂经过老化后催化效果更佳。Bernhard 等[34]研究了 HNCO 在不同载体上的水解效果，发现几种载体对于促进 HNCO 水解效果为 $TiO_2 > Al_2O_3 \approx H\text{-}ZSM\text{-}5 > ZrO_2 > SiO_2$。Yang 等[35]研究了尿素的热解过程和沸石分子筛对于 HNCO 水解的催化作用。通过热重分析发现，尿素热解过程中 NH_3 的释放主要集中在 $133 \sim 250\,℃$ 之间，$250\,℃$ 以上主要热解产物为 HNCO，加入沸石分子筛催化剂后，$250\,℃$ 时 HNCO 转化率可达到 80% 以上，催化 HNCO 水解的效果为 $H\text{-}Y > H\text{-}\beta > H\text{-}ZSM\text{-}5$，这可能与催化剂上酸性位的数量有关。Yim 等[36]通过固定床流化反应器系统研究了 Cu/ZSM-5 催化剂对尿素热解的催化作用，研究发现 Cu/ZSM-5 能够在 $150\,℃$ 的低温条件下催化 HNCO 快速水解生成 NH_3。

2. 尿素热解的工艺系统

目前，国际上应用最多的尿素热解制氨工艺来源于美国燃料公司开发的 NO_xOUTULTRA 技术，工艺流程如图 4-10 所示。首先，尿素被输送到溶解罐中与去离子水混合，形成浓度为 50% 的尿素溶液，这时为避免尿素再次结晶，需要进行外部加热，使溶液温度保持在 $40\,℃$ 以上；尿素溶液通过给料泵输送到尿素溶液储罐中，而后经过计量分配装置和压缩空气雾化系统后，由雾化喷嘴喷入热解炉内的绝热分解室，其中热解炉内的稀释风可取自空预器出口热一次风管，经电加热器加热后送入热解炉内；在 $600\,℃$ 左右高温下，尿素溶液分解生成 NH_3、H_2O 和 CO_2，并由氨喷射系统进入烟道与烟气中的 NO_x 进行充分混合，最后在催化剂的作用下与 NO_x 反应生成 N_2 和 H_2O，并排入大气。该工艺优势在于反应较为完全，且中间产物少，但是需要额外的热量加热，能耗较高，会增加一定的运行成本。此外，系统需要非常良好的气流组织形式，对控制系统的水平要求也较高[37]。

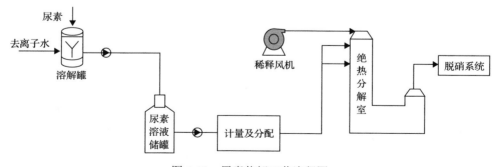

图 4-10　尿素热解工艺流程图

随着尿素制氨技术在 SCR 脱硝系统中的普及,国内一些单位也自主开发了相关的尿素热解制氨技术。北京洛卡环保技术有限公司开发的尿素热解制氨技术已成功应用于 100～660MW 机组脱硝装置,该技术是利用高温空气或烟气作为热源,将雾化的尿素溶液完全分解为 NH_3,而 NH_3 作为还原剂进入烟道与烟气混合后进入 SCR 反应器,在催化剂的作用下将 NO_x 还原成无害的 N_2 和 H_2O,其工艺流程如图 4-11 所示。

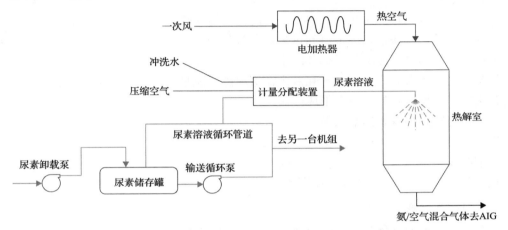

图 4-11　北京洛卡环保技术有限公司开发的尿素热解制氨系统

此外,多家单位通过热解装置结构优化提升尿素的热解效率,减少尿素结晶问题。中国大唐集团环境技术有限公司[38]通过在反应器入口和/或反应器本体内设置旋流装置,延长反应停留时间,提高尿素热解效率。华电电力科学研究院[39]开发了一种干式尿素热解制氨系统与方法,系统由引射器、电加热器、给粉口、热解炉、分配器、罗茨风机、计量给料机、尿素储仓和流化风机组成,以尿素粉末替代尿素溶液,系统更为简单,投资成本降低,且可避免管路腐蚀和结晶问题,同时采用高温高压蒸汽引射对高温气体进行增压更为节能,还可以提升尿素热解的转化率。天津奥利达环保设备有限公司[40]开发的一种尿素热解制氨设备在尿素溶液制备箱的下端设置了缓冲箱,有效避免了尿素溶液制备箱在工作时因震动而出现损坏问题,保证了系统的稳定运行和尿素溶液的高效分解。

3. 尿素热解技术应用的常见问题及处理措施

尿素热解制氨工艺关乎 SCR 脱硝系统稳定运行,因此分析尿素热解系统运行过程中可能出现的问题,并总结相应的解决措施具有十分重要的意义。

1)尿素在管路中结晶

在尿素热解工艺中,由于尿素溶液输送管路温度下降,会造成附着在管壁内的尿素溶液结晶成块而堵塞管路，影响尿素热解系统的连续运行，尤其在北方地区，该现象更加明显。针对上述问题，可通过增加电伴热或蒸汽伴热系统改善尿素在管路中的结晶现象。

2）热解炉底部和尾管处结晶沉积

尿素热解系统运行过程中，热解炉底部和尾管处会出现结晶沉积现象，从而导致热解炉出入口压差增大，出口风量减少，系统供氨量不足。而造成热解炉结晶的原因主要包括：①热解炉内部存在温差，造成热解炉内部低温区形成结晶；②尿素溶液在热解炉内停留时间过短，导致部分尿素溶液未热解，在热解炉底部和尾管形成结晶；③尿素溶液配制时混入大量矿物质和离子，促使尿素形成结晶；④雾化空气中含有大量油、水和灰尘，造成浮子流量计堵塞，影响尿素溶液雾化效果，导致尿素热解不完全形成结晶。

针对热解炉尿素结晶出现原因，可以通过以下措施进行改善：①优化热解炉流场，保证热解炉温度的恒定和均匀；②优化尿素喷枪，改善尿素雾化效果；③提高配制尿素溶液用水品质，使用水硬度小于 150 ppm（以 $CaCO_3$ 计算）；④提高雾化空气品质；⑤提高稀释风品质[20]。

3）尿素溶液雾化效果差

尿素溶液的雾化效果不好会使热解炉内出现固化，造成热解炉通流面积减少，从而降低脱硝系统的效率。为解决这个问题，需要保障参与雾化的压缩空气质量和压力的稳定；同时，需要对尿素喷枪定期进行冲洗，防止结晶堵塞喷嘴。

4）喷氨格栅堵塞现象

烟气脱硝系统的喷氨格栅在经过长时间的运行后会出现大量的沉积物造成堵塞，影响脱硝系统运行的安全稳定性以及尿素的使用效率。因此，要加装吹扫装置以保证喷氨管路的畅通，防止堵塞。

4.2.3　尿素水解制氨技术

1. 尿素水解的基本原理

尿素水解制氨指尿素溶液在压力釜中，在一定的温度和压力条件下发生水解反应生成氨气。尿素水解反应主要由式(4-15)和式(4-16)两步组成：第一步，尿素和水反应生成氨基甲酸铵，此反应为微放热反应，反应速率较为缓慢；第二步，氨基甲酸铵分解生成氨气和二氧化碳，反应为强吸热反应，反应较为迅速[41]。同样地，在尿素水解的过程中，还会发生一系列副反应，生成甲铵、氰化铵等副产物。

$$CO(NH_2)_2 + H_2O \longrightarrow NH_2COONH_4 \tag{4-15}$$

$$NH_2COONH_4 \longrightarrow 2NH_3 + CO_2 \tag{4-16}$$

尿素水解主要有 AOD（ammonia on demand）法和 U2A（urea to ammonia）法。其中 AOD 法是指体积浓度为 5%～10%尿素溶液在温度高于 130℃时，在水解反应器内水解生成 NH_3 和 CO_2，当达到气液平衡时，水解反应器内平衡体系压力约为 1.9MPa，温度约为 190℃。U2A 法是目前应用最为广泛的尿素水解制氨工艺，由美国 EC&CTechnologies, Inc 公司开发，与 AOD 法不同，U2A 法中加热蒸汽不与尿素溶液混合，而是通过盘管进入水解反应器，加热蒸汽通过盘管回流进入冷凝水回收装置，水解反应器达到气液平衡时，压力为 1.4～2.1MPa，温度约为 150℃[42]。

近年来，国内学者通过理论建模和实验研究等方式对尿素水解制氨工艺进行了研究。张向宇等[43]通过建立连续反应器中尿素水解制氨反应动力学和热力学模型，结合尿素水解中试试验数据确定了反应器设计原则和方法，并在中试试验中得出结论，当尿素水解制氨压力为 0.6MPa（定压运行）、温度为 150℃时，尿素分解率大于 98%，反应选择性为 93.4%。陆续[42]通过构建热力学模型和动力学模型对尿素水解过程进行研究，并在西安热工研究院有限公司设计搭建了一台尿素水解中试装置，结合实验数据分析了压力、温度和尿素溶液浓度对气液相组分和产氨速率的影响，综合反应器结构设计和腐蚀防护两方面，确定了其最优尿素水解压力为 0.6MPa（定压运行）、操作温度为 140～160℃。

常规尿素水解技术没有催化剂参与，反应温度和压力较高，反应速率慢，且需要较大的反应器，而反应器压力和温度恒定效果不理想会导致出口组分变化，不利于系统稳定控制。在尿素水解过程中加入催化剂（如磷酸二氢铵、磷酸氢二铵等），可以加快反应速率、缩短响应时间，且催化剂在反应器内可循环使用。尿素催化水解反应式如下：

$$CO(NH_2)_2 + 催化剂 + H_2O \longrightarrow 中间产物 + CO_2\uparrow \tag{4-17}$$

$$中间产物 \longrightarrow 2NH_3\uparrow + 催化剂 \tag{4-18}$$

$$综合反应：(NH_2)_2CO + H_2O \longrightarrow CO_2\uparrow + 2NH_3\uparrow \tag{4-19}$$

尿素催化水解作为改良型尿素水解制氨技术，可提高反应速率 10 倍以上，响应时间可在 1min 以内，能耗约为热解技术的一半。同时，反应过程温度为 135～160℃，反应压力为 0.4～0.9MPa，可降低常规水解反应釜的设计要求，表 4-4 为尿素热解、尿素水解和尿素催化水解制氨工艺的对比。

表 4-4　尿素热解、尿素水解和尿素催化水解制氨工艺的对比

项目	热解	一般水解	催化水解
尿素溶液浓度	40%～60%	40%～60%	50%
反应温度	300～650℃	150～200℃	135～160℃
反应压力	常压	＞540kPa	约 540kPa
响应时间	＜10s，极快	＞1h，慢，要缓冲	＜5min，较快，无缓冲
起停时间	极迅速	慢	较迅速
反应器尺寸	小	大	小
高压含氨容器	无	有，反应器、缓冲罐	有，反应器
反应器残留氨	无	少量	少量、进洗涤系统
溶液中水去向	蒸发	蒸发	蒸发
副产物	无	负荷变化易产生高分子固态物	恒温恒压，无副产物
安全性	很高	较高	较高
一次性投资	低	高	较高
能耗	较高	较低	较低

2. 尿素水解的工艺系统

尿素水解的工艺流程如图 4-12 所示：首先运送尿素颗粒进入储仓，经尿素计量罐加入尿素溶解罐中；溶解罐设置搅拌器，按比例补充新鲜去离子水充分溶解得到质量分数 40%～60%的尿素溶液，并通过蒸汽加热维持储罐中尿素溶液在 40℃左右；供给泵将储罐中的尿素溶液送入水解反应器，通过锅炉蒸汽加热后，尿素溶液水解产生 NH_3 和 CO_2；之后送入缓冲罐，含氨气流进入计量模块，然后经热风在混合器处稀释后进入 SCR 反应器。

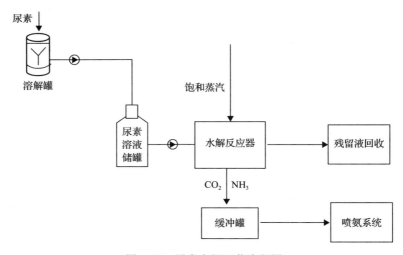

图 4-12　尿素水解工艺流程图

　　张向宇等[43]在研究尿素水解过程中设计并搭建了如图 4-13 所示的尿素水解中试装置。疏水箱中的软化水通过给水泵分别送入尿素溶解罐中配制尿素溶液，经过换热器预热后送入电锅炉中产生高温蒸汽。尿素溶液由给料泵送入水解反应器中，发生水解反应生成 NH_3，反应所需热量由来自分气缸中的流动蒸汽提供，蒸汽放热变为饱和水经换热器降温后回到疏水箱。气相产物经过除雾器后排出，反应残液送往废水箱进行后处理。

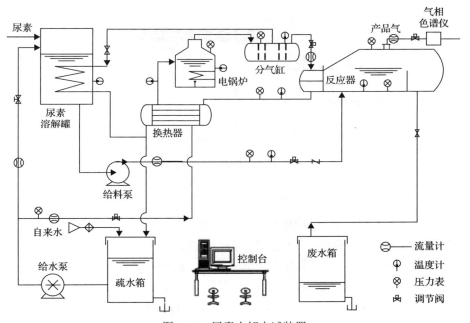

图 4-13　尿素水解中试装置

　　大唐环境产业集团股份有限公司[44]开发设计了一种尿素催化水解的方法及装置，装置如图 4-14 所示。反应开始前将催化剂磷酸氢二铵和磷酸二氢铵加入尿素水解反应器中；储仓内的尿素由螺旋给料机输送到溶解罐中，用去离子水配制成质量分数 40%～50%的尿素溶液，并通过给料泵将溶液输送到水解反应器中；采用电加热方式加热水解反应器，在 150～180℃、0.6～0.8MPa 条件下，使反应器内尿素溶液发生催化水解。

3. 尿素水解技术的常见问题及处理措施

1）主要设备的腐蚀问题

　　尿素水解过程中会生成一些酸性物质，包括甲铵、氰化铵、氨基甲酸铵等。尿素水解工艺中的关键部件，如换热器管、水解反应器等与甲铵、氰化铵、氨基甲酸铵等腐蚀介质直接接触，这些酸性物质会严重破坏不锈钢表面的氧化膜，使

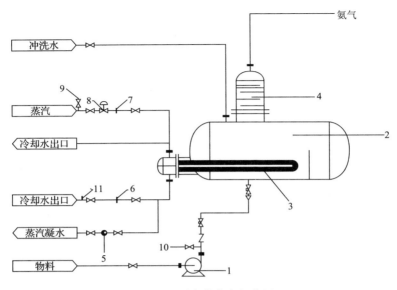

图 4-14　尿素催化水解装置

1.给料泵；2.尿素水解反应器；3.蒸汽盘管；4.氨气出口；5.疏水器；6、7.流量计；
8.温度调节阀；9、10.现场压力计；11.温度计

系统的腐蚀速率加快。在大型燃煤电厂的尿素水解工业应用过程中，如果选材为不锈钢，当温度超过 190℃时，不锈钢材料会遭受严重腐蚀，当温度超过 220℃时，即使采用钛等耐腐蚀材料，系统也会遭受腐蚀，腐蚀可能造成设备的泄漏，从而产生安全隐患[45]。如果水解反应器的操作温度进一步提高，反应器更易受到腐蚀。由于氨基甲酸铵等属于强腐蚀性物质，因此水解反应器材质选择要求不低于316L，当工作温度控制在 130～158℃，工作压力控制在 0.45～0.65MPa 时，316L 不锈钢可满足防腐要求。此外，在机组停运时，应利用高温蒸汽吹扫尿素水解系统的管道，防止残余的尿素溶液腐蚀管道内壁和阀门阀芯[46]。

2) 管道堵塞问题

由于部分电厂尿素水解产品气输送管路伴热保温设计及施工不合理等原因，运行中易出现水蒸气回凝、氨基甲酸铵结晶析出等问题，严重影响安全生产。尿素水解产品气中，水蒸气回凝温度和氨基甲酸铵结晶析出温度由水解反应器运行压力和给料尿素溶液质量分数决定，因此尿素水解产品气输送的伴热保温设计施工应遵循相关规范的要求[47]。室外布置的尿素溶液管道及氨气管道更需要采取伴热和保温措施，防止尿素溶液输送过程出现结晶现象，同时防止氨气混合物在温度低于175℃时，氨气与二氧化碳发生逆反应生成尿素，堵塞氨气管道[48]。另外，高浓度的尿素水溶液受热容易生成难溶于水的缩二脲及其他缩合物，也会造成尿素水解系统的堵塞问题。因此，尿素的水溶液最好选择较低的质量浓度，一般选

择 40%～60%的尿素溶液进行水解反应。

4.3　SO₃ 测控技术

4.3.1　SO₃检测技术

烟气中的 SO_3 对于脱硝系统以及尾部烟道都危害巨大，因此准确检测出烟气中 SO_3 的浓度对于控制其排放具有重要意义。燃煤烟气中 SO_3 浓度的测量不仅是检测以气态形式存在的 SO_3，还包含烟气中的硫酸，这是由于随着烟气的流动，SO_3 的存在形态也在不断变化。在炉膛出口处，SO_3 主要以气体形式存在，当烟气温度低于 315℃时，部分 SO_3 与 H_2O 结合形成气态硫酸，该反应程度由 H_2O 含量决定。烟气温度继续降至 160℃左右时，大部分 SO_3 仍以气态硫酸的形式存在[49]。而当烟气流经湿法脱硫装置时，烟气温度迅速降低，气态硫酸遇水骤凝形成硫酸雾气溶胶，而后随烟囱排出，国内外现行的固定源烟气中 SO_3 测试相关标准如表 4-5 和表 4-6 所示[50]。

表 4-5　我国现行固定源烟气中 SO₃测试相关标准

标准编号	标准名称
GB/T 16157—1996	《固定污染源排气中颗粒物测定与气态污染物采样方法》
DL/T 998—2016	《石灰石-石膏湿法烟气脱硫装置性能验收试验规范》
GB/T 21508—2008	《燃煤烟气脱硫设备性能测试方法》
HJ 544—2016	《固定污染源废气　硫酸雾的测定　离子色谱法》

表 4-6　国外现行固定源烟气中 SO₃测试相关标准

标准编号	标准名称
EPA-8	《固定源硫酸雾与二氧化硫测定》
EPA-8	《硫酸盐回收炉硫酸蒸汽或雾和二氧化硫测定》
ANSI/ASTM D 4856—2001	《工作场所硫酸雾测定(离子色谱法)》
JIS K0103—2005	《烟气中总硫氧化物的分析方法》

目前 SO_3 的检测技术是燃煤电厂污染物控制的难点之一，这主要是由于 SO_3 本身性质的影响以及烟气中其他成分的干扰。首先，SO_3 化学性质活泼，极易与其他物质发生反应导致采样结果不准确，且温度降低时，SO_3 易形成 H_2SO_4 气溶胶而腐蚀采样设备。此外，燃煤烟气成分复杂，烟气中的 SO_2 以及粉尘等对 SO_3 的检测均有较大干扰，普通的采样技术难以保证 SO_3 采样的准确度。而相对于烟气中的其他成分，SO_3 含量较低(通常低于 100ppm)[51]，很小的测量误差就会造成很大的相对误差，因此目前尚无统一的、广泛认可的燃煤烟气中 SO_3/H_2SO_4 雾检

测方法。现阶段应用较多的烟气中 SO_3 浓度的检测方法大致分两类：一是连续在线检测，二是采样后检测。

1. 在线检测法

在线检测法中比较有代表性的是德国 Pentol 公司研制出的 SO_3 monitor 仪器，该仪器可以连续在线检测烟气中 SO_3 的浓度，其工作原理图如图 4-15 所示。首先向过滤室后的加热烟气中喷入异丙醇来吸收 SO_3 并使烟气冷却，再用气液分离器实现液体和气体的分离，由此可将烟气中的 SO_3 分离出来并将其转化为溶液中的 SO_4^{2-}，通过检测 SO_4^{2-} 的浓度即可得到烟气中 SO_3 的浓度。SO_4^{2-} 可以与氯冉酸钡 $(BaC_6O_4Cl_2)$ 发生下述的反应[52]：

$$SO_4^{2-}+BaC_6O_4Cl_2+H^+ \longrightarrow BaSO_4+HC_6O_4Cl^- \tag{4-20}$$

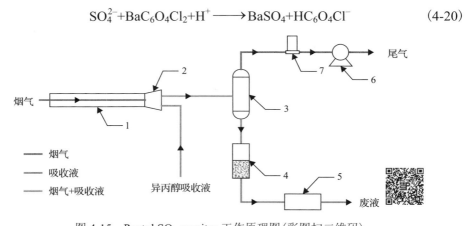

图 4-15　Pentol SO_3 monitor 工作原理图(彩图扫二维码)
1.采样枪；2.气液混合室；3.气液分离器；4.氯冉酸钡反应床；5.光学测量池；6.气泵；7.质量流量计

该反应生成紫色的氯冉酸离子 $(HC_6O_4Cl^-)$，它能够吸收波长为 535nm 的光波，通过光学法测定氯冉酸离子浓度即可得到采样烟气中 SO_3 的浓度。该仪器的测量范围为 $1\sim200$ppmv，且测量结果具有一定的可信度。但是实际测量具有一定的操作难度，需要熟练的操作才能实现较为精确的测量。

此外，美国 Thermo Fisher Scientific 公司的 Arke SO_3，采用量子级联激光光谱 (QCL 光谱) 技术，也可对烟气中的低浓度 SO_3 进行实时在线监测。总的来说，目前 SO_3 连续在线检测设备通常价格昂贵，功能单一，性价比低，操作复杂且技术并不成熟，尚未得到广泛应用。

2. 采样后分析法

由于 SO_3 在线检测技术成本较高且操作复杂，尚未发展成熟，实际应用中通常先对烟气中的 SO_3 进行采样，用化学或物理方法将 SO_3/H_2SO_4 与烟气分离，将

其转化成水溶性 SO_4^{2-}，再通过检测 SO_4^{2-} 的浓度得到烟气中 SO_3 浓度。目前国内外广泛应用的 SO_3 采样方法主要有异丙醇吸收法、控制冷凝法、螺旋管法、盐吸收法以及棉塞法等。

1）异丙醇吸收法

异丙醇吸收法是美国国家环境保护局发布的《固定源 SO_3 和 SO_2 排放量测定法》中采用的方法，异丙醇吸收法装置示意图如图 4-16 所示。该方法采样设备简单，首先将烟气通入装有 80%异丙醇水溶液的洗气瓶中吸收烟气中的 SO_3/H_2SO_4 蒸气，高浓度的异丙醇溶液吸收 SO_3/H_2SO_4 后将其转化为溶液中的 SO_4^{2-}，并且可以抑制 SO_2 的氧化和溶解，从而降低 SO_2 对采样结果的干扰；之后接两个装有 3% H_2O_2 溶液的洗气瓶以吸收烟气中的 SO_2；最后接变色硅胶来干燥烟气中的水分从而保护后面的真空泵等采样设备。采样结束后，分别用相应的吸收液冲洗吸收瓶并定容、检测得到 SO_3 浓度。该方法需在冰浴环境下进行并用真空泵保证等速采样。

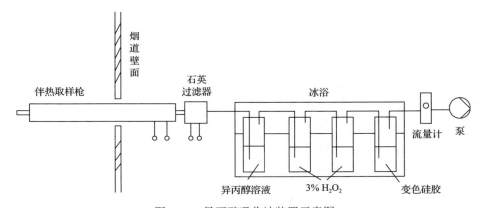

图 4-16　异丙醇吸收法装置示意图

异丙醇吸收法采样的关键在于合理控制烟气温度并尽量减少其他烟气成分对 SO_3 的干扰。首先，烟气温度过低会导致 SO_3/H_2SO_4 在进入采样装置之前发生冷凝，造成采样结果偏低并容易腐蚀管路；烟气温度过高又会导致异丙醇大量挥发而带出部分 SO_3/H_2SO_4 蒸气，同样影响采样结果的准确性，因此通常要求管路温度保持在 160～180℃[53]。管路材料尽量采用石英玻璃，既可耐高温又能避免硫酸雾的腐蚀。其次，还要避免其他烟气成分对 SO_3 采样的干扰，尤其是烟气中的 SO_2 对采样结果干扰较大，这是由于 80%异丙醇溶液中的 H_2O 也会吸收少量 SO_2，而烟气中的 SO_2 含量远高于 SO_3，因此会造成较大误差。针对 SO_2 对测试结果的干扰问题，可通过缩短采样时间、采样后及时检测、向采样后的吸收液中通入氩气等惰性气体赶出部分 SO_2 等措施来减少 SO_2 的干扰，提高采样准确度。烟气中的粉尘等悬浮颗粒物会黏附酸雾，而异丙醇不能完全收集到这些含酸尘粒，也会导致测定结果偏低。此外，烟气中的氟化物以及逃逸的氨等也会对检测结果产生干扰。

2) 控制冷凝法

控制冷凝法被认为是目前测量电厂低浓度 SO_3/H_2SO_4 最精确的方法[54]，该方法由 Cheney 和 Homolya 提出，后被美国材料与试验协会（ASTM）采纳。2008 年，我国首次颁布了《燃煤烟气脱硫设备性能测试方法》（GB/T 21508—2008），在附录中给出的烟气中 SO_3 浓度的采样和测试方法即为控制冷凝法，该方法主要是通过将 SO_3 冷凝成为 H_2SO_4 的形式来测量 SO_3 浓度。首先使用带伴热的采样枪在烟道中等速采样，烟气通过石英过滤器过滤后进入水浴中的蛇形冷凝管，由于温度突然降低，烟气中的 SO_3 冷凝成酸雾颗粒，酸雾在冷凝管内做离心运动并吸附在冷凝管内壁，从而实现与烟气的分离；采样结束后，用去离子水淋洗石英过滤器和蛇形冷凝管得到含有 SO_4^{2-} 的样品溶液，分析溶液中 SO_4^{2-} 的浓度，即可得到烟气中 SO_3 的浓度，采样系统如图 4-17 所示。

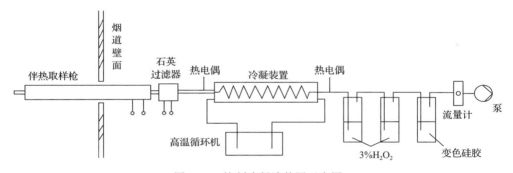

图 4-17　控制冷凝法装置示意图

控制冷凝法的关键同样在于如何控制温度以及减少其他烟气成分对 SO_3 的干扰。取样枪的温度要控制在合适范围内，温度过低会导致 SO_3 在管道中冷凝而影响测量精度，温度过高会促进飞灰对 SO_2 的催化氧化作用，生成 SO_3 造成测量误差，通常要求设定取样枪的温度为 260℃。水浴温度也要严格控制，既要低于酸露点促使 SO_3 和硫酸蒸气冷凝，又要高于水露点以避免烟气中水蒸气的冷凝，一般可将水浴温度控制在 60～65℃。与异丙醇吸收法相比，控制冷凝法的一大优点是减少了烟气中 SO_2 的干扰，只要将温度控制在水露点之上，就不会有 SO_2 氧化的问题存在，并消除了异丙醇对 SO_2 吸收的误差。

为避免烟气中的飞灰与硫酸蒸气反应而干扰采样结果，可在探针上加装过滤装置以去除烟气中的飞灰；同时，烟气中的 HF 与逃逸的 NH_3 等也会干扰 SO_3 采样的准确性，故可以增加对 HF 和 NH_3 的测量并据此对 SO_3 浓度的测量结果进行修正。此外，控制冷凝法对采样设备要求严格。由于烟气温度较高且 SO_3 及其冷凝后形成的硫酸酸雾具有腐蚀性，为避免采样设备损坏，所有的部件应采用耐高温石英玻璃制造，并用防腐蚀涂料处理表面加以保护。同时，该方法中冷凝管是 SO_3 采样准确性的关键，要确保尽量多的 SO_3 在冷凝管中冷凝并被转移。由于在抽吸过程中硫酸雾是靠离心力被甩到管壁上，因此捕集效率主要受到冷凝管的内径、圈径以及螺距的影响。通常要求冷凝管的内径不大于 3mm，圈径应在 85～90mm 之间，总周长在 150～200cm 之间，这样能保证合适且足够的离心力[55]。除以上两点外，采样之前蛇形冷凝管必须经过彻底干燥，否则其管壁上存在的液态水滴吸收 SO_2 会影响 SO_3 的测定结果。

3）螺旋管法

螺旋管法的采集原理为真空泵抽吸的烟气沿螺旋管流动时产生离心力，从而使雾状的 SO_3 被收集于螺旋管内壁上。该方法常用脱脂棉排除灰尘的影响，减小后续测量误差，并用恒温电热带加热采样管，防止酸性气体冷凝来减小误差和腐蚀。该方法与控制冷凝法相似，只是其冷凝收集装置为螺旋管，在占用相同空间的前提下，螺旋管采集管路长度远大于蛇形管，并且连接牢靠，适合现场作业，但是对 SO_3 的采样结果同样会受到烟气中其他成分的干扰。螺旋管法在日本应用较为广泛。

4）盐吸收法

盐吸收法最早在 1952 年由 Kelman 提出，该方法是利用氯化物（NaCl、KCl、$CaCl_2$ 等）吸收烟气中的 SO_3/H_2SO_4，装置示意图如图 4-18 所示。采样时烟气通过装有固体盐的反应管，氯化物与 SO_3/H_2SO_4 反应生成硫酸盐或硫酸氢盐进行采样；而后将固体盐溶于去离子水，测量溶液中 SO_4^{2-} 浓度即可得到烟气中 SO_3 的含量。盐吸收法所选取的吸收剂要能充分吸收 SO_3 且尽量少地吸收 SO_2，常用的有 NaCl、KCl 等，以 NaCl 为例，烟气中的 H_2SO_4 与 NaCl 发生的反应如式（4-21）和式（4-22）所示。但是该方法目前正处于研究阶段，测量精度有待提高。

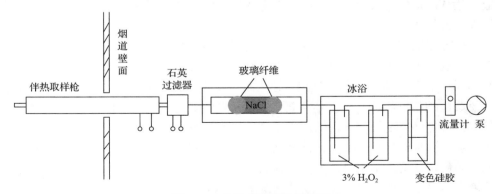

图 4-18　盐吸收法装置示意图

$$NaCl+H_2SO_4 \longrightarrow NaHSO_4+HCl \qquad (4-21)$$

$$2NaCl+H_2SO_4 \longrightarrow Na_2SO_4+2HCl \qquad (4-22)$$

5) 棉塞法

棉塞法是一种广泛用于硫酸工业中炉气酸雾含量的测定方法，此方法是使烟气通过润湿的棉塞，烟气中的 SO_3 与水结合形成酸雾而被棉花吸收采样，再将棉花塞放置在去离子水中，用碘溶液滴定其中的 SO_2，而后进一步用硫代硫酸钠及氢氧化钠溶液滴定，得到硫酸根离子总量以及碘的使用量。检测过程中发生的反应式如式(4-23)～式(4-25)所示，该方法的缺点是酸碱滴定时测量值误差较大，而电厂中烟气成分复杂且 SO_3 含量相对较低，所以一般在电厂中不采用此法。

$$SO_2+I_2+2H_2O \longrightarrow H_2SO_4+2HI \qquad (4-23)$$

$$H_2SO_4+2NaOH \longrightarrow Na_2SO_4+2H_2O \qquad (4-24)$$

$$HI+NaOH \longrightarrow NaI+H_2O \qquad (4-25)$$

3. 硫酸根离子的检测方法

由 SO_3 的采样方法可以看出，无论采用何种采样方法，最终都需对取得的样品进行 SO_4^{2-} 浓度的定量检测，再计算烟气中 SO_3 的浓度，因此 SO_4^{2-} 浓度的准确检测非常关键。燃煤烟气中 SO_3 采样后的测定属于微量及痕量硫酸根的测定，目前常用的检测方法如下。

1) 钍试剂滴定法

在异丙醇吸收法中，采样后 SO_3 以 SO_4^{2-} 的形式存在。将异丙醇吸收液定容至 100mL，滴 2～3 滴钍试剂作指示剂，用 Ba^{2+} 标准溶液滴定，到达滴定终点时，溶液颜色从浅黄色变成粉红色。根据滴定液的用量即可计算 SO_4^{2-} 浓度，从而得出烟气中 SO_3 的浓度。

该方法操作简便，但由于浅黄色与粉红色颜色变化不太明显，且显色反应不在瞬时进行，肉眼识别较难，测定结果往往存在较大误差。加入钍指示剂的量为 2～3 滴，使吸收液的颜色刚呈现黄色为最佳状态。钍指示剂用量过少，溶液颜色为淡黄，颜色不明显，终点难判断。钍指示剂用量过多，吸收液黄色底色较重，粉红色滴定终点易被掩盖，同样难以判定终点。采样后吸收液的 pH 以及放置时间均会对测量结果产生影响，钍试剂显色的最佳 pH 为 2.5～4.0。若溶液的 pH 太低，颜色转变就会不明显，难以区分滴定终点；若 pH 高于 4.0，钍试剂在异丙醇溶液中本身就显粉红色，易造成显色误差[56]。因此必要时可采用 HCl 或 NaOH 来调节采样后吸收液的 pH。此外，采样后吸收液的放置时间也会对 SO_3 的测定产生影响。有学者将吸收了 SO_3 的异丙醇溶液放置不同时间后检测其中 SO_4^{2-} 的含量，结果表明放置时间在 4h 之内对 SO_3 的测定结果没有影响，但放置时间过长(如超过 15h)会导致测定结果偏高[57]。

2)钍试剂分光光度法

钍试剂分光光度法是对钍试剂滴定法的改进。以 80% 的异丙醇溶液为吸收液采集 SO_3 后，用一定浓度的过量高氯酸钡溶液与吸收液中的 SO_4^{2-} 反应，反应后剩余的 Ba^{2+} 和钍试剂会结合生成钍-钡络合物，该络合物的颜色和 SO_4^{2-} 含量成反比。用分光光度计测定该络合物在 530nm 处的吸光度，即可计算出烟气中 SO_3 的浓度。

$$Ba^{2+}+SO_4^{2-}\longrightarrow BaSO_4\downarrow \tag{4-26}$$

$$过量钡离子+钍试剂\longrightarrow 钍\text{-}钡络合物 \tag{4-27}$$

该方法对 SO_4^{2-} 的测定范围为 2～60μg/mL。和钍试剂滴定法相比，分光光度法使用的异丙醇吸收液更少，测量更灵敏，操作时能减少人为测量误差而得到更准确的测量结果，应用前景较广。

其他行业中 SO_3 的测试方法对于燃煤烟气中 SO_3 的检测也有一定的参考价值。例如，水泥行业中规定了碘量法、离子交换法、铬酸钡分光光度法和库仑滴定法四种 SO_3 的测试方法；而采矿行业中应用较多的是重量法测定 SO_3。尽管这两个行业中采用的多为固体中 SO_3 的检测，但是其分析检测部分对燃煤烟气中 SO_3 的测量同样有一定的借鉴意义。碘量法是向采样后的酸性溶液中滴入 KIO_3 和 KI 溶液发生反应生成固体 I_2，以淀粉溶液为颜色指示剂，而后用一定浓度的硫代硫酸钠($Na_2S_2O_3$)标准溶液进行滴定，测出生成 I_2 的量，即可间接求出 SO_3 的浓度[58]。重量法是往含有 SO_4^{2-} 的采样溶液中加入可溶性钡盐生成 $BaSO_4$ 沉淀，通过称量沉淀的质量得到 SO_4^{2-} 的含量，再算出 SO_3 的浓度，该方法是测定水泥中 SO_3 的基准法，测量准确度高，应用较为广泛[59]。此外，腐蚀探针法是根据 SO_3/H_2SO_4 对探针的腐蚀程度、腐蚀时间和烟气温度之间的线性关系来测量硫酸蒸气的浓度，但是容易有人员操作上的误差。而光学法是根据 SO_3 与其他烟气成分对光吸收波长的差异进行检测，使用红外线穿过采样气体室，用红外探测仪测量烟气组分的红外吸收光谱吸收信号，并根据参考光谱进行定量分析得到 SO_3 浓度，但是实际测量中 SO_2 及 H_2O 均会对测试结果有一定干扰，需采用特殊光源来提高测量精度。

4.3.2　SO_3 控制技术

由于燃煤烟气中 SO_3 的生成与排放会带来诸多危害，因此研究者们提出了各

种 SO_3 控制技术。目前燃煤烟气中 SO_3 控制技术包括燃烧前、燃烧中及燃烧后控制三类。

1. 燃烧前控制技术

1）燃用或掺烧低硫煤

煤中硫分是燃煤烟气中 SO_3 的源头。一般来说，煤中硫分越高，燃烧生成的 SO_2 越多，进而氧化生成的 SO_3 也越多，因此燃用低硫煤或在燃煤中掺烧低硫煤是降低烟气中 SO_3 生成量最直接的方法，但我国低硫煤产量少，燃用低硫煤成本较高。此外，掺烧低硫煤的燃料混合技术也需考虑诸多因素，例如，更换煤种时锅炉和除尘等设备应适应该煤种所需的调整，以及磨煤机出力大小、如何混合均匀等问题，因此该方法难以普及。

2）细化煤粉

煤粉细度对 SO_3 的生成量也有一定影响。研究表明，细煤粉颗粒在燃烧时，由于粒径小、燃烧速率快，煤粉周围的 O_2 消耗较快，O_2 分压迅速降低，导致大量的 CO 气体生成，使煤粉颗粒周围呈现较强的还原性氛围，从而抑制了煤中有机硫析出的 H_2S 等气体被氧化生成 SO_2，更多的 H_2S 等气体进一步与煤中的矿物质发生反应生成 CaS 等固硫产物，SO_2 生成量的下降直接降低了 SO_3 的生成量[60]。

此外，还可对煤炭进行燃烧前脱硫处理来降低煤中硫分，从根源减少 SO_3 的生成。常用的煤炭脱硫技术包括磁选法和重选法等物理脱硫技术，热压浸出法和常压气体湿法等化学脱硫技术，以及浸出法和生物表面氧化处理法等生物脱硫技术[61]。然而，燃烧前煤炭脱硫只能对后期的污染治理压力有所缓解，要有效脱除燃煤烟气中生成的 SO_3，仍需开发相关技术。

2. 燃烧中控制技术

1）低氧燃烧

低氧燃烧即低过量空气系数燃烧，它是在保证煤粉完全燃烧和不降低锅炉效率的前提下，适当降低锅炉燃烧时的空气量，从而减少烟气中的过剩氧，达到抑制 SO_2 氧化的目的。国外在这方面已有一些成功的运行经验，例如，将燃油锅炉的过量空气系数降到 1.05 甚至更低，或者燃煤锅炉采用配风更加合理的燃烧器和先进的自控装置结合低氧燃烧方式使用[56]。然而，低氧燃烧容易造成 CO 等可燃气体燃烧不完全，在炉膛内部形成还原性气氛，造成锅炉结焦，危害机组的安全运行，降低锅炉效率，增加经济成本。

2）炉膛内喷碱性吸收剂

向炉膛内喷入碱性吸收剂可有效脱除燃烧生成的 SO_3。通常是将碱性吸收剂配成浆液从炉膛上部喷入，吸收剂脱除 SO_3 生成的硫酸盐再与飞灰一起被除尘装置脱除[62]。常用的有钠、钾等碱金属以及钙、镁等碱土金属吸收剂，其中碱金属钠、钾的特点是碱性和还原性强，可与烟气中的 SO_3 快速反应，例如，Na_2CO_3 溶液喷入烟道后与 SO_3 完全反应的时间仅为 $0.2s$[63]。然而，运行经验表明，钠、钾等碱金属吸收剂脱除 SO_3 后生成的硫酸盐往往会降低飞灰熔点，导致炉膛结焦。而采用钙、镁等碱土金属吸收剂，脱除 SO_3 生成的硫酸盐并不会降低飞灰熔点，也不会产生二次污染等问题。利用碱土金属钙、镁与 SO_3 反应脱除 SO_3 的技术已经有近 40 年的研究历史，通常的方法是将 $Ca(OH)_2$ 或 $Mg(OH)_2$ 配成浆液，然后喷入炉膛上部的不同温度区域，SO_3 与钙、镁反应生成硫酸盐，随后与飞灰一起在除尘装置中被脱除。这种方法对在炉膛燃烧生成的 SO_3 脱除效率可达 80%。采样分析的结果表明，生成的钙镁硫酸盐并不降低飞灰的熔点，其中碱土金属物质 $Mg(OH)_2$ 由于结渣趋势较弱，对 SCR 脱硝催化剂的影响小，在国外开展的炉内喷射碱性吸收剂技术中应用最为广泛。

然而，炉膛内喷射碱性吸收剂脱除 SO_3 技术也存在较大缺陷。目前广泛应用的碱金属、碱土金属吸收剂在脱除 SO_3 的同时也会脱除 SO_2，而烟气中的 SO_2 量远大于 SO_3，导致吸收剂用量大、成本高。喷入的吸收剂很快反应耗尽而无法在后续脱硝系统中脱除 SCR 过程生成的 SO_3，由于 SCR 脱硝系统内催化生成的 SO_3 占烟气中 SO_3 总量的一半左右，故该方法对 SO_3 的整体脱除率不高。此外，由于碱性吸收剂脱除 SO_3 后会生成相应的硫酸盐颗粒，因此炉内喷射碱性吸收剂还需要考虑增加锅炉内吹灰设施、灰斗容积等，尤其要避免反应后生成的硫酸盐颗粒堵塞催化剂，并要判断炉内结渣趋势以及喷射的吸收剂对静电除尘器工作效率的影响等[64]。

3. 燃烧后控制技术

1)SCR 脱硝系统前喷射碱性吸收剂

在 SCR 脱硝系统前喷射碱性吸收剂可以减少炉内生成的 SO_3 进入 SCR 脱硝系统，从而降低 SCR 脱硝系统内硫酸氢铵的生成量，缓解硫酸氢铵带来的催化剂中毒失活等问题，但同时也会造成额外的催化剂中毒失活问题。从 SCR 脱硝系统入口到空预器出口，烟气流动时间约 9s，在 SCR 脱硝系统前喷射碱金属/碱土金属吸收剂可脱除 50% 以上的 SO_3[63]，从而缓解硫酸凝结的问题。由于在 SCR 脱硝系统前喷入碱性吸收剂会对催化剂造成一定污染，需要尽量采用不会对催化剂造成化学中毒的碱性吸收剂，合适的碱性吸收剂主要造成物理堵塞，可通过吹扫装置将堵塞物质吹脱。此外，在工程应用中实现高效脱除的关键是喷入物质与烟气的均匀混合，因此可以利用喷氨装置同步喷入碱性吸收剂，既可实现与烟气的均匀混合又可节约喷入装置投资。

2) SCR 脱硝系统内抑制 SO_3 生成

燃煤烟气中的 SO_3 有相当一部分是由 SO_2 在 SCR 反应器内催化氧化生成的，在 SCR 工程中为保证 SO_2 氧化率不大于 1%，在兼顾提升催化剂其他方面性能的同时，可通过催化剂的结构优化（包括催化剂物理尺寸、壁厚、表面积和孔结构等）和组分优化（活性组分含量、金属氧化物和化学抑氧化剂的掺杂等）来优化 SO_2 氧化率，抑制 SO_3 的生成。

(1) 催化剂 V_2O_5 含量的优化。

为确保 SO_2 氧化率不大于 1%，SCR 脱硝催化剂中 V_2O_5 的含量一般控制在 1% 左右，这样既可以保证催化剂具有较高的脱硝效率，又可以将 SO_2 氧化率控制在合理的范围内。若催化剂中 V_2O_5 含量太低，虽然 SO_2 氧化率可维持在较低水平，但是脱硝效率也会比较低，无法满足脱硝性能要求；反之，如果 V_2O_5 含量过高，虽然脱硝效率能维持在较高水平，但是 SO_2 氧化率可能会超过 1%。

(2) 催化助剂的优化。

在催化剂制备、再生或回用过程中，可适量掺杂一些能够抑制 SO_2 氧化的金属氧化物。研究表明，WO_3 和 MoO_3 能提高催化剂酸性、改善催化剂氧化还原性、提高催化剂热稳定性，进而提高 SCR 反应活性、拓宽反应温度窗口、增强抗碱金属等的中毒能力，是 V_2O_5/TiO_2 催化剂常用助剂[65, 66]。此外，研究发现，WO_3 或 MoO_3 的添加可以降低 SO_2 氧化率[67, 68]。从微观反应角度，SO_2 在活性位上的氧化包括 3 个步骤：吸附、氧化以及反应产物 SO_3 脱附。添加 WO_3 或 MoO_3 后，催化剂氧化还原性的改善有助于第二步反应，而催化剂酸性的提高有助于第三步反应，同时抑制第一步反应。可见 WO_3 和 MoO_3 对催化剂的作用是这几个因素耦合的结果，而催化剂酸性的增强是降低 V_2O_5-WO_3(MoO_3)/TiO_2 催化剂 SO_2 氧化率的主要因素。Kobayashi 等[69]认为酸性增强有助于 V_2O_5/TiO_2-SiO_2-MoO_3 催化剂降低 SO_2 氧化率和提高低温抗硫能力。Dunn 等[70]认为钒基催化剂中 V—O—M 氧桥的碱性对 SO_2 的吸附和氧化具有重要影响。SO_2 是一种酸性气体，在具有较强酸性 V_2O_5 活性位上的吸附能力较弱，工业制备 H_2SO_4 时，往往在钒基催化剂中添加 K 或 Na 等碱金属以提高催化剂对 SO_2 的吸附能力，进而提高 SO_2 氧化率，进一步证明催化剂酸性的增强有助于抑制 SO_2 的吸附，降低 SO_2 氧化率。另外，SCR 反应过程中的还原剂 NH_3 能抑制 SO_2 氧化[49]，NH_3 是一种碱性气体，在 NH_3 和 SO_2 共同存在的条件下，V_2O_5 活性位优先吸附和氧化 NH_3，而催化剂酸性的提高进一步增强了这一效果。此外，聚合态的钒有助于 SO_2 氧化，而 WO_3 或 MoO_3 能提高催化剂热稳定性，抑制催化剂烧结和聚合，提高 V_2O_5 在 TiO_2 表面的分散性，从而抑制聚合态钒的生成，这也是降低 SO_2 氧化率的重要原因。

不同形态的磷对催化剂的影响不同。Castellino 等[71]发现，磷酸会堵塞催化剂孔道，减少 V^{5+} 而增加 V^{4+}，导致 SCR 脱硝催化剂活性降低，同时他们也发现浸渍到催化剂中的磷酸对催化剂活性的抑制作用比烟气中的聚磷酸弱。Kamata 等[72]发现磷酸对 V_2O_5-WO_3/TiO_2 催化剂脱硝活性的抑制作用较弱，同时能增强催化剂酸性和对 NH_3 的吸附能力，表明磷元素的添加可能通过降低催化剂对 SO_2 的吸附而降低 SO_2 氧化率。磷钨酸和磷钼酸具有较强的酸性和氧化还原性，常被用来改善 SCR 脱硝催化剂性能。Ren 等[73]发现磷钨酸能明显提高环状铁基催化剂的抗硫抗水性能；纪培栋[74]研究了不同 Mo 前驱体对 V_2O_5/TiO_2 催化剂活性和 SO_2 氧化能力的影响，发现以磷钼酸为前驱体时催化剂的脱硝活性最好且 SO_2 氧化率最低，并认为较低的 SO_2 氧化率与催化剂中的磷化物有关。

另外，Morikawa 等[75]发现，CeO_2 既能提高 V_2O_5/TiO_2 催化剂脱硝活性又可明显抑制 SO_2 氧化；Sazonova 等[68]发现，Nb_2O_5 的添加能减弱 V_2O_5/TiO_2 催化剂对 SO_2 的氧化；Choo 等[76]发现，BaO 的掺杂可减弱 V_2O_5/TiO_2 催化剂对 SO_2 的吸附能力，从而降低催化剂 SO_2 氧化率。由以上可见，通过助剂调变钒钛体系催化剂的酸碱性是抑制 SO_2 氧化的重要方法。

此外，催化剂在运行过程中，其表面会沉积大量的碱金属、Fe_2O_3 等飞灰物质。这些物质一方面扮演着催化助剂的作用，使得 SO_2 氧化率增大；另一方面，使得催化剂表面酸性减弱、表面氧的数量增加，致使酸性 SO_2 分子的吸附增强，进而导致 SO_2 氧化率升高。因此，在催化剂再生或回用过程中，应优先采取适当的方法清除催化剂表面沉积的碱金属和 Fe_2O_3 等物质，以消除它们对 SO_2 氧化的促进作用。

(3) 催化剂载体的优化。

Kobayashi 等[77]用共沉淀法合成 TiO_2-SiO_2 载体并制备 V_2O_5/TiO_2-SiO_2 催化剂，发现其比常规 V_2O_5/TiO_2 催化剂的 SO_2 氧化率更低。SiO_2 的掺杂会增强催化剂酸性，增加其比表面积，减小 TiO_2 结晶度，进而提高催化剂的热稳定性，提高活性组分分散性，减少 V^{5+} 而增加 V^{4+} 比例。他们认为钒价态分布的改变，即高价态 V^{5+} 减少和低价态 V^{4+} 增多是 SO_2 氧化率降低的主要原因。Kobayashi 等[69]同时还制备了 V_2O_5/TiO_2-SiO_2-MoO_3 催化剂，发现催化剂酸性的增强是 SiO_2 提高催化剂 SCR 活性和抗硫能力的主要原因。

(4) 催化剂几何结构的优化。

钒基催化剂中，SCR 脱硝反应与 SO_2 氧化反应的速率不同，导致反应在催化剂中发生的部位不同[78]。SCR 反应属于外扩散控制的快速反应，只在催化剂 0.1mm 左右的表面内进行，而 SO_2 氧化是化学反应控制的慢速反应，在整个催化剂壁厚内进行。如图 4-19 所示，对于催化剂外表面的活性组分，脱硝反应和 SO_2 氧化同时进行，而对于催化剂内部的活性组分，只发生 SO_2 氧化反应。由于没有 NH_3 的竞争吸附和氧化，催化剂内部活性组分对 SO_2 氧化的贡献明显大于等量的外表面活性组分，故合理控制催化剂活性组分厚度和分布，既节省成本又减少 SO_2 氧化。Schwammle 等[79]发现，蜂窝式催化剂壁厚和通道单元质量与 SO_2 氧化率成正比。

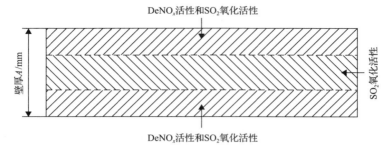

图 4-19 催化剂中脱硝(DeNO$_x$)活性和 SO$_2$ 氧化活性区域分布

如果能降低壁厚或者优化催化剂的孔结构来有效控制 SO$_2$ 向催化剂深处渗透，对于抑制 SO$_2$ 的氧化有极大的帮助。然而，壁厚的降低会对催化剂的机械强度提出更高的要求。蜂窝式催化剂采用一次挤出成型的方式，如果壁厚太薄，在制备过程中则容易变形，导致机械强度较差，从而出现催化剂的磨穿断裂等问题，所以蜂窝式催化剂壁厚无法做到太薄。而平板式催化剂与蜂窝式催化剂的结构有很大的不同，由于采用不锈钢网板作为支撑结构，在其表面辊压涂覆催化剂成分，其机械强度主要依靠不锈钢筛网的支撑，从而可以大幅度降低催化剂的厚度，因此平板式催化剂 SO$_2$ 氧化率相对较低。

此外，还有公司开发了具有"三态孔"结构的波纹板式催化剂[图 4-20(a)]，可在 290℃ 的条件下长期运行[80]。与传统催化剂相比，该结构通过扩大催化剂比表面积以及增加表面活性组分比例，从而促进 SCR 脱硝反应并抑制 SO$_2$ 氧化。

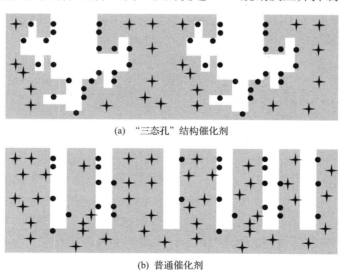

(a) "三态孔"结构催化剂

(b) 普通催化剂

● 有利于SCR反应的活性位；　✛ 有利于SO$_2$氧化的活性位

图 4-20 三态孔结构催化剂与普通催化剂活性组分分布对比

(5) 反应工况的优化。

烟气中的不同成分和反应温度对 SO_3 的生成存在不同程度的影响。Svachula 等[81]的研究表明，SO_2 的氧化速率与 O_2、SO_2 和 SO_3 之间满足如下关系：

$$K \propto [O_2]^0 [SO_2]^1 [SO_3]^{-n} \tag{4-28}$$

即 SO_3 氧化生成的稳态反应速率与 SO_2 和 SO_3 有关，与 O_2 无关；H_2O 和 NH_3 对 SO_2 氧化存在抑制作用，而 NO_x 则有轻微的促进作用。在实际的使用过程中，烟气成分为客观因素，存在不可调节性，但可以适当调节氨氮比，以发挥 NH_3 对 SO_2 氧化率的抑制作用。此外，可在一定范围内对反应温度作微小的调整，在不影响脱硝性能的前提下，应采用尽量低的反应温度。

3) SCR 脱硝系统后喷射碱性吸收剂

SCR 脱硝系统后喷射碱性吸收剂可以在脱除 SO_3 的同时避免吸收剂对催化剂造成污染。在 SCR 脱硝系统后喷入碱金属钠、钾等吸收剂，在喷洒均匀、颗粒度细小和喷入量足够的条件下，空预器出口处可脱除 90%以上的 SO_3[63]。然而，碱金属钠、钾等吸收剂由于碱性和还原性较强，还可脱除大量 SO_2，同时烟气中的 SO_2 含量远高于 SO_3，因此为了保证 SO_3 的脱除效果，吸收剂的用量会比较大，造成成本较高。此外，碱金属钠、钾等吸收剂喷射后容易生成硫酸氢钠、硫酸氢钾等，在空预器所处的烟气温度范围内，这些物质同样因具备黏性而容易导致空预器堵塞。

SCR 脱硝系统后喷射碱性吸收剂技术中比较有代表性的是 D&G 公司的"清洁烟囱"技术，通过在 SCR 脱硝系统后、空预器前喷入粒径为 2～3μm 的石灰石粉，该细小的颗粒物能够为烟气中的 SO_3 酸雾和水分的凝结提供载体，从而降低 SO_3 浓度[82]。

4) 空预器后喷碱性物质

在空预器和除尘器之间喷入 NH_3 等碱性物质，也可达到较高的 SO_3 脱除率。研究表明，当 NH_3/SO_3 的摩尔比在 1.5～2.0 时，可脱除 95%以上的 SO_3[83]，NH_3 与 SO_3 反应生成的 $(NH_4)_2SO_4$ 与 NH_4HSO_4 会随烟气飞灰被除尘器除去。对于安装了 SCR 脱硝设备的电厂来说，已经具备了 NH_3 的来源，改造相对容易。该技术的缺点在于生成的 $(NH_4)_2SO_4$ 和 NH_4HSO_4 在飞灰处理和应用过程中会不断地释放 NH_3，危害人体健康，同时也不利于灰渣的销售和再利用[49]。

此外，也可在空预器后喷碱性吸收剂脱除 SO_3。美国电力科学研究院通过在空预器与静电除尘器之间喷入 $Ca(OH)_2$ 和 $NaHCO_3$ 等碱性吸收剂脱除烟气中的 SO_3，但该技术需要较高的吸收剂喷射量才能达到良好的 SO_3 脱除效率，而且不能缓解空预器的积灰、腐蚀和堵塞等问题。同时，喷入的钙基吸收剂会增加飞灰的比电阻，导致静电除尘器的工作效率下降[84]。因此在空预器和除尘器之间喷入碱性吸收剂时，必须考虑对除尘器的影响，如入口粉尘浓度和粉尘比电阻的变化等。另外，对于存在空预器低温腐蚀的机组，应把吸收剂的喷入点选在空预器的上游，而且要加装必要的清洗装置。

5）湿式静电除尘器

湿式静电除尘器布置在烟气处理设施末端，利用直流高压电使颗粒物荷电并使其在电场力的作用下向集尘极运动，最终收集在阳极板被流动的水膜带走。湿式静电除尘器具有多污染物协同控制的优点，低电阻率和高输入电压能够增强亚微米级颗粒的收集能力[85]。湿式静电除尘器对 SO_3 有优良的脱除效果，在静电除尘器内部喷雾增湿，荷电后的 SO_3 酸蒸气在静电凝聚的作用下粒径变大，被捕集到极板上与水膜形成稀酸进而被脱除。美国 Croll-Reynolds 公司于 2001 年在 Bruce Mansfield 电厂安装调试的管式湿式静电除尘器对 SO_3 的脱除率可达 92%[86]。但湿式静电除尘器通常安装在湿法烟气脱硫（WFGD）装置之后，不能缓解 WFGD 前的设备如省煤器、空预器等的腐蚀、积灰与堵塞问题。

6）低低温电除尘器

低低温电除尘器由低温省煤器和电除尘器组成。该技术是在电除尘器上游设置换热器，使电除尘器入口烟气温度降低至酸露点以下，此时气态 SO_3 转化为液态的硫酸雾。由于电除尘器入口含尘浓度较高，粉尘总表面积较大，使得硫酸雾极易吸附在烟尘颗粒表面，从而在电除尘器中被除去。然而，低低温电除尘器只适用于一定范围的煤质，目前主要采用灰硫比（D/S）的技术指标进行判定，灰硫比为燃煤烟气中粉尘浓度（mg/m^3）与硫酸雾浓度（mg/m^3）之比。美国南方公司研究表明，当燃煤硫分为 2.5%时，灰硫比应在 50～100 才能避免设备腐蚀，一般灰硫比在 100 以上适合采用低低温电除尘器，而高硫煤的灰硫比应在 200 以上。我国大部分煤种灰硫比都在 50 以上，适合低低温电除尘器技术改造[87]。以福建某 600MW 机组为例，该机组采用了福建龙净环保股份有限公司的 LSC 型低低温电除尘器，通过采用 2 级深度降温换热装置，使进口温度从 150℃降至 95℃左右，烟尘比电阻从 10^{11}～$10^{12}\Omega\cdot cm$ 降低至 10^8～$10^{10}\Omega\cdot cm$，最终使 SO_3 脱除效率达到 73.78%。

此外，低低温电除尘技术相对于常规电除尘器所增加的成本较低，在提高除尘器除尘效果的同时可有效实现烟气余热综合利用，节省煤电消耗。还可通过降低烟气温度，使进入电除尘器的烟气量减少 10%～15%，从而有效地减小电除尘器电场内的烟气流速，延长烟气处理时间，减小二次扬尘，进一步提高和稳定电除尘效率，减缓粉尘颗粒对内部构件的冲刷磨损，延长装备寿命，同时减少除尘相关设备的运行能耗。

4.4　SCR 脱硝系统的规范与流场模拟技术

4.4.1　SCR 脱硝系统的标准及规范

SCR 脱硝工程总平面布置应遵循的原则包括：设施运行稳定、管理维修方便、经济合理、安全卫生等。总平面布置应考虑的因素包括：整个污染治理设施处理区的平面竖向布置、污染物处理处置工艺单元的构筑物安排、综合管线的平面布置等。架空管线、直埋管线与岛外沟道相接时，应在设计分界线处标明位置、标高、管径或沟道断面尺寸、坡度、坡向管沟名称、引向何处等。有汽车通过的架空管道净空高度为 5.0m，室内管道支架梁底部通道处净空高度为 2.2m。

SCR 脱硝系统还原剂区可布置于厂区内，也可布置于厂区外，新建电厂在规划设计时应将还原剂区纳入电厂总平面统一考虑、合理安排。还原剂区与其他构筑物的距离应符合国家有关安全距离的规定，还原剂区布置于厂区外时，选址要求应符合 DL 5032—2018 中有关规定。采用液氨作为还原剂时，还原剂区应单独设置围栏，设明显警示标记，并应考虑疏散距离，设备布置应满足防火及消防要求，氨区地坪宜低于周围道路标高。

当采用尿素作为还原剂时，应根据绝热分解室所需要的燃气(燃油)的情况或水解反应器所需的加热蒸汽的情况综合考虑，可布置在还原剂制备区或就近布置在催化反应器区。

SCR 反应器区应布置反应器、进出口烟道、稀释空气设备、起吊设施、安装组合场地等，反应器宜采用露天布置，其外壁应保温，尽量减少烟气热量损失。SCR 反应器布置在省煤器后的高飞灰区，应保证烟气流动通畅、烟道短捷，因反应器靠近锅炉本体，与炉后钢架的距离应保证烟道接入 SCR 反应器以及安装时所需空间。SCR 反应器及其烟道布置应尽量防止其出口至空预器的烟道内严重积灰，对新建或扩建电厂，宜将空预器布置在炉后，SCR 反应器垂直布置在空预器上方，如上述要求无法实施，则炉后至除尘器间应留有足够的场地。

4.4.2　SCR 流场模拟与优化

烟气流场的均布特性是 SCR 脱硝工程的关键，烟气速度分布不均易造成催化剂磨损加剧、飞灰堆积，而 NH_3 浓度分布不均易造成系统脱硝率偏低、NH_3 逃逸增大、空预器腐蚀及堵塞等问题。通过数值模拟，可显示并分析发生在研究对象内的流场现象，通过参数的改变，可在比较短的时间内达到最佳设计效果。利用数值模拟软件深入研究超低排放系统的流动和反应规律，优化关键设备的结构参数，不仅有助于提高现有燃煤电厂烟气排放系统效率和设备可用率，而且用其开发新的烟气超低排放工艺，可以实现高适应、低投资、低运行费用条件下燃煤电厂烟气的超低排放。SCR 流场的模拟可基于计算流体力学（CFD）开展，根据 DL/T 296—2011《火电厂烟气脱硝技术导则》规定，CFD 数值模拟技术规范如表 4-7 所示。

表 4-7　CFD 数值模拟技术规范

序号	规范标准	备注
1	喷氨格栅（AIG）上游烟气流速偏差	±15%以内
2	催化剂上游烟气速度偏差	±15%以内
3	催化剂上游烟气温度偏差	±10℃以内
4	催化剂上游 NH₃ 浓度偏差	±5%以内
5	催化剂烟气变化角度	±10°以内

4.5　SCR 烟气脱硝系统运行与维护

SCR 烟气脱硝系统的运行控制，通常从维持稳定的脱硝效率和系统安全、稳定运行两个方面考虑，包括催化剂、反应温度、喷氨量、出口 NO_x 浓度、氨逃逸检测等方面。

4.5.1　SCR 脱硝装置启动

SCR 脱硝装置启动，按照启动温度分为冷启动、温启动和热启动，因 SCR 反应器的布置方式和运行方式不同，启动方式应根据催化剂的现状来选择。

1. SCR 脱硝装置启动前准备

在系统运行前，SCR 反应器及其辅助设备必须安装所有必须的接线并配管正确。在启动前，所有的缺陷应被识别并修复。缺陷的例子包括但不局限于以下几种情况，如壳体凹陷、烟道变形、严重腐蚀、局部强烈氨气味及催化剂板扭曲等。

催化剂是系统的核心部件，需要特别小心。当检查反应器内部时，所有打开的检查点必须封上，以防雨水接触催化剂而使其失效。反应器不应有任何因安装催化剂带入的外部物质，如难溶性物质或粉尘；当粉尘堆积不可避免时，催化剂表面应用干燥空气清洁。

2. SCR 脱硝装置启动程序

当喷氨量控制由手动改为自动运行模式后，SCR 脱硝系统氨的喷射量将根据烟气量和 NO_x 含量自动调整，在保证出口 NO_x 达标排放的前提下，控制较低的氨逃逸。SCR 脱硝装置运行期间应定期检查烟气系统、SCR 反应器、稀释空气管路、氨蒸发器及管路、供水管路、压缩空气管路、蒸汽管路以及控制仪表，确认无故障。

3. SCR 脱硝装置冷启动

SCR 脱硝装置冷启动，指的是在催化剂温度低于水露点温度时启动 SCR，一般催化剂在整个启动过程中温度低于 150℃，被视为冷启动。在脱硝反应器冷启动时，脱硝装置应该先预热，催化剂应被预热至烟气水露点温度以上，以避免启动时催化剂内部出现凝结水。当烟气温度超过 60℃时，可以认为催化剂孔内的水分已经蒸发，因此催化剂不会在高温时被形成的蒸汽损坏。低于 150℃时升温速度不应超过 10℃/min，大于 150℃时升温速度不应超过 50℃/min，烟气进入反应器时的温度与催化剂的温差不超过 100℃。

为了防止启动时间过长导致在催化剂表面形成凝结，催化剂升温速度不可比上述给出的速度慢很多。最低连续喷氨运行烟气温度取决于硫酸氢铵露点温度，对于常规催化剂，一般运行温度应高于 300℃（温度低于 300℃时，严禁喷氨），最高连续运行烟气温度为 420℃。为了避免发生催化剂烧结而活性降低，运行温度达到 420～450℃的运行时间应控制在 5h 以内。

4. SCR 脱硝装置温启动和热启动

温启动和热启动的不同在于启动时的催化剂温度。温启动的定义为整个启动过程中催化剂整体温度均大于 150℃，而热启动的定义为启动过程中催化剂整体温度保持在可喷氨的最低运行温度之上。

温启动和热启动升温速度不可超过 20℃/min，烟气进入反应器时的温度与催化剂的温差不应超过 100℃。

5. SCR 脱硝装置正常运行

喷入的 NH_3 和烟气中的 NO_x 在催化剂区域内发生反应生成氮气和水蒸气。因催化剂表面会滞留一部分 NH_3，所以 NH_3 的喷入量的变化对 NO_x 的脱除有一个延迟效应，在 SCR 脱硝系统停运时必须考虑这种影响（在停运前入口 NO_x 和出口 NO_x 相等时说明所有喷入的 NH_3 消耗完毕）。

6. SCR 脱硝装置临界运行

催化剂运行在低于最低连续喷氨运行烟气温度时，不得进行喷氨。脱硝系统最低喷氨温度与烟气中 SO_2 浓度、烟气中含湿量等参数有关，SO_2 浓度越高，最低喷氨的温度越高，常规 SCR 脱硝催化剂的最低喷氨温度一般是 300～320℃。如果在低于最低喷氨的温度下继续喷氨，会在催化剂的孔内形成硫酸氢铵等副产物，堵塞催化剂微孔，降低催化剂活性和寿命。除此之外，硫酸氢铵副产物还会对下游空预器的换热元件造成低温腐蚀和堵塞[78]。

常规催化剂设计长期运行温度不高于 420℃，温度越高、运行时间越长，催化剂失活的可能性越大。常规催化剂可承受的最高烟气温度为 450℃，在该温度下连续运行一般不得超过 5h，且一年一般不可超过 3 次。

4.5.2　SCR 脱硝装置停运

在锅炉停运前，应先对催化剂进行吹灰操作。SCR 烟气脱硝系统在停炉前 10min 开始退出运行(停止喷氨)，手动将氨量需求信号值调整至 0。在制氨系统接收到氨量需求信号为 0 时，自动关闭氨气喷入管线上的阀门，维持 10min，即可进行停炉操作。停炉后，在维持锅炉负压的情况下，采用引风机吹扫 SCR 烟气脱硝系统。如果催化剂层没有预先进行吹灰操作，就不能对其采用空气吹扫。

为了确保可以尽快进入 SCR 装置检修，催化剂应该彻底冷却(但是最大降温速度不可超过 20℃/min)。反应器可以用烟气冷却到 150℃，低于这个温度时应使用洁净的空气通过反应器进行通风冷却(或者适当的锅炉吹扫)，时间为 5～10min，冷却空气和催化剂之间的温差不得超过 100℃。停机期间，反应器应保持干燥，尽量减少打开反应器人孔的次数。

4.5.3　SCR 脱硝系统维护

SCR 脱硝系统的正确运行与定期维护是保证脱硝装置正常运行的关键。合适的优化管理与维护可以降低烟气脱硝运行成本，延长催化剂使用寿命以及保障脱硝设备运行安全，因此脱硝系统的管理维护对系统的稳定高效运行具有重要的意义。

SCR 脱硝系统运行期间需特别关注稀释风量、氨逃逸、还原剂耗量、催化剂层压降、空预器压降、脱硝效率等参数的变化，同时要定期检查分析仪表、吹灰器、催化剂活性等项目。

1. 灰尘在催化剂表面的沉积/凝结水

催化剂单元的设计已尽可能防止飞灰沉积，采取适当的措施(如密封板、烟道和反应器的导流板)将确保烟气以最佳方式流过催化剂。在设计中必须防止死区以及涡流的形成，尽可能降低飞灰在催化剂上的沉积和对催化剂单元的磨损。

飞灰在催化剂上的沉积会导致压降增加，因此必须要记录反应器出口和入口处的压降随时间的变化以准确判断催化剂的堵塞情况。在停运期间，要对 SCR 反应器和催化剂进行检查并进行人工清洁(空气吹扫/吸尘)，这是为了清除催化剂表面上的飞灰。因灰尘内的成分会随着时间的延长而与催化剂活性物质发生化学反应，导致催化剂活性下降，故必须定期清除飞灰。

停机检查时应正确检测催化剂单元是否被磨损或堵塞，根据检查结果判断是否需要对吹扫频率和吹扫动力进行调整。

在运行期间，应尽量降低水或硫酸凝结发生的时间、频率、数量，防止反应器内和烟道内的凝结水流到催化剂单元上。

2. 启动过程中催化剂表面油污附着的影响及应对措施

一般情况下，使用轻质柴油作为锅炉点火方式的燃煤锅炉的启动过程中，沾污在催化剂表面的油污会在锅炉负荷和烟气温度升高后蒸发，不会对催化剂活性产生影响。但是如果锅炉调试过程过长或锅炉频繁启停，并且油枪的雾化效果很差时，由于油未完全燃烧，将造成较多的油滴沾污在催化剂表面，附着在催化剂表面的油滴就有可能在更高的温度下燃烧，造成催化剂不可逆的烧结失活。

在发生了油滴沾污 SCR 脱硝催化剂表面后，可采取以下措施：

(1)立即查找油滴沾污的原因，然后采取相应的措施停止沾污催化剂表面的油量继续增加。

(2)采取适当的措施防止反应器内催化剂温度继续增加。

(3)通过引风机等措施使用大量的惰性气体来冷却催化剂直到 50℃。

(4)缓慢加热催化剂，采用分段加热蒸发的方法使黏附在催化剂表面的油滴挥发，控制温升速度小于 45℃/h，同时空气流速大于锅炉最大连续蒸发量(MCR)工况的 25%。

3. 催化剂孔道堵灰

催化剂堵灰主要包括黏性灰吸附搭桥堵塞和大颗粒飞灰堵塞。针对不同的堵塞方式，可采取不同的方式进行预防。针对黏性飞灰，应提高脱硝运行温度，减轻硫酸氢铵黏附，提高吹灰频率，增加催化剂节距，降低碱金属黏性灰的堵塞风险。针对大颗粒飞灰堵塞，则应优化锅炉燃烧，减少大颗粒飞灰产生，同时辅助以金属筛网前段捕捉。此外，优化流场，提高烟气速度场和飞灰浓度场的均匀性也具有一定的效果。

4. 催化剂中毒

烟气成分十分复杂，碱金属、碱土金属、重金属以及其他多种污染物都会导致催化剂中毒。针对不同的中毒方式，需根据实际烟气情况，通过调整配方、优化孔结构、增加酸性位、调整活性物质比例、优化催化剂结构设计以及运行优化等多方面进行改善。关于催化剂中毒，会在本书第 5 章进行详细介绍。

5. SCR 脱硝催化剂检测及寿命评价

催化剂在运行中会发生活性衰减，为了解催化剂运行情况和寿命，需对催化剂进行全面检测。主要检测内容包括催化剂的活性、比表面积以及脱硝效率等。为保证脱硝系统运行安全稳定，一般每年检测一次，具体检测内容及标准见表 4-8。

表 4-8 催化剂检测项目及标准

检测项目	检测标准
几何特性 磨损强度	火电厂烟气脱硝催化剂检测技术规范 DL/T 1286—2013
比表面积	气体吸附 BET 法测定固态物质比表面积 GB/T 19587—2017
孔容、孔径	压汞法和气体吸附法测定固体材料孔径分布和孔隙度 第 2 部分：气体吸附法分析介孔和大孔 GB/T 21650.2—2008
脱硝效率、压降 抗压强度	火电厂烟气脱硝催化剂检测技术规范 DL/T 1286—2013

一般在脱硝设备设计前，还需对燃料进行全面分析，以便考虑催化剂配方以及结构设计，表 4-9 给出了具体的检测项目及标准。

表 4-9 煤质检测表

检测项目	检测标准
工业分析 （水分、灰分、挥发分、固定碳）	煤的工业分析方法 GB/T 212—2008
全硫	煤中全硫测定 红外光谱法 GB/T 25214—2010
碳、氢、氮	燃料元素的快速分析方法 DL/T 568—2013
氟	煤中氟的测定方法 GB/T 4633—2014
氯	煤中氯的测定方法 GB/T 3558—2014
钾、钠、铁、钙、镁、锰	煤灰成分分析方法 GB/T 1574—2007
发热量	煤的发热量测定方法 GB/T 213—2008
灰熔融性	煤灰熔融性的测定方法 GB/T 219—2008
全水分	煤中全水分的测定方法 GB/T 211—2017

通过每年一次对煤质、灰样以及催化剂性能测试，找出催化剂运行中存在的问题并提出优化方案，催化剂评价方法如图 4-21 所示。

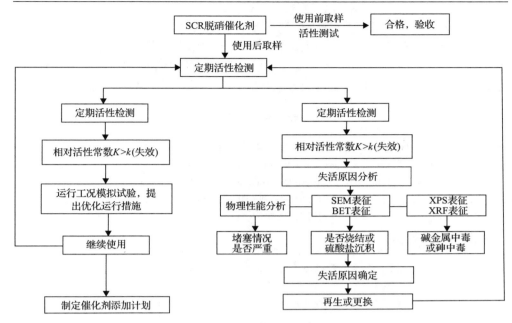

图 4-21　催化剂评价方法

6. SCR 反应器检查

除对催化剂定期检测外，还需对 SCR 反应器进行定期检查，检查项目如表 4-10 所示。

表 4-10　反应器全面检查项目

序号	检查项目	内容	检查方式
1	省煤器灰斗	输灰系统是否正常运行	拍照取证
2	导流板	是否有破损、积灰	拍照、现场记录
3	出入口烟道	积灰厚度、积灰分布	拍照、现场记录
4	粉尘浓度值	是否在催化剂孔径过灰能力范围内	搜集电厂数据
5	粉尘	分析中毒金属含量是否在合理范围内	实验室化验分析
6	空预器压差	佐证氨逃逸率情况	搜集电厂数据
7	喷氨格栅	检查各支管是否全部疏通	拍照、现场记录
8	取样孔	检查各支管是否全部疏通	拍照、现场记录
9	催化剂堵灰及破损情况	绘制积灰、堵塞、破损反应器内分布图，可作为流场微调的依据	拍照、现场记录
10	催化剂滤网	绘制滤网破损分布图，可作为流场微调的依据	拍照、现场记录
11	声波吹灰器	检查吹灰器是否正常运行	拍照、现场记录
12	催化剂取样	对现有催化剂进行取样	

　　催化剂的寿命受多重因素影响，燃料种类、烟气成分、流场情况、启停炉次数等运行情况都会对催化剂寿命产生影响。为保证催化剂使用寿命，需对脱硝系统进行全面检查，停机检修时通过检查结果对反应器存在的问题逐一排查，并逐个优化，检查出设备隐患点以及提出改进的方案，保证电厂脱硝系统安全稳定运行。

参 考 文 献

[1] 朱林, 吴碧君, 段玖祥, 等. SCR 烟气脱硝催化剂生产与应用现状[J]. 中国电力, 2009, 42(8): 61-64.

[2] Tang X, Hao J, Xu W, et al. Low temperature selective catalytic reduction of NO_x with NH_3 over amorphous MnO_x catalysts prepared by three methods[J]. Catalysis Communications, 2007, 8(3): 329-334.

[3] 杨延龙. 火电厂氮氧化物减排及 SCR 烟气脱硝技术浅析[J]. 能源环境保护, 2017, 31(2): 31-35.

[4] 王学栋, 辛洪昌, 栾涛, 等. 330MW 机组锅炉燃烧调整对 NO_x 排放浓度影响的试验研究[J]. 电站系统工程, 2007, 23(3): 7-10.

[5] 孙锦余. 利用氮氧化物控制技术治理大气污染[J]. 节能, 2004, (5): 41-44.

[6] 黄文静, 戴苏峰, 艾春美, 等. 电站燃煤锅炉全负荷低 NO_x 排放控制技术探讨[C]. 上海: 2014 火电厂污染物净化与节能技术研讨会, 2014.

[7] 唐志雄, 曾环木, 岑超平, 等. NH_3 选择性非催化还原含硫烟气中 NO_x 的实验研究[J]. 中国电机工程学报, 2013, 33(20): 34-39.

[8] 王倩亮. 火电厂选择性催化还原脱硝工艺[J]. 山东电力技术, 2010, (4): 64-67.

[9] 崔海峰, 谢峻林, 冯凤祥, 等. SCR 烟气脱硝技术的研究与应用[J]. 硅酸盐通报, 2016, 35(3): 805-809.

[10] 中华人民共和国国家质量监督检验检疫总局, 中国国家标准化管理委员会. 火电厂大气污染物排放标准: GB 13223—1996[S]. 北京: 中国环境科学出版社, 1996.

[11] 中华人民共和国国家质量监督检验检疫总局, 中国国家标准化管理委员会. 火电厂大气污染物排放标准: GB 13223—2003[S]. 北京: 中国环境科学出版社, 2003.

[12] 中华人民共和国国家质量监督检验检疫总局, 中国国家标准化管理委员会. GB 13223—2011. 火电厂大气污染物排放标准[S]. 北京: 中国环境科学出版社, 2011.

[13] 李守信, 华攀龙, 陈青松, 等. 影响 SCR 脱硝催化剂脱硝性能的因素分析[J]. 中国环保产业, 2013, (5): 55-58.

[14] 周士朋. SCR 脱硝效率的主要影响因素分析[J]. 科技创新与应用, 2014, (21): 100-101.

[15] 王远, 金光旭, 孙继达. 影响 SCR 脱硝效率因素的分析与探讨[J]. 化工管理, 2017, (15): 70-71.

[16] 姚海明, 周萍, 高月容. SCR 脱硝尿素热解制氨热解风制备工艺[J]. 中国环保产业, 2016, (8): 65-68.

[17] 解永刚, 程慧. 火电厂 SCR 脱硝还原剂的选择与比较[J]. 电力科技与环保, 2010, 26(2): 32-33.

[18] 吕洪坤, 杨卫娟, 周志军, 等. 选择性非催化还原法在电站锅炉上的应用[J]. 中国电机工程学报, 2008, 28(23): 14-19.

[19] 赵冬贤, 刘绍培, 吴晓峰, 等. 尿素热解制氨技术在 SCR 脱硝中的应用[J]. 热力发电, 2009, 38(8): 65-67.

[20] 靳丽丽, 李文远, 刘慷张, 等. 尿素热解制氨在大同电厂脱硝工程中的应用[J]. 电站系统工程, 2015, 31(3): 34-36.

[21] 汪建光. 燃煤电站 SCR 脱硝技术中尿素热解和水解制氨技术对比[J]. 能源与环境, 2008, (4): 59-60.

[22] 杜成章, 刘诚. 尿素热解和水解技术在锅炉烟气脱硝工程中的应用[J]. 华北电力技术, 2010, (6): 39-41.

[23] Chen J P, Isa K. Thermal decomposition of urea and urea derivatives by simutaneous TG/(DTA)/MS[J]. Journal of the Mass Spectrometry Society of Japan, 1998, 46(4): 299-303.

[24] Koebel M, Strutz E O. Thermal and hydrolytic decomposition of urea for automotive selective catalytic reduction systems: Thermoehemical and practical aspects[J]. Industrial and Engineering Chemistry Research, 2003, 42(10): 2093-2100.

[25] Koebel M, Elsener M, Marti T. NO_x-reduction in diesel exhaust gas with urea and selective catalytic reduction[J]. Combustion Science and Technology, 1996, 121: 85.

[26] Koebel M, Elsener M, Kleemann M. Urea SCR: A promising technique to reduce NO_x emissions from automotive diesel engines[J]. Catalysis Today, 2000, 59: 335.

[27] Schaber P M, Colson J, Higgins S, et al. Study of the urea thermal decomposition (pyrolysis) reaction and importance to cyanuric acid production[EB/OL]. 1999[2007-12-12]. http://www.iscpubs.com/articles/al/a9908sch.pdf.

[28] 曹圆媛, 仲兆平, 张波, 等. 尿素溶液热解制取氨气特性研究[J]. 环境工程, 2014, (7): 91-94.

[29] Wang D H, Hui S, Liu C C, et al. Effect of oxygen and additives on thermal decomposition of aqueous urea solution[J]. Fuel, 2016, 180: 34-40.

[30] Schaber P, Colison J, Higgins S, et al. Thermal decomposition (pyrolysis) of urea in an open reaction vessel[J]. Thermochimica Acta, 2004, 424(1/2): 131-142.

[31] Koebel M, Elsener M. Determination of urea and its thermal decomposition products by high-performance liquid chromatography[J]. Journal of Chromatography A, 1995, 689(1): 164-169.

[32] Piazzesi G, Devadas M, Krcher O, et al. Isocyanic acid hydrolysis over Fe-ZSM5 in urea-SCR[J]. Catalysis Communication, 2006, 7(8): 600-603.

[33] Lin C, Bai H. Surface acidity over vanadia/titania catalysy in the selective cayalytic reduction for NO removal insitu DRIFTS study[J]. Applied Catalysis B: Environmental, 2003, 42(3): 279-287.

[34] Bernhard A M, Peitz D, Elsener M, et al. Catalytic urea hydrolysis in the selective catalytic reduction of NO_x: Catalyst screening and kinetics on anatase TiO_2 and ZrO_2[J]. Catalysis Science & Technology, 2013, 3(4): 942-951.

[35] Yang W J, Chen Z C, Zhou J H, et al. Catalytic performance of zeolites on urea thermolysis and isocyanic acid hydrolysis[J]. Industrial & Engineering Chemistry Research, 2011, 50: 7990-7997.

[36] Yim S D, Kim S J, Baik J H, et al. Decomposition of urea into NH_3 for SCR process[J]. Industrial and Engineering Chemistry Research, 2004, 43(16): 4856-4863.

[37] 朱冲, 耿桂淦, 腾建军, 等. 火电厂脱硝的尿素制氨技术概述[J]. 中国环保产业, 2012, 10: 47-49.

[38] 中国大唐集团环境技术有限公司. 一种尿素热解反应器: 201310047260.X[P]. 2013-02-06.

[39] 华电电力科学研究院. 一种干式尿素热解制氨系统与方法: 201710839647.7[P]. 2017-09-18.

[40] 天津奥利达环保设备有限公司. 一种尿素热解制氨设备: 201822186746.2[P]. 2018-12-25.

[41] 陈海彩, 张摇军, 沈摇乐, 等. 火电厂尿素热解和水解工艺研究[J]. 电力科学与工程, 2014,30(6): 16-19.

[42] 陆续. 尿素水解制氨过程模型与实验研究[D]. 北京: 华北电力大学, 2016.

[43] 张向宇, 张波, 陆续, 等. 火电厂尿素水解工艺设计及试验研究[J]. 中国电机工程学报, 2016, 36(9): 2452-2458.

[44] 大唐环境产业集团股份有限公司. 一种尿素催化水解的方法及装置: 201310344322.3[P]. 2013-08-08.

[45] 鲁金涛, 张波, 黄锦阳, 等. 烟气脱硝用尿素水解装置关键部件用候选材料的腐蚀行为[J]. 机械工程材料, 2017, 41(7): 6-12.

[46] 李云龙. SCR 水解制氨技术在火电厂的应用[J]. 电站系统工程, 2016, 32(1): 70.

[47] 张波, 张向宇, 李明浩, 等. 火电厂尿素水解产品气输送问题分析[J]. 热力发电, 2015, 44(11): 114-117.

[48] 刘宏, 高新宇. 尿素水解技术在电站锅炉 SCR 中的应用[J]. 锅炉制造, 2015, (5): 32-34.

[49]　Moser R E. SO₃'s impacts on plant O&M: Part III[J]. Power, 2007, 151（4）: 72-82.

[50]　郭链, 刘含笑, 郦建国, 等. 固定源三氧化硫测试技术研究[J]. 中国环保产业, 2016, （11）: 42-43.

[51]　Cao Y, Zhou H G, Jiang W, et al. Studies of the fate of sulfur trioxide in coal-fired utility boilers based on modified selected condensation methods[J]. Environmental Science and Technology, 2010, 44（9）: 3429-3434.

[52]　张悠. 烟气中 SO₃ 测试技术及其应用研究[D]. 杭州: 浙江大学, 2013.

[53]　马信, 陈晓露, 赵钦新. 火电厂三氧化硫污染物脱除及其机理浅析[C]. 2016 年燃煤发电清洁燃烧与污染物综合治理技术研讨会、中国动力工程学会环保技术与装备专委会年会论文集, 2016: 13.

[54]　Ahn J, Okerlund R, Fry A, et al. Sulfur trioxide formation during oxy-coal combustion[J]. International Journal of Greenhouse Gas Control, 2011, 5（12）: 127-135.

[55]　肖雨亭, 贾曼, 徐莉, 等. 烟气中三氧化硫及硫酸雾滴的分析方法[J]. 环境科技, 2012, 25（5）: 43-48.

[56]　屈江江. 燃煤电厂烟气经 SCR 催化剂后 SO₃ 检测方法的建立与应用[D]. 北京: 华北电力大学, 2016.

[57]　黄梅芬, 沈十林. 烟气中二氧化硫及三氧化硫测定方法的研究[J]. 理化检验: 化学分册, 1994, （3）: 10-12.

[58]　杜云贵, 王方群, 刘清才, 等. 烟气中三氧化硫的采样装置: 200620163937.1[P]. 2007-12-26.

[59]　姜大伟, 于伟江. 水泥中三氧化硫含量测定方法的操作要点[J]. 辽宁建材, 2011, （12）: 36-37.

[60]　刘含笑, 姚宇平, 郦建国, 等. 燃煤电厂烟气中 SO₃ 生成、治理及测试技术研究[J]. 中国电力, 2015, 48（9）: 152-156.

[61]　吕鹏龙. 浅析煤炭燃前脱硫技术研究现状及发展[J]. 中国科技纵横, 2015, （1）: 10-11.

[62]　高智溥, 胡冬, 张志刚, 等. 碱性吸附剂脱除 SO₃ 技术在大型燃煤机组中的应用[J]. 中国电力, 2017, 50（7）: 102-108.

[63]　蔡培, 赵洋. 脱除三氧化硫解决空预器堵塞优化方案研究[J]. 电力科技与环保, 2016, 32（3）: 42-43.

[64]　刘媛, 闫骏, 井鹏, 等. 湿式静电除尘技术研究及应用[J]. 环境科学与技术, 2014, 37（6）: 83-88.

[65]　Alemany L J, Lietti L, Ferlazzo N, et al. Reactivity and physicochemical characterization of V₂O₅-WO₃/TiO₂ de-NOₓ catalysts[J]. Journal of Catalysis, 1995, 155（1）: 117-130.

[66]　Liettil L, Nova I, Ramis G, et al. Characterization and reactivity of V₂O₅-WO₃/TiO₂ de-NOₓ SCR catalysts[J]. Journal of Catalysis, 1999, 187（2）: 419-435.

[67]　Gao Y, Luan T, Lv T, et al. The Mo loading effect on thermos stability and SO₂ oxidation of SCR catalyst[J]. Advanced Materials Research, 2012, 573/574: 58-62.

[68]　Sazonova N, Tsykoza L, Simakov A V, et al. Relationship between sulfur dioxide oxidation and selective catalytic NO reduction by ammonia on V₂O₅/TiO₂ catalysts doped with WO₃ and Nb₂O₅[J]. Reaction Kinetics and Catalysis Letters, 1994, 52（1）: 101-106.

[69]　Kobayashi M, Kuma R, Morita A. Low temperature selective catalytic reduction of NO by NH₃ over V₂O₅ supported on TiO₂-SiO₂-MoO₃[J]. Catalysis Letters, 2006, 112（1/2）: 37-44.

[70]　Dunn J P, Koppula P R, Stenger H G, et al. Oxidation of sulfur dioxide to sulfur trioxide over supported vanadia catalysts[J]. Applied Catalysis B: Environmental, 1998, 19（2）: 103-117.

[71]　Castellino F, Rasmussen S B, Jensen A D, et al. Deactivation of vanadia-based commercial SCR catalysts by polyphosphoric acids[J]. Applied Catalysis B: Environmental, 2008, 83（1）: 110-122.

[72]　Kamata H, Takahashi K, Odenbrand C U I. Surface acid property and its relation to SCR activity of phosphorus added to commercial V₂O₅（WO₃）/TiO₂ catalyst[J]. Catalysis Letters, 1998, 53（1/2）: 65-71.

[73]　Ren Z, Fan H, Wang R. A novel ring-like Fe₂O₃-based catalyst: Tungstophosphoric acid modification, NH₃-SCR activity and tolerance to H₂O and SO₂[J]. Catalysis Communications, 2017, 100: 71-75.

[74]　纪培栋. SCR 催化剂 SO₂ 氧化机理及调控机制研究[D]. 杭州: 浙江大学, 2016.

[75] Morikawa S, Yoshida H, Takahashi K, et al. Improvement of V_2O_5-TiO_2 catalyst for NO_x reduction with NH_3 in flue gases[J]. Chemistry Letters, 1981, (2): 251-254.

[76] Choo S T, Yim S D, Nam I S, et al. Effect of promoters including WO_3 and BaO on the activity and durability of V_2O_5/sulfated TiO_2 catalyst for NO reduction by NH_3[J]. Applied Catalysis B: Environmental, 2003, 44(3): 237-252.

[77] Kobayashi M, Kuma R, Masaki S, et al. TiO_2-SiO_2 and V_2O_5/TiO_2-SiO_2 catalyst: Physico-chemical characteristics and catalytic behavior in selective catalytic reduction of NO by NH_3[J]. Applied Catalysis B: Environmental, 2005, 60(3/4): 173-179.

[78] 李锋, 於承志, 张朋, 等. 低 SO_2 氧化率脱硝催化剂的开发[J]. 电力科技与环保, 2010, 26(4): 18-21.

[79] Schwammle T, Bertsche F, Hartung A, et al. Influence of geometrical parameters of honeycomb commercial SCR-DeNO$_x$-catalysts on DeNO$_x$-activity, mercury oxidation and SO_2/SO_3-conversion[J]. Chemical Engineering Journal, 2013, 222(8): 274-281.

[80] 刘炜, 孙奇峰, 蒋宗安. 波纹式催化剂在 NO_x 超低排放改造项目中的应用[J]. 工程技术(全文版), 2016, (7): 00200-00201.

[81] Svachula J, Alemany L J, Ferlazzo N, et al. Oxidation of SO_2 to SO_3 over honeycomb denoxing catalysts[J]. Industrial and Engineering Chemistry Research, 1993, 32(5): 826-834.

[82] 罗汉成, 潘卫国, 丁红蕾, 等. 燃煤锅炉烟气中 SO_3 的产生机理及其控制技术[J]. 锅炉技术, 2015, 46(6): 69-72.

[83] Sarunac N, Levy E. Factors affecting sulfuric acid emissions from boilers[C]. Atlanta, USA: Air Pollution Control Symposiummega Symposium, 1999: 225-228.

[84] 王宏亮, 薛建明, 许月阳, 等. 燃煤电站锅炉烟气中 SO_3 的生成及控制[J]. 电力科技与环保, 2014, 30(5): 17-20.

[85] Staehle R C, Triscori R J, Kumar K S, et al. Wet electrostatic precipitators for high efficiency control of fine particulates and sulfuric acid mist[C]. Nashville, USA: Institute of Clean Air Companies Forum 03, 2003: 116-120.

[86] Altman R, Buckley W, Ray I. Multi-pollutant control with dry-wet hybrid ESP technology[C]. Washington DC: Air Pollutant Control Mega Symposium, Combined Power Plant, 2003.

[87] 赵海宝, 郦建国, 何毓忠, 等. 低低温电除尘关键技术研究与应用[J]. 中国电力, 2014, 47(10): 117-121.

第 5 章 SCR 脱硝催化剂的失活

催化剂是指化学反应过程中能改变反应速率，而本身的质量和化学性质在反应前后均未发生变化的物质。催化剂是 SCR 脱硝技术的核心，理想情况下，SCR 脱硝催化剂可以无限期使用，但在实际运行过程中，催化剂会在多重因素的共同作用下逐渐失活。

催化剂的失活包含诸多复杂的物理变化和化学反应过程，催化剂的结构特性、机组的结构和运行参数以及燃料的理化特性均与催化剂的使用寿命息息相关，而其中燃料的理化特性又是最为主要的因素。目前商用 SCR 脱硝催化剂一般是以 V_2O_5 为活性组分、WO_3 或 MoO_3 为助剂、TiO_2 为载体的 V_2O_5-WO_3(MoO_3)/TiO_2 催化剂，其适宜的工作温度窗口为 300～420℃，这决定了脱硝设备通常安装在除尘装置之前，使得催化剂长期暴露于飞灰之中，工作环境极为恶劣。飞灰的冲刷不但会造成催化剂磨损、堵塞等物理中毒问题，飞灰中的碱及碱土金属(K、Na、Ca、Mg)、重金属(As、Pb、Zn)以及其他多种元素(F、Cl、P)还会使催化剂发生更严重的化学中毒，大幅降低催化剂的使用寿命。SCR 脱硝催化剂每完成一次氧化还原反应循环，其物化性质均会发生细微变化，随着这些细微变化的累加，催化剂的活性会逐渐下降。商用 SCR 脱硝催化剂的使用寿命一般为 3～5 年，在实际运行过程中，催化剂性能随时间的变化规律分三个阶段，如图 5-1 所示。其中，AB 段为诱导期，催化剂性能在短时间(10～60 天)内快速上升至最大值；BC 段为稳定期，催化剂性能在较长时间(2～5 年)内基本趋于稳定；CD 段为失活期，催化剂逐渐失活，性能不断降低。

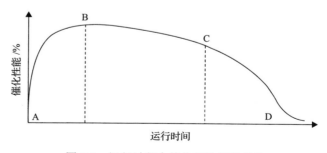

图 5-1 运行过程中催化剂性能的变化

我国火电机组使用的煤种变化频繁且燃煤成分复杂，而且经常使用品质较差的煤种，同时机组负荷波动很大，使得 SCR 脱硝催化剂长期处于复杂多变的烟气环境。研究 SCR 脱硝催化剂的失活机理，有助于指导 SCR 脱硝催化剂的性能改善，提高催化剂对我国煤种的适应性，并且针对机组的运行参数和燃料特性，制定出有效的预防措施。

5.1　催化剂的物理失活

SCR 脱硝催化剂的物理失活主要包括高温工况下的热烧结、飞灰堵塞以及飞灰冲刷磨损三种形式，本节主要介绍这三种物理失活现象。

5.1.1　催化剂的烧结失活

商业 V_2O_5-WO_3/TiO_2 催化剂将活性组分 V_2O_5 和催化助剂 WO_3 等金属氧化物负载在具有高比表面积的锐钛矿型 TiO_2 载体上，其催化性能与金属氧化物在载体表面的存在形态和分散度有着直接的联系。研究表明，降低金属氧化物颗粒尺寸，提高其在载体表面的分散度，可以最大限度地提升活性组分和助剂的利用率，同时还能借助材料的尺寸、表面和界面效应来提升催化剂的反应活性[1-4]，而金属氧化物的存在形态和分散度又与载体的比表面积和孔结构密切相关。然而，锐钛矿型 TiO_2 的晶界能较低，晶体结构不稳定，在高温下容易发生严重的烧结现象，导致 TiO_2 晶粒迁移团聚或相变，转化为比表面积较低的金红石型 TiO_2[5]，如图 5-2 所示。由此可能会引发三个方面的问题：第一，比表面积降低，引发 V_2O_5 和 WO_3 的迁移团聚，形成高聚态的钒氧化物和钨氧化物；第二，高温下，部分 V_2O_5 和 WO_3 与烟气中的物质发生反应生成可挥发的络合物而流失[6]；第三，导致催化剂活性组分 V_2O_5 因载体微孔结构的塌陷而被包围，使得催化剂表面酸性位的数量和酸强度降低，不利于还原剂 NH_3 的吸附与活化[7]。这些因素共同作用导致催化剂失活，脱硝效率显著降低，SO_2 氧化率明显升高，催化反应选择性降低[8]。为此，有必要深入了解 TiO_2 晶粒迁移团聚的诱因及其具体的反应机理，为提升催化剂的热稳定性提供理论依据。

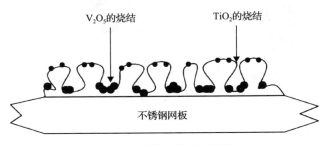

图 5-2　催化剂烧结示意图

1. 烧结诱因

烧结主要发生在载体TiO₂颗粒之间,属于结构发生变化导致的不可再生失活,催化剂变化情况如图 5-3 所示。在实际运行过程中, 催化剂载体 TiO₂ 晶粒受到自身以及所处环境的影响, 发生表面扩散和聚集而烧结, 而诱发催化剂烧结的主要原因是反应温度的升高。当反应温度达到 $0.3T_m$ (T_m 为催化剂载体颗粒的熔融温度)时, TiO₂ 晶格表面原子开始发生显著迁移, 表面扩散作用导致高晶面指数的平面消失, 在很小的单个粒子中, 可能形成正八面体、正十二面体等近球形的多面体[9]。当反应温度升高至 $0.5T_m$ 时, TiO₂ 微晶处于准液体状态, 在该状态下, TiO₂直接以微晶的形式在催化剂中迁移, 粒子通过颈部连接起来成为更大的颗粒, 同时表面进一步平滑并发生某些重结晶现象。由此可见, 温度的升高使得 TiO₂ 晶粒的动能增大, 同时使得晶粒的表面扩散速率增大, 导致晶粒间相互碰撞的概率增加, 从而引发团聚现象。有关催化剂的烧结温度, 目前并没有准确的数据, 一般而言, 当烟气温度高于 400℃ 时, 开始出现烧结现象。当烟气温度处于 400～450℃时, 催化剂的烧结程度在可接受的范围之内;若烟气温度持续高于 450℃, 催化剂将发生严重的烧结现象, 并快速失活。此外, TiO₂ 会与负载在其表面的 V₂O₅和 WO₃ 等物质之间形成化学键, 使得 TiO₂ 晶粒内部各原子间的相互作用力减弱, 使之迁移扩散, 导致团聚现象的发生。而当催化反应在氧化性气氛中进行时, 金属氧化物在固相反应体系表面将发生移动, 导致烧结速率加快。

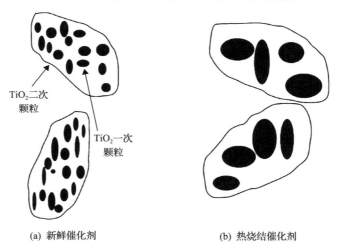

TiO₂二次颗粒

TiO₂一次颗粒

(a) 新鲜催化剂　　　　　　　　(b) 热烧结催化剂

图 5-3　催化剂的烧结

2. 烧结机理

在特定的温度和气氛下, 锐钛矿型 TiO₂ 晶粒经过一系列的物理变化和化学反应发生迁移团聚，转化为金红石型 TiO_2 晶粒。烧结过程可分为三个阶段，分别为晶粒黏结形成烧结颈、烧结颈长大以及闭孔隙球化和缩小。在烧结的第一阶段，晶粒之间通过点（或面）接触黏结在一起，先后经过成核、结晶和长大等过程形成烧结颈，在该阶段内，晶粒的内部结构不发生变化，外形也基本保持不变，整个烧结体未发生收缩。在烧结的第二阶段，大量原子向晶粒结合面迁移，使得烧结颈逐渐增大，同时晶粒间的距离也逐渐减小，形成连续的孔隙结构；此外，还伴随着塑性或黏性流动、扩散、晶粒长大等现象的发生，使孔隙尺寸减小甚至消失，烧结体逐渐开始收缩。在烧结的第三阶段，烧结体密度逐渐趋于饱和，多数孔隙被完全分隔，闭孔数量增加，孔隙形状趋近球形并缓慢减小，至此完成整个烧结过程，过程如图 5-4 所示。值得注意的是，如果烧结过程中，相邻的颗粒是不同的金属，则在它们的界面处可能会发生合金化而引起局部熔化，加速烧结过程的进行。

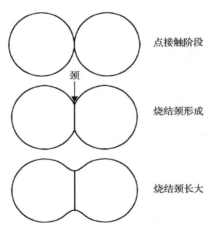

图 5-4　烧结颈形成与长大过程示意图

Saleh 等[10]研究了不同焙烧温度下催化剂成分 V_2O_5 与 TiO_2（锐钛矿型）的相互作用。结果表明，随着焙烧温度的升高，载体 TiO_2 的比表面积持续降低并且逐渐向金红石型转换，同时活性组分 V_2O_5 的形态也随之改变。在中等焙烧温度（350～575℃）下，V_2O_5 以单层钒物种的形式分布于 TiO_2 表面，在单层钒结构之上有少量 V_2O_5 晶体存在，而当焙烧温度高于 575℃时，钒物种与 TiO_2 反应生成 $V_xTi_{1-x}O_2$（金红石型）物种，其演变过程如图 5-5 所示。

研究表明，金红石型 TiO_2 为热力学稳定相，而锐钛矿型 TiO_2 则为亚稳相，从锐钛矿相到金红石相的转变过程是 TiO_2 晶体由亚稳相到稳定相的不可逆相变。因此，由烧结引发的催化剂失活为不可逆失活，不能通过再生手段恢复活性。

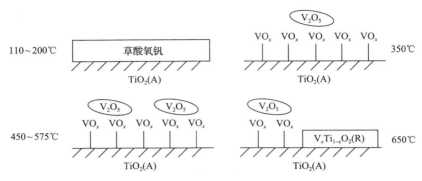

图 5-5　催化剂表面物种的形态随焙烧温度的变化

5.1.2　催化剂的堵塞失活

商用 SCR 脱硝催化剂的活性温度窗口为 300～420℃，这就决定了脱硝设备在燃煤机组中所处的位置必须符合催化剂的活性温度要求。目前，我国电站锅炉几乎所有的脱硝设备均采用"高尘"布置方式，即布置于省煤器与空预器之间，此段烟气中含有大量的飞灰，质量浓度通常高达 30g/Nm^3，极端情况下甚至会超过 50g/Nm^3。而飞灰流经催化反应器的流速较小，仅为 6m/s 左右，导致细小的灰粒在运动过程中沉降并覆盖在催化剂表面，造成催化剂的堵塞失活。根据作用位置和飞灰粒径的不同，SCR 脱硝催化剂的堵塞可以分为微孔堵塞和流道堵塞。

1. 微孔堵塞机理

催化剂的微孔堵塞[图 5-6(a)]主要源于两个方面：其一是物理因素，即烟气中携带的细小颗粒沉积在催化剂表面，随催化反应的进行，这些小颗粒逐渐渗透进入催化剂孔结构中；其二是化学因素，SCR 反应生成的副产物硫酸铵盐(主要

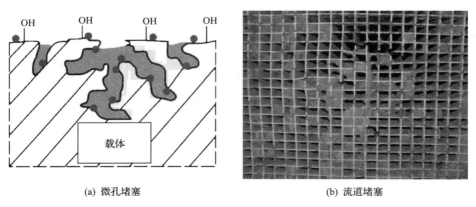

(a) 微孔堵塞　　　　　　　　　　(b) 流道堵塞

图 5-6　催化剂堵塞示意图

是硫酸氢铵)等沉积在催化剂表面及内部孔道,或者烟气中的碱土金属 Ca 等在催化剂表面与 SO_3 反应生成 $CaSO_4$ 等,造成催化剂堵塞。这些物质一方面阻碍了反应气由气相主体向内部孔道的扩散,另一方面阻碍了 NH_3 在催化活性位上的吸附活化过程,导致催化剂脱硝性能下降。Yu 等[11]分别对某电厂新鲜和失活催化剂进行了 N_2 吸附-脱附测试,发现催化剂失活后比表面积和孔径均显著下降,这表明催化剂运行过程中微孔结构发生了严重堵塞。

2. 流道堵塞机理

催化剂的流道堵塞[图 5-6(b)]主要源于两个方面:其一,烟气中携带的细小灰粒和具有黏性的硫酸铵盐等物质沉积在催化剂表面,在相互作用下这些小颗粒迁移并团聚在一起,形成粒径较大的硬颗粒附着在烟气流道表面,随着催化剂表面硬颗粒的累积,最终出现"搭桥"现象,造成烟气流道的堵塞;其二,我国燃煤机组燃用的煤种多变,在部分锅炉机组燃烧状况恶化时,极容易产生"爆米花"灰,且部分灰粒直径大于烟气流道的尺寸,直接造成烟气流道的堵塞[12]。值得注意的是,流道堵塞虽然会引起 SCR 脱硝系统脱硝性能的下降,但与其他失活机理有着显著的区别,原因是它并非导致催化剂本身脱硝性能的变化,而是通过影响烟气在脱硝系统内的流动而使脱硝效率降低。此外,我国脱硝设备均未装设旁路系统,一旦发生较为严重的流道堵塞,很可能给机组带来安全问题,直接导致机组非计划停运,使机组的经济性大为降低。

总的来说,催化剂堵塞失活由飞灰和硫酸铵盐等的沉积所致,该过程以物理变化为主,但也涉及化学反应。催化剂表面的沉积物可以通过适当的方法有效除去,使催化剂的脱硝性能得到很大程度的恢复。

5.1.3　催化剂的磨损失活

催化剂的磨损是指烟气中的灰粒流经催化剂时,与催化剂壁面发生撞击,导致催化剂壁面薄层发生微小的剥离,随着撞击次数的累积,催化剂壁面逐渐变薄,甚至出现断裂的现象。我国火电厂燃煤以灰分较高、热值较低的褐煤等劣质煤为主,导致燃煤烟气中灰粒的直径、浓度和硬度偏高,烟气持续不断地冲刷催化剂表面,致使系统在运行过程中不可避免地存在催化剂磨损现象。

1. 磨损机理

根据磨损位置的不同,可将催化剂的磨损分为端面磨损和孔壁磨损。端面磨损机理较为简单,由于烟气的运动方向垂直于催化剂上端面,因此烟气中的部分灰粒直接以一定的角度撞击催化剂端面,导致端面表层逐渐被剥离,如图 5-7 中 A 位置所示。而孔壁磨损机理可以用"马格努斯效应[13]"结合"伯努利原理"进行解释：烟气中的灰粒在运动过程中处于旋转状态，且烟气在流道内运动会形成滞留边界层，导致催化剂壁面处烟气流速减小，而催化剂流道中心线处烟气流速增大，致使灰粒的飞行速度矢量和其自身的旋转角速度矢量不重合。根据伯努利原理，灰粒两侧的速度差可引起压强差，使得灰粒在运动过程中受到一个垂直且指向催化剂壁面的横向力，灰粒的运动轨迹发生偏转，以一定的角度撞击在催化剂壁面上，导致磨损现象的发生，如图 5-7 中 B 位置所示。

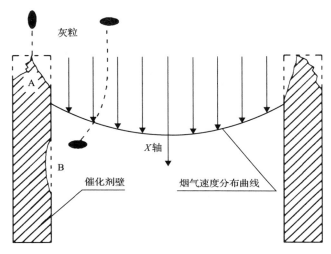

图 5-7　催化剂磨损示意图

2. 磨损量的影响因素

催化剂的磨损量取决于自身的特性(壁厚、节距、结构形式和化学成分等)、灰粒的特性(浓度、粒径、硬度、流量、流速和入射角等)和 SCR 反应器相关设备(尾部烟道、导流板、整流格栅和格栅支撑梁等)的位置和结构形式等。对于给定的脱硝系统，催化剂的磨损量用最大磨损厚度 $E_{\max}$ 来表示，并可由经验公式(5-1)进行估算[14]：

$$E_{\max} = a\eta M \mu k_{\mu} \tau \left(\frac{k_{\omega}\omega}{3.278}\right)^{3.3} R_{90}^{2/3} \left(\frac{s_1 - d}{s_1}\right)^2 \tag{5-1}$$

式中，a 为与灰粒磨损特性及催化剂结构相关的磨损系数；η 为灰粒撞击催化剂壁面的频率因子；M 为催化剂的耐磨系数；μ 为催化剂流道内的灰粒浓度，g/Nm³；k_{μ} 为 SCR 反应器入口灰粒浓度；k_{ω} 为烟气速度场不均匀系数；τ 为运行时间，h；ω 为催化剂流道内最窄截面处的烟气流速；R_{90} 为灰粒细度；s_1 为催化剂节距；d 为催化剂流道尺寸。

催化剂的磨损量与灰粒速度 $k_\omega \omega$ 的 3.3 次方成正比，故应尽量降低烟气流速，以缓解催化剂的磨损，但烟气流速的降低应以不发生灰粒沉降为前提。灰粒入射角对催化剂磨损量的影响主要集中在端面及孔壁靠上的区域，且入射角越大磨损量越高，因此应该在催化剂前端加装整流格栅，一方面确保灰粒的浓度和流速均匀，另一方面使其入射角尽量维持在 0° 左右。然而，整流格栅的布置方式对磨损量也存在一定的影响，具体表现为端面磨损量随布置间距 S 的增加而增加，但其增长率逐渐减小。与端面相反，孔壁磨损量随 S 的增加而减少。此外，格栅支撑梁的布置和结构形式对磨损量也有显著影响，在梁下方靠前墙侧催化剂被磨损成针状结构，而靠后墙侧催化剂被磨损成掏空结构，磨损量还随着灰粒粒径的增大而上升，随后趋于稳定。催化剂孔径对磨损量的影响主要集中于催化剂孔壁，孔径越大，催化剂孔壁的磨损量越小。孔道堵塞也会对磨损情况产生显著影响，催化剂某一孔道堵塞后，对其端面的影响较小，但与之相邻的四个外围孔内灰粒的浓度、流速和局部冲蚀角度均会发生显著的变化，使得灰粒的运动轨迹发生显著变化，因此发生孔道堵塞后，磨损部位将发生明显变化，磨损主要集中在外围孔的外壁面，其次是外围孔的内壁面，随着灰粒的堆积被堵塞孔道的磨损量逐渐减小为零。

催化剂的磨损是多重因素共同作用的结果，而磨损程度的不同对催化剂造成的影响也存在较大差异。轻微的磨损有利于催化剂表面活性组分的更新，促进 NH_3 的吸附与活化，使催化剂活性维持在较高的水平。而过度的磨损会导致催化剂壁面破碎粉化，加速活性组分的流失，脱硝性能下降。此外，还会导致催化剂局部区域壁厚过薄，造成催化剂断裂。

5.2　催化剂的硫酸铵盐中毒失活

5.2.1　硫酸铵盐的生成机理

烟气中的 SO_2 流经催化剂时，在 SCR 脱硝催化剂的催化作用下部分被氧化为 SO_3，连同烟气中已经存在的 SO_3 一起与 NH_3 和水蒸气反应生成硫酸铵盐，因此可以将其形成机理分成两个过程：①SO_2 在催化剂作用下被氧化为 SO_3；②SO_3 按照不同的路径与烟气中的 NH_3 和水蒸气反应生成硫酸铵盐。

1. 二氧化硫的氧化

SO_2 在 SCR 脱硝催化剂的催化作用下氧化生成 SO_3 是硫酸铵盐形成的基础，Dunn 等[15]利用反应动力学系统地研究了 SO_2 在钒钛系催化剂表面的吸附及氧化行为，给出了可能的氧化过程，即 SO_2 分子首先在 V_2O_5 团簇表面发生解离吸附，随后与其上 $(Ti—O)_3V^{5+}$=O 物种中的 V—O—Ti 碱性氧配位形成过渡中间体

$(V^{5+})\cdot SO_2$-ads；而后过渡中间体上的 V^{5+}—O—SO_2 键断裂形成气态 SO_3，高价 V 物种被还原成低价 V 物种，同时伴随着氧空位的形成，最后低价 V 物种再次被解离吸附的 O 氧化为高价 V 物种，至此完成了整个氧化还原循环反应。

我国《火电厂烟气脱硝工程技术规范 选择性催化还原法》(HJ 562—2010) 中明确规定 SCR 脱硝催化剂的 SO_2 氧化率应不大于 1%。虽然烟气中的 SO_2 流经新鲜催化剂后只有不到 1%被氧化，但在催化剂使用一段时间后，催化剂中活性组分 V_2O_5 迁移团聚，形成聚合态的钒氧物种，甚至形成 V_2O_5 微晶[16]，同时，催化剂表面会沉积大量碱金属、碱土金属和氧化铁等物质，这些因素对 SO_2 的氧化均具有一定的催化作用[17, 18]，从而导致 SO_2 氧化率不断升高。

2. 硫酸铵盐的形成

研究表明，随着 NH_3/NO_x 摩尔比的增大，催化剂的脱硝效率逐渐增大，当 NH_3/NO_x 摩尔比约为 1.0 时，脱硝效率达到最大值，随后基本保持不变。因此，为了保持较高的脱硝效率和最低的氨逃逸(<3ppm)，NH_3/NO_x 摩尔比一般设计为 0.8～1.0[19]。然而，随着催化剂的活性下降或反应温度的极端波动，未参与脱硝反应的 NH_3 量势必增大，这些 NH_3 将与烟气中的 SO_3 和水蒸气反应生成硫酸铵盐。

对于硫酸氢铵，一般认为有以下两条形成路径。

(1)路径 I：NH_3 直接与烟气中的 SO_3 和水蒸气经一步反应形成硫酸氢铵，如反应式(5-2)[20]所示：

$$NH_3+SO_3+H_2O \longrightarrow NH_4HSO_4 \tag{5-2}$$

(2)路径 II：烟气中的 SO_3 首先与水蒸气发生反应生成 H_2SO_4 蒸气，随后与 NH_3 发生反应形成硫酸氢铵，如反应式(5-3)和式(5-4)[21]所示：

$$SO_3+H_2O \longrightarrow H_2SO_4 \tag{5-3}$$

$$NH_3+H_2SO_4 \longrightarrow NH_4HSO_4 \tag{5-4}$$

而对于硫酸铵，其形成的化学反应如式(5-5)所示：

$$2NH_3+SO_3+H_2O \longrightarrow (NH_4)_2SO_4 \tag{5-5}$$

Matsuda 等[22]从热力学的角度对上述各反应进行了分析，重点研究了反应式(5-3)的化学平衡常数 K，如式(5-6)所示：

$$K=[H_2SO_4]/([SO_3][H_2O]) \tag{5-6}$$

实验结果表明，不同温度下 K 的数值分别为 3.57(350℃)、18.6(300℃)和

138(250℃)。他们假设烟气中水蒸气的含量为 12%，据此计算出[H$_2$SO$_4$]/[SO$_3$]值分别对应为 0.43、2.2 和 16.6，由此可以看出，在 250℃时，反应体系中 H$_2$SO$_4$ 蒸气的浓度是 SO$_3$ 气体浓度的 16.6 倍，因此在低温工况下（<300℃），硫酸氢铵主要通过路径 II 形成。

从热力学角度而言，NH$_3$ 与 SO$_3$ 和水蒸气反应趋向于形成硫酸铵，但对硫酸铵盐沉积物的分析表明，其成分几乎全为硫酸氢铵，原因是硫酸铵的形成受反应动力学的限制，而且正常运行时烟气中的 SO$_3$ 浓度远高于 NH$_3$ 的浓度（即[NH$_3$]/[SO$_3$]≪2），因此，当温度较低时，反应过程中生成的硫酸铵盐以硫酸氢铵为主。张玉华等[23]的研究证实了这一结论，他们收集了 V$_2$O$_5$-WO$_3$/TiO$_2$ 催化剂脱硝过程中浓度明显升高的亚微米级细颗粒物，随后对其化学组成进行表征分析，结果表明颗粒物的主要成分为硫酸氢铵。此外，即使有少量硫酸铵形成，在低温下也是以粉末状固体的形式存在，对相关设备的正常运行基本没有影响，因此学者们也将研究的重点集中于硫酸氢铵。

5.2.2　硫酸氢铵的理化性质

硫酸氢铵是一种易溶于水的盐类物质，其水溶液呈强酸性，几乎不溶于乙醇和丙酮，标准状况下，硫酸氢铵的熔点为 147℃（表 5-1）。液态的硫酸氢铵是一种黏性很强的物质，容易黏附烟气中的飞灰。同时，其具有较强的吸湿性，容易与烟气中的水蒸气结合形成酸雾。在锅炉实际运行中，硫酸氢铵常以气溶胶形式分散于烟气中或在物体表面聚集。分散于烟气中的硫酸氢铵，容易在下游设备上沉积、结垢，造成设备腐蚀，增大换热损失，增加气流压降，增大引风机功耗，过多的硫酸氢铵沉积甚至需要计划外的停机清洗。若硫酸氢铵在催化剂表面形成，则会造成催化剂孔道堵塞，导致催化剂活性降低，这种沉积造成的失活在一定程度内是可逆的，随着温度的提升，硫酸氢铵将挥发（沸点为 270～320℃）和分解，催化剂脱硝活性从而可以逐步恢复。但由于其较易黏附飞灰，长期沉积可能会造成催化剂的永久失活。

表 5-1　硫酸氢铵的物理性质

项目	数值
熔点/℃	147
摩尔定压热容 c_p/[J/(mol·K)]	193
动力黏度/(Pa·s)	0.1～0.2
密度/(g/mL)	1.79(25℃)
摩尔熔化热 ΔH/[kJ/(mol·K)]	14(144℃)

5.2.3　影响硫酸氢铵生成的因素

2004 年，Wilburn 和 Wright[24]建立了空预器内硫酸氢铵生成的动力学模型，并开创性地用 Radian 值来表征空预器内硫酸氢铵的生成速率，其值越大，硫酸氢铵的生成速率越快。Radian 值按公式(5-7)进行计算：

$$Radian=[SO_3]\times[NH_3]\times(T_{IFT}-T_{rep}) \tag{5-7}$$

$$T_{rep}=0.7\times T_{cold,end}+0.3\times T_{exit,end} \tag{5-8}$$

式中，[SO_3]为烟气中 SO_3 的浓度，mg/Nm^3；[NH_3]为烟气中 NH_3 的浓度，mg/Nm^3；T_{IFT} 为硫酸氢铵的初始形成温度，与煤中含硫量呈正相关，℃；T_{rep} 为空预器出口气体均温，以空预器冷端金属壁面温度 $T_{cold,end}$ 和出口气体温度 $T_{exit,end}$ 的加权平均值表示，℃。

对 SCR 脱硝系统而言，空预器产生沉积物所对应的 Radian 值约为 5000，可利用该式来估计氨的允许逃逸量[25]。更为重要的是，式(5-7)定性地说明了硫酸氢铵的生成与反应物(主要是 NH_3 和 SO_3)的浓度和温度呈正相关。

1. SO_3 的浓度

NH_4HSO_4 的生成与 SO_3 的浓度呈正相关，而烟气中的 SO_3 部分来源于 SO_2 的氧化，因此任何促进 SO_2 氧化的因素必然会加速 NH_4HSO_4 的形成[26-30]。研究表明，影响 SO_2 氧化率的因素主要有催化剂 V_2O_5 的含量、催化助剂、飞灰成分、催化剂壁厚、烟气成分和反应温度等，详细内容在本书第 1 章有详细介绍。

2. NH_3 的浓度

NH_3 是 SCR 脱硝反应的还原剂，可由液氨提供，也可由尿素热解或水解提供。喷入烟道的 NH_3 无法完全反应，其中未反应的 NH_3 离开 SCR 脱硝系统便称作氨逃逸。根据化学反应平衡等理论，氨逃逸是不可避免的。氨逃逸的浓度是 SCR 脱硝系统的重要性能参数，一般要求控制在 $3\mu L/L$ 以下，甚至更低。SCR 脱硝系统运行采用控制氨氮比的方式，根据入口烟气的 NO_x 浓度和烟气量，再结合目标脱硝效率计算喷氨量，并通过喷氨格栅喷入烟气中，NH_3 和烟气迅速混合均匀后进入催化剂空间。影响氨逃逸浓度的因素很多，包括氨氮比、速度场、浓度场、温度场和催化剂活性等因素。

1)氨氮比

根据烟气中 NO_x 的具体组成和脱硝反应的机理，NO_x 脱除量和 NH_3 消耗量的摩尔比接近 1。实验表明，在氨氮比小于 1 时，脱硝效率随着氨氮比的增加而增加，而当氨氮比大于 1 时，脱硝效率增加不明显，意味着大量 NH_3 未参与反应，反而会导致氨逃逸率大幅度上升。实际上，当氨氮比大于 0.8 时，继续增加氨氮比带来的脱硝效率的上升幅度有限，而氨逃逸浓度却开始迅速上升。

2）速度场

此处速度场指和烟气流向垂直的整个烟道截面内速度的分布状况。脱硝效率与烟气在催化剂空间内的停留时间有关，停留时间越长，脱硝效率越高。烟气在 SCR 脱硝系统入口的流速通常在 3～8m/s 之间，远低于上游烟道，由于烟道截面积的大幅增加，易产生速度的不均匀性。对于流速高的区域，烟气在催化剂空间内的停留时间不足，脱硝效率下降，氨逃逸浓度上升，而在流速低的区域则相反。在 SCR 入口烟道设置导流板能提高速度场的均匀性。

3）浓度场

氨氮比是影响脱硝效率的重要因素，由 NO_x 和 NH_3 浓度场不均匀而导致的局部氨氮比不均匀是影响氨逃逸浓度的主要原因之一。当氨氮比偏差在 10%内，脱硝效率接近设计值，随着氨氮比偏差的增大，整体脱硝效率下降，氨逃逸浓度上升。同时，在目标脱硝效率增加时，氨氮比的不均匀性将更大程度地导致整体脱硝效率的下降，使氨逃逸浓度增大。

4）温度场

常规 SCR 脱硝催化剂最佳温度窗口在 340～380℃，随着温度的降低，催化剂的反应活性下降。温度场不均匀致使各个区域内的催化剂活性不同，产生脱硝效率的差异，从而导致氨逃逸浓度上升。

5）催化剂活性

催化剂活性主要通过影响脱硝反应效率来影响氨逃逸浓度。随着 SCR 脱硝系统运行时间的增加，催化剂磨损、中毒、烧结等现象导致催化剂的整体活性降低，从而导致氨逃逸浓度上升。而不同因素导致催化剂活性降低的机理不同，如磨损的主要原因是局部烟气流速过大，烧结则是因为局部温度过高。

实际 SCR 脱硝系统运行的氨逃逸浓度受多种因素影响。在机组负荷变化的过程中，燃烧状况、空速比、烟气温度等因素会从不同方向影响氨逃逸浓度。运行经验表明，当氨的逃逸量为 1μL/L 以下时，硫酸氢铵生成量很少，空预器堵塞现象不明显；若氨逃逸量增加到 2μL/L 时，空预器运行半年后阻力增加约 30%；若氨逃逸量增加到 3μL/L，空预器运行半年后阻力增加约 50%，同时对引风机也会造成较大影响。

3. 硫酸氢铵的生成温度

在常规烟气中，硫酸氢铵的生成反应为气相反应。智丹[31]根据硫酸氢铵生成反应的吉布斯自由能计算，当温度为432℃时，吉布斯自由能降为0kJ/mol，随着温度的降低，反应平衡向生成硫酸氢铵的方向进行。

随着烟气温度的降低，气相硫酸氢铵会冷凝形成液相硫酸氢铵，在早先和现有的研究资料中，硫酸氢铵的生成温度多指硫酸氢铵发生冷凝沉积的温度（露点温度），而且多数研究集中在空预器内硫酸氢铵发生沉积的温度[32]。硫酸氢铵的生成温度（沉积温度）受到反应物浓度以及飞灰浓度等多方面的影响，实际运行中存在诸多不确定因素，难以准确界定。前人对此做了一系列研究，但是不同研究者对气相NH_3和SO_3反应生成液相硫酸氢铵的温度区间并没有统一的结论。总的来说，硫酸氢铵的生成温度与NH_3和SO_3浓度的乘积呈正相关，且与$[NH_3]/[SO_3]$浓度比有关。Menasha等[33]对硫酸氢铵的生成温度进行了实验研究，并与前人的计算结果进行了比较，发现硫酸氢铵的生成温度确实随着反应物浓度的升高而升高，但其研究所得的温度远低于Matsuda等[22]的实验结果，分析原因可能是由于后者研究时所采用的反应物浓度（$[SO_3]=100\mu L/L$，$[NH_3]=83.3\mu L/L$）较高的缘故，这也进一步证实了硫酸氢铵的生成温度与NH_3和SO_3浓度的乘积呈正相关。郑方栋[34]认为SO_3参与反应的形式是影响硫酸氢铵生成温度的一个因素，SO_3直接参与反应时的生成温度比以H_2SO_4形式参与时更高。

Menasha等[33]采用模拟烟气的方法并结合化学平衡计算来研究NH_3和SO_3的反应，结果显示硫酸氢铵的生成是气相反应，且随着温度降低而冷凝在换热器表面，其沉积温度为227～247℃。而Burke和Johnson[21]、Sarunac和Levy[35]根据空预器中烟气温度的分布以及硫酸氢铵出现的位置，认为硫酸氢铵的形成温度在150～200℃之间。通常认为不同的实际工况会对液相硫酸氢铵的生成温度造成较大影响，应针对具体工况进行讨论，变化范围大致为190～240℃[33]。由于硫酸氢铵的生成温度尚没有准确的界定，而设计计算时常使用一定值，如Siemens使用375F（190.5℃）作为硫酸氢铵的沉积温度并以此为参考值进行系统设计[36]。

气相硫酸氢铵除了在空预器中发生冷凝沉积外，也会在SCR脱硝催化剂中冷凝沉积。和空预器相比，SCR脱硝催化剂的微孔结构、毛细作用力以及表面张力等也会影响硫酸氢铵的沉积温度，并会导致硫酸氢铵的沉积温度窗口有所提高[37]。

5.2.4　硫酸氢铵的沉积及其危害

1. 硫酸氢铵的凝结温度

研究表明，在实际运行过程中，反应生成的硫酸氢铵只有小部分会直接沉积在催化剂表面，而大部分会以气溶胶形式分散在气相主体中。当温度低于硫酸氢铵的凝结温度时，大量的硫酸氢铵将会在催化剂表面凝结，导致催化剂失活。

关于硫酸氢铵的凝结温度，也有很多学者对其进行了研究。Matsuda 等[22]根据 Clausius-Clapeyron 方程给出了硫酸氢铵凝结温度的近似计算公式[式(5-9)]：

$$P_{NH_3} \cdot P_{H_2SO_4} = 1.41 \times 10^{-12} \exp(-53000/RT) \qquad (5-9)$$

式中，P_{NH_3} 为 NH_3 在烟气中的平衡分压，Pa；$P_{H_2SO_4}$ 为 H_2SO_4 蒸气在烟气中的平衡分压，Pa；T 为硫酸氢铵的凝结温度，K；R 为摩尔气体常量，$J/(mol \cdot K)$。

由于 SCR 脱硝催化剂属于多孔材料,其催化活性位点处于直径仅为 $10 \sim 100 \text{Å}$ 的微孔内，然而当液体处于微孔内时，其蒸气压低于处于自由状态时的蒸气压，就会出现毛细冷凝现象。因此，硫酸氢铵在催化剂中沉积时的实际温度会高于采用平衡蒸气压计算所得的理论温度。Matsuda 根据 Thomson 毛细凝聚理论对上述凝结温度计算式进行了修正，得到式(5-10)：

$$\ln(P/P_{eq}) = -2\sigma M/\rho r_{pore} RT \qquad (5-10)$$

式中，P_{eq} 为硫酸氢铵的平衡蒸气压，Pa；P 为硫酸氢铵在微孔中的蒸气压，Pa；σ 为硫酸氢铵的表面张力，N/m；r_{pore} 为微孔半径，m；M 为硫酸氢铵的摩尔质量，kg/mol；ρ 为硫酸氢铵的密度，kg/m^3。

此外，未沉积在催化剂表面的硫酸氢铵气溶胶流经空预器等下游设备时，会因温度逐渐降低而凝结并沉积在相关设备上。Ando 等[38]在式(5-10)的基础上，又综合考虑了烟气温度、烟气流速、通流面积、金属壁温等多个影响因素后，将硫酸氢铵的凝结温度计算式进一步修正为式(5-11)：

$$\ln(P_{NH_3} \cdot P_{H_2SO_4}) = 41.6 - 30900/T \qquad (5-11)$$

硫酸氢铵的凝结温度与其生成温度有着相似的特性，在不同的工况下，反应体系中 NH_3 和 H_2SO_4 蒸气在烟气中的平衡分压不同，由此计算所得的凝结温度也会不同。若能获知硫酸氢铵的凝结温度范围，可据此对机组的运行进行调整，确保烟气流经 SCR 脱硝系统时的温度高于硫酸氢铵的凝结温度，以减少或避免其在相关设备上的沉积。

2. 硫酸氢铵沉积的影响

对于硫酸氢铵形成的形态存在两种理论。一种认为硫酸氢铵先在烟气中以气溶胶的形式形成，然后沉积在设备表面；另一种认为，硫酸氢铵直接在管壁表面形成并沉积，沉积行为与晶体颗粒形成、长大的动力学机理有关。Menasha[33]的研究结论支持前者的说法，认为硫酸氢铵以一种气溶胶的形式形成并沉积在管道表面，且出现在一个大温度梯度区域。硫酸氢铵最初形成的区域呈薄雾状，而最大程度形成区域则是浓密的云状。硫酸氢铵雾在低温度梯度区域更浓密，其密度在管壁冷凝区随温度梯度的变化如图 5-8 所示。

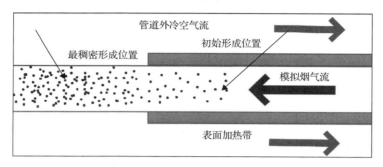

图 5-8 管壁处硫酸氢铵密度随温度梯度冷凝区的分布

当温度低于凝结温度时，硫酸氢铵气溶胶会在催化剂或空预器等设备表面发生凝结，进而与烟气中的飞灰等物质一起沉积在相关表面上，造成诸多影响，主要的表现如下：

(1)导致催化剂中毒失活。SCR 脱硝系统入口的气相主体中硫酸氢铵的露点（沉积温度）在 270～320℃，当 SCR 运行温度低于硫酸氢铵的露点时，催化剂的微观毛细吸管作用加重了硫酸氢铵在催化剂孔隙中的沉积。而硫酸氢铵具有较强的流动性，容易渗透到催化剂微孔内，导致微孔堵塞，不仅限制了 NH_3、NO 和 O_2 等反应物向催化剂微孔的扩散，还阻碍了还原剂 NH_3 的吸附与活化过程，导致催化剂发生中毒失活，脱硝性能显著降低。尽管硫酸氢铵的沉积过程是可逆的，当烟气温度重新升高到酸露点以上时，硫酸氢铵将气化分解，催化剂活性从而得以恢复，但是若长期在低负荷下运行，催化剂会永久失活。通常催化剂在低于硫酸氢铵露点温度情况下的连续运行时间不得超过 300h，同时催化剂的温度必须在 270℃以上。

(2)腐蚀相关设备，影响机组的安全运行。烟气中以气溶胶形式存在的硫酸氢铵具有极强的吸附性，容易与烟气中的飞灰相互作用形成块状物质附着在催化剂流道内，造成催化剂流道的堵塞[图 5-9(a)]，使得催化剂床层阻力和压降大幅上升，不利于机组的安全运行，严重时可能会引发机组的非计划停运；同时，硫酸氢铵本身对金属有较强的腐蚀性，还会造成催化剂金属支撑架和空预器冷段腐蚀。

此外，在实际运行中，烟气经过 SCR 反应器后生成的硫酸氢铵大约有 30%会在空预器表面沉积，引发腐蚀、堵塞、压降上升和引风机电耗增大等问题[图 5-9(b)]，导致空预器的换热效率下降，一、二次风风温降低，引发炉内着火不稳。为了强化空预器的换热和减少硫酸氢铵在空预器中的凝结，需要人为提高空预器入口烟气温度，这就意味着必须采取措施提升炉膛出口烟气温度，而这样又可能会导致炉膛出口受热面超温，出现结渣甚至"爆管"现象，严重危害机组安全性。

(a) 催化剂表面

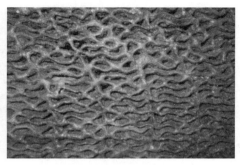

(b) 空预器表面

图 5-9　硫酸氢铵沉积示意图

（3）NH_4HSO_4 具有储存和释放 NH_3 的功能，少量 NH_4HSO_4 对 SCR 脱硝催化剂活性具有促进作用。研究发现，在有 SO_2 存在条件下，SCR 脱硝催化剂表面会生成 SO_4^{2-} 化合物，这些含硫化合物作为新的 Brönsted 酸性位，能够增强催化剂对 NH_3 的吸附能力，提高其脱硝活性[39]。Baltin 等[40]发现，V_2O_5-WO_3/TiO_2 催化剂表面的 NH_4HSO_4 和 $(NH_4)_2SO_4$ 在 170℃ 与 NO 反应生成 H_2SO_4；Bai 等[41]发现，担载在 V_2O_5/SiC、V_2O_5/SiO_2 和 V_2O_5/SiC-SiO_2 催化剂上的 NH_4HSO_4 会与 NO 发生 SCR 反应，尤其 V_2O_5/SiC 催化剂上的 NH_4HSO_4，在 120℃ 开始与 NO 发生反应，并以此推断 SO_2 在低温下促进 V_2O_5/SiC 脱硝活性的原因是 NH_4HSO_4 的生成；Zhu 等[42]和 Huang 等[43]发现，V_2O_5/AC（AC 指活性炭，下同）催化剂上形成的硫酸铵盐对催化剂具有双重作用。少量硫酸铵盐会提高其脱硝活性，而大量硫酸铵盐的累积则堵塞催化剂孔道和覆盖 V_2O_5 活性位导致催化剂失活。硫酸铵盐起促进作用还是抑制作用取决于其在催化剂上生成和消耗速率的大小。当生成速率大于消耗速率时，催化剂出现失活现象，而当生成速率小于消耗速率时，催化剂则维持在较高脱硝活性的状态。

5.2.5　硫酸氢铵的分解机理

1. 纯品硫酸铵盐的分解

硫酸铵盐形成后容易发生沉积，带来诸多危害。因此，除了对其生成机理进行研究外，还需要深入了解其分解机理，以期开发加速分解技术从而解决硫酸铵盐沉积问题。现有的研究结果表明纯品硫酸铵的热分解分两步进行，第一步均为硫酸铵脱氨生成硫酸氢铵，即反应式（5-12）：

$$(NH_4)_2SO_4 \longrightarrow NH_4HSO_4 + NH_3 \tag{5-12}$$

第二步均为 NH_4HSO_4 的分解。但有关 NH_4HSO_4 的分解机理仍存在争议,目前主要有两类不同的观点。

第一类分解机理以 Halstead[44]和 Kiyoura 等[45]的研究为代表,他们通过恒温热重实验研究了 NH_4HSO_4 热分解过程的失重情况,并对分解产生的气体进行分析,结合红外光谱对中间产物进行分析,指出 NH_4HSO_4 的热分解分两步进行:①NH_4HSO_4 脱水生成焦硫酸铵;②焦硫酸铵的分解,即反应式(5-13)和式(5-14):

$$2NH_4HSO_4 \longrightarrow (NH_4)_2S_2O_7 + H_2O \tag{5-13}$$

$$3(NH_4)_2S_2O_7 \longrightarrow 2NH_3 + 2N_2 + 6SO_2 + 9H_2O \tag{5-14}$$

此外,他们还认为硫酸铵盐分解过程中涉及的各步反应并非依次进行,而是互有交叉。在此基础上,范芸珠和曹发海[46]还以此分解机理为依据,应用 Malek 法和微分-积分法推断出各步反应的机理函数:①硫酸铵脱氨生成液态硫酸氢铵,符合收缩球体方程的相界面反应机理模型;②液态硫酸氢铵脱水生成固态焦硫酸铵,符合 Avrami-Erofeev 方程的晶核生成与随后增长机理模型;③焦硫酸铵的分解,符合反 Jander 方程的三维扩散控制机理模型。

第二类分解机理以 Mao 等[47]、李靖华和张桂恩[48]的研究为代表,他们同样采用热重实验研究了 NH_4HSO_4 的热分解过程,认为 NH_4HSO_4 的分解过程受一维相边界反应控制,并通过等温法与动力学补偿定律进一步证明了该反应机理,即反应式(5-15):

$$NH_4HSO_4 \longrightarrow NH_3 + H_2O + SO_3 \tag{5-15}$$

值得注意的是,在该反应机理中含硫产物为 SO_3,且没有 N_2 产生,与第一类分解机理存在较大差异。然而,实验证明该机理只在理论上可行,若无催化剂或其余助剂参与反应,硫酸氢铵受热分解不可能直接生成 SO_3。

2. 硫酸铵盐的催化分解

在实际运行过程中,硫酸铵盐本身处于一个催化反应体系中,SCR 脱硝催化剂不仅对 NO_x 的还原起催化作用,还对许多反应体系均有较好的催化作用。此外,催化剂表面沉积的飞灰中含有的多种金属氧化物本身也具有优良的催化效果。

大量研究表明,硫酸铵会与大多数金属氧化物(如 Cr_2O_3、CuO、ZnO、Fe_2O_3 和 Al_2O_3 等)反应生成稳定的中间产物,若继续对中间产物进行加热则会进一步分解为金属氧化物,且伴随着气体产物的生成[49-51],其可能的反应方程式(以 Fe_2O_3 为例)如式(5-16)~式(5-18)所示:

$$6(NH_4)_2SO_4 + Fe_2O_3 \longrightarrow 2(NH_4)_3Fe(SO_4)_3 + 6NH_3 + 3H_2O \tag{5-16}$$

$$2(NH_4)_3Fe(SO_4)_3 \longrightarrow Fe_2(SO_4)_3 + 6NH_3 + 3SO_3 + 3H_2O \tag{5-17}$$

$$Fe_2(SO_4)_3 \longrightarrow Fe_2O_3 + 3SO_3 \tag{5-18}$$

目前，有关硫酸铵盐与金属氧化物反应机理的认识尚存在一定的分歧，主要体现在两个方面。第一，中间产物的种类各异，多数研究者认为反应生成的中间产物为含金属离子的焦硫酸铵盐或含金属离子的硫酸铵盐[52]；第二，气体产物的种类不同，一些研究者认为反应生成的气体产物主要是 SO_2，而不是 SO_3，同时还伴有一定量的 NO 和 N_2 生成[53, 54]。

同样，NH_4HSO_4 也会与一些金属氧化物（如 WO_3、CeO_2 等）发生反应，进而影响其分解过程。Ye 等[55]研究了 WO_3 掺杂后 V_2O_5-WO_3/TiO_2 催化剂表面 NH_4HSO_4 的分解行为，结果表明 WO_3 的掺杂导致 SO_4^{2-} 中 S 原子周围的电子云密度增加，进而促进 NH_4HSO_4 中 S(VI)物种还原为 S(IV)物种即 SO_2。因此，加热过程中 WO_3 的存在促进了低温下 SO_2 的释放量，同时还能抑制反应过程中 N_2O 的生成，进而强化催化剂的抗硫中毒能力。Song 等[56]研究了 CeO_2 掺杂后 V_2O_5-MoO_3/CeO_2-TiO_2 催化剂表面 NH_4HSO_4 的分解行为，结果表明 CeO_2 的存在能够促进 NH_4HSO_4 在催化剂表面的分解，其反应过程如图 5-10 所示。值得注意的是，该反应中间产物的分解温度较高，在实际的 SCR 反应中往往达不到这样的温度要求，因此该反应是否能发生有待进一步研究。

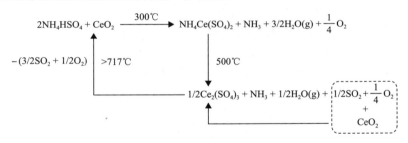

图 5-10　CeO_2 与 NH_4HSO_4 的主要反应过程示意图

3. 硫酸氢铵与 NO 的反应

研究表明，NH_4HSO_4 在钒催化剂作用下还会与 NO 发生反应。因此，部分学者[57, 58]认为适量 NH_4HSO_4 的存在对 SCR 反应有一定的促进作用，原因是它能够提供新的用于 NH_3 吸附与活化的酸性位点，因此有必要对催化剂表面 NO 与 NH_4HSO_4 的反应深入了解。

Zhu 等[42]采用程序升温反应研究了 V_2O_5/AC 催化剂作用下 NH_4HSO_4 的分解与反应行为，结果表明 V_2O_5/AC 催化剂对 NH_4HSO_4 的分解存在影响。AC 具有强烈的促进作用，而 V_2O_5 具有轻微的抑制作用，具体表现为 NH_4HSO_4 的分解温度

随着 V_2O_5 负载量的增加而增加。此外，研究还发现 NO 和 NH_4HSO_4 在一定条件下（V_2O_5 负载量低于 5%，温度高于 250℃）会发生反应，且 AC 和 V_2O_5 对该反应均具有促进作用。基于此，他们提出低温下 SO_2 的存在不仅不会导致催化剂中毒，还会促进催化反应的进行，主要是因为催化剂表面形成的硫酸铵盐为 NH_3 的吸附和活化提供了酸性位点，同时 NH_4^+ 持续不断地与 NO 反应避免了硫酸铵盐在催化剂表面的过量形成与沉积。Huang 等[59]还研究了 H_2O 对 NH_4HSO_4 分解及反应的影响，结果表明 H_2O 对硫酸铵盐的形成具有促进作用，而对 NO 和硫酸铵盐的反应具有抑制作用，且硫酸铵盐的沉积取决于二者的反应速率之差。

Ye 等[60]对 V_2O_5/TiO_2 催化剂表面 NH_4HSO_4 的分解进行了研究，指出 NH_4HSO_4 沉积在催化剂表面时，会与催化剂发生相互作用，使其分解行为发生变化。少量的 NH_4HSO_4 沉积于催化剂表面时呈无定形态，在催化剂的作用下能够在较低的温度下分解。但是，当其沉积量过高时会形成 $(NH_4)_2TiO(SO_4)_2$ 晶体，催化剂的促进作用逐渐消失，分解反应难度增加。此外，他们还研究了催化剂对 NO 与 NH_4HSO_4 反应的影响，结果表明 V_2O_5/TiO_2 催化剂能够促进反应的进行，但这种促进作用随着 NH_4HSO_4 的晶体化而逐渐减弱。值得注意的是，他们的结果表明高 V_2O_5 负载量能够促进反应的进行，这与 Zhu 等[42]的研究结论相左。

在此基础上，Qu 等[61]进一步研究了 V_2O_5/TiO_2 催化剂作用下 NO 与 NH_4HSO_4 反应过程中 V_2O_5 所扮演的角色，提出了可能的反应机理：NH_4HSO_4 沉积在催化剂表面，表面含硫基团由 HSO_4^- 转化为双叉 SO_4^{2-} 并连接在载体 TiO_2 表面，NH_4^+ 一端与 SO_4^{2-} 相连，另一端与催化剂表面钒位点相连，形成独特的桥连式结构。随后，扮演着还原剂角色的 NH_4^+ 与气相 NO 反应生成 N_2 和 H_2O，伴随着 NH_4^+ 的消耗，双叉 SO_4^{2-} 演变为三叉 SO_4^{2-}，至此完成 NO 与 NH_4HSO_4 的反应，其反应路径如图 5-11 所示。

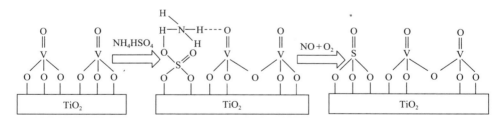

图 5-11　V_2O_5/TiO_2 催化剂作用下 NO 与 NH_4HSO_4 的反应路径

5.2.6　SCR 脱硝系统中硫酸铵盐危害的防治措施

为了减弱和避免硫酸铵盐所带来的不利影响，需要采取有效的措施来削弱其在相关设备上的沉积，而最简单有效的方法就是控制硫酸铵盐的生成，使相关问题从源头上得以解决。如前所述，硫酸铵盐生成的必要因素有三个：①未参与 SCR

反应的 NH_3；②SO_2 氧化生成的 SO_3；③低于硫酸铵盐凝结温度的环境。只有当上述因素同时存在时，硫酸铵盐才会生成并且沉积在催化剂、空预器及其下游设备上，因此在脱硝系统相关设备的设计和运行过程中，可以从以上三个方面着手对硫酸铵盐生成加以控制。此外，还可通过对 SCR 脱硝催化剂的材料和结构等进行优化，以及对 NH_4HSO_4 中毒催化剂进行再生处理等方式减少 NH_4HSO_4 所造成的危害。

1. 氨逃逸量的控制

氨逃逸量是指脱硝反应器出口未参与反应的 NH_3 的量。一般而言，氨逃逸量过高主要源于以下两个方面：①催化剂活性下降，SCR 反应受阻，部分 NH_3 未参与还原反应；②脱硝反应器相关设备的结构设计或运行参数不合理，导致烟气流经催化剂时 NH_3 和 NO_x 的分布不均匀，使得催化剂模块内出现局部低 NH_3/NO_x 摩尔比区域，导致脱硝效率下降。为此需要增加喷氨量，而这又会使得原本 NH_3/NO_x 摩尔比局部较高区域的 NH_3 浓度大幅度提升，最终使得氨逃逸量显著提高。因而，脱硝系统相关设备在设计和运行时必须对氨逃逸量加以控制，我国规定燃用中硫煤的电厂须确保氨逃逸量不超过 $3\mu L/L$。

基于导致 NH_3 浓度升高的因素，可提出对应的控制氨逃逸量的措施。首先，采用数值模拟与现场运行相结合的手段，对 SCR 脱硝系统相关设备(如烟气流道、喷氨格栅、导流叶片和整流格栅等)的结构设计和运行参数进行优化，确保反应器入口烟气流速、温度和浓度分布均匀。其次，在运行过程中，对催化剂的工作状况进行定期监视，一旦失活或者损坏较为严重，不能满足脱硝系统整体的性能要求时，应及时更换催化剂。对于换下的催化剂，应根据失活或者损毁程度进行相应的再生或回收处理。此外，还应定期检测控制系统的精确性，避免非人为因素导致的喷氨量过高，确保合适的 NH_3/NO_x 摩尔比。

2. SO_2 氧化率的控制

SO_2 在 SCR 脱硝催化剂活性组分 V_2O_5 催化作用下氧化生成 SO_3 是硫酸铵盐生成的基础，为了减少硫酸铵盐的生成，削弱其对燃煤机组相关设备的危害，必须严格控制 SO_2 的氧化率。根据前文所述的有关导致 SO_2 氧化率升高的影响因素可知，通过催化剂的结构优化(包括催化剂物理尺寸、壁厚、表面积和孔结构等)和组分优化(活性组分含量、金属氧化物和化学抑氧化剂的掺杂等)能够很好地控制 SO_2 氧化率。

研究表明，当 V_2O_5 含量变化时，催化剂的脱硝效率和 SO_2 氧化率的变化具有相似性，因此通过降低 SCR 脱硝催化剂中 V_2O_5 含量来控制 SO_2 氧化率时，应以不影响脱硝效率为前提，一般而言，V_2O_5 含量一般控制在 1%左右。在催化剂制备、再生或回用的过程中，可以适量掺杂一些能够抑制 SO_2 氧化的金属氧化物。研究表明，Nb_2O_5、NiO、Y_2O_3、GeO_2 和 BaO 等金属氧化物能够在一定范围内抑制 SO_2 的氧化，同时改善催化剂的脱硝性能[26-28]。此外，在不影响机械性能的前提下，可尽量降低壁厚或者优化催化剂的孔结构以抑制 SO_2 往催化剂深处渗透，从而降低 SO_2 氧化率。平板式催化剂以不锈钢筛网为支撑，机械性能较为优异，可以大幅度降低催化剂的壁厚，因此可尽量采用平板式催化剂。另外，在实际运行过程中，烟气成分为客观因素，存在不可调节性，但可以适当地调节氨氮比，以发挥 NH_3 对 SO_2 氧化率的抑制作用。

3. 反应温度的控制

硫酸铵盐的凝结温度取决于反应物(即 NH_3、SO_3 和 H_2O)分压力、烟气温度、烟气流速和 NO_x 浓度等一系列因素。研究表明，硫酸铵盐的凝结温度与烟气中 SO_3 的分压力和 NO_x 浓度均呈正相关。若能准确获知反应体系中硫酸铵盐的凝结温度范围，则可在一定限度内人为控制反应温度，以避免硫酸铵盐的沉积。但需要注意的是，不能盲目地提升反应温度，一方面温度过高时，有可能导致催化剂烧结失活；另一方面温度越高，SO_2 氧化率也越高，不利于硫酸铵盐的生成控制。因此，温度务必要在适当的范围内调整。此外，当机组负荷较低时，尾部烟气的温度较低，容易造成硫酸铵盐的生成与沉积，此时应考虑停止喷氨。

4. 选择适宜的催化剂材料

若 NH_4HSO_4 与催化剂表面之间相互作用力较弱，则 NH_4HSO_4 较易脱附而使催化剂免于中毒。基于这一原理，Phil 等[62]用量子化学计算的方法对多种元素与 NH_4HSO_4 之间的相互作用进行了定量计算，发现 Cu、S、P、Se、Sb 等元素与 NH_4HSO_4 之间相互作用较弱，并根据元素挥发性和对 V_2O_5/TiO_2 催化剂活性的影响等实际情况，筛选出最具实用价值的 Sb 作为催化剂组分，合成了低温下具有良好活性和抗硫抗水性能的 V_2O_5-Sb/TiO_2 催化剂。担载在催化剂上的 NH_4HSO_4 同时具有一定的脱硝能力[41, 42]，其参与 SCR 反应的过程伴随着自身分解，且不同催化剂上的 NH_4HSO_4 反应活性和分解温度不同。NH_4HSO_4 分解能力越强，即其消耗速率越快，则在催化剂上的累积越慢，催化剂低温脱硝活性越好。Xi 等[63]用热重分析研究了 NH_4HSO_4 在传统 $V_2O_5-WO_3/TiO_2$ 催化剂上的分解行为，发现 NH_4HSO_4 初始分解温度约为 280℃，到 480℃左右完全分解。Bai 等[41]发现担载在 SiC 表面的 NH_4HSO_4 的初始分解温度约为 260℃，而纯 V_2O_5 上的 NH_4HSO_4 分解温度为 460℃左右，因而以 SiC 为载体制得的 V_2O_5/SiC 催化剂在 240℃具有较高的脱硝活性和抗硫抗水性能。Huang 等[43]发现 V_2O_5/AC 催化剂在 200℃左右具有良好的脱硝活性和抗硫抗水性能。Li 等[64]用热重-质谱联合装置研究了 NH_4HSO_4

在不同活性炭上的分解行为，发现 NH_4HSO_4 在 170℃左右开始分解为 NH_3 和 H_2SO_4，H_2SO_4 则在 230℃左右进一步分解释放出 SO_2。在低温下促进 NH_4HSO_4 分解的部分材料，如活性炭或 SiC，往往伴随着自身被氧化烧蚀，在长周期脱硝运行过程中，以这类载体制得的催化剂的结构稳定性值得关注。

5. 催化剂中杂质的去除

商用钒钨钛催化剂中的矿物质杂质，会促进 SO_2 氧化并降低 NH_4HSO_4 与 NO 的反应速率，从而加速 NH_4HSO_4 累积。对催化剂进行脱矿处理，有助于 NH_4HSO_4 的生成与分解快速达到平衡，缓解其毒化作用[65]。黄张根等[66]研究发现，V_2O_5/AC 催化剂经脱矿处理后，抗硫抗水能力明显增强。

6. 调控催化剂孔结构分布

由于毛细凝聚现象，NH_4HSO_4 优先在内径小的孔内形成。且孔的内径越小，孔内已经形成的 NH_4HSO_4 分解越困难[67]，增大催化剂孔径有利于提高其抗硫性能。Yu 等[68]认为催化剂丰富的介孔结构会促进 NO 扩散，有利于 NO 与 NH_4HSO_4 接触反应而加速 NH_4HSO_4 分解，使其分解和沉积速率快速达到平衡状态。因此，合理调控催化剂的孔径分布，增加中孔和大孔比例，有助于减缓催化剂的 NH_4HSO_4 中毒，进而提高催化剂低温条件下长期运行的稳定性。

7. NH_4HSO_4 中毒催化剂的再生

当 NH_4HSO_4 积累到一定程度，催化剂脱硝活性无法满足工业需求时，需要对催化剂进行再生处理，再生方式包括溶液冲洗和在线升温两种。前者是通过水或酸性溶液等对中毒催化剂进行洗涤，在清除 NH_4HSO_4 的同时，对催化剂中碱金属和碱土金属等中毒元素同样具有较好的清除效果。但清洗法也有一定局限性，如催化剂活性组分流失和结构强度降低、需要在电厂检修期内装置停运、离线操作、再生产生的废水难以处理等。升温加热法则是通过暂时增加锅炉负荷或设置旁路加热气体等方式提高 SCR 反应装置温度，使沉积在催化剂中的 NH_4HSO_4 分解以恢复催化剂活性，具有操作简单可靠、不影响装置正常运行和对催化剂破坏作用小等优点，是工业上常用的一种方式。加热时宜采用慢速升温方式，一方面防止沉积在催化剂孔中的 NH_4HSO_4 或 H_2SO_4 等物质因分解速率过快而产生的气体对催化剂机械强度造成冲击；另一方面，由于分解产物 SO_3 和 NH_3 易溢出 SCR 反应区，采取慢速升温方式，使分解出的 NH_3 更多地参与到 SCR 反应中，减少 NH_3 溢出量。而在 SCR 反应器与空预器之间喷射天然碱等碱性吸收剂捕获 SO_3，可在一定程度上减轻 SO_3 对下游空预器等设备造成腐蚀与堵塞问题。此外，在升温的同时，加强催化剂吹灰更有利于催化剂活性的恢复。

5.3　催化剂的飞灰中毒失活

如 5.1 节所述，燃煤电站烟气飞灰能够使催化剂发生磨损、堵塞等物理性失活，除此之外，飞灰中含有大量的碱金属(K、Na 等)、碱土金属(Ca、Mg 等)、重金属(As、Pb、Zn、Se)以及卤族元素(Cl、F)等化合物，当其沉积在催化剂表面时，会在催化活性位点上发生强烈的化学吸附或化学反应使催化剂的活性、选择性明显降低，导致催化剂发生明显的化学中毒。本节将分别介绍飞灰中的各种元素造成的催化剂化学中毒现象。

5.3.1　碱金属及碱土金属中毒

1. 碱金属中毒

飞灰中的碱金属是引起催化剂中毒失活的最重要的毒物之一。燃用生物质或煤炭的火电厂所产生的尾部烟气中碱金属物种(主要是 K 和 Na 的氧化物、硫酸盐和氯化物等)的含量较高，且以亚微米粒子的形式存在，当它们流经脱硝系统时会沉积到催化剂表面，不仅会堵塞催化剂引发物理中毒，还与催化活性位点发生反应引发化学中毒，且后者对催化剂的毒化程度远高于前者。因此，SCR 脱硝催化剂的碱金属中毒机理一直是工业催化领域研究的重点环节。自 SCR 脱硝技术投入工业应用以来，有大量的学者对其进行了研究，并且从不同的角度提出了碱金属对 SCR 脱硝催化剂的毒化作用机理。

研究表明，碱金属会影响催化剂表面酸性位点，对脱硝性能产生不利影响。Kamata 和 Takahashi[69]对碱金属中毒催化剂的微观结构进行了一系列表征，提出了催化剂的碱金属中毒机理：碱金属物种沉积在催化剂表面并吸附在 V 位点上，随后与其上的 V^{5+}—OH(Brönsted 酸性位)物种发生反应，使得碱金属原子 M(M=K、Na 等)置换酸性位上的 H 原子，生成稳定的不具有催化活性的 V^{5+}—OM 物种(如 KVO_3 等)，该过程如图 5-12 所示。其结果是使得 SCR 脱硝催化剂表面 Brönsted 酸性位的数量明显减少，同时由于碱金属物种的中和作用，Brönsted 酸性位的酸性强度显著降低[70]，而催化剂表面酸性位的数量决定了 NH_3 的吸附量，酸性位的酸性强度决定了 NH_3 的吸附能力，双重因素的共同作用限制了催化剂表面 NH_3 的吸附与活化过程，从而导致催化剂中毒失活。

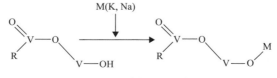

图 5-12　碱金属中毒机理

　　笔者团队对碱金属氯化物中毒的商用 SCR 脱硝催化剂进行了 NH₃-TPD 测试，分析碱金属对催化剂表面酸性的影响，测试结果如图 5-13 所示，谱图中 200～400℃的脱附峰为催化剂钒物种的 Brönsted 酸性位，400～500℃的脱附峰为催化剂钒物种的 Lewis 酸性位。从图中可以看出，当 KCl 的负载量增加时，催化剂吸附的氨气量呈下降趋势，这是由于催化剂表面原本的 V—OH 位点被 V—O—K 所取代[71]，导致氨气吸附量的减少，从而降低了催化剂的脱硝活性。对比图 5-13（a）与（b）可以发现，对于 KCl 浸渍中毒的钒钛催化剂，助剂为 Mo 的催化剂较助剂为

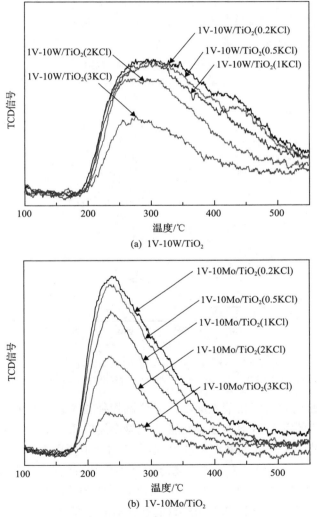

(a)　1V-10W/TiO₂

(b)　1V-10Mo/TiO₂

图 5-13　碱金属氯化物对催化剂表面酸性的影响

xV-yW（Mo）/TiO₂（zKCl）表示催化剂中 V₂O₅ 含量为 x%，WO₃（MoO₃）含量为 y%，KCl 含量为 z%

W 的催化剂脱附峰面积下降更加显著。此外，1V-10W/TiO₂ 催化剂出现了 Lewis 酸性位的脱附峰，随着碱金属负载量的增加，该脱附峰逐渐消失，说明碱金属同样会对 Lewis 酸性位产生影响。

根据 Topsoe 等[72-74]提出的 SCR 反应机理，催化剂表面钒物种的还原性是 SCR 氧化还原循环反应中的另一个关键因素。碱金属除了影响催化剂表面酸性外，还能通过影响催化剂的氧化还原性能对脱硝反应产生不利影响。Lei 等[75]采用 H₂-TPR 研究了新鲜和碱金属中毒催化剂表面物种的还原性，结果如图 5-14 所示。从图中可以看出，新鲜催化剂的 TPR 曲线中出现两个还原峰，分别位于 560℃和 835℃。碱金属中毒催化剂的 TPR 曲线中也出现了两个还原峰，但峰中心所对应的位置朝着高温方向移动，且碱金属含量越高，所对应的还原温度越高，表明催化剂碱金属中毒后，催化剂表面物种的还原性显著降低。

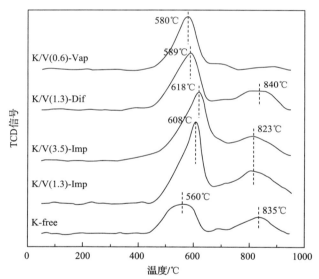

图 5-14 碱金属对催化剂表面还原性能的影响
Vap 表示气相沉积；Dif 表示固体扩散；Imp 表示湿法浸渍；free 表示新鲜

碱金属能通过影响催化剂表面活性组分钒物种的价态，降低催化剂的氧化还原性能。Li 等[76]采用 XPS 分析了新鲜催化剂碱金属中毒前后表面活性组分的价态及其相应的变化，结果表明新鲜催化剂表面 V 物种主要以 V^{5+}、V^{4+} 的形式存在，且含有一定量的 V^{3+}。当碱金属氧化物沉积到催化剂表面后，$V^{n+}(n \leq 4)$ 的含量显著降低，导致 V^{n+}/V^{5+} 比值降低。V^{n+}/V^{5+} 比值对催化剂的活性有着重要的影响，主要是因为非化学计量钒物种 $V^{n+}(n \leq 4)$ 的存在有利于催化剂表面各物种间电子的传递，在一定范围内，V^{n+}/V^{5+} 值与催化剂脱硝活性呈正相关。笔者团队研究发现，当催化剂负载碱金属氯化物时，V^{5+} 的比例减少，低价钒比例增加，XPS 结果如

图 5-15 所示。当新鲜催化剂表面的酸性位和氧化位处于正常状态时，存在部分 V^{4+} 可以促进整个反应循环的进行。然而在碱金属氯化物中毒的条件下，V^{5+} 变成了低价钒[75]，且 V^{4+} 的比例已经远远超出 V^{5+} 的比例，严重降低了催化剂的氧化能力，从而影响催化剂的脱硝活性(表 5-2)。

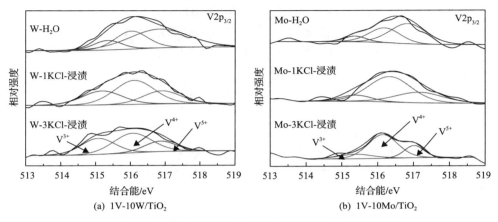

图 5-15　碱金属氯化物对催化剂表面钒价态的影响

W(Mo)-xKCl-浸渍表示浸渍法制备的氯化钾中毒钒钨/钼催化剂，KCl 含量为 x%

表 5-2　KCl 中毒催化剂的钒价态比例

催化剂	$V^{4+}/\%$	$V^{5+}/\%$	V^{4+}/V^{5+}	催化剂	$V^{4+}/\%$	$V^{5+}/\%$	V^{4+}/V^{5+}
Cat-W-H$_2$O	29.64	56.80	0.52	Cat-Mo-H$_2$O	12.80	77.18	0.17
Cat-W-1KCl	48.08	27.67	1.74	Cat-Mo-1KCl	61.49	27.86	2.21
Cat-W-3KCl	46.00	20.23	2.27	Cat-Mo-3KCl	63.79	21.95	2.91

　　碱金属对催化剂的毒化作用与碱金属的赋存形态也有关联，燃煤烟气中流经催化剂的碱金属主要有氯盐、硫酸盐以及氧化物。Kong 等[77]研究了不同形态的钾对 V_2O_5-WO_3/TiO_2 催化剂的毒化机理，结果表明不同形态的钾对催化剂的毒性大小为：$KCl > K_2O > K_2SO_4$，中毒机理如图 5-16 所示。K_2O 会同时对催化剂的 Brönsted 酸性位(V—OH)与 Lewis 酸性位(V=O)作用，生成—V—O—K，影响 NH_3 的吸附而造成脱硝活性降低。催化剂的 KCl 中毒机理如下：首先，Brönsted 酸性位(V—OH)与 KCl 相互作用，生成 V—O—K 与 HCl，HCl 会被吸附在 V 活性位点上，形成—OH，反应方程式如式(5-19)~式(5-23)所示：

$$VO_2 + 2HCl \longrightarrow V(OH)_2Cl_2 \tag{5-19}$$

$$V(OH)_2Cl_2 \longrightarrow VOCl_2 + H_2O \tag{5-20}$$

$$V_2O_5 + 2HCl \longrightarrow V_2O_3(OH)_2Cl_2 \tag{5-21}$$

$$V_2O_3(OH)_2Cl_2 \longrightarrow 2VO_2Cl_2 + H_2O \qquad (5\text{-}22)$$

$$V_2O_5 + 2HCl \longrightarrow 2V(OH)_2Cl \qquad (5\text{-}23)$$

随后，HCl 会与 V=O 相互作用，形成 Cl—V—O—H，并进一步与 KCl 反应，最终形成 Cl—V—O—K 与—V—O—K，从而阻碍 NH₃ 吸附，造成催化剂活性降低。对于 K_2SO_4 中毒的催化剂，虽然 K^+ 会占据 Brönsted 酸性位(V—OH)的 H^+，但同时会在 SO_4^{2-} 上产生新的—OH 供 NH₃ 吸附，故相比 KCl 与 K_2O，K_2SO_4 对催化剂的毒性最弱。

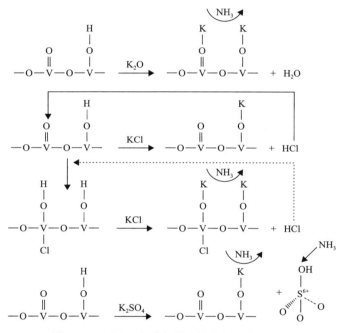

图 5-16　不同形态碱金属对催化剂的毒化机理

综上所述，碱金属对 SCR 脱硝催化剂的毒化作用机理主要表现为影响催化剂表面酸性位的数量和酸度、活性组分的价态和氧化还原性能等性质，进而导致催化剂中毒失活。

2. 碱土金属中毒

我国煤中碱土金属 Ca 含量相对较高，在锅炉运行过程中，会富集在飞灰中而沉积于催化剂表面，造成催化剂脱硝活性的降低。大量学者针对碱土金属作用下SCR 脱硝催化剂的中毒机理进行了研究，结果表明，碱土金属对催化剂的毒性体现在化学毒化与物理毒化两方面。碱土金属的化学毒化作用与碱金属对催化剂的毒化作用机理存在很大的相似性，可以造成催化剂表面性质发生改变，但相对碱金属而言较为温和。

1) 碱土金属的物理毒化作用

碱土金属对催化剂的物理毒化主要来源于碱土金属氧化物（主要是 CaO）及其与烟气中的酸性气体氧化物（如 SO_3、CO_2 等）反应生成的碱土金属硫酸盐或者碳酸盐。王俊杰等[78]向 SCR 催化反应体系中通入 $CaSO_4$ 气溶胶以模拟催化剂碱土金属中毒过程，并对中毒后催化剂的物理结构进行了 BET 表征，结果如表 5-3 所示，$CaSO_4$ 的存在导致催化剂比表面积和总孔容均呈现较大程度的下降，这说明 $CaSO_4$ 堵塞了催化剂的孔结构，导致催化剂中毒失活。

表 5-3 催化剂的比表面积、孔容和孔径

催化剂	比表面积/(m^2/g)	孔容/(cm^3/g)	孔径/nm
$V_2O_5\text{-}WO_3/TiO_2$	60.863	0.327	24.749
$V_2O_5\text{-}WO_3/TiO_2$（脱硝活性降低到 70%）	51.921	0.287	20.925
$V_2O_5\text{-}WO_3/TiO_2$（脱硝活性降低到 40%）	39.338	0.196	18.994

Benson 等[79]对运行催化剂表面的沉积物进行了 XRD 分析，结果表明沉积物中的碱土金属化合物主要为 $CaSO_4$，除此之外还含有少量的 $Ca_3Mg(SiO_4)_2$ 和 $CaCO_3$。他们还指出对于一些燃用高钙煤的火电厂而言，烟气中碱土金属特别是 Ca 的含量非常高，导致其对催化剂的毒化作用甚至高于 K、Na、P 和 As 等物质。Pritchard 等[80]系统地研究了 CaO 与 SO_3 在催化剂表面孔结构中的反应行为，提出了 $CaSO_4$ 在催化剂孔内的形成机理，如图 5-17 所示。

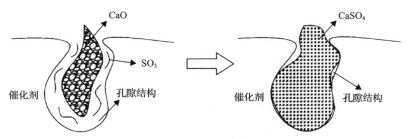

图 5-17 催化剂孔结构内 $CaSO_4$ 的形成过程

该机理主要包括四个步骤：①CaO 被催化剂表面的大孔捕集；②SO_3 经气膜扩散至大孔内并将 CaO 颗粒包覆；③SO_3 经 CaO 颗粒表面扩散进入内部结构；④SO_3 与 CaO 发生化学反应生成 $CaSO_4$。在该机理中，所涉及的化学反应如式 (5-24) 所示：

$$CaO+SO_3 \longrightarrow CaSO_4 \tag{5-24}$$

随着反应的进行，颗粒体积逐渐膨胀并附着在孔壁上，阻碍 NH_3 和 NO 等反应气向微孔扩散，进而导致催化剂中毒失活。他们的研究还表明，$CaSO_4$ 生成过程的限速步骤为大孔对 CaO 的捕集，而 CaO 的捕集率取决于烟气中 CaO 的含量，即 $CaSO_4$ 的形成速率主要取决于烟气中 CaO 的含量，而 SO_3 的浓度对其影响较小。此外，还有相当量的 CaO 在进入催化剂孔结构之前便与气相主体中的 SO_3 发生反应，生成 $CaSO_4$ 覆盖在其表面，直接堵塞孔结构，阻断了反应气向孔结构的扩散，进而导致催化剂中毒失活。

2) 碱土金属的化学毒化作用

碱土金属对催化剂的化学毒性与碱金属类似，可以造成催化剂表面酸性位的数量减少和强度减弱、活性组分价态发生变化以及氧化还原性能下降，但与碱金属相比，碱土金属的化学毒化作用较为温和。

碱土金属能影响催化剂表面酸性位的数量与强度。Nicosia 等[81]采用浸渍法制备了碱金属以及碱土金属中毒的 V_2O_5-WO_3/TiO_2 催化剂，并采用 NH_3-TPD 表征比较了碱金属及碱土金属对催化剂表面酸性的影响，实验结果如图 5-18 所示。从图中可以看出，新鲜催化剂、Ca 中毒催化剂、K 中毒催化剂在 150～500℃范围内出现 NH_3 脱附峰，其中 200～250℃的脱附峰为酸性较弱的 Brönsted 酸性位脱附峰，350～450℃的脱附峰为酸性较强的 Lewis 酸性位脱附峰，脱附峰面积为新鲜催化剂＞Ca 中毒催化剂＞K 中毒催化剂，这说明碱土金属 Ca 对催化剂总酸量的影响较碱金属 K 更小。此外，碱金属及碱土金属的负载导致脱附峰的峰温向低温方向偏移，说明碱金属及碱土金属的负载导致催化剂酸性强度变弱。

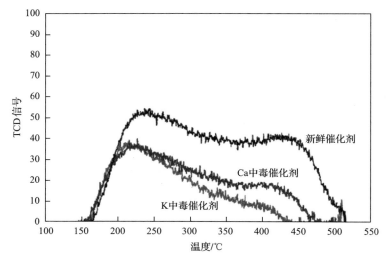

图 5-18　碱金属及碱土金属中毒催化剂 NH_3-TPD 表征结果

　　笔者团队通过研究发现，碱土金属对 V-W 和 V-Mo 体系催化剂的影响不同。对于 V-W 催化剂，碱土金属除了降低催化剂表面总酸量，还会降低催化剂酸性位的强度；而碱土金属对 V-Mo 催化剂酸性位强度的影响不大，主要通过降低催化剂表面总酸量来影响催化剂活性。这是由于除了活性组分 V 提供的酸性位点外，助剂 W 或 Mo 的负载引入了不同种类的酸性位点。从图 5-19 可以看出，V-W 和 V-Mo 催化剂在 200～500℃区间内出现脱附峰，其中 V-W 催化剂的最高峰位于 340℃，此峰代表酸性较强的 Lewis 酸性位，V-Mo 催化剂的最高峰位于 250℃，此峰代表酸性较弱的 Brönsted 酸性位，这一结果表明碱土金属能削弱 Lewis 酸性位的酸性强度，而对 Brönsted 酸性位的酸性强度影响不大，但能减少 Brönsted 酸性位点的数量。

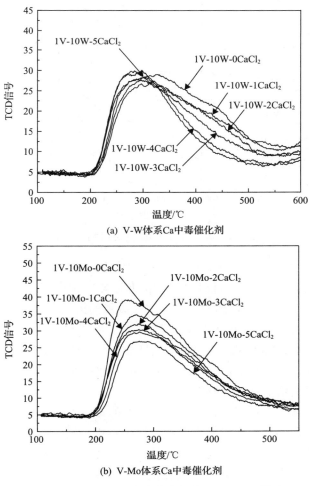

(a) V-W体系Ca中毒催化剂

(b) V-Mo体系Ca中毒催化剂

图 5-19　碱土金属中毒催化剂的 NH$_3$-TPD 谱图

　　碱土金属与碱金属类似，能影响催化剂的氧化还原性能。Chen 等[82]制备了 K、Na、Ca、Mg 中毒的 V_2O_5-WO_3/TiO_2 催化剂，并通过 H_2-TPR 表征分析碱金属及碱土金属对催化剂氧化还原性能的影响，结果如图 5-20 所示。其中位于 $500\sim600℃$ 之间的特征峰是 $V^{5+}\rightarrow V^{3+}$ 的还原峰，$700\sim900℃$ 之间的特征峰为 $W^{6+}\rightarrow W^0$ 的还原峰。从图中可以看出，碱金属及碱土金属的负载会使催化剂的还原温度升高，且负载量与还原温度呈正相关；碱金属 K、Na 对活性组分 V 的还原温度影响大于碱土金属 Ca、Mg。

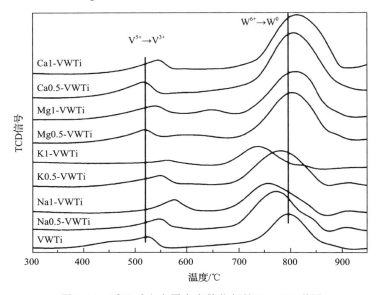

图 5-20　碱及碱土金属中毒催化剂的 H_2-TPR 谱图

　　碱土金属的负载还能通过影响钒物种的价态，进而阻碍氧化还原循环的进行[81]，图 5-21 为碱土金属中毒催化剂 V 2p 轨道 XPS 谱图，钒价态的比例如表 5-4 所示。从图 5-21 可以看出，随着碱土金属负载量的提高，催化剂 V^{5+} 比例逐渐降低，而 V^{4+} 比例逐渐升高。而从表 5-4 可以看出，对于钒钨体系催化剂，随着碱土金属负载量的增加，Ca 中毒催化剂 V^{5+} 的比例 $[V^{5+}/(V^{3+}+V^{4+}+V^{5+})]$ 从 33.28%减少到 11.39%，降低了 21.89 个百分点；而对于钒钼体系催化剂，V^{5+} 的比例同样随着碱土金属负载量的增加而明显降低。

　　综上所述，碱土金属对 SCR 脱硝催化剂的毒化作用包括化学中毒和物理中毒，其中碱土金属的化学中毒机理与碱金属中毒机理较为相似，但其化学毒化作用相对较为温和；碱土金属的物理中毒使催化剂比表面积和总孔容显著降低，进而导致 NH_3 的吸附和活化受阻，是催化剂碱土金属中毒失活的主要因素。

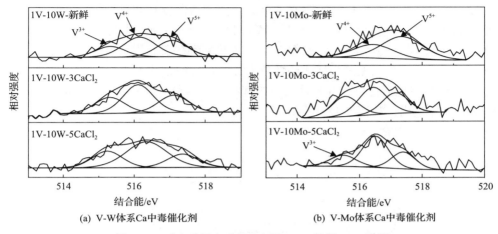

(a) V-W体系Ca中毒催化剂　　　　　　　(b) V-Mo体系Ca中毒催化剂

图 5-21　碱土金属中毒催化剂的 V 2p 轨道 XPS 谱图

表 5-4　Ca 中毒催化剂的表面钒价态比例

催化剂	V^{3+}/%	V^{4+}/%	V^{5+}/%	催化剂	V^{3+}/%	V^{4+}/%	V^{5+}/%
1V-10W-新鲜	21.93	44.79	33.28	1V-10Mo-新鲜	0	36.72	63.28
1V-10W-3CaCl₂	26.99	52.93	20.08	1V-10Mo-3CaCl₂	0	46.04	53.96
1V-10W-5CaCl₂	25.67	62.95	11.39	1V-10Mo-5CaCl₂	22.75	77.25	0

5.3.2　重金属中毒

1. 砷中毒

我国的煤炭中均不同程度地含有一定量的砷，砷物种主要为砷黄铁矿 (FeAsS)，小部分以有机砷的形式存在。砷物种的含量随煤种的变化而变化，我国西南部，特别是贵州开采的煤炭中砷含量较高。煤在燃烧过程中，砷黄铁矿在高温下被氧化为 $As_2O_3(g)$（也有少量 As_4O_6），同时部分 $As_2O_3(g)$ 被氧化为 $As_2O_5(s)$，该过程所涉及的化学反应如式(5-25)和式(5-26)所示[83]。

$$2FeAsS+5O_2 \longrightarrow As_2O_3(g)+Fe_2O_3+2SO_2 \tag{5-25}$$

$$As_2O_3(g)+O_2 \longrightarrow As_2O_5(s) \tag{5-26}$$

氧化产生的 As_2O_5 随烟气流经 SCR 设备上游的对流烟道时，温度逐渐降低，随后发生凝固并随飞灰颗粒沉积到催化剂表面，堵塞催化剂孔结构，而 $As_2O_3(g)$ 则通过虹吸作用扩散进入催化剂。由于催化剂表面位点与 $As_2O_3(g)$ 之间有着非常高的结合力，$As_2O_3(g)$ 极易吸附在催化剂表面的活性位和非活性位上并与之发生化学反应，导致催化活性位点的数量和酸度降低。此外，当催化剂微孔中 $As_2O_3(g)$ 的分压力超过其平衡分压时，则会发生凝结并黏附在表面位点上，同时堵塞催化剂孔道，使得反应气无法与催化活性位点接触，导致催化剂中毒失活。目前，有关 As_2O_3 与催化活性位点的具体反应机理主要有两种，分别由 Pritchard 等[83]和 Morita 等[84]提出，如图 5-22 所示。

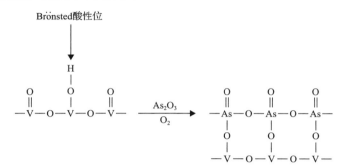

(a) Pritchard等提出的砷中毒机理

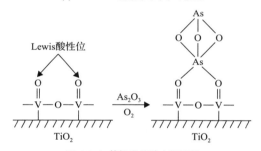

(b) Morita等提出的砷中毒机理

图 5-22　As_2O_3 与催化活性位点的反应机理示意图

由图 5-22 可以看出，在 Pritchard 等和 Morita 等提出的砷中毒机理中，As_2O_3 分别与催化剂表面的 Brönsted 酸性位和 Lewis 酸性位发生反应，即上述两种砷中毒机理的差异在于与 As_2O_3 发生化学反应的催化酸性位点不同。

为了探究砷对商业催化剂的毒化行为，笔者团队针对燃用高砷煤的某燃煤电厂运行一年后的砷中毒 V_2O_5-MoO_3/TiO_2 催化剂进行研究，分别取用了电厂 SCR 脱硝系统中首层和中层的前中后侧共六个位置催化剂，通过与新鲜催化剂对比测试发现，运行一年后的催化剂脱硝效率均有所下降，出现中毒失活的现象，且首层催化剂效率更低，失活更加严重。笔者团队对使用后的中毒催化剂进行了 As 3d 轨道 XPS 分析，探究 As_2O_3 在催化剂表面的存在形式，如图 5-23 所示。图 5-23 中结合能 $45.1\sim45.5eV$ 对应的是 As^{3+}，结合能 $46.0\sim46.7eV$ 对应的是 As^{5+}。烟气中的砷主要以 As₂O₃ 形式存在，在经过催化剂之后，会沉积在催化剂上进而被氧化为 As₂O₅，或者与催化剂组分发生反应，以砷酸盐的形式存在。由图 5-23 可知，新鲜催化剂中没有检测出砷元素，在使用后的催化剂中，首层催化剂的砷物质主要以 As^{5+}(As₂O₅)的形式存在，而中层催化剂中砷物质的结合能相比于首层催化剂向高能区发生偏移，说明中层催化剂中 As 的化学环境发生变化。

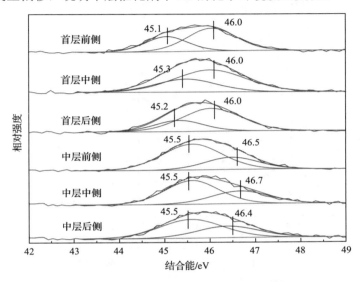

图 5-23　砷中毒催化剂的 As 3d XPS 谱图

此外，Peng 等[85-87]研究了砷物种在催化剂表面的存在形态及其对催化反应的影响，结果表明砷物种的存在形态与其含量有关。随着砷物种浓度的升高，As₂O₃ 含量逐渐降低，As₂O₅ 含量逐渐升高。虽然两种价态的砷物种都会使催化剂的脱硝效率降低，但它们对 N₂O 形成的影响却不尽相同。当 As(III)占主导地位时，N₂O 的生成量较低，而当 As(V)占主导地位时，N₂O 的生成量较高。原因是此时催化剂表面形成了新的具有弱酸性但稳定性较差的 As—OH 位点，导致 N₂O 的生成。

砷会与催化剂的活性组分发生反应，破坏催化剂的氧化还原性能，进而影响催化剂活性。沈伯雄等[88]在实验室模拟了 V₂O₅-WO₃/TiO₂ 催化剂砷中毒，认为砷与催化剂表面钒位点发生反应，引起钒的化学状态发生变化进而导致催化剂中毒。笔者团队对上述高砷煤电厂运行一年后的商业催化剂样品中钒元素进行 XPS 分析，结果如图 5-24 所示。其中，516.2eV 结合能归属于 V^{4+}，517.3eV 结合能归属于 V^{5+}，新鲜催化剂中 V^{4+} 所占比例为 33.68%，中层前侧、中侧、后侧催化剂中 V^{4+} 所占比例分别为 66.82%、65.88%、62.82%。可以看出，使用后的催化剂中 V^{4+} 含量均有所增多，钒物质的化学价态发生改变。砷与催化剂中钒发生作用后，V^{4+}

可能以 VAs_2O_7 形式存在,这部分活性组分无法参与后续的氧化还原过程,进而影响 SCR 反应的进行。此外,首层催化剂中没有检测到 V 信号,这是因为气相砷氧化物沉积在首层催化剂表面形成致密薄膜覆盖层,阻碍了 V 信号的检测,这从侧面说明了首层催化剂中砷引起的物理失活现象相对更加严重。

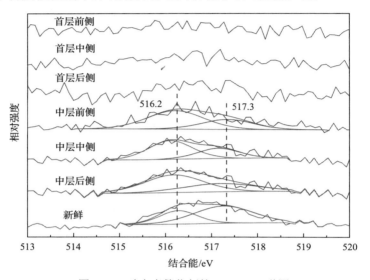

图 5-24　砷中毒催化剂的 V 2p XPS 谱图

催化剂在 SCR 脱硝系统运行中,易挥发的重金属杂质如砷、镉和铬以气态形式扩散至催化剂表面,凝结形成的小颗粒灰(亚微米颗粒)易堵塞催化剂表面以及孔道造成堵塞失活。孙克勤等[89]通过实验测出氧化砷浓度与催化剂砷中毒的关系,认为催化剂砷中毒主要是形成砷吸附层所致。为了评估砷对催化剂结构性质的影响,笔者团队对上述在高砷煤电厂运行一年的催化剂进行粒径分布表征分析,结果如图 5-25 所示。图 5-25 表明,与新鲜催化剂相比,运行一年后的催化剂中亚微米尺寸颗粒均有所增加,且首层催化剂中的亚微米颗粒相对更多,因为首层催化剂中更多的气态 As_2O_3 凝结形成细小颗粒,在催化剂表面形成致密层,对催化剂造成覆盖和堵塞进而使得活性下降,而中层催化剂中更多的 As_2O_3 则与活性组分发生反应形成砷酸盐化合物。

笔者团队通过 H_2-TPR 表征实验研究发现,砷扩散至催化剂表面与活性组分发生化学反应使得催化剂的氧化还原性能降低,如图 5-26 所示。所有催化剂样品在 400~600℃ 都有一个明显的还原峰,该峰对应于 V_2O_5 中 V^{5+} 还原到 V^{4+} 的特征峰[90]。新鲜催化剂的还原峰在 486℃ 附近,而使用后的催化剂还原峰发生明显偏移,向高温方向偏移至 520~535℃ 附近。说明催化剂在运行一年之后,活性组分钒发生了一定的化学变化,使用后的催化剂更难被还原,催化剂氧化还

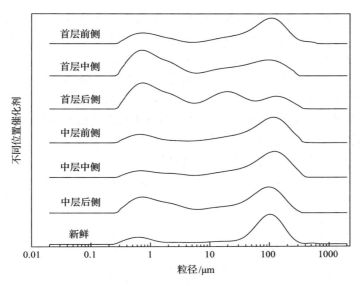

图 5-25　砷中毒催化剂粒径分布图

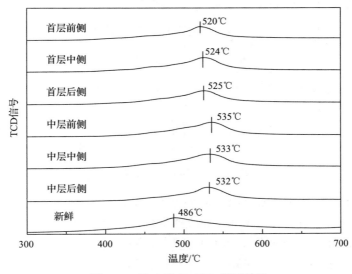

图 5-26　砷中毒 H$_2$-TPR 测试结果

原能力减弱。使用后的催化剂还原峰整体向高温区偏移，其中中层催化剂相比于首层催化剂，还原峰向高温区偏移更多，说明中层催化剂与首层催化剂相比其被还原难度较大，催化剂氧化还原能力较差，砷物质对中层催化剂的化学作用程度更深。

砷会破坏催化剂表面酸性位数量和强度。Peng 等[91]通过实验和密度泛函理论（DFT）计算研究了商用 V$_2$O$_5$-WO$_3$/TiO$_2$ 催化剂的砷中毒机理，发现砷对 TiO$_2$ 和

WO$_3$的晶型都没有造成影响，对催化剂比表面积影响较小，失活的原因在于砷的存在使得催化剂 Lewis 酸性位(V═O)数量减少，且破坏了原有的 Brönsted 酸性位，形成了新的酸性位 As—OH，但其在 300℃以上的温度下稳定性较差。

　　笔者团队对砷中毒的商用 SCR 脱硝催化剂进行了 NH$_3$-TPD 测试，分析砷对催化剂表面酸性的影响，如图 5-27 所示。运行一年后的催化剂氨气脱附曲线明显不同于新鲜催化剂，表现为砷中毒催化剂的整体酸性降低，氨气吸附量下降。不同位置的催化剂表面酸度也有所差异，中层催化剂的平均酸度强于首层催化剂，这是由于砷会对首层催化剂造成更多的物理堵塞从而阻碍氨气吸附。

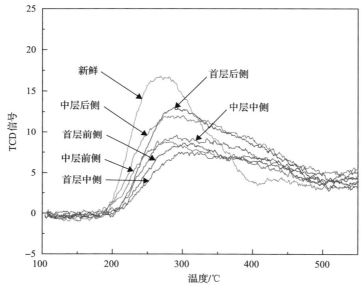

图 5-27　NH$_3$-TPD 测试结果

　　此外，笔者团队采用吡啶吸附红外光谱(Py-FTIR)表征探究了砷中毒前后催化剂 Brönsted 酸性位与 Lewis 酸性位的变化，测试结果如图 5-28 所示。其中 1545cm^{-1} 处的红外峰归属于 Brönsted 酸性位的特征峰，1448cm^{-1} 处的红外峰归属于 Lewis 酸性位的特征峰，1490cm^{-1} 处归属于 Brönsted 酸性位和 Lewis 酸性位共同作用的结合峰[92]。Lewis 酸性位与 Brönsted 酸性位的酸量计算结果如表 5-5 所示。从图 5-28 和表 5-5 可以看出，相比新鲜催化剂，砷中毒催化剂的 Lewis 酸量急剧下降，而 Brönsted 酸量略微有所增加，砷主要破坏了催化剂表面的 Lewis 酸性位。Brönsted 酸量的增加则是由于砷与 Lewis 酸性位(V═O)反应而在催化剂表面上形成新的 V—O—As—OH 酸性位，形成的 As—OH 物种提供了额外的 Brönsted 酸性位，尽管 As—OH 可以吸附 NH$_3$，但其活性差，吸附能较高，并不利于 SCR 反应的进行。

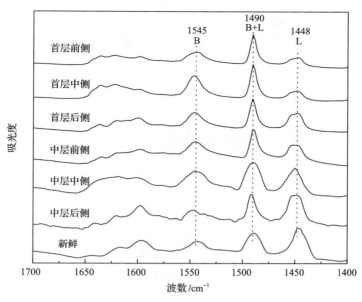

图 5-28　Py-FTIR 测试结果

表 5-5　催化剂表面 Brönsted 酸与 Lewis 酸

催化剂	新鲜	首层			中层		
		前侧	中侧	后侧	前侧	中侧	后侧
Brönsted 酸量/(μmol/g)	49.84	70.29	113.73	56.81	108.87	107.11	55.95
Lewis 酸量/(μmol/g)	122.34	27.97	28.95	40.13	82.44	104.99	113.82
B/L	0.40	2.51	3.92	1.41	1.32	1.02	0.49

综合分析结果，笔者团队深入探究了砷对催化剂的影响机制，如图 5-29 所示。首先，烟气中气态氧化砷扩散至催化剂表面凝结并形成 As_2O_5 致密覆盖层，致使催化剂物理中毒，活性下降。同时，砷物质会与催化剂活性组分反应致使催化剂化学中毒失活，催化剂中 V^{4+}/V^{5+} 的比例受到影响，V^{4+} 相对含量增多，催化剂氧化还原性降低，且催化剂表面总酸量降低，Lewis 酸性位点受到破坏，对氨气的吸附作用减弱。砷物质从物理作用和化学作用两方面共同影响催化剂活性。

此外，实际电厂运行中，位于不同床层的催化剂砷中毒的方式有所差异。位于上层的催化剂主要源于砷氧化形成的致密层引起物理堵塞阻碍氨气吸附从而降低催化剂活性，而位于中层的催化剂，砷更多与催化剂活性组分发生化学反应生成 V—O—As 基团，破坏催化剂的氧化还原性质导致催化剂失活。整体而言，致密层的堵塞作用对催化剂活性的破坏程度更为严重。

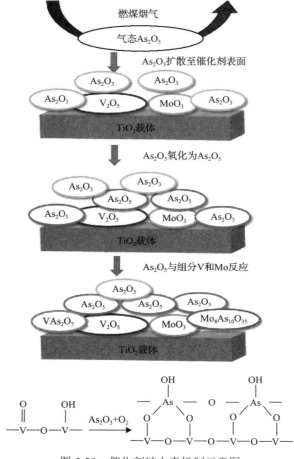

图 5-29　催化剂砷中毒机制示意图

2. 铅中毒

铅是燃煤电厂和垃圾焚烧电厂尾部烟气中典型的重金属元素之一，是引起催化剂中毒失活的常见毒物，且煤炭中铅的含量及分布规律因煤种和地域的不同而存在较大差异。研究表明，煤炭中铅含量集中分布于 $3 \sim 60 \mu g/g$ 之间，平均值为 $14 \mu g/g$[93]。部分地区的煤中铅含量较高，作为我国重要的动力用煤，神府-东胜煤中铅含量甚至高达 $790 \mu g/g$。铅属于亲硫性很强的元素，因而在煤中以硫化物(主要有方铅矿和硫酸铅矿等)的形式存在。在煤燃烧过程中，这些硫化物气化挥发，随后与烟气的其他成分反应形成更易挥发释放的铅化合物。随着温度的持续降低，挥发后的含铅化合物大部分以均相成核或异相凝结的形式富集在飞灰颗粒表面，且飞灰颗粒越细，富集量越高，而其余的部分则以气溶胶的形式分布于烟气中[94]。

燃煤电站尾部烟气中的铅物种以 PbO 和 $PbCl_2$ 为主，因而有关铅对 SCR 脱硝催化剂毒化作用的研究主要集中于这两种化合物。

有关 PbO 对催化剂毒化作用的研究相对较多，Chen 等[95]指出 PbO 对 SCR 脱硝催化剂的毒化作用介于 Na_2O 和 K_2O 之间。杜振等[96]也对比研究了 K_2O、Na_2O 和 PbO 对催化剂的毒化作用，结果表明 PbO 对催化剂的毒化作用弱于 K_2O，且 Na_2O 和 PbO 对催化剂的毒化作用大小与反应温度有关，他们还指出 PbO 对催化剂的毒化作用与碱金属氧化物有一定的相似性，均导致催化剂表面酸性降低，进而引起催化活性的降低。Khodayari 和 Ingemar[97]借助 XPS 和扫描电镜(SEM)等技术手段研究了 PbO 对催化剂的毒化作用，结果表明 PbO 会覆盖在催化剂表面位点上，且随着覆盖率的增加，一定范围内表面化学吸附的 NH_3 量呈近似线性下降。一方面是因为 PbO 与 NH_3 在催化剂表面存在竞争吸附，使得部分酸性位点被占据；另一方面是因为 PbO 的存在导致 NH_3 分子与活性组分间化学键的键强显著降低，不利于 NH_3 的吸附，其结果是导致催化剂的活性也呈近似线性的形式同步下降。值得注意的是，NH_3 的吸附量并非随着铅覆盖率的增加而无限制地下降，而是会逐渐趋于某一数值，这说明部分活性位点并未受到 PbO 的影响。与上述研究不同的是，Gao 等[98]通过理论计算的方法研究了 PbO 对 SCR 脱硝催化剂的毒害作用，指出 Pb 会吸附在两个相邻的 V=O 位点之间形成独特的—V—O—Pb—O—V—桥式结构，使得 V=O 键的键长由 0.158nm 拉伸至 0.166nm，导致 V 原子与 O 原子之间的相互作用减弱，且 Pb 原子会向邻近的 O 原子提供价电子，而这类价电子的传递有可能会导致催化剂表面发生不利的电子重组，影响催化剂的活性。此外，他们的研究还指出 PbO 的存在限制了催化剂表面 Lewis 酸性位向 Brönsted 酸性位的转化，不利于催化反应的进行。

有关 $PbCl_2$ 对催化剂毒化作用的研究相对较少，但姜烨等[99]对此做了较为全面的研究，指出铅物种对催化剂活性的影响主要集中在低温区，且催化剂活性随铅负载量的增加快速降低。分析认为铅物种沉积到催化剂表面后，会渗透到微孔内，导致孔结构堵塞，催化剂比表面积和总孔容下降。但他们指出这并非活性下降的主因，而认为铅物种的引入主要是导致催化剂中 V^{5+} 向 V^{4+} 转化，使得 V^{5+} 的相对含量降低，通过影响催化剂的氧化还原性能而影响催化剂活性。此外，研究还指出铅物种还会影响催化剂表面氧物种的相对含量，且对晶格氧的影响大于化学吸附氧。最后，他们指出催化剂铅中毒是这些因素共同作用的结果，且总体而言，$PbCl_2$ 对催化剂的毒化作用强于 PbO。在随后的研究中，他们通过 FTIR 手段，探究了 $PbCl_2$ 在催化剂表面的吸附及反应行为，给出了可能的毒化作用过程(图 5-30)[100]：首先 $PbCl_2$ 在催化剂表面发生解离吸附，解离吸附的 Pb 与两个或一个 Brönsted 酸性位(V—OH)发生反应分别形成—V—O—Pb—O—V—或—V—O—Pb—Cl；随后被 Pb 取代的 H^+ 与解离吸附的 Cl^- 结合生成 HCl 分子；生成的

HCl 分子通过与催化剂表面的 Lewis 酸性位(V═O)发生反应生成新的—OH，而后和邻近 V—OH 与 PbCl₂ 反应分别生成 Cl—V—O—Pb—O—V—或—V—O—Pb—Cl，而生成的 HCl 分子同样继续参与反应，最终形成一个循环反应，使得催化剂表面 Brönsted 酸性位丧失对 NH₃ 的吸附及质子化能力，导致催化剂中毒失活。

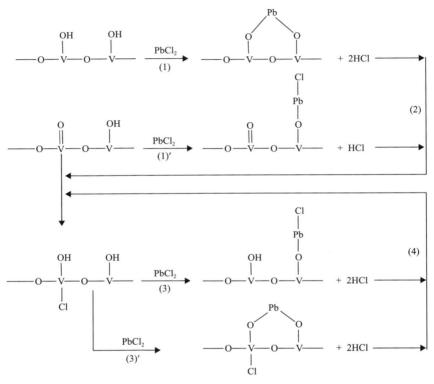

图 5-30　姜烨等提出的钒基催化剂 PbCl₂ 中毒机理示意图

　　WO₃ 和 MoO₃ 均为商业钒钛基 SCR 脱硝催化剂的常用助剂，然而，目前关于铅造成 V₂O₅-MoO₃/TiO₂ 型 SCR 脱硝催化剂失活的作用机理尚不清楚。为此，笔者团队结合多种催化剂表征技术，详细研究了 V₂O₅-MoO₃/TiO₂ 催化剂的铅中毒机理。图 5-31 给出了新鲜及 Pb 中毒 V₂O₅-MoO₃/TiO₂ 催化剂的 XRD 图像，新鲜催化剂中只发现了锐钛矿型 TiO₂ 的特征峰，表明 V₂O₅ 和 MoO₃ 在催化剂表面以无定形或微晶的形式高度分散[101]；当催化剂中存在 Pb 时，出现了 PbMoO₄ 的衍射峰(2θ=27.5°、29.3°、32.9°、47.3°)，这表明催化剂发生铅中毒后，Pb 会与 MoO₃ 反应生成 PbMoO₄ 并在催化剂表面累积，破坏了催化剂的晶体结构。

　　图 5-32 给出了 Pb 中毒 V₂O₅-MoO₃/TiO₂ 催化剂的 SEM 和 X 射线能量色散光谱(EDS)表征结果，从中可以看出 Pb 物种与催化剂发生了高度结合并在催化剂表面发生团聚，导致催化剂比表面积的降低。

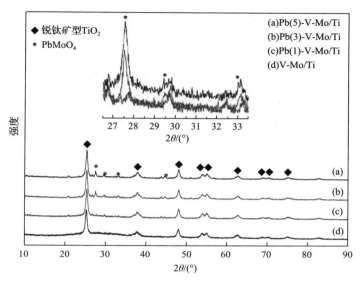

图 5-31　新鲜催化剂及 Pb 中毒 V_2O_5-MoO_3/TiO_2 催化剂的 XRD 衍射图像（彩图扫二维码）

Pb(x)-V-Mo/Ti 催化剂中 PbO 含量为 x%，V_2O_5 含量为 1%，MoO_3 含量为 10%

图 5-32　Pb 中毒 V_2O_5-MoO_3/TiO_2 催化剂的 SEM(a)～(e)图像及 EDS 谱图(f)

　　为考察 Pb 中毒 V_2O_5-MoO_3/TiO_2 催化剂的元素价态，笔者团队进行了 Pb 中毒催化剂的 XPS 表征分析，结果如图 5-33 所示。在图 5-33(a) 中，142.9eV 和 138.0eV 处的峰分别为 Pb 的 $4f_{5/2}$ 和 $4f_{7/2}$ 轨道，证明中毒催化剂表面 Pb 以+2 价的形态存在[102]。图 5-33(b) 为 Mo 3d 轨道的 XPS 光谱，232.7eV 和 235.8eV 处的峰分别属于 Mo 3d$_{5/2}$ 和 Mo 3d$_{3/2}$，表明 Pb 中毒催化剂表面 Mo 的价态并未发生变化[103]。图 5-33（c）和表 5-6 给出了不同 Pb 负载量中毒催化剂表面 V 元素的 XPS 表征结果，在 516.4～517eV，515.7～516.2eV 和 515.2～515.7eV 处的三个峰分别归属于 V^{5+}、V^{4+}和 V^{3+}[104]。从图表中可以看出，随着 Pb 负载量的增加，V^{5+}和 V^{4+}的比例有所降低，而 V^{3+}的比例有所提升，当 Pb 的负载量达到 5%时，V^{3+}比例增加了近一倍。这表明在中毒催化剂表面 Pb 与 V^{5+}＝O 活性位点发生作用，促进了高价钒向低价钒的转化，因此降低了催化剂的 SCR 反应活性。图 5-33（d）的 O 1s 轨道 XPS 光谱中，528.2～530.3eV 处峰为晶格氧（O$_\alpha$），531.3～531.7eV 处峰为化学吸附氧（O$_\beta$），532.7～533.5eV 处峰为吸附水分子中的氧（O$_\gamma$），其中化学吸附氧是在 SCR 反应中活性最高的氧物种[105-107]。由图 5-33（d）和表 5-6 可知，随着 Pb 负载量的增加，催化剂表面化学吸附氧的比例不断减少，这表明 Pb 物种还会消耗催化剂表面的化学吸附氧，从而降低催化剂的 SCR 反应活性。

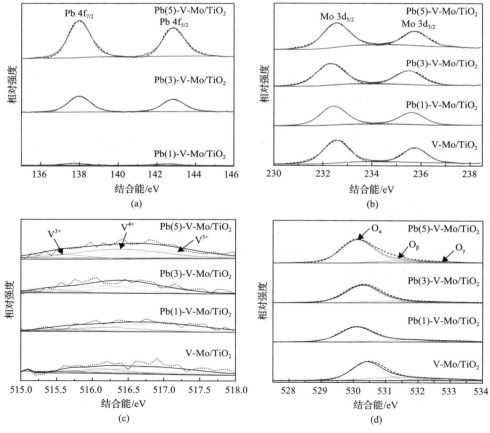

图 5-33　Pb 中毒 V$_2$O$_5$-MoO$_3$/TiO$_2$ 催化剂的 XPS 光谱

(a) Pb 4f 轨道；(b) Mo 3d 轨道；(c) V 2p 轨道；(d) O 1s 轨道

表 5-6　不同 Pb 负载量催化剂表面不同价态钒及氧物种比例

样品	不同价态钒/%			不同氧物种/%		
	V^{5+}	V^{4+}	V^{3+}	O_α	O_β	O_γ
V-Mo/Ti	69.95	23.81	6.24	68.68	21.03	10.29
Pb(1)-V-Mo/Ti	67.66	25.28	7.05	76.57	16.72	6.71
Pb(3)-V-Mo/Ti	62.10	8.99	8.99	84.52	11.35	4.13
Pb(5)-V-Mo/Ti	56.28	12.68	12.68	86.29	10.94	2.77

　　为考察催化剂的氧化还原性能,图 5-34 给出了新鲜及 Pb 中毒 V_2O_5-MoO_3/TiO_2 催化剂的 H_2-TPR 表征结果,从图中可以发现两个还原峰,在 400~500℃ 处是 $V^{5+} \rightarrow V^{4+} \rightarrow V^{3+}$[108]的还原峰,500~950℃ 处则为 Mo 物种的还原峰[109]。可以看出,Pb 中毒催化剂的钒物种还原峰向高温区发生偏移,且随着 Pb 负载量增加,偏移程度逐渐增大,这表明催化剂的 SCR 活性受到了抑制[110, 111]。Mo 物种的还原峰未发生明显偏移但峰面积随 Pb 负载量增加而减小,这是由于 Pb 与催化剂表面的 MoO_3 发生反应而引起的。

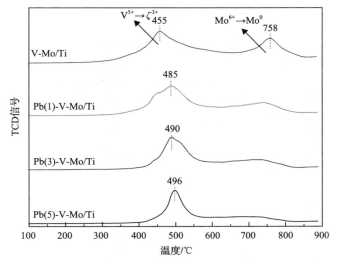

图 5-34　新鲜及 Pb 中毒 V_2O_5-MoO_3/TiO_2 催化剂的 H_2-TPR 表征结果

　　笔者团队对新鲜及 Pb 中毒 V_2O_5-MoO_3/TiO_2 催化剂进行了 NH_3-TPD 测试,分析 Pb 物种对催化剂表面酸性的影响,如图 5-35 所示。由图可知,随着 Pb 负载量的不断增加,NH_3 的吸附浓度不断降低,表明催化剂表面的酸性位不断减少。为探明 Pb 对催化剂表面不同酸性位的影响,进行了 Py-FTIR 表征测试,结果如图 5-36 及表 5-7 所示。1445cm^{-1} 和 1604cm^{-1} 处红外峰为 Lewis 酸性位,1539cm^{-1} 和 1643cm^{-1} 处红外峰为 Brönsted 酸性位,1490cm^{-1} 处则为 Brönsted 酸性位和 Lewis

酸性位共同作用的结合峰[112]。由图 5-36 及表 5-7 可知，催化剂表面的 Pb 物种降低了 Brönsted 酸性位和 Lewis 酸性位的数量，从而减弱了 V$_2$O$_5$-MoO$_3$/TiO$_2$ 催化剂的酸性，降低了催化剂的 SCR 反应活性。

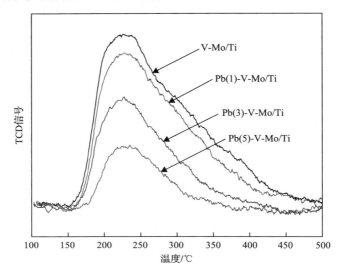

图 5-35　Pb 中毒 V$_2$O$_5$-MoO$_3$/TiO$_2$ 催化剂的 NH$_3$-TPD 测试结果

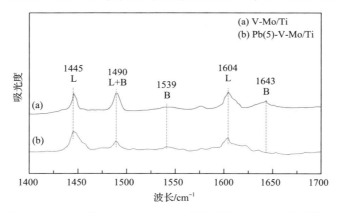

图 5-36　Pb 中毒 V$_2$O$_5$-MoO$_3$/TiO$_2$ 催化剂的 Py-FTIR 测试结果

表 5-7　Pb 中毒 V$_2$O$_5$-MoO$_3$/TiO$_2$ 催化剂表面 Brönsted 酸性位和 Lewis 酸性位数量变化情况

样品	Lewis 酸量/(μmol/m^2)	Brönsted 酸量/(μmol/m^2)	总酸量/(μmol/m^2)
V-Mo/Ti	3.26	0.40	3.66
Pb(5)-V-Mo/Ti	2.98	0.01	2.99

综合分析多种表征结果可以深入了解 V$_2$O$_5$-MoO$_3$/TiO$_2$ 催化剂的铅中毒机理。

铅物种主要与催化剂表面的 MoO_3 结合形成 $PbMoO_4$，同时沉积在催化剂表面与活性组分 V_2O_5 发生反应，降低了高价钒比例；同时，消耗了催化剂表面的化学吸附氧，从而降低了催化剂的氧化还原活性；此外，铅物种还会降低催化剂的表面酸性，阻碍了催化剂表面对 NH_3 的吸附。

3. 锌中毒

锌也是引起催化剂中毒失活的毒物之一，煤炭中锌的含量及分布规律因煤种和地域的不同而存在较大差异。研究表明，煤炭中锌含量集中分布于 $2\sim106\mu g/g$ 之间，平均值为 $35\mu g/g$，部分地区的煤中锌含量高达 $149\sim310\mu g/g$[93]。煤中的锌主要赋存于闪锌矿中，在燃烧过程中，煤中的锌会与烟气中的化合物发生化学反应生成 ZnO 或 $ZnCl_2$，当它们随飞灰流经 SCR 脱硝催化剂时，不可避免地会造成催化剂中毒。

有关锌对 SCR 脱硝催化剂毒化作用机理的研究较为欠缺，目前还没有较为系统的研究报道，但是也有少量的研究者注意到锌对催化剂的毒化作用，并开展了相关研究。Moradi 等[113]和 Sohrabi 等[114]均通过气溶胶模拟法研究了 KCl、K_2SO_4 和 $ZnCl_2$ 对催化剂的毒化作用，结果表明 $ZnCl_2$ 对催化剂的毒化作用强于 KCl 和 K_2SO_4，其原因是 $ZnCl_2$ 的熔点（$283\sim293$℃）较低，在 SCR 脱硝催化剂的反应温度窗口（$300\sim420$℃）内呈熔融态或气态，具有极强的渗透能力，很容易扩散到催化剂孔道内，从而导致大量的微孔和中孔堵塞，同时还会在催化剂外表面沉积形成一个覆盖层，导致外扩散阻力增大，使得催化剂活性降低，其在催化剂表面的渗透深度远高于 KCl 和 K_2SO_4。Larsson 等[115, 116]分别采用浸渍法和气溶胶模拟法对比研究了 $ZnCl_2$（作者采用浸渍法模拟中毒后，只进行干燥并未焙烧，因而催化剂表面的锌化合物仍为 $ZnCl_2$）对催化剂的毒化作用，重点研究了催化剂中毒后 $ZnCl_2$ 沿壁厚方向的浓度分布情况。结果表明，采用浸渍法模拟中毒后，$ZnCl_2$ 的浓度较低且沿催化剂壁厚方向的分布相对较为均匀。而采用气溶胶法模拟中毒后，$ZnCl_2$ 的浓度沿壁厚快速增大至最大值，随后呈指数递减，最终趋于与浸渍法相当。一般而言，气溶胶法模拟中毒与实际的中毒过程更为接近，因而在实际运行过程中催化剂表面的 $ZnCl_2$ 浓度沿壁厚方向应呈现先增后减的趋势，且在催化剂的外表面浓度尤高。SCR 反应非常迅速，受外扩散控制，主要发生在催化剂 0.1mm 的外部表层内，因此 $ZnCl_2$ 对催化剂的毒化作用较为明显。与上述研究不同，仲兆平等[117]采用浸渍法对比研究了不同负载量的钾、钠、锌和磷对 SCR 脱硝催化剂的毒化作用，结果表明催化剂活性随 ZnO 负载量的增加而降低，且温度越高，ZnO 的毒化作用越明显。另外，还发现 ZnO 对催化剂的毒化作用弱于 K_2O 和 Na_2O 而强于 P_2O_5。Guo 等[118]也研究了 ZnO 对 SCR 脱硝催化剂的毒化作用，指出 ZnO

吸附到催化剂表面后，会和载体 TiO_2 相互作用形成化学键，导致 TiO_2 晶粒内部各原子间的相互作用力弱化，使之迁移扩散引发团聚现象，最终导致部分锐钛矿型 TiO_2 向金红石型 TiO_2 转化，这就使得催化剂活性组分 V_2O_5 因载体微孔结构的塌陷而被包围，导致催化剂表面酸性位的数量和强度降低，不利于 NH_3 的吸附与活化，最终导致催化剂失活。

4. 硒中毒

硒是煤炭中常见的元素之一，在煤中约 80% 以有机态赋存，剩余部分则以无机态赋存于几种不同形态的矿物中[119, 120]。不同地区煤中硒的含量具有较大差距，Zheng 和 Spears[121]研究了英国煤样中硒的含量，他们对 24 个样品进行分析，得出其算数平均值和几何平均值分别为 1.7μg/g 和 1.5μg/g；Finkelman[122]统计了美国 7563 个煤样品，得出美国煤中硒含量的算数平均值和几何平均值分别为 2.8μg/g 和 1.8μg/g；Ren 等[123]对我国煤种进行取样分析后，得到了我国煤中硒浓度的算数平均值和几何平均值分别为 6.22μg/g 和 3.64μg/g。硒在煤中的平均含量并不高，但各地也存在一些富硒煤田。例如，位于美国内陆地区的个别煤田中，煤样硒含量可达 150μg/g。前苏联某些煤中，检测出硒的含量达到了 20000μg/g；在中国恩施渔塘坝地区的石煤中，硒含量甚至高达 84000μg/g[124, 125]。

煤炭中的硒物种在燃烧过程中几乎全部以气态 SeO_2 的形式挥发出来，伴随烟气向下游流动，在流动过程中部分 SeO_2 会被烟气中的 SO_2 等还原性气体还原为单质硒，也有部分随着烟气温度的降低聚集在飞灰中，并与飞灰中的一些金属氧化物相结合[126]。在燃煤烟气的上游，气相硒物种的含量远高于固相硒，但随着烟气向下游流动，固相硒物种的比例会明显增加。Cheng 等[127]的研究表明，烟气流经 370℃ 左右的 SCR 脱硝系统后，气相硒的浓度为 150μg/m³，而固相硒的浓度为 340μg/m³。SCR 设备对硒具有一定的协调脱除作用，Chang 等[128]研究了不同大气污染净化设备对硒物种的脱除效率，发现 SCR 装置对硒物种的脱除效率高达 70% 以上，高于除尘与脱硫装置。为了满足 SCR 脱硝催化剂的活性需求，SCR 设备一般安装于除尘与脱硫装置之前，导致流经 SCR 设备的硒物种浓度较高。因此，当燃用某些硒含量较高的煤种时，硒物种对脱硝催化剂性能的影响不容忽视。

笔者团队研究了 Se 与 SeO_2 对商用 1V-10W/TiO_2 型和 1V-10Mo/TiO_2 型 SCR 脱硝催化剂的影响，发现 Se 与 SeO_2 能够造成催化剂脱硝性能下降。为了探明活性降低的原因，运用了一系列表征手段对其进行分析。图 5-37(a)、(b) 分别为活性测试前后新鲜及掺 Se(SeO_2) 的 1V-10W/TiO_2 催化剂 Se 3d 轨道 XPS 表征结果，从图中可以看出，经过 250℃ 脱硝活性测试后，5Se-1V-10W/TiO_2 催化剂表面归属于 Se^0 的峰面积明显降低，同时在 59.0eV 与 59.7eV 处出现分别归属于 $V_xSe_yO_z$ 和

SeO_2 的 Se^{4+} 特征峰，这说明在 $1V$-$10W/TiO_2$ 催化剂的作用下，Se 能被氧化为 Se^{4+}，且部分 Se^{4+} 与活性组分 VO_x 结合。而对于 $5SeO_2$-$1V$-$10W/TiO_2$ 催化剂，经过 250℃ 脱硝活性测试后，催化剂中归属于 SeO_2 的峰面积少量降低，在 55.5eV 与 59.0eV 处出现 Se^0 与 $V_xSe_yO_z$ 的特征峰，这表明部分 SeO_2 发生了 NH_3 还原反应，另外有部分 SeO_2 与 VO_x 结合形成 $V_xSe_yO_z$。而在经过 400℃ 测试后，由于 SeO_2 升华脱离，催化剂中 SeO_2 对应的特征峰消失，仅残留少量 $V_xSe_yO_z$ 特征峰。

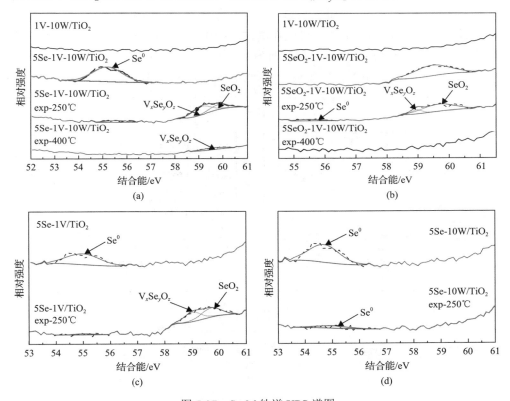

图 5-37　Se 3d 轨道 XPS 谱图

(a) 5Se-1V-10W/TiO$_2$；(b) 5SeO$_2$-1V-10W/TiO$_2$；(c) 5Se-1V/TiO$_2$；(d) 5Se-10W/TiO$_2$
图中 exp-250℃ 和 exp-400℃，指在 250℃ 和 400℃ 测试后的催化剂

为了进一步明确除 V_2O_5 外，催化剂的其他组分对 Se 是否起到了氧化作用，对 250℃ 活性测试前后 $5Se$-$1V/TiO_2$ 与 $5Se$-$10W/TiO_2$ 催化剂进行了 Se 3d 轨道 XPS 表征，结果如图 5-37(c)、(d) 所示。通过比较图 5-37(c) 与 (d) 可以明显看出，Se 能被 $1V/TiO_2$ 催化剂轻易地氧化为 Se^{4+}，但无法被 $10W/TiO_2$ 催化剂氧化，这说明 $1V$-$10W/TiO_2$ 催化剂中对 Se 起氧化作用的组分是 V_2O_5，而非 WO_3 或 TiO_2。

图 5-38(a)、(b) 为活性测试前后新鲜及掺 Se(SeO_2) 的 $1V$-$10Mo/TiO_2$ 催化剂

Se 3d 轨道的 XPS 表征结果。由图可以看出，经过 250℃活性测试后，5Se-1V-10Mo/
TiO$_2$ 催化剂表面归属于 Se^0 的峰面积发生了明显降低，同时出现了 Se^{4+}特征峰。
在测试的烟气工况下，Se^0 无法被 O$_2$ 或 TiO$_2$ 氧化，对 Se^0 起氧化作用的可能是 V$_2$O$_5$
或 MoO$_3$，因此 XPS 谱图中 Se^{4+}的特征峰为 SeO$_2$、V$_x$Se$_y$O$_z$ 和 Mo$_x$Se$_y$O$_z$ 的混合峰。
而经过 400℃活性测试后，5Se-1V-10Mo/TiO$_2$ 催化剂几乎检测不到硒物种的特征
峰，说明大部分硒物种发生升华并脱离催化剂。对于 5SeO$_2$-1V-10Mo/TiO$_2$ 催化剂，
经过 250℃活性测试后，归属于 SeO$_2$ 的特征峰面积发生少量减少，并出现了 Se^0、
V$_x$Se$_y$O$_z$ 和 Mo$_x$Se$_y$O$_z$ 的特征峰，说明在测试过程中，部分 SeO$_2$ 被 NH$_3$ 还原为 Se^0。
而经过 400℃测试之后，大部分硒物种发生升华，5SeO$_2$-1V-10Mo/TiO$_2$ 催化剂中
基本检测不到 Se^0 与 SeO$_2$ 的特征峰，仅剩余少量 V$_x$Se$_y$O$_z$ 特征峰。

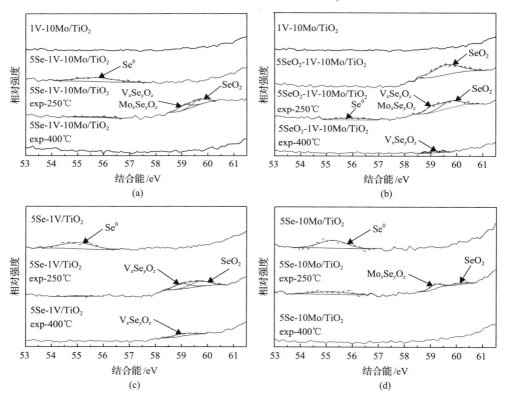

图 5-38　Mo 系催化剂 Se 3d 轨道 XPS 谱图

(a) 5Se-1V-10Mo/TiO$_2$；(b) 5SeO$_2$-1V-10Mo/TiO$_2$；(c) 5Se-1V/TiO$_2$；(d) 5Se-10Mo/TiO$_2$

为了进一步明确 1V-10Mo/TiO$_2$ 催化剂中 V$_2$O$_5$ 与 MoO$_3$ 对 Se 的氧化作用，对
活性测试前后的 5Se-1V/TiO$_2$、5Se-10Mo/TiO$_2$ 催化剂进行了 Se 3d 轨道 XPS 测试，
结果如图 5-38(c)、(d)所示。从图 5-38(c)可以看出，经过 250℃测试后，Se^0 被

V_2O_5 氧化为 Se^{4+}（$V_xSe_yO_z$ 与 SeO_2），而经过 400℃测试后，SeO_2 升华脱离催化剂，仅残留了少量 $V_xSe_yO_z$。而由图 5-38（d）可知，MoO_3 对 Se^0 同样起到了氧化作用，且经过 250℃测试后，明显出现了两种类型的特征峰，分别归属于 $Mo_xSe_yO_z$ 与 SeO_2。经过 400℃测试后，已经检测不到 $Mo_xSe_yO_z$ 与 SeO_2 的存在，说明 $Mo_xSe_yO_z$ 的热稳定性较 $V_xSe_yO_z$ 差，极易重新分解成 MoO_3 与 SeO_2，而 SeO_2 在高温下升华脱离催化剂。这也说明硒对 MoO_3 组分的毒性是可逆的，这是助剂 MoO_3 与 WO_3 在面对 Se 中毒时的一个明显区别。

$V_xSe_yO_z$ 的形成影响了催化剂中活性组分 V_2O_5 的氧化还原性能。对硒中毒前后的催化剂进行 H_2-TPR 表征，结果如图 5-39 所示，图中 400～500℃、690℃ 和 780℃附近的特征峰分别代表 $V^{5+}{\rightarrow}V^{3+}$、$W^{6+}{\rightarrow}W^0$ 和 MoO_x 的还原峰[129]。从图中可以看出，W^{6+} 的还原峰没有明显变化，说明硒的负载对助剂组分 WO_3 的还原性能影响不大，但活性组分 V_2O_5 以及助剂 MoO_3 的还原峰均发生了偏移，说明 Se 和 SeO_2 与 V_2O_5 及 MoO_3 都存在相互作用，影响了其氧化还原性能，导致催化剂的脱硝活性下降。

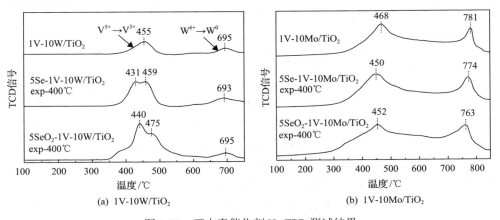

(a)　1V-10W/TiO₂　　　　　　　　　　(b)　1V-10Mo/TiO₂

图 5-39　硒中毒催化剂 H_2-TPR 测试结果

为探究硒对催化剂表面酸性的影响，采用 Py-FTIR 表征探究了 Se 与 SeO_2 中毒前后催化剂 Brönsted 酸性位与 Lewis 酸性位的变化，测试结果如图 5-40 所示。图谱中波数为 $1447cm^{-1}$、$1490cm^{-1}$、$1540cm^{-1}$ 以及 $1610cm^{-1}$ 处分别出现了红外特征峰，其中 $1540cm^{-1}$ 处的峰归属于 Brönsted 酸性位的特征峰，$1447cm^{-1}$ 与 $1610cm^{-1}$ 处的峰归属于 Lewis 酸性位的特征峰，$1490cm^{-1}$ 处为同属于 Brönsted 酸性位以及 Lewis 酸性位的结合峰[130, 131]。通过 $1447cm^{-1}$ 与 $1540cm^{-1}$ 处的峰分别计算 Lewis 酸性位与 Brönsted 酸性位的酸量，计算结果如表 5-8 所示。

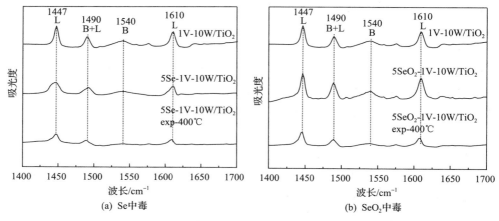

图 5-40　硒中毒催化剂 Py-FTIR 测试结果

表 5-8　Se 与 SeO₂ 对催化剂表面 Brönsted 酸与 Lewis 酸的影响

催化剂	Brönsted 酸量/(μmol/g)	Lewis 酸量/(μmol/g)	总酸量/(μmol/g)
1V-10W/TiO₂	91.45	113.02	204.47
5Se-1V-10W/TiO₂ exp-400℃	22.48	64.22	86.70
5SeO₂-1V-10W/TiO₂ exp-400℃	36.08	55.84	91.92
1V-10Mo/TiO₂	56.07	76.63	132.70
5Se-1V-10Mo/TiO₂ exp-400℃	10.59	72.44	83.03
5SeO₂-1V-10Mo/TiO₂ exp-400℃	3.33	38.57	41.90

　　从图表中可以看出,对于 1V-10W/TiO₂ 催化剂,经过 400℃测试后,Se 与 SeO₂ 中毒催化剂中 Brönsted 酸量与 Lewis 酸量较新鲜催化剂均明显减少,这说明 SeO₂ 升华脱离催化剂后,残留的 $V_xSe_yO_z$ 造成酸性位点的减少,导致催化剂活性降低。而对于 1V-10Mo/TiO₂ 催化剂,经过 400℃测试后,Se 与 SeO₂ 中毒的催化剂 Brönsted 酸量与 Lewis 酸量较新鲜催化剂也发生了明显减少,且 Brönsted 酸性位(V—OH)的变化量明显大于 Lewis 酸性位(V═O)变化量,这进一步说明 Se 主要与酸性 V 位点发生反应,改变钒的化学性质,造成催化剂的不可逆失活。此外,从图表还可以发现,Se 对 1V-10Mo/TiO₂ 催化剂酸性的影响小于 SeO₂,这是由于助剂组分 MoO₃ 与 Se 能够发生反应形成 $Mo_xSe_yO_z$,而 $Mo_xSe_yO_z$ 的形成对活性组分 V₂O₅ 起到了一定的保护作用。

　　基于测试结果分析,笔者团队得到了硒对催化剂活性影响的机理,如图 5-41 所示。在 SCR 反应过程中,若催化剂表面存在硒物种,Se 会被 V₂O₅ 氧化为 Se^{4+} 形成 SeO₂ 与 $V_xSe_yO_z$。而 SeO₂ 会被 NH₃ 还原为 Se,形成 Se→SeO₂→Se 循环反应。在此反应中,高价钒物种 V^{5+} 会被持续消耗,从而抑制了 SCR 脱硝反应的进行。Se 与 SeO$_2$ 会随着温度的升高而脱离催化剂表面，使催化活性得到一定的恢复，但由于 V$_x$Se$_y$O$_z$ 造成部分活性组分变性失活，中毒催化剂的活性无法完全恢复。

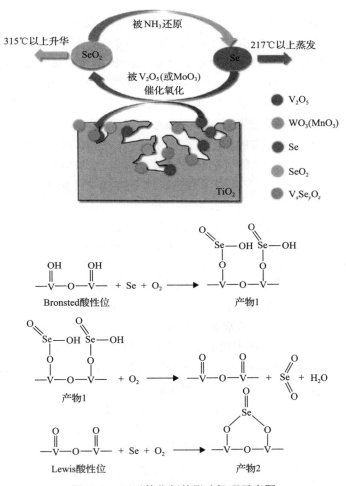

图 5-41　硒对催化剂的影响机理示意图

结合表征结果，分析了 V$_x$Se$_y$O$_z$ 可能的生成过程。首先，Se 会吸附在 Brönsted 酸性位(V—OH)上，被 Brönsted 酸性位氧化并结合形成产物 V$_x$Se$_y$O$_z$，产物 V$_x$Se$_y$O$_z$ 提供了更多的酸性位点如 Se—OH 或 Se═O，然而，随着反应温度的升高，V$_x$Se$_y$O$_z$ 会发生分解生成 Lewis 酸性位，即 Brönsted 酸性位在此过程中转化成为 Lewis 酸性位，催化剂活性下降。此外，Se 也会与 Lewis 酸性位反应生成另一种 V$_x$Se$_y$O$_z$，使催化剂活性位点进一步减少。

5.3.3 卤族元素中毒

1. 氯中毒机理

氯也是引起催化剂中毒的重要元素之一。据中国煤种资源数据库(CSRDS)统计，我国绝大部分(约90%)煤炭中氯含量低于0.05%，其余(约10%)煤炭中氯含量在0.05%～0.15%之间，少数煤种中氯含量高达1%以上。按照我国煤炭行业氯含量等级的划分标准(MT/T 597—1996)，我国的煤炭多为低氯煤(氯含量 > 0.050%～0.150%)[132]，尽管煤中氯含量相对较低，但是其对SCR脱硝催化剂的毒害作用不可忽视。关于氯在煤中的赋存形态，现有研究存在较大争议，但多数研究者认为氯在煤中以离子态的形式存在或镶嵌于羟基化合物的晶格中，但不论氯以何种形式存在，燃烧后氯绝大部分以HCl气体的形式释放[133]。

早在1990年，Chen等[95]就指出燃煤烟气中的HCl对SCR脱硝催化剂存在明显的毒化作用，且其毒化效应主要集中于低温区。他们在300℃时向反应器中通入浓度为12%的HCl气体，结果导致催化剂的脱硝效率在半小时内由98%降至22%，且反应初期在尾部的冷凝器中出现红棕色的液体，紧接着出现绿色液体。在对催化剂和反应产物进行分析后，他们发现在反应过程中发生了诸多副反应，首先是HCl气体与还原剂NH_3反应生成NH_4Cl，导致还原剂的非计划消耗，而且当温度低于338℃(NH_4Cl的分解温度)时，NH_4Cl的生成速率会超过其分解速率，致使其沉积在催化剂表面并堵塞其上的活性位点，阻碍还原剂NH_3的吸附活化[90]；其次HCl气体还会与催化剂表面的低价态钒物种发生反应生成挥发性的VCl_4(液态呈红棕色)和VCl_2(液态呈绿色)，这些氯化物的形成使得催化剂表面钒物种流失。不仅如此，HCl还会与烟气中的碱金属或重金属氧化物反应生成对应的金属氯化物(如KCl和$PbCl_2$等)，而这些物质对催化剂的毒化作用往往强于对应的金属氧化物[70]。在此之后，未见专门针对SCR脱硝催化剂氯中毒机理研究的报道，现有的研究多集中于SCR脱硝催化剂作用下HCl对Hg^0氧化过程的影响，但从中也可以获取许多与催化剂氯中毒机理相关的重要信息。He等[134]通过XPS和FTIR等技术手段探究了HCl在催化剂表面钒位点上的吸附行为，XPS结果表明HCl吸附到催化剂表面后会与V^{4+}—OH发生反应，使得部分V^{4+}物种转化为V^{5+}物种，其原因是Cl具有很强的电负性，引发了反应式(5-27)。

$$V^{4+}-OH+Cl^- \longrightarrow Cl-V^{5+}-OH \tag{5-27}$$

而FTIR结果表明，催化剂表面吸附的HCl还会通过共价键与V^{5+}=O相互作用，其涉及的反应如式(5-28)所示：

$$V^{5+}=O+HCl \longrightarrow Cl-V^{5+}-OH \tag{5-28}$$

　　由 Topsoe[74]提出的 SCR 反应机理可知，V^{4+}—OH 和 V^{5+}=O 在氧化还原循环反应中扮演着极其重要的角色，而 HCl 的存在破坏了这些基团的结构，影响催化反应的进行，导致催化剂中毒失活。

　　此外，在 SCR 脱硝催化剂表面钒物种的催化作用下，HCl 可能会与烟气中的 O_2 通过 Chlor-Deacon 反应生成 Cl_2[135]，反应如式(5-29)所示：

$$4HCl+O_2 \longrightarrow 2Cl_2+2H_2O \tag{5-29}$$

　　该反应由两步反应组成，即氯化反应和氧化反应。氯化反应指的是 HCl 与表面钒物种的反应，该反应为放热反应，因而在较低的温度下即可进行，其过程较为复杂，涉及的反应如式(5-30)～式(5-33)所示：

$$VO_2+2HCl \longrightarrow V(OH)_2Cl_2 \tag{5-30}$$

$$V(OH)_2Cl_2 \longrightarrow VOCl_2+H_2O \tag{5-31}$$

$$V_2O_5+2HCl \longrightarrow V_2O_3(OH)_2Cl_2 \tag{5-32}$$

$$V_2O_3(OH)_2Cl_2 \longrightarrow 2VO_2Cl+H_2O \tag{5-33}$$

　　氧化反应指的是上述反应生成的氯化物被烟气中的 O_2 氧化为金属氧化物，同时释放出 Cl_2 的过程，该反应为吸热反应，因而需在较高的温度下才可进行，涉及的反应如式(5-34)和式(5-35)所示：

$$VOCl_2+1/2O_2 \longrightarrow VO_2+Cl_2 \tag{5-34}$$

$$2VO_2Cl+1/2O_2 \longrightarrow V_2O_5+Cl_2 \tag{5-35}$$

　　除此之外，由于 V_2O_5 对 HCl 具有较强的亲和力，因而在较低的温度下(约 150℃)两者还可能发生反应生成 $V(OH)_2Cl$[136]，其反应如式(5-36)所示：

$$V_2O_5+2HCl \longrightarrow 2V(OH)_2Cl \tag{5-36}$$

　　理想状态下，通过上述 Chlor-Deacon 反应能将约 50%的 HCl 转化为 Cl_2，但在实际运行过程中，受多重因素(空速、温度和浓度等)的影响，仅有少于 1%的 HCl 转化为 Cl_2。更值得关注的是氯化反应过程中生成的络合物具有可挥发性，容易导致活性组分大量流失，进而引发催化剂中毒失活。综上所述，HCl 对 SCR 脱硝催化剂的毒化主要是与 NH_3 在催化剂表面活性位点上形成竞争吸附[137]，一方面导致钒位点流失，另一方面抑制了 NH_3 的吸附与活化过程。

2. 氟中毒机理

氟也是导致催化剂中毒的重要痕量元素之一，它具有较强的化学活性。煤中氟的赋存形态主要有三种，分别为独立的氟矿物、吸附于矿物质表面或以类质同象存在于矿物晶格内[138]。一般而言，煤中的氟以无机物为主，且其主要的赋存形态为氟磷灰石类矿物。氟的含量随煤种和地域而变化，我国贵州地区开采的煤炭中氟含量普遍较高，刘雪锋等[139]对贵州 11 种常见煤炭中氟的含量进行了测定分析，结果表明煤中氟含量最高达 1614.46μg/g，平均达 715.20μg/g，远高于我国煤中氟含量的平均值 150μg/g。可见，煤燃烧后产生的尾部烟气中将含有大量的含氟化合物，且主要以 HF、SiF_4、CF_4 和 H_2SiF_6 等的气态或气溶胶形式存在，因而氟对脱硝催化剂的危害不容忽视。

一般而言，商用 SCR 脱硝催化剂结构为平板式或蜂窝式。为了提升催化剂的机械性能，往往需要向催化剂原料中掺杂适量的硅铝酸盐或玻璃纤维等物质[140]，它们均含有大量的 SiO_2，而烟气中的 HF 会与之发生反应，其反应如式(5-37)所示：

$$4HF(g) + SiO_2 \rightleftharpoons SiF_4(g) + 2H_2O \qquad (5-37)$$

根据平衡条件的不同，反应式(5-37)进行的方向不同，因而催化剂的氟中毒机理也存在差异。当 HF 含量较高，水蒸气分压较低时，有利于平衡向右移动，由此可能会引起催化剂粉化，导致催化剂机械性能下降。如若发生严重的失硅现象，甚至可能在催化剂表面出现熔洞，导致催化剂的比表面积和总孔容急速下降。此外，当烟气中 HF 的含量较高时，还会与催化剂的活性组分 V_2O_5 发生化学反应生成挥发性的钒酰氟[141]，引起钒物种的流失，导致催化剂失活。反之，当 SiF_4 的含量较高，水蒸气分压和反应温度较高时，有利于平衡向左移动，由此可能会导致大量的 SiF_4 发生分解，产生水合 SiO_2，随即覆盖在催化剂表面结成浅灰色的硬壳[142]，堵塞催化剂的孔结构，从而阻断了 NH_3 等反应气向催化活性位点的扩散，导致催化剂中毒失活。

参 考 文 献

[1] Thomas J M, Johnson B F G, Raja R, et al. High-performance nano catalysts for single-step hydrogenations[J]. ChemInform, 2003, 36(16): 20-30.

[2] Yang X F, Wang A Q, Qiao B T, et al. Single-atom catalysts: A new frontier in heterogeneous catalysis[J]. Accounts of Chemical Research, 2013, 46(8): 1740-1748.

[3] Jain P K, Huang X H, El-Sayed I H, et al. Noble metals on the nanoscale: Optical and photo thermal properties and some applications in imaging, sensing, biology, and medicine[J]. Accounts of Chemical Research, 2008, 41(12): 1578-1586.

[4] Toh H S, Compton R G. 'Nano-impacts': An electrochemical technique for nanoparticle sizing in optically opaque solutions[J]. Chemistry Open, 2015, 4(3): 261-263.

[5] Nova I, Dallacqua L, Lietti L, et al. Study of thermal deactivation of a de-NO$_x$ commercial catalyst[J]. Applied Catalysis B: Environmental, 2001, 35(1): 31-42.

[6] Khodayari R, Ingemar Odenbrand C U. Regeneration of commercial TiO$_2$-V$_2$O$_5$-WO$_3$ SCR catalysts used in bio fuel plants[J]. Applied Catalysis B: Environmental, 2001, 30(1/2): 87-99.

[7] Liu X S, Wu X D, Xu T F, et al. Effects of silica additive on the NH$_3$-SCR activity and thermal stability of a V$_2$O$_5$/WO$_3$-TiO$_2$ catalyst[J]. Chinese Journal of Catalysis, 2016, 37(8): 1340-1346.

[8] Madia G, Elsener M, Koebel M, et al. Thermal stability of vanadia-tungsta-titania catalysts in the SCR process[J]. Applied Catalysis B: Environmental, 2002, 39(2): 181-190.

[9] 李承烈. 催化剂失活[M]. 北京: 化学工业出版社, 1989.

[10] Saleh R Y, Wachs I E, Chan S S, et al. The interaction of V$_2$O$_5$ with TiO$_2$ (anatase): Catalyst evolution with calcination temperature and O-xylene oxidation[J]. Journal of Catalysis, 1986, 98(1): 102-114.

[11] Yu Y K, He C, Chen J S, et al. Regeneration of deactivated commercial SCR catalyst by alkali washing[J]. Catalysis Communications, 2013, 39(17): 78-81.

[12] 李想, 李俊华, 何煦, 等. 烟气脱硝催化剂中毒机制与再生技术[J]. 化工进展, 2015, 34(12): 4129-4138.

[13] Barkla H M, Auchterlonie L J. The Magnus or Robins effect on rotating spheres[J]. Journal of Fluid Mechanics, 1971, 47(3): 437-447.

[14] 樊泉桂, 阎维平, 闫顺林, 等. 锅炉原理[M]. 北京: 中国电力出版社, 2008.

[15] Dunn J P, Koppula P R, Stenger H G, et al. Oxidation of sulfur dioxide to sulfur trioxide over supported vanadia catalysts[J]. Applied Catalysis B: Environmental, 1998, 19(2): 103-117.

[16] Dunn J P, Stenger H G, Wachs I E. Oxidation of SO$_2$ over supported metal oxide catalysts[J]. Journal of Catalysis, 1999, 181(2): 233-243.

[17] Doering F J, Berkel D A. Comparison of kinetic data for K/V and Cs/V sulfuric acid catalysts[J]. Journal of Catalysis, 1987, 103(1): 126-139.

[18] Long R Q, Yang R T. Selective catalytic reduction of nitrogen oxides by ammonia over Fe^{3+}-exchanged TiO$_2$-pillared clay catalysts[J]. Journal of Catalysis, 1999, 186(2): 254-268.

[19] 高岩, 栾涛, 程凯, 等. 选择性催化还原蜂窝状催化剂工业试验研究[J]. 中国电机工程学报, 2011, 31(35): 21-28.

[20] 顾卫荣, 周明吉, 马薇, 等. 选择性催化还原脱硝催化剂的研究进展[J]. 化工进展, 2012, 31(7): 1493-1500.

[21] Burke J M, Johnson K L. Ammonium sulfate and bisulfate formation in air preheaters[R]. Washington: United Sates Environment Protection Agency, 1982.

[22] Matsuda S, Kamo T, Kato A, et al. Deposition of ammonium bisulfate in the selective catalytic reduction of nitrogen oxides with ammonia[J]. Industrial and Engineering Chemistry Product Research and Development, 1982, 21(1): 1888-1900.

[23] 张玉华, 束航, 范红梅, 等. 商业 V$_2$O$_5$-WO$_3$/TiO$_2$ 催化剂 SCR 脱硝过程中 PM2.5 的排放特性及影响因素研究[J]. 中国电机工程学报, 2015, 35(2): 383-389.

[24] Wilburn R T, Wright T L. SCR ammonia slip distribution in coal plant effluents and dependence upon SO$_3$[J]. Power Plant Chemistry, 2004, 6(5): 295-304.

[25] 赵宇峰, 赵博, 禚玉群, 等. SO$_2$ 对于铁基硫酸盐的 NH$_3$ 选择性还原催化活性的影响[J]. 中国电机工程学报, 2011, 31(23): 27-33.

[26] Sazonova N, Tsykoza L, Simakov A V, et al. Relationship between sulfur dioxide oxidation and selective catalytic NO reduction by ammonia on V$_2$O$_5$/TiO$_2$ catalysts doped with WO$_3$ and Nb$_2$O$_5$[J]. Reaction Kinetics and Catalysis Letters, 1994, 52(1): 101-106.

[27] Morikawa S, Yoshida H, Takahashi K, et al. Improvement of V$_2$O$_5$-TiO$_2$ catalyst for NO$_x$ reduction with NH$_3$ in flue gases[J]. Chemistry Letters, 1981, (2): 251-254.

[28] Kwon D W, Park K H, Hong S C. Enhancement of SCR activity and SO$_2$ resistance on VO$_x$/TiO$_2$ catalyst by addition of molybdenum[J]. Chemical Engineering Journal, 2016, 284(24): 315-324.

[29] 李锋, 於承志, 张朋, 等. 低 SO$_2$ 氧化率脱硝催化剂的开发[J]. 电力科技与环保, 2010, 26(4): 18-21.

[30] Svachula J, Alemany L J, Ferlazzo N, et al. Oxidation of SO$_2$ to SO$_3$ over honeycomb denoxing catalysts[J]. Industrial and Engineering Chemistry Research, 1993, 32(5): 826-834.

[31] 智丹. 烟气脱硝过程中硫酸氢铵生成机理的理论与实验研究[D]. 北京: 华北电力大学, 2018.

[32] Chothani C. Ammonium bisulfate measurement for SCR NO$_x$ control and air heater protection[J]. Carnegie Breen Energy Solution, 2008: 1-13.

[33] Menasha J, Dunn-Rankin D, Muzio L, et al. Ammonium bisulfate formation temperature in a bench-scale single-channel air preheater[J]. Fuel, 2011, 90(7): 2445-2453.

[34] 郑方栋. SCR 脱硝烟气中硫酸氢铵的生成机理研究[D]. 杭州: 浙江大学, 2017.

[35] Sarunac N, Levy E. Factors affecting sulfuric acid emissions from boilers[C]. Atlanta, USA: Air pollution control symposiummega symposium, 1999: 225-228.

[36] 马双忱, 郭蒙, 宋卉卉, 等. 选择性催化还原工艺中硫酸氢铵形成机理及影响因素[J]. 热力发电, 2014, 43(2): 75-78.

[37] 魏宏鸽, 程雪山, 马彦斌, 等. 燃煤烟气中 SO$_3$ 的产生与转化及其抑制对策探讨[J]. 发电与空调, 2012, 33(2): 1-4.

[38] Ando J, Tohata H, Nagata K, et al. NO$_x$ abatement for stationary sources in Japan. Final report March 1976 August 1977[C]. Ohio: PEDCO-Environmental, Inc, 1977.

[39] Orsenigo C, Lietti L, Tronconi E, et al. Dynamic investigation of the role of the surface sulfates in NO$_x$ reduction and SO$_2$ oxidation over V$_2$O$_5$-WO$_3$/TiO$_2$ catalysts[J]. Industrial & Engineering Chemistry Research, 1998, 165(37): 2350-2359.

[40] Baltin G, Koser H, Wendlandt K P. Sulfuric acid formation over ammonium sulfate loaded V$_2$O$_5$-WO$_3$/TiO$_2$ catalysts by DeNO$_x$ reaction with NO$_x$[J]. Catalysis Today, 2002, 75(1): 339-345.

[41] Bai S, Wang Z, Li H, et al. SO$_2$ promotion in NH$_3$-SCR reaction over V$_2$O$_5$/SiC catalyst at low temperature[J]. Fuel, 2017, 194: 36-41.

[42] Zhu Z, Niu H, Liu Z, et al. Decomposition and reactivity of NH$_4$HSO$_4$ on V$_2$O$_5$/AC catalysts used for NO reduction with ammonia[J]. Journal of Catalysis, 2000, 195(2): 268-278.

[43] Huang Z, Zhu Z, Liu Z. Combined effect of H$_2$O and SO$_2$ on V$_2$O$_5$/AC catalysts for NO reduction with ammonia at lower temperatures[J]. Applied Catalysis B Environmental, 2002, 39(4): 361-368.

[44] Halstead W D. Thermal decomposition of ammonium sulphate[J]. Journal of Chemical Technology and Biotechnology, 1970, 20(4): 129-132.

[45] Kiyoura R, Urano K. Mechanism, kinetics, and equilibrium of thermal decomposition of ammonium sulfate[J]. Industrial and Engineering Chemistry Product Research and Development, 1970, 9(4): 489-494.

[46] 范芸珠, 曹发海. 硫酸铵热分解反应动力学研究[J]. 高校化学工程学报, 2011, 25(2): 341-346.

[47] Mao L Q, T-Raissi A, Huang C P, et al. Thermal decomposition of $(NH_4)_2SO_4$ in presence of Mn_3O_4[J]. International Journal of Hydrogen Energy, 2011, 36(10): 5822-5827.

[48] 李靖华, 张桂恩. 硫酸氢铵分解动力学及其分解机理的研究[J]. 物理化学学报, 1992, 8(1): 123-127.

[49] Nagaishi T, Ishiyama S, Yoshimura J, et al. Reaction of ammonium sulphate with aluminium oxid[J]. Journal of Thermal Analysis and Calorimetry, 1982, 23(1): 201-207.

[50] Nagaishi T, Ishiyama S, Matsumoto M, et al. Reactions between ammonium sulphate and metal oxides (metal= Cr, Mn and Fe) and thermal decomposition of the products[J]. Journal of Thermal Analysis and Calorimetry, 1984, 29(1): 121-129.

[51] Charles B R, Morristown N J. Catalytic decomposition of ammonium bisulfate to form ammonium and sulfur dioxide bisulfite: US3835218[P]. 1974-09-10.

[52] Zhou L S, Ming D Z, Li Z X, et al. The mechanism of thermal decomposition for ammonium sulfate and ammonium bisulfate via addition of ferric oxide[J]. Advanced Materials Research, 2013, 803: 68-71.

[53] Sahoo P K, Bose S K, Sircar S C. Sulfation of CuO, Fe_2O_3, MnO_2, and NiO with $(NH_4)_2SO_4$[J]. Thermochimica Acta, 1979, 31(3): 303-314.

[54] Song X F, Zhao J C, Li Y Z, et al. Thermal decomposition mechanism of ammonium sulfate catalyzed by ferric oxide[J]. Frontiers of Chemical Science and Engineering, 2013, 7(2): 210-217.

[55] Ye D, Qu R Y, Song H, et al. Investigation of the promotion effect of WO_3 on the decomposition and reactivity of NH_4HSO_4 with NO on V_2O_5-WO_3/TiO_2 SCR catalysts[J]. RSC Advances, 2016, 6(60): 55584-55592.

[56] Song L Y, Chao J D, Fang Y J, et al. Promotion of ceria for decomposition of ammonia bisulfate over V_2O_5-MoO_3/TiO_2 catalyst for selective catalytic reduction[J]. Chemical Engineering Journal, 2016, 303: 275-281.

[57] Yang S J, Guo Y F, Chang H Z, et al. Novel effect of SO_2 on the SCR reaction over CeO_2: Mechanism and significance[J]. Applied Catalysis B: Environmental, 2013, 136/137: 19-28.

[58] Jin R B, Liu Y, Wu Z B, et al. Relationship between SO_2 poisoning effects and reaction temperature for selective catalytic reduction of NO over Mn-Ce/TiO_2 catalyst[J]. Catalysis Today, 2010, 153(3/4): 84-89.

[59] Huang Z G, Zhu Z P, Liu Z Y, et al. Formation and reaction of ammonium sulfate salts on V_2O_5/AC catalyst during selective catalytic reduction of nitric oxide by ammonia at low temperatures[J]. Journal of Catalysis, 2003, 214(2): 213-219.

[60] Ye D, Qu R Y, Song H, et al. New insights into the various decomposition and reactivity behaviors of NH_4HSO_4 with NO on V_2O_5/TiO_2 catalyst surfaces[J]. Chemical Engineering Journal, 2016, 283: 846-854.

[61] Qu R Y, Ye D, Zheng C H, et al. Exploring the role of V_2O_5 in the reactivity of NH_4HSO_4 with NO on V_2O_5/TiO_2 SCR catalysts[J]. RSC Advances, 2016, 6(102): 436-443.

[62] Phil H H, Reddy M P, Kumar P A, et al. SO_2, resistant antimony promoted V_2O_5/TiO_2, catalyst for NH_3-SCR of NO_x at low temperatures[J]. Applied Catalysis B Environmental, 2008, 78(3): 301-308.

[63] Xi Y, Ottinger N A, Liu Z G. New insights into sulfur poisoning on a vanadia SCR catalyst under simulated diesel engine operating conditions[J]. Applied Catalysis B Environmental, 2014, 160-161: 1-9.

[64] Li P, Liu Q, Liu Z. Behaviors of NH_4HSO_4 in SCR of NO by NH_3 over different cokes[J]. Chemical Engineering Journal, 2012, 181-182(1): 169-173.

[65] 余岳溪, 廖永进, 束航, 等. SO_2 与 H_2O 对商用钒钨钛脱硝催化剂毒化作用综述[J]. 中国电力, 2016, 49(12): 168-173.

[66] 黄张根, 朱珍平, 刘振宇. 水对 V_2O_5/AC 催化剂低温还原 NO 的影响[J]. 催化学报, 2001, 22(6): 532-536.

[67] Muzio L, Bogseth S, Himes R, et al. Ammonium bisulfate formation and reduced load SCR operation[J]. Fuel, 2017, 206: 180-189.

[68] Yu J, Guo F, Wang Y, et al. Sulfur poisoning resistant mesoporous Mn-base catalyst for low-temperature SCR of NO with NH$_3$[J]. Applied Catalysis B: Environmental, 2010, 95(1): 160-168.

[69] Kamata H, Takahashi K. The role of K$_2$O in the selective reduction of NO with NH$_3$ over a V$_2$O$_5$ (WO$_3$)/TiO$_2$ commercial selective catalytic reduction catalyst[J]. Journal of Molecular Catalysis A: Chemical, 1999, 139(2/3): 189-198.

[70] Lisi L, Lasorella G, Malloggi S, et al. Single and combined deactivating effect of alkali metals and HCl on commercial SCR catalysts[J]. Applied Catalysis B: Environmental, 2004, 50(4): 251-258.

[71] 姜烨, 高翔, 吴卫红, 等. 选择性催化还原脱硝催化剂失活研究综述[J]. 中国电机工程学报, 2013, 33(14): 18-31.

[72] Topsoe N Y, Topsoe H, Dumesic J H. Vanadia/titania catalysts for selective catalytic reduction (SCR) of nitric-oxide by ammonia: Ⅰ. Combined temperature-programmed in-situ FTIR and on-line mass-spectroscopy studies[J]. Journal of Catalysis, 1995, 151(1): 226-240.

[73] Topsoe N Y, Dumesic J H, Topsoe H. Vanadia/titania catalysts for selective catalytic reduction of nitric-oxide by ammonia: Ⅱ. Studies of active sites and formulation of catalytic cycles[J]. Journal of Catalysis, 1995, 151(1): 241-252.

[74] Topsoe N Y. Mechanism of the selective catalytic reduction of nitric oxide by ammonia elucidated by in situ on-line Fourier transform infrared spectroscopy[J]. Science, 1994, 265(5176): 1217-1219.

[75] Lei T, Li Q, Chen S, et al. KCl-induced deactivation of V$_2$O$_5$-WO$_3$/TiO$_2$ catalyst during selective catalytic reduction of NO by NH$_3$: Comparison of poisoning methods[J]. Chemical Engineering Journal, 2016, (296): 1-10.

[76] Li Q C, Chen S F, Zhen Y L, et al. Combined effect of KCl and SO$_2$ on the selective catalytic reduction of NO by NH$_3$ over V$_2$O$_5$/TiO$_2$ catalyst[J]. Applied Catalysis B: Environmental, 2015, 164: 475-482.

[77] Kong M, Liu Q C, Zhou J, et al. Effect of different potassium species on the deactivation of V$_2$O$_5$-WO$_3$/TiO$_2$ SCR catalyst: Comparison of K$_2$SO$_4$, KCl and K$_2$O[J]. Chemical Engineering Journal, 2018, (348): 637-643.

[78] 王俊杰, 张亚平, 王文选, 等. 商业 V$_2$O$_5$-WO$_3$/TiO$_2$ 烟气 SCR 脱硝催化剂 CaSO$_4$ 中毒机理研究[J]. 燃料化学学报, 2016, 44(7): 888-896.

[79] Benson S A, Laumb J D, Crocker C R, et al. SCR catalyst performance in flue gases derived from subbituminous and lignite coals[J]. Fuel Processing Technology, 2005, 86(5): 577-613.

[80] Pritchard S, Hellard D, Cochran J E. Catalyst design experience for 640 MW cyclone boiler fired with 100% PRB fuel[J/OL]. http://www.docin.com/p-760793316.html?tdsourcetag=s_pctim_aiomsg&qq-pf-to=pcqq.c2c, 2014.

[81] Nicosia D, Czekaj I, Krocher O. Chemical deactivation of V$_2$O$_5$/WO$_3$-TiO$_2$ SCR catalysts by additives and impurities from fuels, lubrication oils and urea solution. Part Ⅱ. Characterization study of the effect of alkali and alkaline earth metals[J]. Applied Catalysis B: Environmental, 2008, 77: 228-236.

[82] Chen L, Li J H, Ge M F. The poisoning effect of alkali metals doping over nano V$_2$O$_5$-WO$_3$/TiO$_2$ catalysts on selective catalytic reduction of NO$_x$ by NH$_3$[J]. Chemical Engineering Journal, 2011, 170(2/3): 531-537.

[83] Pritchard S, Kaneko S, Suyama K, et al. Optimizing SCR catalyst design and performance for coal-fired boilers[C]. EPA/EPRI. 1995. Joint Symposium Stationary Combustion NO$_x$ control, Kansas.

[84] Morita I, Hiramo M, Biel-Awski G. Development and commercial operating experience of SCR deNO$_x$ catalysts for wet bottom coal fired boilers[J]. Power-Gen International, 1998, (12): 1-8.

[85] Peng Y, Li J H, Si W Z, et al. Deactivation and regeneration of a commercial SCR catalyst: Comparison with alkali metals and arsenic[J]. Applied Catalysis B: Environmental, 2015, 168/169: 195-202.

[86] Li J H, Peng Y, Chang H Z, et al. Chemical poison and regeneration of SCR catalysts for NO_x removal from stationary sources[J]. Frontiers of Environmental Science and Engineering, 2016, 10(3): 413-427.

[87] Li X, Li J H, Peng Y, et al. Regeneration of commercial SCR catalysts: Probing the existing forms of arsenic oxide[J]. Environmental Science and Engineering, 2015, 49(16): 9971-9978.

[88] 沈伯雄, 熊丽仙, 刘亭. 负载型 V_2O_5-WO_3/TiO_2 催化剂的砷中毒研究[J]. 燃料化学学报, 2011, 39(11): 856-864.

[89] 孙克勤, 钟秦, 于爱华. SCR 催化剂的砷中毒研究[J]. 中国环保产业, 2008, (1): 40-41.

[90] 朱春华, 陆强, 庄柯, 等. 燃煤电厂砷中毒 SCR 脱硝催化剂的失活特性研究[J]. 应用化工, 2018, 47(6): 1144-1149.

[91] Peng Y, Li J, Si W Z, et al. New insight into deactivation of commercial SCR catalyst by arsenic: An experiment and DFT study[J]. Environmental Science and Technology, 2014, 48(23): 13895-13900.

[92] Liu Y, Ma X, Wang S, et al. The nature of surface acidity and reactivity of MoO_3/SiO_2, and MoO_3/TiO_2-SiO_2, for transesterification of dimethyl oxalate with phenol: A comparative investigation[J]. Applied Catalysis B: Environmental, 2007, 77(1): 125-134.

[93] 唐修义, 黄文辉. 中国煤中微量元素[M]. 北京: 商务印书馆, 2004.

[94] 刘桂建, 彭子成, 杨萍玥, 等. 煤中微量元素在燃烧过程中的变化[J]. 燃料化学学报, 2001, 29(2): 119-122.

[95] Chen J P, Buzanowski M A, Yang R T, et al. Deactivation of the vanadia catalyst in the selective catalytic reduction process[J]. Journal of the Air & Waste Management Association, 1990, 40(10): 1403-1409.

[96] 杜振, 付银成, 朱跃. V_2O_5/TiO_2 催化剂中毒机理的试验研究[J]. 环境科学学报, 2013, 33(1): 216-223.

[97] Khodayari R, Ingemar O C U. Deactivating effects of lead on the selective catalytic reduction of nitric oxide with ammonia over a V_2O_5/WO_3/TiO_2 catalyst for waste incineration applications[J]. Industrial and Engineering Chemistry Research, 1998, 37(4): 1196-1202.

[98] Gao X, Du X S, Fu Y C, et al. Theoretical and experimental study on the deactivation of V_2O_5 based catalyst by lead for selective catalytic reduction of nitric oxides[J]. Catalysis Today, 2011, 175(1): 625-630.

[99] 姜烨, 高翔, 杜学森, 等. PbO 对 V_2O_5/TiO_2 催化剂 NH_3 选择性催化还原 NO 的影响[J]. 工程热物理学报, 2009, 30(11): 1973-1976.

[100] Jiang Y, Gao X, Zhang Y, et al. Effects of $PbCl_2$ on selective catalytic reduction of NO with NH_3 over vanadia-based catalysts[J]. Journal of Hazardous Materials, 2014, 274: 270-278.

[101] Kobayashi M, Kuma R, Morita A. Low temperature selective catalytic reduction of NO by NH_3 over V_2O_5 supported on TiO_2–SiO_2–MoO_3[J]. Catalysis Letters, 2006, 112: 37-44.

[102] Wagner C D, Muilenberg G E. Handbook of X-ray photoelectron spectroscopy: A reference book of standard data for use in X-ray photoelectron spectroscopy[J]. Physical Electronics Division, Perkin-Elmer Corp, Eden. Prairie Minn, 1979, 190: 195.

[103] Brox B, Olefjord I. ESCA studies of MoO_2 and MoO_3[J]. Surface & Interface Analysis, 1988, 13: 3-6.

[104] Lu Q, Ali Z, Tang H, et al. Regeneration of commercial SCR catalyst deactivated by arsenic poisoning in coal-fired power plants[J]. Korean Journal of Chemical Engineering, 2019, 36: 377-384.

[105] Guo R T, Lu C Z, Pan W G, et al. A comparative study of the poisoning effect of Zn and Pb on Ce/TiO_2 catalyst for low temperature selective catalytic reduction of NO with NH_3[J]. Catalysis Communications, 2015, 59: 136-139.

[106] Lee K J, Kumar P A, Maqbool M S, et al. Ceria added Sb-V_2O_5/TiO_2 catalysts for low temperature NH_3 SCR: Physico-chemical properties and catalytic activity[J]. Applied Catalysis B: Environmental, 2013, 142-143: 705-717.

[107] Lian Z, Liu F, He H, et al. Manganese–niobium mixed oxide catalyst for the selective catalytic reduction of NO$_x$ with NH$_3$ at low temperatures[J]. Chemical Engineering Journal, 2014, 250: 390-398.

[108] Liu Z, Han J, Zhao L, et al. Effects of Se and SeO$_2$ on the denitrification performance of V$_2$O$_5$-WO$_3$/TiO$_2$ SCR catalyst[J]. Applied Catalysis A: General, 2019, 587: 117263.

[109] Wang L, Zhang G H, Wang J S, et al. Study on hydrogen reduction of ultrafine MoO$_2$ To produce ultrafine Mo[J]. Journal of physical Chemistry C, 2016, 120: 4097-4103.

[110] Liu Z, Zhang S, Li J, et al. Novel V$_2$O$_5$-CeO$_2$/TiO$_2$ catalyst with low vanadium loading for the selective catalytic reduction of NO$_x$ by NH$_3$[J]. Applied Catalysis B: Environmental, 2014, 158-189: 11-19.

[111] Tang F, Xu B, Shi H, et al. The poisoning effect of Na$^+$ and Ca^{2+} ions doped on the V$_2$O$_5$/TiO$_2$ catalysts for selective catalytic reduction of NO by NH$_3$[J]. Applied Catalysis B: Environmental, 2010, 94: 71-76.

[112] Huang Z, Liu Z, Zhang X, et al. Inhibition effect of H$_2$O on V$_2$O$_5$/AC catalyst for catalytic reduction of NO with NH$_3$ at low temperature[J]. Applied Catalysis B: Environmental, 2006, 63: 260-265.

[113] Moradi F, Brandin J, Sohrabi M, et al. Deactivation of oxidation and SCR catalysts used in flue gas cleaning by exposure to aerosols of high-and low melting point salts, potassium salts and zinc chloride[J]. Applied Catalysis B: Environmental, 2003, 46(1): 65-76.

[114] Sohrabi M, Moradi F, Sanati M. Deactivation of Pt/wire-mesh and vanadia/monolith catalysts applied in selective catalytic reduction of NO$_x$ in flue gas[J]. Korean Journal of Chemical Engineering, 2007, 24(24): 583-587.

[115] Larsson A C, Einvall J, Andersson A, et al. Targeting by comparison with laboratory experiments the SCR catalyst deactivation process by potassium and zinc salts in a large-scale biomass combustion boiler[J]. Energy & Fuels, 2006, 20(4): 1398-1405.

[116] Larsson A C, Einvall J, Mehri S, et al. Deactivation of SCR catalysts by exposure to aerosol particles of potassium and zinc salts[J]. Aerosol Science and Technology, 2007, 41(4): 369-379.

[117] 仲兆平, 张茜芸, 杨碧源, 等. V$_2$O$_5$/TiO$_2$烟气脱硝催化剂的钾、钠、锌、磷中毒及再生[J]. 东南大学学报(自然科学版), 2013, 43(3): 548-552.

[118] Wan Q, Duan L, Li J, et al. Deactivation performance and mechanism of alkali (earth) metals on V$_2$O$_5$-WO$_3$/TiO$_2$ catalyst for oxidation of gaseous elemental mercury in simulated coal-fired flue gas[J]. Catalysis Today, 2011, 175: 189-195.

[119] López-Antón M A, Díaz-Somoano M, Fierro J L G, et al. Retention of arsenic and selenium compounds present in coal combustion and gasification flue gases using activated carbons[J]. Fuel Processing Technology, 2007, 88(8): 799-805.

[120] Dreher G B, Finkelman R B. Selenium mobilization in a surface coal mine, Powder River Basin, Wyoming[J]. U.S.A. Environmental Geology, 1992, 19(3): 155-167.

[121] Spears D A, Zheng Y. Geochemistry and origin of elements in some UK coals[J]. International Journal of Coal Geology, 1999, 38(3): 161-179.

[122] Finkelman R B. Trace and minor elements in coal[J]. Organic Geochemistry, 1993, (5): 593-607.

[123] Ren D, Zhao F, Wang Y, et al. Distributions of minor and trace elements in Chinese coals[J]. International Journal of Coal Geology, 1999, 40(2/3): 109-118.

[124] 赵继尧, 唐修义, 黄文辉. 中国煤中微量元素的丰度[J].中国煤田地质, 2002, (B7): 5-13, 17.

[125] Yang G Q, Wang S Z, Zhou R H, et al. Endemic selenium intoxication of humans in China[J]. American Journal of Clinical Nutrition, 1983, 37(5): 872-881.

[126] Furuzono T, Nakajima T, Fujishima H, et al. Behavior of selenium in the flue gas of pulverized coal combustion system: Influence of kind of coal and combustion conditions[J]. Fuel Processing Technology, 2017, 167: 388-394.

[127] Cheng C M, Hack P, Chu P, et al. Partitioning of mercury, arsenic, selenium, boron, and chloride in a full-scale coal combustion process equipped with selective catalytic reduction, electrostatic precipitation, and flue gas desulfurization systems[J]. Energy & Fuels, 2009, 23(10): 4805-4816.

[128] Chang L, Yang J P, Zhao Y C, et al. Behavior and fate of As, Se, and Cd in an ultra-low emission coal-fired power plant[J]. Journal of Cleaner Production, 2019, (209): 722-730.

[129] Li X, Li X S, Yang R T, et al. The poisoning effects of calcium on V_2O_5-WO_3/TiO_2, catalyst for the SCR reaction: Comparison of different forms of calcium[J]. Molecular Catalysis, 2017, 434: 16-24.

[130] Parry E P. An infrared study of pyridine adsorbed on acidic solids. Characterization of surface acidity[J]. Journal of Catalysis, 1963, 2(5): 371-379.

[131] Yu W, Wu X, Si Z, et al. Influences of impregnation procedure on the SCR activity and alkali resistance of V_2O_5-WO_3/TiO_2 catalyst[J]. Applied Surface Science, 2013, 283: 209-214.

[132] 刘泽常, 赵莹, 李震, 等. 煤中氯在燃烧过程中的释放特性和机理探讨[J]. 山东科技大学学报(自然科学版), 2005, 24(4): 10-12.

[133] 喻敏, 董勇, 王鹏, 等. 氯元素对燃煤烟气脱汞的影响研究进展[J]. 化工进展, 2012, 31(7): 1610-1619.

[134] He S, Zhou J S, Zhu Y Q, et al. Mercury oxidation over a vanadia-based selective catalytic reduction catalyst[J]. Energy & Fuels, 2009, 23(1): 253-259.

[135] Hammes M, Valtchev M, Roth M B. A search for alternative Deacon catalysts[J]. Applied Catalysis B: Environmental, 2013, s132/s133(1): 389-400.

[136] 孔明, 刘清才, 赵东, 等. NaCl 与 Hg^0 对 V_2O_5-WO_3/TiO_2 SCR 脱硝催化剂的协同作用研究[J]. 燃料化学学报, 2015, 43(12): 1504-1509.

[137] Gao W, Liu Q C, Wu C Y, et al. Kinetics of mercury oxidation in the presence of hydrochloric acid and oxygen over a commercial SCR catalyst[J]. Chemical Engineering Journal, 2013, 220(11): 53-60.

[138] 赵士林, 段钰锋, 周强, 等. 燃煤循环流化床痕量元素排放特性试验研究[J]. 中国电机工程学报, 2017, 37(1): 193-199.

[139] 刘雪锋, 郑楚光, 刘晶, 等. 贵州煤中氟赋存形态分析[J]. 中国电机工程学报, 2008, 28(8): 46-51.

[140] 姚杰, 仲兆平. 蜂窝状 SCR 脱硝催化剂成型配方选择[J]. 中国环境科学, 2013, 33(12): 2148-2156.

[141] 张涛, 白伟, 肖雨亭, 等. 氟中毒废弃脱硝催化剂的再生方法: 2014108148238[P]. 2014-12-25.

[142] 余少发, 邱爱玲. 耐砷、氟中毒二氧化硫氧化制硫酸催化剂及其制备方法: 2011102603495[P]. 2011-09-05.

第6章 废弃SCR脱硝催化剂的回收及循环再利用

SCR脱硝技术具有较高的脱硝效率和反应选择性,被广泛应用于燃煤电厂等行业烟气氮氧化物的脱除[1-3]。然而催化剂都具有一定的使用寿命,SCR脱硝催化剂的使用寿命通常仅有3~5年[4, 5]。除粉尘冲刷、高温烧结等物理因素外,烟气中碱金属、碱土金属、重金属和卤族元素等多种成分均会导致SCR脱硝催化剂活性下降,甚至永久性失活[6-10]。在SCR脱硝技术应用越来越广泛的背景下,大量失活催化剂的处置问题也已被提上日程。当催化剂活性无法满足脱硝需求时,对催化剂进行回收或再生处理在经济和环保方面均具有十分显著的优势。目前,废弃SCR脱硝催化剂的回收及循环再利用技术的开发已经得到了社会的高度重视,与新型催化剂的研发具有同样重要的意义[11]。

6.1 废弃SCR脱硝催化剂回收技术概述

6.1.1 废弃SCR脱硝催化剂回收利用的意义

目前应用最为广泛的SCR脱硝催化剂由载体TiO_2、活性组分V_2O_5、活性助剂WO_3或MoO_3组成[12-14],生产原料一般采用钛白粉、偏钒酸铵、偏钨酸铵或仲钼酸铵。生产SCR脱硝催化剂所用原材料价格较高,以2019年1月公布的价格为例,钛白粉价格约为1.5万元/吨,偏钒酸铵价格约为23万元/吨,偏钨酸铵价格约为20万元/吨,仲钼酸铵的价格也达到了12万~13万元/吨。尽管催化剂使用过程中各种成分都会发生一定的损失,但几种成分的总含量在废弃SCR脱硝催化剂中依然可达到80%以上,其中TiO_2含量可达75%以上,V_2O_5含量0.5%以上,WO_3或MoO_3含量约为5%。对于失活催化剂进行再生后循环使用的成本远低于更换催化剂,而对于已经无法通过再生恢复活性的催化剂,则可以回收其中的高附加值元素。与从矿石中提炼相比,废弃SCR脱硝催化剂中钛、钒、钨和钼等元素更为富集,提炼更为容易,投资相对较低[15]。因此,废弃SCR脱硝催化剂的回收以及再生循环利用不仅有利于资源利用率的提高,同时具有十分可观的经济效益。

SCR脱硝催化剂自身含有V_2O_5、WO_3等剧毒性成分和重金属氧化物,使用过程中,烟气中砷、汞等剧毒性物质又会对催化剂造成二次污染。其中V_2O_5为B级无机剧毒性物质,而砷、汞等物质则是A级无机剧毒物品,因此废弃SCR脱硝催化剂是一种富含各类剧毒性元素的危险性特殊固体废弃物[16]。如果随意堆置，不仅占用大量的土地资源，废弃催化剂中的有毒成分还会随着雨水慢慢渗入土地，破坏土壤结构和地下水水质；同时，废弃 SCR 脱硝催化剂在阳光照射下还可能会释放出挥发性有机物、SO_2 等多种毒性气体，污染周边环境，对人类健康造成巨大危害[15]。因此对废弃 SCR 脱硝催化剂进行回收和循环利用还可以解决一系列潜在的环境污染问题，具有显著的社会和环境效益。

到 2021 年，国内火电市场将逐渐达到饱和，火电厂 SCR 脱硝催化剂的用量和更换速度会趋于稳定。据估算，2021 年后火电厂每年更换的 SCR 脱硝催化剂将超过 11 万 m^3，加上 SCR 脱硝技术在其他行业陆续开始使用，国内每年废弃 SCR 脱硝催化剂产量将会不断增长。因此，开展有关废弃 SCR 脱硝催化剂回收及再生循环利用研究对于资源节约和环境保护均具有十分重要的意义。

6.1.2　废弃催化剂回收利用行业的发展和现状

国外发达国家很早就已经认识到废弃催化剂的回收再利用对于节约资源和环境保护的重要意义，也因此成立了多家废弃催化剂回收公司，设计开发针对不同类型废弃催化剂的回收装置，并通过立法对废弃催化剂的高效无害化处理进行强制性约束。通过多年的努力，废弃催化剂的高效回收已经成为了一种习惯性意识，并取得了显著的成果。

由于金属资源的匮乏，日本在 20 世纪 50 年代就已经开始对废弃催化剂中的贵金属和各种有色金属进行回收。废弃催化剂在 1970 年颁布的《固体废物处理与清除法》中被定性为对环境有害物质，不能随意堆置。在 1974 年成立的废弃催化剂回收协会包含的企业已经达到了 32 家，在该协会的组织和协调下，将废弃催化剂按照成分组成、形状、中毒程度及产生数量等情况进行了合理分类，并由催化剂使用厂、催化剂生产厂以及回收处理工厂三方协调回收事宜。丰田汽车公司、日本汽车公司、三井金属矿业株式会社、八户冶炼厂、伊努化学公司、住友化学工业公司等多家企业对不同成分和类型的废弃催化剂中的金属资源进行了回收利用，在开展废弃催化剂回收的初期，受到回收技术和装置的限制，回收率往往不足 40%，但据统计，在 1975～1980 年间，日本各企业回收的有色金属总量就已经达到了十分可观的 3 万吨。

美国也在其环保法中对废弃催化剂的处置进行了限制和规范，所有废弃催化剂必须转化为无害物质后才能排放进入环境，如果随意堆置或掩埋则需要缴纳巨额罚款。阿迈克斯金属公司(AmaxMetal)是美国最大的废弃催化剂回收公司，每年可回收 1360t 钼、130t 钒和 14500t 三水氧化铝。此外，恩格哈特公司(Engelhard)、孟山都公司(Monsanto)、环球油品公司(UOP)、联合催化剂公司(UCI)等多家公司均开展了有关废弃催化剂的回收工作。同时，为协调废弃催化剂回收，美国还成立了废弃催化剂服务部。经过几十年的规划和发展，废弃催化剂回收再利用在美国已成为一种产业，取得了非常可观的成绩，并向着更加高效的方向努力发展。

英国也非常重视废弃催化剂的处置问题，ICI Katalco 公司与 ACI Industries 公司曾在 1991 年共同制定了催化剂管理措施，其中对废弃催化剂也做了几点详细的规定：①为不同类型的废弃催化剂设计特定的处理方案；②将废弃催化剂视作一种重要的二次资源，不能作为废料直接处理；③建立一个系统，确保废弃催化剂的处理在有关法规下进行；④完善废弃催化剂的包装与运输，最大程度地减少危害性。经过两年的实施与完善，参与执行的催化剂用户已超过 70 家，极大转变了催化剂用户在处理废弃催化剂方面的观念。

德国通过颁布《废弃物管理法》强制规定废弃物必须作为二次资源循环利用，必须经过无害化处理方可排放至环境。德国的迪高沙公司 (Degussa) 在 20 世纪 60 年代就开始从事有关贵金属铂的回收工作，80 年代铂的回收率可达 97%～99%，纯度可达 99.95%。此外，该公司还与暗色岩原料公司合作，从治理汽车尾气相关的废弃催化剂中回收贵金属铂、铑等珍贵成分[17]。

我国在 20 世纪 70 年代开始对废弃催化剂中金属资源进行回收。中国石油抚顺石油化工公司石化三厂于 1971 年开始回收废弃催化剂中铂、铼等贵金属，中国石化集团南京化学工业有限公司也于 1971 年开始回收废弃五氧化二钒催化剂。南京工业大学于 20 世纪 70 年代初针对铁铬废弃催化剂的回收开始了研究工作，在高等院校中率先开展了有关废弃催化剂回收技术的研究。此后，辽阳石油化纤公司在不同废弃催化剂中相继回收了银、钴、锰、镍、钯、铂等珍贵的金属资源；陕西宝鸡催化剂厂、吉林公主岭催化剂厂、四川川化集团等从废弃催化剂中回收过铁、铬；沈阳催化剂厂从废弃催化剂中回收过钒、钼；河南开封化肥厂、山西化肥厂、青岛胶南化肥厂等单位对于废弃催化剂中铂的回收率甚至超越了美国的恩格哈特公司；清华大学、华东理工大学等高校也开展了有关废弃催化剂回收的研究；河南平顶山九八七化工厂、河北辛集化工三厂作为原化工部废弃催化剂定点回收工厂，每年会从废弃催化剂中回收大量钒、钼、铋、钴等金属元素[15]。

SCR 脱硝技术起源于美国恩格哈特公司，20 世纪 70 年代在日本率先实现商业化应用，而欧洲于 20 世纪 80 年代开始从日本引入 SCR 脱硝技术。虽然欧美日等发达国家应用 SCR 脱硝技术较早，且十分重视废弃催化剂的回收处置问题，但由于能源结构的差异，燃煤发电在国外所占比例较低，如美国煤电仅占其全国电力供应总量的 30% 左右，而日本 90% 的电力供应来源于核电，相应产生的废弃 SCR 脱硝催化剂的数量较少，无法达到单独成立回收利用企业的程度，其回收处理问题并没有引起广泛的关注，故国外还没有专门针对废弃 SCR 脱硝催化剂元素回收的相关企业和工业装置[18]。而对于失活脱硝催化剂的再生循环利用，在国外也仅有美国科杰公司 (Coalogix) 及德国埃宾杰公司 (Ebinger-Kat) 等少数几家具有相关技术和实际业务。

我国是一个以煤炭为主要能源的国家，随着污染物治理力度的持续加强，SCR脱硝技术近年来已成为工业烟气 NO_x 脱除的主流技术。随着 SCR 脱硝工程的大量实施，SCR 脱硝催化剂的使用量逐年上升，废弃 SCR 脱硝催化剂的产量也随之急速增长，大量废弃 SCR 脱硝催化剂的处置问题已然成为一个将要面临的严峻的环保问题。对失活 SCR 脱硝催化剂进行再生循环利用，或将彻底废弃的 SCR 脱硝催化剂作为原料，从中回收高附加值的钛、钒、钨、钼等元素被认为是最为理想的处置方案，也将成为未来处置废弃 SCR 脱硝催化剂的主流方向。而传统的废弃SCR 脱硝催化剂处置技术主要包括：①填埋处理；②用作水泥原料或混凝料；③研磨后与煤混烧；④送至金属冶炼厂回收。这些技术均已经不能满足废弃 SCR脱硝催化剂高效处置与资源化利用的需求，为此不同学者和研究机构开发了多种催化剂回收及循环利用的工艺技术。2014 年，中电恒德环保投资有限公司下属的广东清远市恒德环保科技有限公司首先在全国获得了广东省环境保护厅颁发的"HW49 废弃 SCR 脱硝催化剂"危险废物经营许可证[16]。此外，江苏龙源催化剂有限公司、重庆远达催化剂制造有限公司等国内催化剂制造公司也相继开展了废弃 SCR 脱硝催化剂的回收及循环再利用技术研究。

6.1.3　废弃 SCR 脱硝催化剂处置相关政策及法规

失活的 SCR 脱硝催化剂因无法满足实际的脱硝需求，需要再生后循环使用或作为废弃物进行回收，国内也发布了相关政策和技术指南对此进行了明确规定。《火电厂氮氧化物防治技术政策》（环发〔2010〕10 号）中明确提出："失效催化剂应优先进行再生处理，无法再生的应进行无害化处理""鼓励低成本高性能催化剂原料、新型催化剂和失活催化剂的再生与安全处置技术的开发和应用""电厂对失效且不可再生的催化剂应严格按照国家危险废物处理处置的相关规定进行管理"[19]。《燃煤电厂污染防治最佳可行技术指南（试行）》（环发〔2010〕23 号）中规定："失效催化剂应作为危险固体废弃物来处理，对于蜂窝式催化剂，一般的处理方法是压碎后进行填埋，填埋过程应严格遵照危险固体废物的填埋要求。对于板式催化剂，由于其中含有不锈钢基材，故除填埋外可送至金属冶炼厂进行回用"[20]。

2014 年 8 月 5 日，国家环境保护部办公厅正式发布了《关于加强废烟气脱硝催化剂监管工作的通知》（环办函[2014]990 号），将废烟气脱硝催化剂（钒钛系）纳入危险废物进行管理，并将其归类为《国家危险废物名录》中"HW49 其他废物"，工业来源为"非特定行业"，废物名称定为"工业烟气选择性催化脱硝过程产生的废烟气脱硝催化剂（钒钛系）"。同时要求废烟气脱硝催化剂的产生、贮存、转移和利用处置等情况要依法向相关环境保护主管部门申报，并定期向社会公布；新建燃煤电厂有关废弃催化剂贮存、处置等设施则要与主体工程同时施工、同时投入使用，依法进行环境影响评价并通过建设项目环境保护竣工验收；从事废烟气脱硝催化剂(钒钛系)收集、贮存、再生、利用处置经营活动的单位,应具有污染防治设施并确保污染物达标排放,制定《突发环境事件应急预案》并备案,按照国家相关标准规范要求妥善处理废烟气脱硝催化剂转移、再生和利用处置过程中产生的废酸、废水、污泥和废渣等,避免二次污染;严厉打击非法转移、倾倒和处置废烟气脱硝催化剂(钒钛系)行为,废烟气脱硝催化剂(钒钛系)管理和再生、利用情况纳入污染物减排管理和危险废物规范化管理范畴,加大核查和处罚力度,确保其得到妥善处理。为进一步规范废烟气脱硝催化剂(钒钛系)危险废物经营许可审批工作,提升废烟气脱硝催化剂(钒钛系)再生、利用的整体水平,防止对环境造成二次污染[21],2014 年 8 月 19 日,国家环境保护部又发布了《废烟气脱硝催化剂危险废物经营许可证审查指南》。按照《危险废物经营许可证管理办法》(国务院令第 408 号)第五条有关要求,针对废烟气脱硝催化剂(钒钛系)再生和利用过程中存在的主要问题,对从事废烟气脱硝催化剂(钒钛系)收集、贮存、运输、再生、利用处置活动的经营单位,从技术人员、废物运输、包装与贮存、设施及配套设备、技术与工艺、制度与措施等方面提出了详细的相关审查要求[22]。

6.1.4 废弃催化剂回收及循环再利用技术

1. 废弃催化剂回收方法及机理

不同行业所用的催化剂在成分组成、含量以及存在形态上有着较大的差别,针对不同废弃催化剂,主要的回收方法可分为干法、湿法、干湿结合法以及不分离法四种[15]。

干法通常是在熔融状态下,使目标成分与添加剂发生化学反应,转变为另一种形态后进行回收。干法回收能耗较高,且反应过程中易产生有毒气体,主要应用于回收废弃催化剂中含量较为稀少的贵金属元素,升华法、氧化焙烧法以及氯化挥发法等都属于常见的干法回收技术。

与干法回收不同,湿法主要通过酸、碱溶液以及某些特定溶解液对废弃催化剂中目标成分进行溶解分离,通过对滤液的除杂、干燥、再处理等步骤回收得到所需产品。湿法回收的主要问题是中间废液造成的二次污染,以及溶解后剩余的废弃催化剂残渣的处置。电解法、离子交换法、萃取法等均属于常见的湿法回收技术。

在实际的废弃催化剂回收过程中,极少单独使用干法或湿法进行回收,尤其对于成分复杂的催化剂,目标回收元素不止一种,必须通过干湿法结合的方式才能实现目标元素的全部回收和回收产品的进一步纯化。干法、湿法以及干湿结合法大多通过组分分离手段实现对目标元素一一回收,不分离法则不对废弃催化剂中活性组分和载体进行分离,而是将废弃催化剂作为一个整体直接进行回收处理,即对废弃催化剂进行简单的预处理后，根据实际使用需要补充损失的活性组分，制备得到新鲜催化剂。不分离法与其他方法相比工艺更为简单、能耗较小且污染物排放量极低，也是被提倡和广泛采用的一种回收方案。

2. 废弃催化剂循环再利用方法及机理

催化剂的工作环境往往十分复杂和恶劣，多种因素会导致催化剂活性下降，即发生失活现象。在彻底成为废弃催化剂前，某些失活催化剂可以通过再生技术恢复一定的活性而循环利用，避免了直接更换催化剂产生的巨额费用。在对失活催化剂进行再生恢复活性过程中，多种技术方法会被综合使用，以最大化恢复失活催化剂活性，使其满足使用要求。以失活的 SCR 脱硝催化剂为例，主要的再生方法包括水洗、酸洗、碱洗和热再生等几种技术[23]。

水洗再生技术主要用于硫酸铵盐等造成的堵塞失活问题[24]。水洗能够清除催化剂表面沉积的结合力较弱的飞灰颗粒，但是有一些比较黏稠且坚硬的块状物质即使浸润在水中也会呈现干燥状态。因此，需先将催化剂烟气流通孔中的灰尘润湿，然后分解为细小的颗粒，以便彻底清除。为此，在用去离子水清洗的过程中常与鼓泡、真空抽吸、电泳或超声等辅助手段配合使用，促使去离子水浸入催化剂孔隙将灰粒或灰块充分润湿，使得灰粒间的结合力下降，以使清除更为彻底。采用去离子水清洗后，催化剂的活性能得到一定程度的恢复，但对于一些结合力较强的毒物，水洗并不能有效除去。

酸洗多用于清除催化剂表面的碱金属盐和硫酸铵盐[25, 26]，使得催化剂表面活性位点得以暴露出来，有利于 NH_3 的吸附与活化；同时，在酸洗过程中引入了新的酸性物质，有利于提高催化剂表面酸性位的数量和强度[27]；此外，酸洗后催化剂的比表面积和孔结构也能得到一定程度的改善。

碱洗多用于清除催化剂表面的碱溶性盐及酸性氧化物。碱洗法多采用 NaOH 等强碱性溶液，因而在清除催化剂表面杂质的同时，还可能引发一些负面的影响，如导致活性组分溶解流失，引入碱金属毒性成分，引发催化剂二次中毒等问题[28]。因此，碱洗后往往还需要用酸溶液进行二次清洗，以清除引入的碱金属成分。

热再生主要包括直接加热、还原加热和 SO_2 酸化加热三种[23]。直接加热是指将催化剂置于惰性气氛中，以一定的速率升温至特定的温度进行加热，促使催化剂表面沉积的铵盐分解，而保持惰性气氛的目的是防止催化剂在加热过程中被氧化。还原加热与直接加热原理相同，差异在于加热过程中除惰性气体外，还通入特定的还原性气体(常见的有 NH_3、H_2 或 CO 等)，在高温下将催化剂表面沉积的高价砷或硫等物种还原为气态化合物，实现催化剂的再生[29, 30]。而 SO_2 酸化加热只需要将还原性气体换为 SO_2 气体即可，一方面可以清除催化剂表面沉积的碱性氧化物，另一方面还会引入新的酸性位点[31, 32]，有利于催化剂活性的恢复。

在实际使用过程中，催化剂表面活性组分由于磨损冲刷或与烟气中的部分物质发生反应生成挥发性的络合物而不断流失，因而废弃催化剂表面钒物种的含量较低。此外，再生过程中采用强酸、强碱等进行清洗，也会导致活性组分的溶解流失。因此，将废弃催化剂表面的有毒物质清除后，还需根据催化剂活性恢复情况额外负载活性组分，以保证再生后催化剂可以满足实际的脱硝需求。

6.2　钒元素的回收技术

V_2O_5 是一种以酸性为主的两性金属氧化物，外观呈橙黄色，微溶于水，在一定条件下可溶于强酸或强碱溶液。V_2O_5 在工业上应用较为广泛，主要用作合金添加剂，另外也可用于化工行业催化剂成分、化学试剂、无机化学品、搪瓷和磁性材料等。钒元素在地壳中储量虽多，但无单独的矿床，含钒石煤是我国主要的钒矿资源，钒质量分数通常在 0.5% 以上，湖南、湖北、陕西、浙江等地含钒石煤中钒质量分数则高达 2%～4%。我国 V_2O_5 的生产原料主要分为三种，即钒渣、含钒石煤和废钒催化剂。

SCR 脱硝技术在国内兴起之前，V_2O_5 已经作为催化剂的活性组分被广泛应用，包括生产硫酸和邻苯二甲酸酐所用的 V-K-Si 系催化剂及制备马来酸酐的 V-Ti 催化剂等，在这些催化剂中，V_2O_5 含量通常可达到 6% 以上。国内钒元素的回收也多以此类含钒催化剂为原料，所采用的方法包括还原浸取法、酸溶法、碱法、萃取法、高温活化法、富集回收法等[15]，在废弃 SCR 脱硝催化剂钒元素的回收研究过程中，这些技术也多被借鉴。

6.2.1　钒元素的回收方法和机理

V_2O_5 的化学性质是从废弃催化剂中回收钒元素的主要依据，大多数回收工艺包括元素分离、除杂和回收等步骤，其中元素分离是整个工艺的基础，不同回收工艺的区别也主要体现在元素分离阶段所采用的技术方案。

1. 还原浸取法回收钒元素

国内在 20 世纪 70 年代就已经开始通过还原浸取法回收废弃催化剂中的钒元素。还原浸取法主要依据不同价态钒的溶解性对钒元素进行分离和回收，常规工艺流程是将废弃催化剂粉末与水或酸溶液按一定比例混合，在加热条件下加入还原剂(常用还原剂包括 SO_2 和 Na_2SO_3)，使废弃催化剂中难溶的 V_2O_5 转化为易溶的 V^{4+} 进入溶液；过滤得到含钒溶液和滤渣，对滤渣重复进行还原浸取，使钒元素与废弃催化剂中其他成分充分分离；为保证钒元素在回收阶段的沉淀率，往往对含钒溶液进行浓缩处理，保证溶液中 V_2O_5 浓度达到 110～120g/L，而后向溶液中加入氧化剂(KClO$_3$、NaClO$_3$ 等)将溶液中的 V^{4+}氧化为 V$_2$O$_5$·xH$_2$O，随后通过煮沸、过滤得到 V$_2$O$_5$ 沉淀。此时回收所得 V$_2$O$_5$ 中还含有部分多钒酸盐，根据回收产品的用途，可以做进一步提纯处理。用碱液溶解回收所得钒，调节溶液 pH 至 7.5～8，而后加入饱和氯化铵溶液，生成难溶的偏钒酸铵沉淀，最后经过滤、水洗、焙烧可得到纯度更高的 V$_2$O$_5$ 产品[15]。

还原浸取法对于钒元素的分离十分高效，而回收过程中钒元素的氧化和沉淀条件是影响钒回收率和纯度的关键因素。

2. 酸溶法回收钒元素

V$_2$O$_5$ 在一定条件下可溶于强酸溶液，所以也可以通过酸溶液分离废弃催化剂中的 V$_2$O$_5$ 成分，在此基础上进一步回收钒元素。

酸溶法工艺中第一步依然是钒元素的分离，在加热条件下，用一定浓度的强酸溶液(如盐酸、硫酸溶液等)溶解分离废弃催化剂中 V$_2$O$_5$ 成分，过滤得到含钒溶液。从含钒溶液中回收钒元素的方法与还原浸取法较为类似，即向溶液中加入氧化剂，在煮沸条件下将溶液中钒氧化至最高价，通过水解沉淀法回收 V$_2$O$_5$。此外，也可以调节含钒溶液 pH 至 8～9，并向溶液中加入 NH$_4$Cl，通过生成偏钒酸铵沉淀对钒元素进行回收[15]。

3. 碱法回收钒元素

V$_2$O$_5$ 为两性氧化物，在焙烧条件下可以与固体碱性物质(如 NaOH、Na$_2$CO$_3$ 等)反应生成易溶钒酸盐，再通过水浴浸出得到含钒溶液；或者在加热加压条件下与碱性溶液(如 NaOH、Na$_2$CO$_3$ 溶液等)反应直接得到含钒溶液。基于所得含钒溶液，进一步回收钒元素的方法与还原浸取法和酸溶法类似，同样可以通过水解沉淀法或者调节溶液 pH 后加入铵盐生成偏钒酸铵沉淀等方式回收钒元素[15]。

4. 溶剂萃取法回收钒元素

萃取是化学、冶金工业上常用的一种从液体中提取目标元素的技术手段，利用物质在两种互不相溶的溶剂中溶解度或分配系数的不同，使物质在两种溶剂间发生转移。溶剂萃取法用于废弃催化剂中钒元素的回收可以提高回收产品的纯度。

萃取剂通常由有效成分、相调节剂和稀释剂三部分组成。常用于萃取钒元素的萃取剂有效成分包括磷酸三丁酯(TBP)、三辛烷基叔胺(N235)、三辛胺(TOA)、甲基三辛基氯化铵(N263)、2-乙基己基磷酸酯(P204)等，仲辛醇、正丁醇、癸醇等则为主要的相调节剂，稀释剂则通常使用煤油。对应于不同的萃取剂，反萃剂则通常选用铵盐溶液[(NH$_4$)$_2$SO$_4$、NH$_4$HCO$_3$ 溶液等]、稀硫酸溶液、低浓度含钒溶液等[15]。萃取剂和反萃剂中有效成分的浓度、萃取和反萃条件对于钒元素回收率和产品纯度的影响至关重要。

溶剂萃取法通常与还原浸取法、酸溶法或碱法等技术配合使用。首先分离废弃催化剂中钒元素得到含钒溶液，在此基础上，根据溶液 pH、钒价态以及主要杂质元素等条件，对溶液进行适当酸化、氧化调整，而后选择适宜的萃取剂和反萃剂对溶液中钒元素进行多级萃取和反萃，最终使钒元素进入反萃液，而杂质元素则大部分留在原始含钒溶液或萃取剂中，从而得到杂质含量低且较易处理的含钒反萃液。

与从还原浸取法、酸溶法或碱法所得溶液中回收钒元素相比，从含钒反萃液中回收钒元素具有更明显的优势。首先，萃取和反萃对于目标元素通常具有极高的选择性，在此过程中可以除去大量杂质元素；其次，所得反萃液中杂质元素极少，在此基础上回收所得产品的纯度将得到大幅提高；此外，通过萃取剂、反萃剂以及条件的选择，可以保证较低的钒损失量，元素回收率较为理想。

6.2.2 废弃 SCR 脱硝催化剂中钒元素的回收

使用环境和用途的差异决定了不同行业废钒催化剂中钒回收的难易程度。SO_2 氧化率是 SCR 脱硝催化剂性能评价中一个极为重要的指标，在一定范围内，V_2O_5 含量越高，SO_2 氧化率也越高，带来的危害也就更为显著。为了限制 SO_2 氧化率，常规 SCR 脱硝催化剂中 V_2O_5 含量通常仅有 1%左右，而随着使用过程中活性组分的流失，废弃 SCR 脱硝催化剂中 V_2O_5 含量通常仅有 0.5%左右。此外，复杂的配方和烟气环境也导致废弃 SCR 脱硝催化剂成分极为复杂。因此，与生产硫酸所用的废弃 V-K-Si 催化剂等相比，从废弃 SCR 脱硝催化剂中回收钒元素具有更高的难度。根据回收工艺中特征技术的不同，对废弃 SCR 脱硝催化剂中钒元素回收的主要工艺介绍如下。

1. 铵盐沉淀法回收钒元素

铵盐沉淀法即依据偏钒酸铵微溶于水的性质，使用铵盐沉淀含钒溶液中偏钒酸根，得到偏钒酸铵沉淀而回收钒元素。铵盐沉淀法主要用于元素分离后钒元素的回收，而钒元素的分离可以采用还原浸取法、酸溶法、碱法等多种技术方案。

朱跃等[33]提出了采用铵盐沉淀法从废弃 SCR 脱硝催化剂中回收得到金属氧化物 V_2O_5 的技术方案，技术路线如图 6-1 所示。首先，将废弃 SCR 脱硝催化剂与 Na_2CO_3 按照一定比例进行混合，通过 700℃高温焙烧使得废弃催化剂中钒转化为易溶于水的 $NaVO_3$；通过去离子水溶解和过滤，得到同时含有 $NaVO_3$ 和 Na_2WO_4 的溶液；用体积浓度为 5%～10%的硫酸溶液调节含钒溶液 pH 至 8～9，而后向溶液中加入足量 NH_4Cl 固体，使得钒元素转化为 NH_4VO_3 沉淀；过滤得到 NH_4VO_3 沉淀，充分洗涤后在 800～850℃条件下焙烧得到 V_2O_5 固体。式(6-1)和式(6-2)

为该工艺中钒元素回收阶段发生的主要化学反应。

$$NaVO_3 + NH_4^+ \longrightarrow NH_4VO_3\downarrow + Na^+ \tag{6-1}$$

$$2NH_4VO_3 \longrightarrow V_2O_5 + 2NH_3\uparrow + H_2O\uparrow \tag{6-2}$$

图 6-1　铵盐沉淀法回收钒元素

李守信等[34]同样提出了采用铵盐沉淀法从废弃 SCR 脱硝催化剂中回收钒元素，最终回收得到了偏钒酸铵固体。在元素分离阶段，同样通过与 Na$_2$CO$_3$ 混合焙烧使废弃 SCR 脱硝催化剂中钒元素转化为易溶于水的 NaVO$_3$，而后通过去离子水溶解、过滤等步骤得到含钒溶液；调节溶液 pH 至 6.5～7.5，而后向溶液中加入沉淀剂沉钒，沉淀剂为质量浓度为 20%～30%的 NH$_4$HCO$_3$ 或 NH$_4$Cl 溶液，与含钒溶液质量比为 0.3～0.4∶1，同时，为避免生成的偏钒酸铵沉淀重新溶解，整个沉淀过程在 25～28℃温度下进行；充分沉淀后过滤得到偏钒酸铵沉淀，依次使用 5%的 NH$_4$HCO$_3$ 溶液和 30%乙醇溶液洗涤沉淀，烘干后回收得到偏钒酸铵。

高翔等[35]、霍怡廷等[36]、刘清雅等[37]在处理废弃钒钛基 SCR 脱硝催化剂时，都采用了铵盐沉淀法从 SCR 脱硝催化剂中回收钒元素，与朱跃等和李守信等不同的是，他们首先在加热和加压条件下用碱溶液分离废弃 SCR 脱硝催化剂中钒元素得到含钒溶液，再向溶液中加入铵盐回收得到偏钒酸铵或 V$_2$O$_5$。而李丁辉等[38]、吕天宝等[39]、赖周炎[40]则通过与强碱熔盐反应分离废弃 SCR 脱硝催化剂中的钒成分，而后通过向含钒溶液中加入铵盐回收钒元素。

铵盐沉淀法在已有的废弃 SCR 脱硝催化剂钒元素回收工艺中最为常见，但需要注意的是，废弃 SCR 脱硝催化剂中杂质元素种类多且含量较高，对于最终回收所得钒产品纯度影响较大。此外，偏钒酸根沉淀率也直接影响钒元素的回收率。这些因素都对铵盐沉淀法高效回收钒元素带来了难度，因此在分离和回收钒元素的过程中，需要严格控制反应条件。

2. 萃取法回收钒元素

萃取法的优势在于回收所得产品的纯度较高，曾瑞[41]在回收废弃 SCR 脱硝催化剂钒元素的过程中采取了萃取法，技术路线如图 6-2 所示。首先，用碱溶液溶解分离废弃催化剂中的钒元素，同时得到含钒、钨溶液和钛酸的钠盐沉淀，过滤得到钛酸的钠盐用于回收 TiO$_2$，而溶液用于钒元素的回收；回收钒元素前，用盐酸调节溶液 pH 至 10～11，而后加入质量浓度为 15%～35%的 MgCl$_2$ 溶液，在 90℃

加热条件下沉淀溶液中硅、铝杂质元素；继续微调溶液 pH 至 9~10，加入质量浓度为 20%~35%的 CaCl₂ 溶液，在 85℃条件下，使溶液中钒、钨元素同时沉淀，过滤得到钨酸钙(CaWO₄)和焦钒酸钙(CaV₂O₇)沉淀；洗涤沉淀，调浆后用质量浓度为 28%~30%的盐酸溶液溶解沉淀中 CaV₂O₇ 得到新的含钒溶液，CaWO₄ 则在此过程中转化为同样难溶的钨酸而与钒元素分离，调浆时液固质量比为 1:5，盐酸溶液中 HCl 质量与沉淀质量比为 2:15；用萃取剂[几种较为高效的萃取剂，组分体积含量分别为 N235：仲辛醇：磺化煤油=10%~17%：10%~17%：66%~80%、P204：仲辛醇：磺化煤油=1%~10%：1%~10%：80%~98%、2-乙基己基磷酸单 2-乙基己基酯(P507)：仲辛醇：磺化煤油=1%~10%：1%~10%：80%~98%]萃取滤液中钒元素，萃取相比 O/A=1:(1~3)，萃取级数为 3~5 级，而后用氨水溶液对钒元素进行反萃，得到含钒反萃液；反萃液最终经过结晶、干燥后回收得到偏钒酸铵。

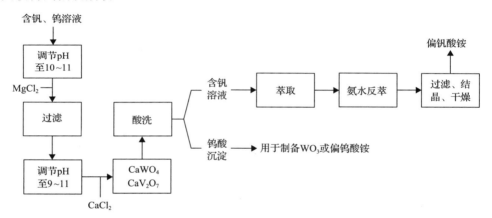

图 6-2　萃取法回收钒元素

本工艺在萃取前通过镁盐沉淀硅、铝杂质可以除去大部分杂质元素，通过萃取和反萃进一步对钒元素进行了提纯，回收所得产品纯度要明显高于铵盐沉淀法，但最终蒸干反萃液回收所得偏钒酸铵纯度可能会受到反萃液中杂质元素的影响。此外，该工艺在萃取钒元素前经过了碱法分离、钙盐沉淀、盐酸溶解、沉淀硅铝等多个步骤，增大了钒元素的损失可能，对于最终钒元素的回收率或许会有一定的影响。

3. 电解法回收钒元素

电解法是一种利用化学反应选择性，在较为温和的条件下对废弃 SCR 脱硝催化剂中钒元素进行回收的方法。肖雨亭等[42]采用二次电解法从废弃钒钨钛基催化剂中回收得到了含钒固体，技术路线如图 6-3 所示。将废弃催化剂充分研磨至

200～300 目,加入电解槽负极,而后在正负极均加入 2～10mol/L 的钠盐、钾盐(如 Na_2SO_4、K_2SO_4、$NaCl$、KCl、$NaNO_3$、KNO_3 等)等抗还原强电解质溶液,进行恒流($60～100mA/cm^2$)或恒压($2～6V$)电解,充分电解后,过滤负极电解液;将过滤得到的电解液加入一个新电解槽正极,负极加入同样抗还原强电解质溶液,进行二次恒流电解或恒压电解;取二次电解后所得正极混合液,用质量浓度为10%～50%的碱液(氨水、$NaOH$、KOH 溶液等)调节混合液 pH 至 10～12,而后加入质量浓度为 120～300g/L 的铵盐溶液[NH_4Cl、NH_4NO_3、$(NH_4)_2SO_4$ 溶液等],充分反应后,过滤得到白色沉淀;在 450～690℃条件下焙烧 1～5h 可回收得到含钒淡黄色固体。

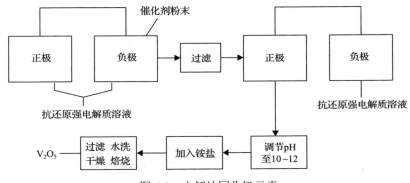

图 6-3　电解法回收钒元素

两次电解,正负极电化学方程式如式(6-3)～式(6-8)所示。

第一次电解:

$$正极:　2H_2O - 4e^- \longrightarrow 4H^+ + O_2\uparrow \tag{6-3}$$

$$负极:　V_2O_5 + 6H^+ + 2e^- \longrightarrow 2VO^{2+} + 3H_2O \tag{6-4}$$

$$VO^{2+} + 2H^+ + e^- \longrightarrow V^{3+} + H_2O \tag{6-5}$$

第二次电解:

$$正极:　V^{3+} + H_2O - e^- \longrightarrow VO^{2+} + 2H^+ \tag{6-6}$$

$$2VO^{2+} + 4H_2O - 2e^- \longrightarrow 2VO_3^- + 8H^+ \tag{6-7}$$

$$负极:　2H^+ + 2e^- \longrightarrow H_2\uparrow \tag{6-8}$$

电解法是一种较为新颖的回收钒元素的技术方案,为废弃 SCR 脱硝催化剂钒元素的回收提供了一种新的思路,但是否适合实际的工业应用还需要进一步验证。

除以上技术方案外，魏昭荣等[43]在分离废弃 SCR 脱硝催化剂中钒元素时，采用一定浓度的草酸、硫酸和盐酸等酸溶液直接对钒元素进行提取，得到含钒溶液。在该工艺中，酸溶过程直接影响钒元素的最终回收率，需要得到关注和把控。

6.2.3 废弃 SCR 脱硝催化剂中钒元素回收方案优化

笔者团队结合目前已经提出的废弃催化剂中钒元素的回收技术，以 V-W/Ti 系废弃 SCR 脱硝催化剂为原料开展了有关钒元素的回收研究。比较不同技术方案的特点，通过实验探索和优化，形成了一套完整的钒元素回收技术方案，方案主要包括钒元素分离、萃取提纯和水解回收三个步骤，回收所得 V_2O_5 纯度达到了 99.7%以上，钒元素回收率也达到了 95%左右，技术路线如图 6-4 所示。

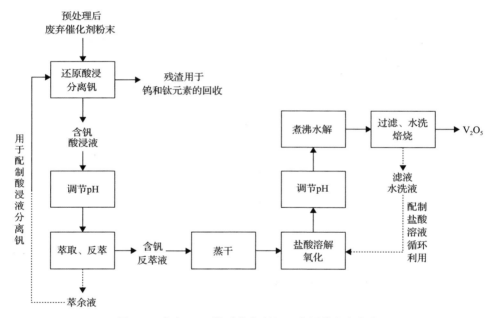

图 6-4 废弃 SCR 脱硝催化剂钒元素回收方案优化

虚线表示重复该步骤

在分离钒元素前，对废弃 SCR 脱硝催化剂进行吹灰、焙烧和粉碎等预处理，得到 200 目以下的废弃催化剂粉末；采用合适的酸液和还原剂，通过多次还原酸浸分离废弃催化剂中的钒元素，钒元素总分离效率可达 96%以上，过滤得到含钒酸液，剩余残渣用于钨和钛元素的回收；通过特定萃取剂和反萃剂提纯钒元素，使钒元素进入反萃液，该过程杂质元素的去除率可达到 95%以上；为进一步提纯钒元素，最后通过优化后的水解法对钒元素进行回收，首先蒸干含钒反萃液，用稀盐酸溶液溶解所得固体并用氧化剂将溶液中低价钒全部氧化至最高价态，得到稳定的黄色含钒溶液，用氨水调节溶液 pH 至 2.0 左右，充分煮沸水解后过滤得到沉淀，水洗所得沉淀，最后经过 550℃焙烧，即可回收得到 V_2O_5 固体[44]。

　　整个工艺最大程度地去除了杂质元素，保证了最终回收产品的纯度。同时，分离、提纯以及回收阶段均采用了经过筛选得到的最佳反应条件和试剂，实现了钒元素的高效转移，整个过程钒元素的损失率仅约为 5%。此外，整个工艺中只在萃取和水解沉钒后产生废液，废液钒浓度极低且可以循环使用，从而避免了废液排放造成的二次污染。

6.3　钨、钼元素的回收技术

　　WO_3 和 MoO_3 是 SCR 脱硝催化剂的常用活性助剂，不仅自身具有一定的脱硝活性，同时也可明显改善催化剂的使用寿命和品质，如 WO_3 的加入可以明显提升催化剂的热稳定性，增强催化剂的抗烧结能力，而 MoO_3 的加入则可以增强催化剂的抗中毒能力。

　　钨、钼元素同属ⅥB 族元素，化学性质较为接近，两种元素常见的化合物如 WO_3、Na_2WO_4、偏钨酸铵、MoO_3、Na_2MoO_4、$MoCl_3$ 以及仲钼酸铵等均具有十分广泛的用途。Na_2WO_4 是媒染剂、染料、水处理剂、防火材料等的主要成分，同时也可用于制备金属钨、钨酸等。WO_3 可用来制备高熔点合金和硬质合金，同时也可制备钨粉、碳化钨粉、钨丝、防火材料等多种物品。MoO_3 和钼酸铵是国内最为常用的阻燃抑烟剂，同时也是制备金属钼及钼化合物的重要原料。偏钨酸铵和仲钼酸铵则多为生产含钨、钼成分催化剂的钨源和钼源，同时在石油行业和地质勘探中也有着广泛的应用。

　　我国是世界上钨资源最为丰富的国家，储量、销量等均为世界之首，其中湖南和江西两省钨储量约占全国总量的 65%以上。我国钼资源的储量也仅次于美国，排在世界第二位，其中栾川、金堆城、大黑山和杨家杖子四个钼矿的储量约占全国储量的 80%。由于钨矿中 70%以上是品质较低、组成复杂的白钨矿，开发利用具有一定的难度，成本极高，而钼在自然界的含量较低，故从废弃资源中回收利用钨、钼元素具有十分重要的意义。

6.3.1　钨、钼元素的回收方法和机理

　　除 SCR 脱硝催化剂外，钨、钼元素在其他行业的催化剂中也被广泛应用。钨主要用于甲烷氧化催化剂（W-Mn/Si）、石油炼制用加氢精制催化剂（W-Ni）、甲醇电氧化催化剂（Pt-Ru-W）、杂多酸催化剂（磷钨酸、钨酸钠）等。而钼作为催化剂则主要以 Al_2O_3 为载体，搭配钴、镍、铁、铜等氧化物，用于石油化学工业中醇脱水或脱氢反应、烯烃的水合或氧化、加氢脱硫反应等。

工业上回收废弃催化剂中钨、钼元素的技术思路与钒回收相近，即首先通过元素分离从废弃催化剂中分离钨、钼元素，并在此基础上根据所需的目标产品通过不同的回收技术得到钨、钼产品。

1. 氨浸法回收钨元素

WO_3 不溶于水，微溶于酸，但可以溶解于碱性溶液。氨水溶液在一定条件下可以溶解 WO_3 成分，故工业上回收废弃石油加氢催化剂中的钨元素时，通常使用氨水作为溶解剂分离钨元素，整体技术方案主要包括氧化焙烧、氨浸、结晶和酸化几个步骤。

废弃石油加氢催化剂中钨元素主要以 WS_2 形式存在，在进行氨水浸取前，首先在氧气氛围内对废弃催化剂进行高温焙烧，将废弃催化剂中 WS_2 转化为 WO_3，同时除去积碳和有机杂质；氧化焙烧后将废弃催化剂充分粉碎，而后用浓度约为 20% 的氨水溶液在 80℃ 加热条件下重复浸取 WO_3 成分，过滤得到含钨溶液；用酸溶液调节含钨溶液至中性，蒸发浓缩溶液至原体积的 50%，冷却静置，使得溶液中仲钨酸铵结晶析出，过滤得到仲钨酸铵，剩余废液混入含钨溶液，继续用于浓缩蒸发析出仲钨酸铵结晶；最后，将仲钨酸铵加入酸溶液中，在加热条件下反应生成钨酸沉淀，过滤得到沉淀并依次用稀酸和去离子水反复洗涤，最终干燥后得到钨酸[45]。

氨浸法回收工艺较为简单，但应注意氨水溶解 WO_3 成分的反应条件，以提高钨元素的分离效率，而浓缩含钨溶液得到仲钨酸铵，以及酸化仲钨酸铵回收钨酸等步骤则对于回收产品的纯度至关重要。

2. 纯碱焙烧法回收钨元素

WO_3 在一定条件下与 Na_2CO_3 反应可生成易溶于水的 Na_2WO_4，通过水浸取即可分离钨元素，得到含钨溶液，在此基础上可根据不同的需要从含钨溶液中进一步回收得到不同的钨产品。

在元素分离步骤前，首先对废钨催化剂进行焙烧、粉碎等预处理；而后将废弃催化剂粉末与 Na_2CO_3 按一定比例均匀混合，并可通过加水搅拌等方法强化废弃催化剂与 Na_2CO_3 之间的接触，在 800℃ 条件下焙烧；粉碎焙烧后得到的烧结块，用热水反复浸取，过滤得到 Na_2WO_4 溶液；调节溶液 pH 至 8~9，加入氯化镁除去溶液中 Si、Al、P 等杂质元素；最后可以向溶液中加入酸回收得到钨酸，也可直接浓缩结晶回收得到 Na_2WO_4 固体[45]。

该工艺同样简单易行，且废弃催化剂通过与 Na_2CO_3 的混合焙烧和热水浸取可以高效分离钨元素，该方法也是一种较为常见的从废弃催化剂中分离钨元素的技术方法。同时，本工艺中加入了氯化镁除 Si、Al、P 等杂质的步骤，可以提升回收产品的纯度。

3. 复合浸取法回收钼元素

根据钼元素的化学性质，可采用酸浸法和碱浸法从废弃催化剂中分离钼元素，再进一步实现对钼元素的回收。常见的酸浸法或碱浸法通常采用一种浸取剂对钼元素进行分离，往往存在浸取效率低、杂质元素多等缺点。为了改进单一浸取剂存在的问题，有学者提出复合浸取的技术方案，即采用两种或两种以上的混合浸取剂，实现钼元素的高效分离，常见的组合方式包括酸+盐、碱+盐和盐+盐等几种不同形式。

邢印堂[46]采用 HCl+NH$_4$Cl 溶液组合形式，在 70～80℃条件下从含钼废弃催化剂中实现了对钼元素的分离，得到含钼溶液，而后通过酸沉、氨水溶解等步骤回收得到纯度大于 98% 的钼酸铵固体；马成兵等[47]采用 HCl+NH$_4$NO$_3$ 溶液组合形式，在 pH 为 0.5 条件下，从生产丙烯腈所用钼铋催化剂中除去铋、镍、钴等元素，再利用碱浸法从剩余固体中分离钼元素，最后通过结晶法回收得到 Na$_2$MoO$_4$ 固体，大大提升了回收产品的纯度。

4. 硫化沉淀法回收钼元素

MoS$_2$ 一般以固体形式存在，通常仅可溶于王水和热的浓硫酸溶液，依据此化学性质，可通过向含钼溶液中加入特定硫化剂，在一定条件下使溶液中的钼生成 MoS$_2$ 沉淀进行回收。MoS$_2$ 是氢化反应和异构化反应的常用催化剂成分，且可制备润滑剂和其他钼的化合物，同样具有较为广泛的用途。

陈敏[48]以 MoS$_2$ 的形式从废弃催化剂中回收了钼元素。废弃催化剂经过冲洗、研磨预处理后，通过碱浸法初步分离钼元素，得到含钼溶液；用稀硫酸溶液或盐酸溶液调节溶液 pH 至 10.5，加热溶液至 80～96℃，加入 25% MgCl$_2$ 溶液除去硅、铝等杂质成分；向溶液中加入硫化剂 NaHS，煮沸溶液 2h，而后调节溶液 pH 至 1.0～2.5，保持溶液温度在 40～60℃范围内，使溶液中钼元素生成 MoS$_2$ 沉淀，并最终回收得到 MoS$_2$。

6.3.2　废弃 SCR 脱硝催化剂中钨、钼元素的回收

WO$_3$ 和 MoO$_3$ 作为 SCR 脱硝催化剂的主要活性助剂，含量通常在 5% 以上，含量远超大多数钨、钼贫矿，若能将废弃 SCR 脱硝催化剂中钨、钼元素高效回收利用，可以节约大量珍贵金属资源。钨、钼属于同一族元素，化学性质极为接近，回收技术与机理也大致相同。本节主要总结废弃 SCR 脱硝催化剂钨元素的回收方案。

1. 钙盐沉淀法回收钨元素

钙盐沉淀法回收钨元素主要依据钨酸钙和钨酸在水溶液中的微溶性，且钨酸

钙在一定条件下通过酸液处理可转化为钨酸，而钨酸通过焙烧即可得到 WO_3 固体。

朱跃等[33]依据钨酸钙和钨酸的化学特性从废弃 SCR 脱硝催化剂中回收得到了 WO_3 固体，技术路线如图 6-5 所示。将废弃 SCR 脱硝催化剂与 Na_2CO_3 混合后焙烧，使废弃催化剂中 V_2O_5 和 WO_3 成分转化为易溶钠盐，通过水浸分离钛元素，得到同时含钒、钨钠盐的溶液；在回收钨元素前，通过铵盐沉淀法先回收溶液中钒元素，而后用体积浓度为 5%~10% 的盐酸溶液调节溶液 pH 至 4.5~5，并向溶液中加入 $CaCl_2$ 固体沉淀 WO_4^{2-} 得到 $CaWO_4$；过滤分离 $CaWO_4$ 沉淀，在 40~50℃条件下用盐酸溶液酸浸沉淀，使钨酸钙转化为钨酸，最后经过滤、水洗、焙烧即可回收得到 WO_3 固体。主要的化学反应如式(6-9)~式(6-11)所示。

$$(NH_4)_2WO_4 + CaCl_2 \longrightarrow CaWO_4\downarrow + 2NH_4Cl \qquad (6-9)$$

$$CaWO_4 + 2HCl \longrightarrow H_2WO_4\downarrow + CaCl_2 \qquad (6-10)$$

$$H_2WO_4 \longrightarrow WO_3 + H_2O\uparrow \qquad (6-11)$$

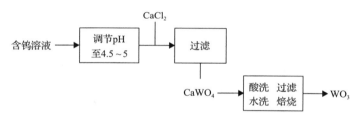

图 6-5　钙盐沉淀法回收钨元素

该工艺较为简单易行，其中使用钙盐沉淀含钨溶液中钨酸根，以及酸化 $CaWO_4$ 生成钨酸是回收钨元素的关键，对于钨元素的回收率和回收产品纯度的影响最大。

2. 碱溶法回收钨元素

WO_3 为酸性氧化物，几乎不溶于酸溶液，但在一定条件下可溶于碱性溶液，而废弃 SCR 脱硝催化剂中其他主要成分 TiO_2 和 V_2O_5 不易溶于碱液，故可利用碱溶法从废弃 SCR 脱硝催化剂中分离钨元素并进行回收。

魏昭荣等[43]提出了碱溶法从废弃 SCR 脱硝催化剂中回收钨元素的技术方案。充分粉碎废弃催化剂，用高浓度的碱液(如 NaOH、KOH、Na_2CO_3、Na_2O 等强碱性溶液)浸取废弃催化剂粉末中的 WO_3 成分，得到钨酸盐溶液；用酸液调节溶液 pH 使得 WO_4^{2-} 生成钨酸而沉淀，最后再经过滤、水洗、焙烧等步骤即可回收得到 WO_3 固体。碱溶和酸沉步骤是此技术工艺中的核心步骤，反应效率将直接影响最终钨元素的回收率。

　　笔者团队同样提出了通过碱溶法回收废弃 SCR 脱硝催化剂中的钨元素[49]，与魏昭荣等不同，碱液采用了氨水、乙二胺等不含金属离子的碱性溶液，在高温（60～180℃）、高液固比（6～12∶1）和高摩尔比（5～10∶1）条件下对废弃催化剂中 WO₃ 成分进行溶解，为保证对钨元素的溶解率，重复进行多次溶解，每次溶解时间保证在 5～15h；将每次溶解后过滤所得澄清含钨溶液蒸干并干燥剩余固体，即可回收得到钨酸的铵盐，进一步焙烧则可获得 WO₃ 固体。主要化学反应如式（6-12）和式（6-13）所示。

$$2OH^- + WO_3 \longrightarrow WO_4^{2-} + H_2O \tag{6-12}$$

$$(NH_4)_2WO_4 \longrightarrow 2NH_3 + WO_3 + H_2O \tag{6-13}$$

　　使用不含金属离子的碱液，避免了分离钨元素时引入其他杂质，且所用碱液碱性相对较弱，对于废弃催化剂中其他成分（如 SiO_2、Al_2O_3 等）溶解较少，最终蒸干溶解液即可将溶解分离的钨元素全部回收，故钨元素的回收率及回收产品纯度均较为理想。但该工艺中所用液固比、溶解温度等条件过高，在工业实际应用中会有一定的阻碍，且废碱液体积过大，不便处理。

3. 萃取法回收钨元素

　　在适当的条件下，特定萃取剂和反萃剂对于钨元素具有较高的选择性，故针对废弃 SCR 脱硝催化剂元素分离阶段所得的含钨溶液，也可采用萃取法提纯并回收溶液中钨元素。

　　张景文[50]针对废弃 SCR 脱硝催化剂元素分离过程产生的含钨溶液，采用萃取法对钨元素进行了回收，技术工艺如图 6-6 所示。在萃取前先调节含钨溶液 pH 至 7～12，加热溶液至 50～90℃，在搅拌条件下保温 1.5～4h，使溶液中硅、铝等杂质发生水解而沉淀；过滤得到含钨清液，而后选用特定的萃取剂对钨元素进行萃取，张景文给出了几种较为高效的萃取剂组合，包括：①N263∶仲辛醇∶癸醇∶煤油=5%～15%∶5%～10%∶2%～5%∶70%～88%；②N263∶异辛醇∶正丁醇∶煤油=5%～10%∶5%～20%∶5%～10%∶60%～85%；③N235∶异辛醇∶磷酸三丁酯∶煤油=2%～10%∶10%～20%∶5%～10%∶60%～83%；④N235∶正丁醇∶磷酸三丁酯∶煤油=5%～15%∶5%～10%∶5%～10%∶65%～85%；⑤N1923（仲碳伯胺）∶异辛醇∶癸醇∶磷酸三丁酯∶煤油=5%～15%∶5%～10%∶5%～10%∶5%～10%∶55%～80%。对含钨溶液进行多级萃取，每级萃取有机相与水相体积比 O/A=1/(2～5)；反萃前，对萃取所得有机相用清水多次洗涤，除去有机相中 Na⁺、K⁺等金属离子杂质，每次清洗有机相与水相体积比 O/A=1/4；用氨水溶液或加热易分解的铵盐溶液（如 NH_4Cl、NH_4HCO_3、NH_4NO_3 溶液等）从清洗后的有机相中反萃钨元素，反萃剂质量浓度为 15%～40%，多级反萃，每级反萃有机相与水相体积比 O/A=1/4；当反萃剂为氨水溶液时，直接蒸干反萃液即可回收得到钨酸的铵盐，当反萃剂为其他铵盐溶液时，蒸干反萃液后焙烧所得固体则可回收得到 WO_3。

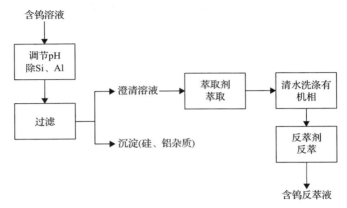

图 6-6　萃取法回收钨元素

萃取技术是一种较为成熟的工业技术，应用较为广泛，选用适当的萃取剂和反萃剂，可高效分离和回收目标元素，萃取率和反萃率通常在 98%以上，几乎没有钨元素的损失，且可以除去大部分杂质元素。

除以上钨元素的回收方案外，废弃 SCR 脱硝催化剂中钨元素还能以 Na_2WO_4 或钨酸的形式进行回收，与前述回收技术方案类似，首先分离钨元素得到含钨溶液，经过铵盐沉钒、除杂等步骤，高翔等[35]、李丁辉等[38]、赖周炎[40]直接向溶液中加入适量 NaCl，通过蒸发结晶回收得到 Na_2WO_4 固体。吕天宝等[39]向溶液中加入盐酸溶液，直接使钨元素转化为钨酸沉淀，而后通过过滤、水洗和焙烧等步骤回收得到 WO_3。

废弃 SCR 脱硝催化剂中钼元素的回收可借鉴以上钨元素的回收方案，有关钼元素的回收技术方案也与钨元素相近。此外，萃取法也可用于废弃催化剂中钼元素的回收，已提出的方案中常见的萃取剂、反萃剂以及萃取条件如表 6-1 所示[51-58]。

表 6-1　常见钼元素萃取剂、反萃剂以及萃取条件

萃取剂	反萃剂	萃取 pH
20% N235-10%异辛醇或磷酸三丁酯-煤油	氨水溶液	2.2～2.3
10%肟类螯合萃取剂(HBL 101)-5%TBP-煤油	氨水溶液	0.9
15%烷基膦酸(PC-88A)-85%煤油	氨水溶液	0.85
0.1mol/L 仲胺(N7207)-200 号溶剂油	0.5mol/L NaOH 溶液	2.3
10%三脂肪胺(TAF)-15% TOA-煤油	15%的氨水溶液	2.0
三烷基氧膦(TRPO)	NaOH 或氨水溶液	—
5,8-二乙基-7-羟基-十二烷基-6-肟(LIX63)	氨水溶液	2.0
二羟基五壬基苯乙酮肟(LIX84-I)	1mol/L NH_4OH+1mol/L $(NH_4)_2CO_3$	0.18

6.3.3　废弃 SCR 脱硝催化剂中钨元素回收方案优化

钨元素回收最终产品纯度以及回收率与所用回收技术及反应条件控制息息相关。在 6.2 节中介绍了笔者团队通过还原酸浸法高效分离实际废弃 V-W/Ti 系 SCR 脱硝催化剂中钒元素，钨元素和钛元素存在于分离钒后剩余残渣中。本节中笔者团队将结合钨元素回收技术工艺，以分离钒后剩余残渣为原料，优化了废弃 SCR 脱硝催化剂中的钨元素回收方案，技术工艺路线如图 6-7 所示。

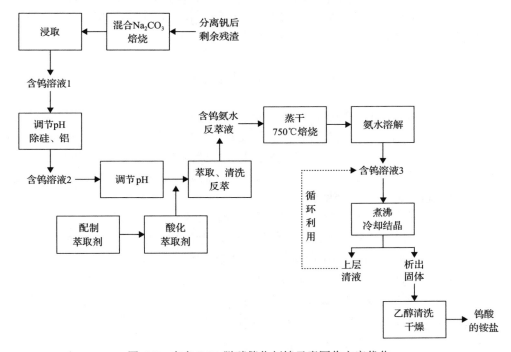

图 6-7　废弃 SCR 脱硝催化剂钨元素回收方案优化

将质量为滤渣 2.5～3 倍的 Na$_2$CO$_3$ 固体和滤渣混合均匀，混合时加入适量水保证混合的均匀度和固体间的接触，而后在 700℃ 条件下焙烧 3h，使滤渣中钨元素转化为易溶的 Na$_2$WO$_4$，钛元素则生成难溶的钛酸的钠盐；用 90℃ 稀碱液重复浸出焙烧后所得固体 2 次（在浸出过程中使用碱液不仅可以溶解反应生成的 Na$_2$WO$_4$，同时可以溶解焙烧时未参加反应的 WO$_3$，从而降低了钨元素的损失），再用 90℃ 去离子水浸出一次，每次浸出液固质量比为 6，过滤得到含钨溶液和以钛酸的钠盐为主的不溶物，不溶物用于钛元素的回收；调节滤液 pH 为 8.5～9.5，在加热搅拌条件下使硅、铝发生水解，过滤除去水解沉淀；采用合适的萃取剂、反萃剂以及反应条件对含钨滤液进一步提纯除杂，得到含钨反萃液；通过水解和萃取除杂，绝大部分杂质已被除去，反萃液中仅有少量调节 pH 时使用酸溶液引入的阴离子杂质（SO_4^{2-}），蒸干含钨反萃液，而后在 750℃条件下焙烧除去剩余的 SO_4^{2-}；用体积浓度为 30%的氨水溶液溶解焙烧后固体，加热煮沸溶液直至液体刚刚覆盖容器底部，冷却静置后大量钨酸的铵盐将从溶液中析出，过滤得到钨酸的铵盐并用乙醇清洗（为避免钨酸的铵盐溶解流失），干燥后可回收得到钨酸的铵盐[44]。

本工艺主要包括钨元素分离、水解除杂、萃取提纯、焙烧除杂以及最后的煮沸结晶等步骤。在分离、除杂和回收过程中，采用合适的反应条件和试剂，在高效除杂的前提下尽量避免了钨元素的损失。最终回收得到纯度达 99.5%以上的钨酸的铵盐，而钨元素的回收率也达到了 93%以上。

6.4　钛元素的回收技术

钛元素在地壳中并不稀少，在所有元素中可排至第十位，在金属元素中仅次于铝、铁、钙、钠、钾和镁几种常见金属元素，主要存在于铁钛矿、金红石矿和钙钛矿几种矿石中。我国钛资源储量约占世界总储量的 40%，居世界首位，主要分布于四川、云南、广东、广西及海南等地区，总储量达 9.65 亿吨，其中攀枝花地区钛资源总量可达 8.7 亿吨。

TiO_2 呈白色固体或粉末状，具有无毒、最佳的不透明性、最佳白度和光亮度等优势，且黏附能力较强，不易发生化学变化，被广泛应用于涂料、造纸、化纤、化妆品等多个行业。同时，由于熔点较高，TiO_2 也可用于制造耐火玻璃、珐琅以及耐高温的实验器皿。此外，由于具有优异的载体性能，TiO_2 也作为制备催化剂的主要原料，被用于脱硝催化剂、光催化剂、高分子合成催化剂、钛硅分子筛催化剂和固体酸催化剂等的制备。TiO_2 的利用价值极高，从废弃催化剂中回收 TiO_2 具有十分重要的意义。

6.4.1　TiO_2 的制备与生产

含钛废弃催化剂很少作为原料用于回收制备 TiO_2，工业上用于制备和生产 TiO_2 的钛源主要来源于含钛矿石和高钛渣[59]，硫酸水解法和氯化法是生产 TiO_2 应用最多的工艺[60]，本节将对工业上 TiO_2 的制备和生产方法进行简要介绍。

硫酸水解法主要包括钛液制备、水解沉淀和晶型转化三个阶段。首先用硫酸溶液溶解分离矿石或高钛渣中钛元素得到钛的硫酸盐溶液；在此基础上，通过向溶液中加水稀释、加入碱液等方式，在一定的 pH 和温度条件下生成水合二氧化钛沉淀；过滤得到水解沉淀，最终通过高温焙烧可得到 TiO_2。在此过程中可以根据需要调控焙烧条件，得到不同晶型的 TiO_2[61]。硫酸水解法对于钛源要求不高，工艺和设备较为简单，且制备的 TiO_2 纯度较高，是生产高纯 TiO_2 最常用的一种方法，主要的化学反应如式(6-14)~式(6-16)所示。

$$FeTiO_3 + 2H_2SO_4 \longrightarrow TiOSO_4 + FeSO_4 + 2H_2O \tag{6-14}$$

$$TiOSO_4 + 2H_2O \longrightarrow TiO(OH)_2 + H_2SO_4 \tag{6-15}$$

$$TiO(OH)_2 \longrightarrow TiO_2 + H_2O \tag{6-16}$$

氯化法也是一种生产高纯 TiO_2 较为常用的技术工艺。含钛矿石或高钛渣在高温条件下可与还原剂(焦炭或石油焦等)和氯气反应生成 $TiCl_4$，$TiCl_4$ 经过蒸馏提纯后通过氧化反应即可制得纯度较高的 TiO_2[60]。氯化法工艺流程较短，产品纯度较高，但技术难度相对较大，在国内生产企业中应用极少，主要在欧美一些发达国家中被广泛应用，世界生产用于颜料的 TiO_2 中有超过 50%来源于氯化法，式(6-17)和式(6-18)是氯化法生产 TiO_2 的主要化学反应。

$$TiO_2 + 2C + 2Cl_2 \longrightarrow TiCl_4 + 2CO \tag{6-17}$$

$$TiCl_4 + O_2 \longrightarrow TiO_2 + 2Cl_2 \tag{6-18}$$

6.4.2 废弃 SCR 脱硝催化剂中钛元素的回收

在生产 SCR 脱硝催化剂所用原料中，TiO_2 价格相对低廉，但作为载体，含量可达 75%以上，因此从废弃 SCR 脱硝催化剂中回收钛元素对于钛资源的循环利用具有十分重要的意义。

目前不同学者和研究机构已提出了一些废弃 SCR 脱硝催化剂中钛元素的回收技术方案，这些技术方案的机理主要是基于钛的某些特殊化学性质，如钛酸的钠盐是少数沉淀型钠盐的一种，该性质常被用于实现钛元素与其他元素的分离。此外，在一定条件下，钛可以在溶液中发生水解而沉淀，而偏钛酸是一种难溶性固体，这是水解法和酸沉法回收 TiO_2 的主要依据。

1. 钠化焙烧法回收钛元素

钠化焙烧法是通过将废弃 SCR 脱硝催化剂与 Na_2CO_3 或 NaOH 混合焙烧，使 TiO_2 转化为难溶于水的钛酸的钠盐，通过水浴浸取与 V_2O_5、WO_3 或 MoO_3 转化生成的易溶性钠盐分离，得到钛酸的钠盐粗体，并以此为原料回收得到 TiO_2。

朱跃等[33]针对废弃 SCR 脱硝催化剂中钛元素的回收，使用了钠化焙烧法(6.2.2 节中碱法分离钒元素)，并在此基础上回收得到了 TiO_2，技术路线如图 6-8 所示。首先粉碎、焙烧处理废弃催化剂，而后与 Na_2CO_3 均匀混合，摩尔比 Na_2CO_3：Ti = 2：1~4：1，将混合固体在 650~700℃条件下高温焙烧 3~6h；粉碎焙烧所得烧结块，用 80～90℃的热水，在搅拌条件下充分浸取 1～3h，液固质量比为 5～10，过滤得到钛酸的钠盐；用体积分数为 5%～10%的硫酸溶液充分酸洗钛酸的钠盐，使其转化为偏钛酸，最后经水洗、焙烧偏钛酸即可回收得到 TiO_2。主要反应如式(6-19)～式(6-24)所示。

$$V_2O_5+Na_2CO_3 \longrightarrow 2NaVO_3+CO_2\uparrow \tag{6-19}$$

$$MoO_3+Na_2CO_3 \longrightarrow Na_2MoO_4+CO_2\uparrow \tag{6-20}$$

$$WO_3+Na_2CO_3 \longrightarrow Na_2WO_4+CO_2\uparrow \tag{6-21}$$

$$TiO_2+Na_2CO_3 \longrightarrow Na_2TiO_3+CO_2\uparrow \tag{6-22}$$

$$TiO_2+2Na_2CO_3 \longrightarrow Na_4TiO_4+2CO_2\uparrow \tag{6-23}$$

$$2TiO_2+Na_2CO_3 \longrightarrow Na_2Ti_2O_5+CO_2\uparrow \tag{6-24}$$

图 6-8　钠化焙烧法回收钛元素

李守信等[34]、汪德志等[62]在回收废弃 SCR 脱硝催化剂时同样采用了钠化焙烧法分离钛元素，作为进一步回收钒、钨等元素的基础。赵炜等[63]则通过一系列实验确定了较优的钠化焙烧反应条件，得出当焙烧温度为 750℃，焙烧时间为 6h，Na_2CO_3 与废弃 SCR 脱硝催化剂中钛元素摩尔比为 3：1 时，钛元素分离效果最佳，回收所得 TiO_2 纯度可达到 93%。而针对钠化焙烧法中热水浸出步骤，张琛等[64]研究发现，在热水浸取钠化焙烧所得固体时，使用超声技术可提高对钒、钨等元素的浸取，提高元素的分离效率。

除采用 Na_2CO_3 与废弃催化剂混合焙烧分离钛元素外，吕天宝等[39]采用 NaOH与废弃催化剂混合焙烧分离并回收钛元素，技术路线如图 6-9 所示。废弃 SCR 脱硝催化剂经过粉碎、400～600℃焙烧处理后得到粒径小于 200μm 粉末；将废弃催化剂粉末与 NaOH 固体混合均匀后在 400～600℃条件下焙烧 1～2h，得到烧结块，摩尔比 NaOH：Ti=3～5：1；粉碎烧结块，用 60～70℃热水浴浸取，液固质量比为 4～6，过滤得到不溶的钛酸的钠盐粗品；用体积浓度为 10%的硫酸溶液充分酸洗钛酸的钠盐粗品，而后经过水洗、焙烧等步骤即可回收得到 TiO_2。

图 6-9　NaOH 混合焙烧回收钛元素

2. 浓碱浸出法回收钛元素

与钠化焙烧法类似，浓碱浸出法同样利用钛酸的钠盐难溶于水的性质从废弃 SCR 脱硝催化剂中分离钛元素。最为常见的是使用较高浓度的 NaOH 溶液，在加热加压条件下，使废弃催化剂中钛元素转化为难溶的钛酸的钠盐沉淀，而后通过酸洗、过滤、水洗、焙烧等步骤回收得到 TiO_2。

曾瑞[41]通过浓碱浸出法从废弃 SCR 脱硝催化剂中回收得到了金红石型 TiO_2，技术路线如图 6-10 所示。将废弃 SCR 脱硝催化剂粉碎至 100 目以下，而后用 200～700g/L 氢氧化钠溶液，在 130～220℃、0.3～1.2MPa 条件下与废弃催化剂反应，液固比为 2～15m³/t，反应时间为 1～6h，过滤得到钛酸的钠盐沉淀；用水将钛酸的钠盐沉淀调浆，液固质量比 0.2∶1～1∶1，而后用质量浓度为 28%～30% 的盐酸溶液调节浆液 pH 至 0.5～1.5，在 90～100℃ 条件下充分酸洗钛酸的钠盐沉淀；过滤得到偏钛酸，充分洗涤后，在 800～900℃ 条件下高温焙烧得到金红石型 TiO_2。主要化学反应如式(6-25)～式(6-30)所示。

$$V_2O_5 + 2NaOH \longrightarrow 2NaVO_3 + H_2O \tag{6-25}$$

$$MoO_3 + 2NaOH \longrightarrow Na_2MoO_4 + H_2O \tag{6-26}$$

$$WO_3 + 2NaOH \longrightarrow Na_2WO_4 + H_2O \tag{6-27}$$

$$TiO_2 + 2NaOH \longrightarrow Na_2TiO_3 + H_2O \tag{6-28}$$

$$TiO_2 + 4NaOH \longrightarrow Na_4TiO_4 + 2H_2O \tag{6-29}$$

$$2TiO_2 + 2NaOH \longrightarrow Na_2Ti_2O_5 + H_2O \tag{6-30}$$

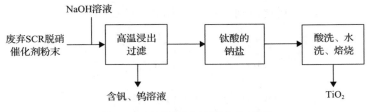

图 6-10　浓碱浸出法回收钛元素

刘清雅等[37]在采用浓碱浸出法从废弃钒钨钛基催化剂中回收钛元素时，首先将废弃催化剂粉碎至粒径小于 100 目的粉末；而后用质量浓度为 50%～80%的 KOH 或 NaOH 溶液与废弃催化剂粉末反应，反应温度为 120～350℃，反应时间为 1～5h，液固质量比为 1～10∶1，整个反应过程需要搅拌，并连续鼓入空气或氧气；过滤得到钛酸的钠盐滤饼，用 pH 大于 9 的碱性溶液清洗滤饼，过滤、干燥后得到钛酸的钠盐；最后用 pH 小于 6 的酸液酸洗钛酸的钠盐，使其转化为偏钛酸，酸洗温度为 40～70℃，酸洗时间为 2～12h，最后煅烧偏钛酸即可回收得到 TiO$_2$。

钠化焙烧法和浓碱浸出法两种技术方案均依据钛酸的钠盐难溶于水的性质实现其与钒、钨和钼等元素的分离，具有较高的分离效率。进一步回收钛元素时，不同学者和研究机构提出的技术方案均是通过酸洗使钛酸的钠盐转化为偏钛酸，而后焙烧偏钛酸得到 TiO$_2$。在此方案中，钛酸的钠盐向偏钛酸转化的效率决定了最终回收所得 TiO$_2$ 的纯度，而未转化的钛酸的钠盐则是回收产品中的主要杂质。通过此方案回收所得 TiO$_2$ 纯度一般可达到 90%以上。

3. 水解法回收钛元素

水解法是首先将废弃催化剂中 TiO$_2$ 溶解，使钛元素进入溶液，再通过调节溶液 pH 使钛元素发生单独水解，焙烧水解沉淀可回收得到高纯度 TiO$_2$。水解法回收所得 TiO$_2$ 纯度通常高于其他钛元素回收技术方案。

黄丽明等[65]通过水解法回收废弃 SCR 脱硝催化剂中钛元素，回收所得 TiO$_2$ 纯度达到了 99%以上，技术路线如图 6-11 所示。将废弃 SCR 脱硝催化剂充分粉碎至 100～200 目，在 80～100℃条件下，用 30～70g/L 的硫酸溶液溶解废弃催化剂中的钛、钒元素，溶解过程持续通入 O$_2$ 或 O$_3$，0.5～2h 后停止溶解，过滤得到含钛、钒滤液以及 WO$_3$ 粗矿滤饼；用 20% NaOH 或 KOH 溶液调节滤液 pH 至 1～2，加热滤液至 50～70℃，在 100～300r/min 速度下搅拌 1～2h，而后保温静置 10～90min；过滤得到钒粗品沉淀和硫酸氧钛滤液，继续调节硫酸氧钛滤液 pH 至 6～8，并加入滤液中含钛质量（以 TiO$_2$ 质量计）0.5%～1%的锐钛矿型 TiO$_2$ 晶种，在 200～400r/min 速度搅拌下，加热煮沸滤液直至灰点出现，而后停止搅拌，保温静置 10～90min；再次煮沸滤液 2～4h，而后快速冷却至 30～60℃；过滤所得沉淀，500～800℃焙烧后回收得到 TiO$_2$。式(6-31)和式(6-32)为水解法回收钛元素的主要反应。

$$TiO_2+H_2SO_4 \longrightarrow TiOSO_4+H_2O \tag{6-31}$$

$$TiO^{2+}+2H_2O \longrightarrow H_2TiO_3\downarrow+2H^+ \tag{6-32}$$

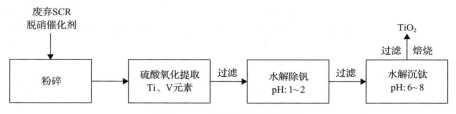

图 6-11　水解法回收钛元素

华攀龙等[66]同样通过水解法从废弃 SCR 脱硝催化剂中回收钛元素,具体工艺如下:首先用压缩空气吹扫除去废弃催化剂表面的积灰,而后研磨得到粒径为 50～100μm 的催化剂粉末;在酸解锅中依次加入 100 质量份废弃催化剂粉末、140～160 质量份的浓硫酸,酸解后加入 90～110 质量份水,得到硫酸氧钛稀溶液;向硫酸氧钛稀溶液中依次加入 0.3～0.5 质量份非离子型乳化剂(吐温系列乳化剂、oπ-10 乳化剂或 OP-10 乳化剂)作为絮凝剂,0.1～0.3 质量份的磺酸盐表面活性剂(十二烷基苯磺酸钠、二辛基琥珀磺酸钠或甘胆酸钠)或聚羧酸盐表面活性剂(醇醚羧酸盐、聚羧酸盐系列 SP-Ⅱ 或聚羧酸盐系列 SP-60)作为助凝剂,将钒、钨充分絮凝沉淀出来,再加入 0.9～1.1 质量份水溶性甲基硅油作为消泡剂消除液面泡沫,得到硫酸氧钛调和液;过滤后,在压力为–0.1MPa,温度为 50℃条件下真空浓缩钛液,使钛液浓度达到 130～230g/L,而后加热至 90～98℃使钛液水解,并保持 5.5h;水解充分后冷却至 40℃,用叶片过滤机真空过滤;先用砂滤水冲洗过滤所得偏钛酸沉淀,再用电导率为 2.8mS/m 的去离子水进行漂洗,向漂洗后的偏钛酸中加入碳酸钾或磷酸作为稳定剂,对锐钛矿型 TiO₂ 起稳定作用,抑制金红石型 TiO₂ 的生成;偏钛酸滤饼经 110～120℃烘干,500～800℃焙烧 4.5～5.5h 后回收得到 TiO₂。

高翔等[35]、霍怡廷等[36]也采用水解法从失效的 SCR 脱硝催化剂中回收钛元素,与黄丽明等[65]、华攀龙等[66]不同,前者首先用浓碱液将废弃催化剂中 TiO₂ 转化为钛酸的钠盐沉淀,酸解钛酸的钠盐使钛元素进入溶液,而后通过水解得到氢氧化钛沉淀,最后焙烧沉淀回收得到 TiO₂。此方案虽然较为复杂,但钛元素的回收率和回收所得 TiO₂ 纯度较高。

高翔等[35]回收钛元素具体工艺如下:首先对废弃 SCR 脱硝催化剂进行吹扫除灰、水洗等预处理,而后在 500～700℃条件下高温焙烧,除去表面积碳、砷和有机杂质,焙烧后将废弃催化剂粉碎至粒径小于 200μm;将所得粉末与 300～800g/L 氢氧化钠溶液混合,1g 废弃催化剂粉末对应 3～8mL 氢氧化钠溶液,而后加入废弃催化剂粉末质量 0.8～3 倍的助剂 Na₂CO₃;在 70～100℃条件下加热搅拌 30～120min,过滤得到钛酸的钠盐沉淀;取质量为沉淀 1～5 倍的 Na₂SO₄ 粉末和适量的水与沉淀混合均匀,再加入沉淀质量 1.5～2.5 倍的浓硫酸,在 130～170℃条件

下反应 2～6h；稀释所得溶液，使钛元素发生水解而沉淀，过滤得到 TiO(OH)$_2$ 沉淀；干燥所得沉淀，而后在 400～600℃条件下焙烧得到 TiO$_2$，技术路线如图 6-12 所示。

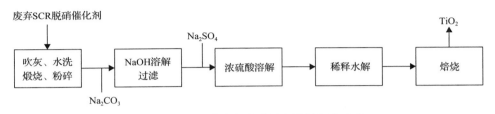

图 6-12　水解法结合浓碱浸出法回收钛元素

霍怡廷等[36]同样采用浓碱浸出和水解相结合的方法从 SCR 废烟气脱硝催化剂中回收钛元素，具体工艺如下：首先将 SCR 废烟气脱硝催化剂进行初步破碎，在 650～700℃条件下高温焙烧 2～4h，而后粉碎至粒径小于 200μm；将粉末用 80～90℃热水浸泡，液固质量比为 5～10：1，然后以固液摩尔比 4：1 加入 NaOH 溶液，并按照与催化剂粉末摩尔比为 1：8 加入助溶剂 Na$_2$CO$_3$，在 75～100℃条件下恒温加热搅拌，得到固液混合物；过滤所得固液混合物，在所得沉淀中加入 Na$_2$SO$_4$ 粉末和水，钛元素与 Na$_2$SO$_4$ 质量比为 1：5，而后加入浓硫酸，并加热煮沸 10～30min，使钛元素全部转化为硫酸氧钛进入溶液，所加浓硫酸与钛元素摩尔比为 1.85～2：1；冷却后加入体积分数为 5%～10%硫酸溶液调节 pH＞0.5，并加水稀释使钛元素水解生成 Ti(OH)$_4$ 沉淀，水解时间为 45～60min，加入的水与钛元素摩尔比为 3.5：1～4.5：1；过滤并干燥沉淀，而后在 650～700℃条件下高温煅烧 2～4h 回收得到 TiO$_2$。

水解法对于回收产品纯度有较大的提升，关键是控制水解条件，从而控制沉淀的物理形貌和沉淀率，保证最终回收产品的品质和钛元素回收率。

4. 强碱取代法回收钛元素

强碱取代法回收钛元素与以上三种技术方案相比较为简单，通过一步取代反应后，过滤即可回收得到 TiO$_2$。该方案回收所得 TiO$_2$ 纯度一般在 80%左右。

李丁辉等[38]、赖周炎[40]在废弃 SCR 脱硝催化剂与 NaOH 或 KOH 的取代反应后，通过压滤直接回收得到了 TiO$_2$。具体工艺如下：首先对废弃 SCR 脱硝催化剂进行除尘预处理以及物理化学清洗，在物理化学清洗时，水与废弃催化剂质量比为 1：5，清洗后得到粒径为 45～55μm 的糊状物；将所得糊状物与一定质量的强碱 NaOH 或 KOH 混合均匀，NaOH 与废弃催化剂的质量比为 1：5，在 130～160℃、0.6～0.8MPa 条件下进行取代反应，反应时间为 1～2h；反应过程中，废弃催化剂中 TiO$_2$ 不与 NaOH 发生反应，最后通过压滤即可回收得到 TiO$_2$。

6.4.3　废弃 SCR 脱硝催化剂中钛元素回收方案优化

结合 TiO_2 工业生产工艺和目前已提出的废弃 SCR 脱硝催化剂中钛元素回收方案，笔者团队以分离钒、钨元素后剩余的钛酸的钠盐为原料，通过硫酸溶解、水解等步骤回收得到了高纯度 TiO_2，纯度可达 98.9%以上，钛元素的总回收率也可达到 80%以上，技术路线如图 6-13 所示。

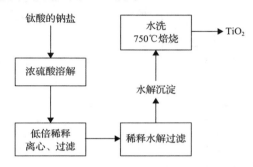

图 6-13　废弃 SCR 脱硝催化剂钛元素回收方案优化

首先，用浓硫酸在 160℃条件下溶解钛酸的钠盐，得到淡黄色黏稠乳液，从而使钛元素进入溶液；将所得乳液稀释 1 倍并离心除去乳液中固体残渣，将稀释乳液和体积为 10～15 倍的去离子水均预热至 95℃，取稀释乳液的 10%加入热水中，保持温度并搅拌 5h，剩余钛液分 6 次慢慢加入，每次间隔 1h，全部加完后保证溶液 pH 在 0.5～1.0 之间(可通过加水调整)，继续保持加热搅拌 4h；冷却静置后过滤得到水解沉淀，水洗后，750℃焙烧 3h，可回收得到 TiO_2[44]。

6.5　失活 SCR 脱硝催化剂的再生循环利用

在 SCR 脱硝催化剂的实际使用过程中，催化剂失活不可避免，除积灰堵塞和烧结外，烟气中多种毒性物质均会导致催化剂发生中毒而活性下降，其中催化剂发生过度磨损和烧结形成的失活催化剂为不可再生催化剂，而发生孔道堵塞和大部分化学中毒的催化剂均为可再生的失活催化剂。对于失活催化剂，采用再生技术处理较直接回收高附加值成分和更换催化剂具有更加明显的成本优势。通过再生，失活催化剂的活性可恢复至新鲜催化剂的 90%以上，而再生费用仅为更换催化剂的 20%～30%[67]。对于 SCR 脱硝催化剂，在最终成为无法再生的废弃催化剂前，往往可以进行 2～3 次以上的再生循环使用。

失活催化剂的再生技术就是采用特定的物理和化学手段清除失活因素，恢复催化剂活性。通常，失活催化剂可采用现场再生和拆除再生。对于失活不严重且较易处理的失活催化剂通常采用现场再生，现场再生一般仅通过简单的清水冲洗去除失活催化剂表面可溶性金属离子，或者通过加热去除硫酸铵盐等可分解的失活因素，现场再生具有工艺简单、成本较低的优势。而对于失活较为严重的催化剂，则需要拆下失活催化剂并送往专业的再生处理单位进行活性恢复[68]。现有的再生技术包括湿法再生和干法再生，湿法再生主要通过水洗、酸洗和碱洗等技术恢复催化剂活性，而干法再生则指通过高温加热恢复催化剂活性，主要包括直接加热、还原加热和 SO$_2$ 酸化加热等。目前主要再生技术方案如图 6-14 所示。

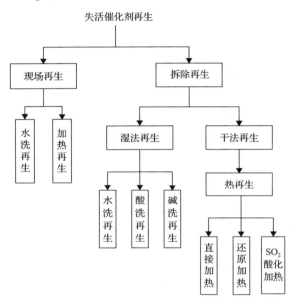

图 6-14　失活催化剂常规再生技术方案

　　SCR 脱硝催化剂中毒失活的方式很多，不同学者和研究机构针对不同的失活方式开展了相应的催化剂再生技术研究。对于孔道堵塞导致的催化剂物理失活，再生手段往往较为简单，主要通过压缩空气吹扫和高压水冲洗等方法去除催化剂表面覆盖的积灰和孔道中的污垢[24]；而由于硫酸铵盐堵塞孔道造成的失活也可通过直接加热分解和水洗的方案恢复催化剂活性[69]，往往在现场即可完成再生。本节主要对发生碱金属中毒、碱土金属中毒和砷中毒三种最为常见的失活 SCR 脱硝催化剂的再生技术进行总结和介绍。

6.5.1　碱金属中毒催化剂再生技术

　　碱金属中毒是 SCR 脱硝催化剂使用过程中所发生的化学中毒中最为常见的一种，对催化剂造成的危害也被认为是最严重的。烟气中的碱金属氧化物或盐可以作用于催化剂表面的 Brönsted 酸性位，降低催化剂酸性，减弱还原剂 NH$_3$ 在其表面的吸附，从而降低催化剂脱硝活性[9, 70]。研究表明，当 SCR 脱硝催化剂中

K_2O 含量累计达到 1%时，催化剂活性将几乎全部丧失[10]。当催化剂发生明显的碱金属中毒后，需要将催化剂从 SCR 脱硝反应塔中拆除进行再生处理，目前针对碱金属中毒催化剂的再生方案主要为水洗或酸洗处理。

云端等[27]研究发现对于碱金属中毒催化剂，酸洗较水洗具有更好的效果，同时酸洗还可以增强催化剂表面酸性，提高催化剂活性。Dorr 等[71]单纯使用清水对碱金属中毒催化剂进行水洗再生，催化剂活性从 50%上升至 83%。Lee 等[72]比较了不同浓度的硫酸溶液对碱金属中毒失活催化剂的再生效果，发现用 0.5mol/L 的 H_2SO_4 清洗具有最佳效果。Khodayari 和 Odenbrand[73]采用 0.5mol/L 的稀硫酸溶液对碱金属中毒催化剂进行清洗，结果表明催化剂的脱硝效率恢复至 92%以上，分析认为酸洗处理不仅除去了催化剂表面的碱金属物质，同时还引入了新的酸性位点，且这类酸性位点也能参与 NH_3 的吸附与活化过程，有利于催化活性的恢复。唐丁玲[74]用 0.05mol/L 乙酸溶液清洗碱金属中毒催化剂，发现在常温条件下即可除去约 80% K 元素，且再生过程中活性组分损失极少。贾勇等[75]使用 0.01mol/L 乙二酸溶液对发生碱金属中毒的钒钨钛系催化剂进行再生，活性可恢复到新鲜催化剂的 94%以上。张勤[76]在研究碱金属中毒催化剂再生方案时同样采用了酸洗法，并发现当酸洗液 pH=1.0 时具有最好的再生效果，再生后催化剂表面酸量可以恢复至新鲜催化剂的 94.5%。Shang 等[77]在处理碱金属中毒催化剂时，通过先水洗再硫酸酸洗(酸洗液 pH=2.0)的方法对催化剂进行再生，再生后催化剂的活性甚至高于新鲜催化剂。

除以上常规的水洗或酸洗再生，也有学者提出了其他再生方案。黄力[78]在比较碱金属中毒催化剂再生方案时发现，酸洗法会造成活性组分的流失，而微波离子交换法可以在 15min 内达到较好的碱金属去除效果，且再生过程中活性组分损失较少，同时不影响催化剂的机械性能，该再生工艺的主要步骤为：将中毒催化剂置于 1mol/L 的 NH_4Cl 溶液中，在功率为 500W 条件下微波处理 15min，最后通过干燥得到再生催化剂。商雪松等[79]在清洗碱金属中毒催化剂时则采用 0.5mol/L 的 $(NH_4)_2SO_4$ 溶液，也取得了一定的恢复效果。

6.5.2　碱土金属中毒催化剂再生技术

碱土金属对于 SCR 脱硝催化剂的毒害作用与碱金属类似，碱土金属氧化物氧化钙(CaO)可以直接作用于 SCR 脱硝催化剂表面 Brönsted 酸性位，造成催化剂活性下降[80]。除化学中毒外，CaO 还可与 SO_3 反应生成 $CaSO_4$ 覆盖在催化剂表面，阻碍脱硝反应的进行，导致催化剂活性下降，造成催化剂的物理中毒[81, 82]。同碱金属中毒催化剂再生技术不同，常规无机酸清洗对于钙中毒催化剂的再生效果不佳，清洗后的催化剂孔道中依然有大量 $CaSO_4$ 存在，而使用无机酸液清洗还会导致活性组分流失。因此，有学者提出使用有机酸溶液或者配制的特定清洗液对碱土金属中毒催化剂进行清洗再生。

崔力文[83]用 0.5mol/L 硫酸溶液清洗钙中毒催化剂，清洗后的催化剂中 Ca 含量依然达到了 0.47%。高凤雨等[84]同样用硫酸溶液清洗钙中毒催化剂，发现清洗后催化剂孔道中同样有明显的 $CaSO_4$ 存在。段竞芳[85]采用 0.01mol/L 的氢氟酸溶液对失活催化剂进行清洗，结果表明催化剂的脱硝效率在 240℃和 390℃下分别上升了 20%和 30%，使用氢氟酸较常规酸溶液具有更好的再生效果。张勤[76]用质量浓度为 6% EDTA 二钠盐溶液处理 $CaSO_4$ 中毒催化剂，中毒催化剂的孔结构和酸性位点均得到了有效恢复，再生后催化剂活性可达到新鲜催化剂的 95%。张发捷等[86]在再生钙中毒催化剂时比较了酸溶液和使用螯合剂搭配氨水溶液的清洗效果，发现使用酸液无法彻底除去孔道沉积的 $CaSO_4$，而螯合剂搭配氨水则具有更好的清洗效果，清洗后适当补充活性组分，脱硝活性可恢复至新鲜催化剂水平。张强等[87]将乙二胺四乙酸等多氨基多羧基类螯合剂与氨水和去离子水混合后用于钙中毒催化剂再生清洗，清洗后的催化剂活性与新鲜催化剂相当。李俊华等[88]则使用有机磷螯合剂、聚氧乙烯醚和水配制的清洗液清洗钙中毒催化剂，同样也取得了不错的清除效果。Cooper 和 Patel[89]用质量分数 1%～10%的有机酸溶液(如柠檬酸、乌头酸等)对碱土金属中毒催化剂进行清洗，清洗过程中还配合超声技术以增强清洗效果。Barnard 等[90]则采用氨基磺酸等有机硫含氧酸的水溶液清洗钙中毒催化剂，也取得了较好的清除效果。

6.5.3 砷中毒催化剂再生技术

砷中毒也是 SCR 脱硝催化剂使用过程中一种十分常见的中毒方式，尤其在燃用高砷煤的电厂中尤为明显。在燃煤过程中，煤中砷被氧化为 As_2O_3，部分 As_2O_3 又被氧化为 As_2O_5 随烟气一同流经 SCR 脱硝催化剂，砷的氧化物既会堵塞催化剂孔道，又会与催化剂活性组分 V_2O_5 等发生反应，从而导致催化剂中毒失活[91]。

王海军[92]通过碱洗法去除砷中毒催化剂中累积的砷元素，并通过正交实验确定 5%氨水+5%碳酸铵混合溶液清洗效果最好，超声清洗 20min 后，中毒催化剂中砷含量可降至 0.001%左右。Peng 等[93]通过使用双氧水溶液将砷中毒催化剂中 As_2O_3 氧化为易溶的 As_2O_5 除去。李想等[94]用硝酸钙溶液清洗砷中毒催化剂，而后用稀硝酸溶液清洗残留的钙离子，通过该方法可以洗去 70%以上的砷元素，中毒催化剂活性可恢复至 80%。刘建华[28]比较了巯基盐、过硫酸铵和碳酸钠三种清洗液对于砷中毒催化剂中砷元素的清洗效率，发现巯基盐溶液具有相对较好的清洗效果，再生后的催化剂脱硝效率达到 72.77%。柏家串[95]在不同的实验条件下对砷中毒催化剂进行氨液清洗再生研究，发现使用温度为 80℃，浓度为 0.0015mol/L 的氨液清洗 1h 后，可使砷中毒催化剂活性恢复至 94%左右。Li 等[96]采用质量分数 1%的 NaOH 溶液对砷中毒催化剂进行清洗，砷清除率达 77.9%，然而研究还发现 NaOH 溶液处理后约有 17.3%的钒和 22.7%的钨被溶解，同时还引入了碱金属离子，因而再生效果欠佳。

除以上方法外，Nojima 等[97]、李悦和周萌萌[98]采用酸碱联合清洗法对砷中毒催化剂进行再生，即先用强碱溶液清洗催化剂，而后用弱酸溶液对催化剂进行二次漂洗，也取得了一定的再生效果。崔爱莉等[99]通过探索发现，质量分数为 8% 的 NaOH 和 2%的 $Na_2C_2O_4$ 混合溶液对于砷具有较好的清洗作用，超声浸泡 5h 后用水冲洗 10min，可以除去超过 96%的砷元素。

6.5.4　失活 SCR 脱硝催化剂再生技术优化

结合已有的再生技术，笔者团队以实际的失活 SCR 脱硝催化剂为原料进行了再生研究，与常规再生技术进行比较并进行优化。

通过对再生工艺的总结，得到常规再生方案如下：首先通过物理除灰，除去表面覆盖堵塞的积灰，随后在超声振荡条件下依次用去离子水和 0.5mol/L 的 H_2SO_4 溶液超声清洗催化剂，干燥后通过等体积浸渍法补充催化剂活性组分，最后经过干燥、400℃焙烧得到再生催化剂。通过常规的处理方法，催化剂的活性得以明显提升。但再生后催化剂的 SO_2 氧化率却远高于新鲜催化剂，这是由于催化剂在使用过程中活性组分 V_2O_5 发生了迁移和聚集，使得催化剂 SO_2 氧化率大幅上升，仅通过酸洗无法除去聚集态的活性组分，后期浸渍补充活性组分还会加剧活性组分聚集，进一步导致 SO_2 氧化率过高。

针对再生后催化剂 SO_2 氧化率过高的现象，笔者在酸洗后采用还原酸浸法对催化剂中聚集态的 V_2O_5 进行分离去除。在前边的钒元素回收内容中已提到还原酸浸法对于钒元素分离的高效性，通过还原酸浸法可以高效去除大部分聚集态钒，最后再对催化剂进行活性组分负载补充[100]，以提高再生后催化剂脱硝活性。优化再生技术后的催化剂 SO_2 氧化率与新鲜催化剂几乎相同，且活性也较常规再生方案得到了进一步提升，优化后的酸洗法再生技术路线如图 6-15 所示。

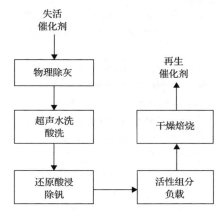

图 6-15　优化后的酸洗法再生技术方案

此外，笔者团队还针对砷中毒催化剂，在常规碱洗法再生方案基础上，增加了热还原和氧化焙烧步骤，实现了对砷中毒 SCR 脱硝催化剂活性的恢复。首先在超声处理条件下依次用去离子水和 0.5mol/L 的氨水溶液浸泡清洗失活催化剂；干燥后通入氢气体积浓度为 6% 的氢气-氩气混合气，在 300℃下还原 3h；最后将催化剂以 25℃/min 的速率升温至 500℃，焙烧 3h 获得再生催化剂。在热还原处理后，催化剂中部分 V^{5+} 会同时被还原，从而影响了催化氧化循环反应的进行，导致催化剂活性恢复并不明显，而增加氧化焙烧则使得催化剂中 V^{5+} 的相对含量显著提升，从而使失活催化剂的活性基本得以恢复，优化后的再生技术路线如图 6-16 所示。

图 6-16　砷中毒催化剂再生优化

参 考 文 献

[1] 霍文强, 周文, 赵会民, 等. V_2O_5-WO_3/TiO_2 型蜂窝式 SCR 废催化剂的回收利用[A]. 杭州: 中国能源学会[C], 2014: 19-24.

[2] Duan J F, Shi W W, Xia Q B, et al. Characterization and regeneration of deactivated commercial SCR catalyst[J]. Journal of Functional Materials, 2012, 43(16): 2191-2195.

[3] Liang Z Y, Ma X Q, Lin H, et al. The energy consunlption and environmental impacts of SCR technology in China[J]. Applied Energy, 2011, 88: 1120-1129.

[4] Zeng R. Consideration on reclaiming industry of SCR waste catalyzer in China[J]. China Environmental Protection Industry, 2013, (4): 55-61.

[5] Joshua R S, Christopher J Z, Bruce C F, et al. SCR deactivation in a full-scale coal-fired utility boilter[J]. Fuel, 2008, 87(7): 1341-1347.

[6] 张烨, 缪明峰. SCR 脱硝催化剂失活机理研究综述[J]. 电力科技与环保, 2011, 27(6): 6-9.

[7] 王宝冬, 汪国高, 刘斌, 等. 选择性催化还原脱硝催化剂的失活、失效预防、再生和回收利用研究进展[J]. 化工进展, 2013, 32(z1): 133-139.

[8] Lisi L, Lasorella G, Malloggi S, et al. Single and combined deactivating effect of alkali metals and HCl on commercial SCR catalysts[J]. Applied Catalysis B: Environmental, 2004, 50(4): 251-258.

[9] Zheng Y, Jensen A D, Johnson J E. Deactivation of V_2O_5-WO_3/TiO_2 SCR catalyst at biomass fired power plants: Elucidation of mechanisms by lab and pilot-scale experiments[J]. Applied Catalysis B: Environmental, 2008, 83(34): 186-194.

[10] Kamata H, Takahashi K, Odenbrand C U. The role of K_2O in the selective reduction of NO with NH_3 over a V_2O_5-WO_3/TiO_2 commercial selective catalytic reduction catalyst[J]. Journal of Molecular Catalysis A: Chemical, 1999, 139: 189-198.

[11] 徐芙蓉, 周立荣. 燃煤电厂 SCR 脱硝装置失效催化剂处理方案探讨[J]. 中国环保产业, 2010, (11): 25-27.

[12] Bauerle G L, Wu S C, Nobe K. Parametric and durability study of NO$_x$ reduction with NH$_3$ on V$_2$O$_5$ catalysts[J]. Industrial & Engineering Chemistry Product Research & Development, 1978, 17(2): 117-122.

[13] Nam I, Eidrige J W, Kitter U J R. Deactivation of a vanidia alumina catalyst for NO reduction by NH$_3$[J]. Industrial & Engineering Chemistry Product Research & Development, 1986, 25(2): 192-197.

[14] Inormta M, Miyamoto A, Toshiaki U, et al. Activities of V$_2$O$_5$/TiO$_2$ and V$_2$O$_5$/Al$_2$O$_3$ catalysts for the reduction of NO and NH$_3$ in the presence of O$_2$[J]. Industrial & Engineering Chemistry Product Research & Development, 1982, 21(3): 424-428.

[15] 孙锦宜, 刘惠青. 废催化剂回收利用[M]. 北京: 化学工业出版社, 2001.

[16] 中国电力网. 废弃的 SCR 脱硝催化剂何去何从[OL]. [2015-12-30]www.chinapower.com.cn.

[17] 曾瑞. 浅谈 SCR 废催化剂的回收再利[J]. 中国环保产业, 2013, (2): 39-42.

[18] 曾瑞, 郝永利. 废弃 SCR 催化剂回收利用项目建设格局的分析[J]. 中国环保产业, 2012, (9): 41-45.

[19] 中华人民共和国环境保护部(环发[2010]10 号). 火电厂氮氧化物防治技术政策[EB]. 2010-01-27.

[20] 中华人民共和国环境保护部(环发[2010]23 号). 燃煤电厂污染防治最佳可行技术指南(试行)[EB]. 2010-02-23.

[21] 中华人民共和国环境保护部(环办函[2014]990 号). 关于加强废烟气脱硝催化剂监管工作的通知[EB]. 2014-08-05.

[22] 中华人民共和国环境保护部(环境保护部公告[2014]54 号). 废烟气脱硝催化剂危险废物经营许可证审查指南[EB]. 2014-08-19.

[23] 李启超. 钒钛基 SCR 催化剂的中毒、再生与回收[D]. 北京: 北京化工大学, 2015.

[24] Jin R B, Liu Y, Wu Z B, et al. Relationship between SO$_2$ poisoning effects and reaction temperature for selective catalytic reduction of NO over Mn-Ce/TiO$_2$ catalyst[J]. Catalysis Today, 2010, 153(3/4): 84-89.

[25] 周惠, 黄华存, 董文华. SCR 脱硝催化剂失活及再生技术的研究进展[J]. 无机盐工业, 2017, 49(5): 10-13.

[26] Shen B X, Yao Y, Chen J H, et al. Alkali metal deactivation of Mn-CeO$_x$/Zr-delaminated-clay for the low-temperature selective catalytic reduction of NO$_x$ with NH$_3$[J]. Microporous and Mesoporous Materials, 2013, 180: 262-269.

[27] 云端, 邓斯理, 宋蔷, 等. V$_2$O$_5$-WO$_3$/TiO$_2$ 系 SCR 催化剂的钾中毒及再生方法[J]. 环境科学研究, 2009, 22(6): 730-735.

[28] 刘建华. 平板式 SCR 脱硝催化剂再生及其 SO$_2$ 氧化控制[D]. 广州: 华南理工大学, 2016.

[29] 马建荣, 黄张根, 刘振宇, 等. 再生方法对 V$_2$O$_5$/AC 催化剂同时脱硫脱硝活性的影响[J]. 催化学报, 2005, (6): 463-469.

[30] Xie G, Liu Z, Zhu Z, et al. Reducation regeneration of sulfated CuO/Al$_2$O$_3$ catalyst-sorbent in ammonia[J]. Applied Catalysis B: Environmental, 2003, 45(3): 213-221.

[31] 陈其颠, 朱林. SCR 失效催化剂及其处置与再利用技术[J]. 电力科技与环保, 2012, (3): 27-28.

[32] Zheng Y, Jensen A D, Johnsson J E. Laboratory investigation of selective catalytic reduction catalysts: Deactivation by potassium compounds and catalyst regeneration[J]. Industrial & Engineering Chemistry Research, 2004, 43(4): 941-947.

[33] 朱跃, 何胜, 张扬. 从废烟气脱硝催化剂中回收金属氧化物的方法: 2010102542478[P]. 2010-12-22.

[34] 李守信, 索平, 王亦亲, 等. 从 SCR 脱硝催化剂中回收三氧化钨和偏钒酸铵的方法: 2012100350190[P]. 2012-02-16.

[35] 高翔, 骆仲泱, 岑可法, 等. 失效 SCR 脱硝催化剂含金属氧化物综合回收工艺: 2015100839247[P]. 2015-02-16.

[36] 霍怡廷, 常志东, 董彬, 等. 一种 SCR 废烟气脱硝催化剂的回收方法: 2013104674545[P]. 2013-10-09.

[37] 刘清雅, 刘振宇, 李启超. 一种从废弃钒钨钛基催化剂中回收钒、钨和钛的方法: 2013104047765[P]. 2013-09-09.

[38] 李丁辉, 任英杰, 封雅芬, 等. 一种废弃 SCR 脱硝催化剂的回收利用方法: 2016100218782[P]. 2016-01-13.

[39] 吕天宝, 刘希岗, 袁金亮, 等. 从废弃 SCR 脱硝催化剂中提取金属氧化物的方法: 201410291149X[P]. 2014-06-26.

[40] 赖周炎. 废弃 SCR 脱硝催化剂的回收利用方法: 2015108149521[P]. 2015-11-19.

[41] 曾瑞. 含钨、钒、钛的蜂窝式 SCR 废催化剂的回收工艺: 201210460099404[P]. 2012-11-15.

[42] 肖雨亭, 赵建新, 汪德志, 等. 选择性催化还原脱硝催化剂钒组分回收的方法: 2012102202969[P]. 2012-06-28.

[43] 魏昭荣, 邓令, 罗显刚, 等. 一种对废弃 SCR 脱硝催化剂的综合利用方法: 2015100708626[P]. 2015-02-11.

[44] 陈晨. 废弃 SCR 脱硝催化剂成分回收[D]. 北京: 华北电力大学, 2013.

[45] 张启修, 赵秦升. 钨钼冶金[M]. 北京: 冶金工业出版社, 2005.

[46] 邢印堂. 从废催化剂中回收金属钼[J]. 江苏化工, 1987, (4): 67-68.

[47] 马成兵, 王淑芳, 袁应斌. 含钼、镍、铋、钴废催化剂综合回收[J]. 中国钼业, 2007, 31(5): 23-25.

[48] 陈敏. 一种湿法从废催化剂中回收钨、钼、铝、钴的方法: 2014104448661[P]. 2014-09-03.

[49] 董长青, 陈晨, 张阳, 等. 一种回收废旧 SCR 脱硝催化剂中三氧化钨成分的方法: 2014104719733[P]. 2014-09-17.

[50] 张景文. 一种基于废弃 SCR 脱硝催化剂的含钨溶液的钨回收方法: 2015102049591[P]. 2015-04-27.

[51] 朱薇, 肖连生, 肖超, 等. N235 萃取镍钼矿硫酸浸出液中钼的研究[J]. 稀有金属与硬质合金, 2010, 38(1): 37-39.

[52] 廖小丽. 从高酸度溶液中萃取钼及回收酸的研究[M]. 长沙: 中南大学, 2014.

[53] 殷文静, 王平艳, 刘东辉, 等. PC-88A 萃取钴钼废催化剂浸取液中 MoO_2^{2+} 的工艺[J]. 化工进展, 2014, 33(10): 2795-2800.

[54] 丁晓琳, 王靖芳, 冯彦琳, 等. N7207 萃取钼的研究[J]. 山西大学学报(自然科学版), 2000, 23(3): 239-241.

[55] 李杏英, 黄丽莉, 黄玲. 我国废钼系催化剂中钼的回收研究进展[J]. 中国钼业, 2014, 38(5): 44-46.

[56] 樊建军, 杨艳, 李辉, 等. 钼精矿酸洗废水钼的萃取回收试验研究[J]. 中国钼业, 2014, 38(2): 7-10.

[57] Zhang P W, Inoue K, Yoshizuka K, et al. Extraction and selective stripping of molybdenum (Ⅵ) and vanadium (Ⅳ) from sulfuric acid solution containing aluminum (Ⅲ), cobalt (Ⅱ), nickel (Ⅱ) and iron (Ⅲ) by LIX 63 in ExxsolDS0[J]. Hydrometallurgy, 1996, 41(1): 45-53.

[58] Park K H, Kim H I, Parhi P K. Recovery of molybdenum from spent catalyst leach solutions by solvent extraction with LIX 84-I[J]. Separation and Purification Technology, 2010, 74(3): 294-299.

[59] 张悦, 王思佳, 薛向欣. 氨水沉淀法由含钛滤液提取二氧化钛[J]. 化工学报, 2012, 10(63): 3345-3349.

[60] 罗志强, 林剑桥. 电子用高纯二氧化钛制备方法研究[J]. 涂料工业, 2011, 41(8): 31-33, 38.

[61] 唐振宁. 钛白粉的生产与环境治理[M]. 北京: 化学工业出版社, 2000.

[62] 汪德志, 吴刚, 肖雨亭, 等. 从选择性催化还原脱硝催化剂中回收钨组分的方法: 2013100634407[P]. 2013-02-28.

[63] 赵炜, 于爱华, 王虎, 等. 湿法工艺回收板式 SCR 脱硝催化剂中的钛、钒、钼[J]. 化工进展, 2015, 34(7): 2039-2048.

[64] 张琛, 刘建华, 杨晓博, 等. 超声强化废 SCR 催化剂浸出 V 和 W 的研究[J]. 功能材料, 2015, 46(20): 20063-20067.

[65] 黄丽明, 王洪明, 杨广华, 等. 一种废弃 SCR 脱硝催化剂综合回收利用的方法和系统: 2015109435304[P]. 2015-12-16.

[66] 华攀龙, 李守信, 于光喜, 等. 一种从废旧 SCR 脱硝催化剂中回收钛白粉的方法: 2013100856347[P].
2013-03-18.

[67] 李如冰, 吴玉锋, 章启军, 等. 关于商用 SCR(V$_2$O$_5$-WO$_3$/TiO$_2$) 催化剂的再生和回收研究概述[J]. 现代化工,
2017, 37(3): 29-33.

[68] 史伟伟. SCR 脱硝催化剂再生浸渍及其 SO$_2$ 氧化控制[D]. 广州: 华南理工大学, 2013.

[69] 吴凡, 段竞芳, 夏启斌, 等. SCR 脱硝失活催化剂的清洗再生技术[J]. 热力发电, 2012, 41(5): 95-98.

[70] Bulushev D A, Rainone F, Kiwiw L, et al. In fluence of potassium doping on the formation of vanadia speciesin V/Ti
oxide catalysts[J]. Langmuir, 2001, 17(17): 5276-5282.

[71] Dorr H K, Koch G, Stuek W. Method for renewed activation of honeycomb-shaped catalyst elements for denitrating
flue gases: 6387836B1[P]. 2002.

[72] Lee J B, Lee W, Song C, et al. Method of regenerating honeycomb type SCR catalyst by air lift loop reactor:
0094587A1[P]. 2006.

[73] Khodayari R, Odenbrand C U I. Regeneration of commercial TiO$_2$-V$_2$O$_5$-WO$_3$ SCR catalysts used in bio fuel
plants[J]. Applied Catalysis B: Environmental, 2001, 30(1/2): 87-99.

[74] 唐丁玲. 废弃 SCR 催化剂的再利用实验研究[D]. 杭州: 浙江大学, 2016.

[75] 贾勇, 柏家串, 李睦, 等. 乙二酸再生钾中毒催化剂 V$_2$O$_5$-WO$_3$/TiO$_2$ 的实验研究[J]. 中国电机工程学报, 2016,
36(4): 1009-1015.

[76] 张勤. 火电厂 SCR 脱硝催化剂中毒规律及再生工艺研究[D]. 长沙: 湖南大学, 2015.

[77] Shang X S, Hu G R, He C, et al. Regeneration of full-scale commercial honeycomb monolith catalyst
(V$_2$O$_5$-WO$_3$/TiO$_2$) used in coalfired power plant[J]. Journal of Industrial and Engineering Chemistry, 2012, 18(1):
513-519.

[78] 黄力. 碱金属中毒脱硝催化剂的微波离子交换法再生[J]. 化学工程与装备, 2018, (3): 281-283.

[79] 商雪松, 陈进生, 姚源, 等. 商业 SCR 烟气脱硝催化剂钙中毒研究[J]. 环境工程学报, 2013, 7(2): 624-630.

[80] Nicolia D, Czekaj I, Krocher O. Chemical deactivation of V$_2$O$_5$-WO$_3$/TiO$_2$ SCR catalysts by additives and impurities
from fuels, lubrication oils and urea solution(Part II) Characterization study of the effect of alkali and alkaline earth
metals[J]. Applied Catalysis B: Environmental, 2008, 77: 228-236.

[81] Benson S A, Laumb J D, Crocker C R, et al. SCR catalyst performance in flue gases derived from subbituminous and
lignite coals[J]. Fuel Processing Technology, 2005, 86(5): 577-613.

[82] Crocker C R, Benson S A, Lamb J D. SCR catalyst blinding due to sodium and calcium sulfate formation[J]. Fuel
Chemistry, 2004, 49(1): 169-173.

[83] 崔力文. V$_2$O$_5$-WO$_3$/TiO$_2$ SCR 催化剂再生试验研究[D]. 杭州: 浙江大学, 2012.

[84] 高凤雨, 唐晓龙, 易红宏, 等. 商用 SCR 催化剂的钙中毒及再生研究[C]. 北京: 北京国际环境技术研讨会,
2013: 116-122.

[85] 段竞芳. 商业钒钛系 SCR 脱硝催化剂的失活分析与再生巧究[D]. 广州: 华南理工大学, 2012.

[86] 张发捷, 孔凡海, 卞子君. SCR 脱硝催化剂硫酸钙失活及再生试验[J]. 热力发电, 2017, 46(6): 89-93.

[87] 张强, 张发捷, 程广文, 等. 一种离线清洗钙中毒 SCR 脱硝催化剂的清洗剂及清洗方法: 2013105783111[P].
2013-11-18.

[88] 李俊华, 李想, 何煦, 等. 一种用于钙中毒脱硝催化剂的高效螯合再生方法: 2015106853360[P]. 2015-10-20.

[89] Cooper M D, Patel N. Method for removing calcium material from substrates: 8906819[P]. 2014-12-09.

[90] Barnard T M, Stier A J, Hoffmann T. Methods of removing calcium material from a substrate or catalytic converter:
0274661[P]. 2014-09-18.

[91] Hans J H, Nan Y T, Cui J H. Application of SCR denitrification technology onto coal-fired boilers in China[J]. Thermal Power, 2007, 8: 13-18.

[92] 王海军. SCR 脱硝催化剂再生试验与工程应用研究[D]. 衡阳: 南华大学, 2016.

[93] Peng Y, Li J H, Si W Z, et al. Deactivation and regeneration of a commercial SCR catalyst: Comparison with alkali metals and arsenic[J]. Applied Catalysis B: Environmental, 2015, 168: 195-202.

[94] 李想, 李俊华, 何煦, 等. 烟气脱硝催化剂中毒机制与再生技术[J]. 化工进展, 2015, 34(12): 4129-4138.

[95] 柏家串. 失活 SCR 脱硝催化剂再生试验研究[D]. 马鞍山: 安徽工业大学, 2016.

[96] Li X, Li J H, Peng Y, et al. Regeneration of commercial SCR catalysts: Probing the existing forms of arsenic oxide[J]. Environmental Science & Technology, 2015, 49(16): 9971-9978.

[97] Nojima S, Iida K, Oyashi Y. Methods for the regeneration of a denitration catalyst: 6395665B2[P]. 2002.

[98] 李悦, 周萌萌. SCR 催化剂的砷中毒研究进展[J]. 科技致富向导, 2012, (35): 169.

[99] 崔爱莉, 欧伦宇, 王竑烨, 等. 废弃 V-W/Ti 脱硝催化剂碱体系络合除 As 工艺方法[J]. 中国科技论文, 2018, 13(6): 611-614.

[100] 陆强, 唐昊, 李慧, 等. 一种废弃 SCR 脱硝催化剂的循环再利用方法: 2016111659825[P]. 2016-12-16.

第7章 SCR脱硝催化剂的寿命预测与脱硝系统管理

SCR脱硝技术的核心是SCR脱硝催化剂,由于催化剂长期处于复杂的高温烟气环境中,会受到多方面因素的影响而逐渐失活[1-3]。催化剂的性能直接影响NO_x的脱除效率,其服役时间(寿命)决定着脱硝系统的运行成本[4]。若能准确预测催化剂的使用寿命,并提供合理有效的管理方案,就可以在不影响脱硝效率的前提下降低脱硝系统运行成本。因此,催化剂的寿命预测与管理是脱硝系统安全经济运行领域的研究重点。

7.1 SCR脱硝催化剂寿命预测

SCR脱硝催化剂工作环境十分恶劣,多种因素都会导致催化剂活性降低,目前,SCR脱硝催化剂寿命预测的模型可大致分为数学模型、人工智能模型和组合模型[5, 6]。

7.1.1 寿命预测模型与方法

1. 具有物理意义的数学模型

1)整体失活模型

在催化反应过程中,反应速率与反应物或生成物浓度、反应温度和催化剂活性有关。在催化剂服役过程中,其失活方程如式(7-1)[7]所示:

$$r = -\frac{\mathrm{d}K}{\mathrm{d}t} = f(C, T, K) \tag{7-1}$$

式中,r为催化剂的失活速率,mol/(L·s);K为催化剂活性,m/h;C为与失活有关的各种反应物浓度,$\mathrm{mg/m^3}$;T为反应温度,℃。

2)单因素失活模型

当催化剂失活原因以烧结、磨损、堵塞或中毒其中一种为主,而其他因素可暂时忽略时,可以考虑用单因素失活模型来预测催化剂的寿命[8]。

A. 磨损失活动力学方程

SCR脱硝催化剂使用过程中的磨损程度与催化剂的物理性质(硬度、尺寸)、化学性质(成分组成、氧化性、还原性)以及工作环境有关。实际情况表明,催化剂主要发生断裂和剥层两种磨损现象[9]。当催化剂发生断裂磨损行为时，催化剂整体会破碎成几个与其整体数量级相等的小块，该过程通常伴有少量的细碎粉末产生。当催化剂发生剥层磨损行为时，则不会碎成小块，而是在受到切应力时，被磨去表面不平整的凸起或棱角部位，可用公式(7-2)来表示催化剂的磨损动力学[10]。

$$W = at^n \tag{7-2}$$

式中，W 为催化剂的磨损率，%；t 为催化剂的磨损时间，h；a、n 为磨损行为动力学中的相关常数。

a 表示催化剂在服役开始时受到的磨损程度，其数值会根据烟气流速、流量、压力等因素和催化剂本身的物化性质而改变，n 则表示一定时间内催化剂受到磨损程度的快慢，该值大小与催化剂发生的磨损行为种类有关。Neil 和 Bridgwater[11] 认为 a 的数值正比于材料所受正应力，通过对催化剂进行不同的磨损测试发现，不同磨损机制的失活动力学呈现出如下规律：当催化剂发生断裂磨损行为时，n 趋近于 1，磨损动力学公式接近于一阶线性公式；而当催化剂发生剥层磨损行为时，催化剂颗粒被磨损的情况会慢慢趋于稳定，此时 n 小于 1 且接近于 0。

B. 烧结失活动力学方程

当 SCR 脱硝催化剂持续在 450℃以上的高温环境下运行时，会快速发生不可逆的烧结失活，导致 NO_x 转化率下降。如果烟气温度在 400~420℃范围内，SCR 脱硝催化剂会有较缓慢的烧结现象。目前，商业 SCR 脱硝催化剂通常是钒钛系催化剂，主要成分包括活性组分 V_2O_5、活性助剂 WO_3 或 MoO_3 以及载体 TiO_2（锐钛矿型）。当 SCR 脱硝催化剂发生烧结时，锐钛矿 TiO_2 会转化为粒径较大的金红石相，微孔数量降低，比表面积减小，从而导致催化剂的脱硝性能降低。

从微观角度分析，催化剂的烧结反应有以下两种机理：

(1)微晶的迁移和聚集。当烟气温度大于 SCR 脱硝催化剂的 Tammann 温度时，催化剂中有流动趋势的液体形态金属颗粒会在催化剂中移动和聚集，形成较大的微晶颗粒，致使其比表面积减小。

(2)金属原子的迁移。当催化剂所处环境烟气温度非常高时，催化剂中的金属原子会离开其本身的晶体，以某种形式转移到其他晶体上。

如果以上两种烧结形式独立且不会相互干扰，那么可以用式(7-3)模型来表示催化剂活性 K 与催化剂所处高温环境时间 t 的关系[12]。

$$K = \frac{l_1}{l_{10}} = m_1 \times \exp\left(-\frac{E_1}{RT}\right) \times t^{-B} \tag{7-3}$$

式中，l_1 为某一时刻反应物在有催化剂存在时的反应速率，mol/(L·s)；l_{10} 为新鲜催化剂上反应物的反应速率，mol/(L·s)；m_1 为指前因子；E_1 为烧结活化能，kJ/mol；

B 为幂指数。

有关烧结催化剂失活动力学模型还可以根据改进后的 GPLE 模型从数学模型的角度用金属表面活性与分散度表示[13]，如式(7-4)和式(7-5)所示。

$$-\frac{\mathrm{d}S}{\mathrm{d}t} = k_s(S - S_s)^m \tag{7-4}$$

式中，S 为金属活性表面积，m^2/g；S_s 为无限长时间烧结后的金属活性表面积，m^2/g；k_s 为烧结速率；m 为烧结级数。

$$-\frac{\mathrm{d}\left(\dfrac{D}{D_0}\right)}{\mathrm{d}t} = k_s\left(\frac{D}{D_0} - \frac{D_{\mathrm{eq}}}{D_0}\right)^m \tag{7-5}$$

式中，D 为金属分散度；D_0 为烧结时金属的分散度；D_{eq} 为无限长时间烧结后的金属活性表面积，m^2/g；m 为烧结级数。

C. 堵塞失活动力学方程

SCR 脱硝催化剂的堵塞失活通常有以下两种机理：

(1) 微孔堵塞。当烟气流速较小时，燃煤产生的细小飞灰会随着烟气进入脱硝系统中与 SCR 脱硝过程产生的硫酸铵盐等物质一起附着在催化剂表面，堵塞催化剂孔道，阻碍烟气中的 NO_x 与催化剂内部孔道接触，影响氨气的吸附和活化过程，使得脱硝效率降低。

(2) 流道堵塞。较多飞灰颗粒发生聚集行为，或飞灰本身颗粒较大且超过催化剂微孔直径时会导致催化剂流道堵塞，造成脱硝效率下降。

Centeno 等[14]对催化剂堵塞模型描述如式(7-6)所示：

$$K = \frac{1}{(1 + \alpha_1 \cdot t)^{\alpha_2}} \tag{7-6}$$

式中，α_1 和 α_2 为拟合系数。

D. 中毒失活动力学方程

(1) 砷中毒。砷中毒是导致 SCR 脱硝催化剂活性下降的原因之一。典型的砷中毒形式是烟气中砷的氧化物堵塞催化剂微孔，致使 NO_x 无法在催化剂中扩散，进而降低了催化剂的脱硝效率。根据孙克勤和于爱华[15]对 SCR 脱硝系统中催化剂砷中毒的实验可知，砷会在催化剂表面形成饱和层，阻碍烟气中的 NO_x 与催化剂接触，降低催化剂活性，该饱和层的厚度决定了砷对 SCR 脱硝反应的阻碍能力。这种失活只破坏了催化剂的表面活性，并不会扩散到催化剂内部，因此若能合理去除掉砷饱和层，催化剂仍具有一定活性，可以继续服役，此过程的失活动力学模型如式(7-7)所示[16]。

$$K = \frac{l_{0bs}}{l_0} = \frac{1}{1 + \alpha \times (C_{As} \times t)^{\frac{1}{2}}} \tag{7-7}$$

式中，l_0 为新鲜催化剂的化学反应速率，$mol/(L \cdot s)$；l_{0bs} 为砷中毒催化剂的反应速率，$mol/(L \cdot s)$；C_{As} 为砷的浓度，mg/m^3；t 为反应时间，h；α 为化学式的修正系数。

(2)碱金属中毒。在导致 SCR 脱硝催化剂中毒的元素中，碱金属对其活性的影响最大，碱金属的氧化物、氯化物和硫酸盐均会导致 SCR 脱硝催化剂中毒失活，根据毒性大小可将碱金属排序如下：Cs＞Rb＞K＞Na＞Li。

虽然钾元素的毒性在碱金属元素中不是最强的，但在烟气中钾的含量较大，因此对催化剂活性的影响最大。钾元素会与催化剂中的 Brönsted 酸性位反应生成 V—OK，使催化剂酸性减弱，从而降低 SCR 反应的活性，根据渐进壳模型可知碱金属中毒的失活动力学函数如下所示[17]：

$$x = \exp(-l_{1d} C_{1d} t) \tag{7-8}$$

式中，x 为活性函数；l_{1d} 为中毒反应速率，$mol/(L \cdot s)$；C_{1d} 为气相中毒物的浓度，mg/m^3；t 为反应时间，h。

由式(7-8)推导出碱金属中毒催化剂活性为

$$K = \frac{r_{中毒}}{r_{新鲜}} = \frac{1}{\dfrac{1}{x} + \dfrac{3\phi^2(1-x^{\frac{1}{3}})\eta_0}{x^{\frac{1}{3}}}} \tag{7-9}$$

式中，ϕ 为西勒模数(用来表征内扩散程度)；η_0 为综合考虑内扩散和外扩散后的综合有效因子；$r_{中毒}$、$r_{新鲜}$ 分别为中毒催化剂和新鲜催化剂表面的表观反应速率。

2. 不具有物理意义的数学模型

1)曲线拟合

曲线拟合(curve fitting)是指选择适当的曲线类型来拟合观测数据，并用拟合的曲线方程分析两变量间的关系。曲线拟合是趋势分析法中的一种，是迄今为止研究最多，也是最为流行的定量预测方法，工程中常用的有多项式法、指数法和高斯拟合法。下面是 SCR 脱硝系统中几种典型的趋势模型[18]（模型中 a_n、b_n 和 c_n 均为模型参数）。

(1)多项式模型：

$$K = a_0 + a_1 t + a_2 t^2 + \cdots + a_m t^m \tag{7-10}$$

(2) 指数模型：

$$K = a \cdot e^{bt} \qquad (7\text{-}11)$$

(3) 高斯模型：

$$K = \sum_{n=1}^{r} a_n \exp\left[-\left(\frac{t - b_n}{c_n}\right)^2\right] \qquad (7\text{-}12)$$

2) 灰色预测 GM(1,1) 模型

灰色系统理论是我国学者邓聚龙教授于 1982 年首先提出的一种处理不完全信息的理论方法[19]。利用灰色模型预测催化剂寿命，对实测数据没有严格要求，所需数据量少，预测精度高，并且可通过新增加的实测数据相应地变动模型，而不需要改变计算程序[20, 21]。由于灰色预测模型在建模前需要预先对数据进行累加生成，这一步骤可以增强数据的规律性，改善样本随机性，使预测结果具有良好的抗噪性，这些特点非常适用于建立催化剂相对活性与服役时间的关系。灰色模型通常表示为 GM(a,b)，其中 a 表示模型微分方程的阶数，b 表示预测变量的个数[22]，工程中应用最广的是单一变量的 GM(1,1) 模型。

实际计算催化剂活性与服役时间关系时常选用相对活性 k 进行计算，即

$$k = \frac{K}{K_0} \qquad (7\text{-}13)$$

式中，K_0 为催化剂初始活性。

灰色预测模型将催化剂服役时间 t 与相对活性 k 的关系转为催化剂服役时间所对应的数列顺序号 m 与相对活性 k 的关系，即

$$f(t,k) = g(m,k) \qquad (7\text{-}14)$$

进行灰色模型预测前，首先要对数据进行预处理，设原始数据序列为

$$k^{(0)} = \left\{ k^{(0)}(1), k^{(0)}(2), \cdots, k^{(0)}(m), \cdots, k^{(0)}(n) \right\} \qquad (7\text{-}15)$$

式中，$k^{(0)}(m)$ 表示原始数据序列中第 m 个数据点，n 为序列长度。

利用公式 (7-15) 对数据序列 $k^{(0)}$ 进行一次累加处理：

$$k^{(1)}(m) = \sum_{i=1}^{m} k^{(0)}(i) \qquad (7\text{-}16)$$

得到生成序列为

$$k^{(1)} = \left\{ k^{(1)}(1), k^{(1)}(2), \cdots, k^{(1)}(m), \cdots, k^{(1)}(n) \right\} \tag{7-17}$$

对此生成序列建立一阶微分方程，记为 GM(1,1)：

$$\frac{\mathrm{d}k^{(1)}}{\mathrm{d}t} + ak^{(1)} = u \tag{7-18}$$

式中，a 为发展系数，u 为灰色作用量，二者均是灰参数。设 $\hat{a}$ 为待估参数向量，即

$$\hat{a} = [a, u]^T \tag{7-19}$$

用最小二乘法求解待估参数向量得

$$\hat{a} = (B^T B)^{-1} B^T y_n \tag{7-20}$$

式中

$$B = \begin{bmatrix} -\frac{1}{2}\left[k^{(1)}(2) + k^{(1)}(1)\right] & 1 \\ \cdots \\ -\frac{1}{2}\left[k^{(1)}(n) + k^{(1)}(n-1)\right] & 1 \end{bmatrix}, \quad y_n = \begin{bmatrix} k^{(0)}(2) \\ k^{(0)}(3) \\ \cdots \\ k^{(0)}(n) \end{bmatrix} \tag{7-21}$$

求出 $\hat{a}$ 后即可得到灰参数 a 和 u 的值，代入式(7-18)，解出微分方程得

$$\hat{k}^{(1)}(m+1) = \left[k^{(0)}(1) - \frac{u}{a}\right]\mathrm{e}^{-am} + \frac{u}{a} \tag{7-22}$$

对 $\hat{k}^{(1)}(m+1)$ 作累减生成可得还原数据：

$$\hat{k}^{(0)}(m+1) = \hat{k}^{(1)}(m+1) - \hat{k}^{(1)}(m) \tag{7-23}$$

当 $m < n$ 时，$\hat{k}^{(0)}(m)$ 作为模型模拟值；当 $m > n$ 时，$\hat{k}^{(0)}(m)$ 为模型预测值。

灰色预测 GM(1,1) 模型最大的优点即其利用的数据可以具有灰色特性，可以是不完备或不确定的，当 SCR 脱硝催化剂的服役数据较少时，该模型所需数据量也较少且准确度高，非常适合用于预测催化剂寿命，该模型唯一的缺点是其数据必须满足时序性要求。

3. 人工智能模型

随着计算机技术的发展，人工智能技术具有非线性建模能力，且不受产品失活原因及服役环境的影响，已在工程界中被广泛应用[23]。目前，人工智能技术主

要有决策树法、神经网络法、遗传算法、支持向量机、朴素贝叶斯算法和随机森林等。

1) BP 神经网络

神经网络中的反向传播(back propagation，BP)神经网络是一种可以将信号正向向前传播，同时将误差反向传播以修正各层权值和阈值得到最优结果的前馈型网络[24]。该网络具有一定的自学习性能，可以模拟出任意非线性映射问题，把寻找数值关系这一庞大任务交给计算机来完成，避免了复杂的建模过程[25]，尤其适合处理 SCR 脱硝催化剂失效这种多因素耦合、繁复的信息。该方法还可以与其他模型相结合，弥补各模型间的缺点，提高产品寿命预测准确度。

BP 神经网络通常由单层的输入层、输出层和层数不等的隐含层所构成，而每一层都由若干个神经元组成。图 7-1 是一个典型的多层前馈型 BP 神经网络的结构图，x 表示输入数据，a、c 表示阈值，w、v 表示权值，y 表示网络输出结果，f 表示激励函数。

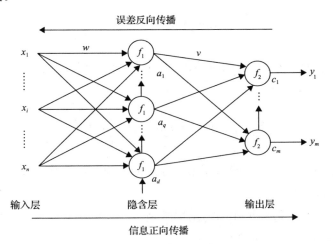

图 7-1　BP 神经网络结构图

如图 7-1 所示，BP 神经网络通常由单层的输入输出层和层数不等的隐含层所构成(通常单隐含层即可解决大多数复杂的数学问题)。其中各层又由数量不等的神经元组成，若神经元数量过少则网络容错性低而无法完成训练，若神经元数量过多则网络泛化能力低，使预测催化剂活性的能力下降，故确定各层神经元个数是构建神经网络中的重要环节。输入输出层神经元个数可以由用户的目标数据类型数确定，而隐含层神经元个数 n 则需要通过经验公式确定大致范围后，再对不同网络结构的训练对比最终确定，经验公式为式(7-24)。

$$n = \sqrt{m+d} + v \tag{7-24}$$

式中，m 和 d 分别为输入层和输出层神经元个数，v 为常数，且 $1<v<10$。

BP 神经网络训练步骤如下：

A. 信号的正向传播过程

(1)将输入数据通过一定的预处理后，输入层第 i 个节点得到计算数据 t_i。

(2)输入数据与相应的权值、阈值进行计算后得到隐含层节点 q 的输入 net_q，计算公式如下：

$$net_q = \sum_{i=1}^{M} w_{qi}t_i + a_q \tag{7-25}$$

式中，w_{qi} 为隐含层节点 q 与输入层节点 i 之间的权值；a_q 为隐含层第 q 个节点的阈值；M 为节点个数。

(3)将步骤(2)所得结果作为隐含层激励函数 f_1 的输入，计算值即为隐含层节点 q 的输出 y_q，计算公式如下：

$$y_q = f_1(net_q) = f_1\left(\sum_{i=1}^{M} w_{qi}t_i + a_q\right) \tag{7-26}$$

(4)隐含层的输出数据与相应的权值与阈值进行计算后得到输出层节点 j 的输入 net_j，计算公式如下：

$$net_j = \sum_{q=1}^{N} w_{jq}y_q + a_j = \sum_{q=1}^{N} w_{jq}f_1\left(\sum_{i=1}^{M} w_{qi}t_i + a_q\right) + c_j \tag{7-27}$$

式中，w_{jq} 为输出层节点 j 与隐含层节点 q 之间的权值；c_j 为输出层节点 j 的阈值；N 为输出层节点个数。

(5)将步骤(4)所得结果作为输出层激励函数 f_2 的输入，计算值即为输出层节点 j 的输出 k_j，计算公式如下：

$$k_j = f_2\left(\sum_{q=1}^{N} w_{jq}y_q + a_j\right) = f_2\left[\sum_{q=1}^{N} w_{jq}f_1\left(\sum_{i=1}^{M} w_{qi}t_i + a_q\right) + c_j\right] \tag{7-28}$$

B. 误差的反向传播

当输出层传出输出数据后，网络会计算各层神经元的输出误差，然后根据所选训练函数对应的算法调整各层的权值与阈值，当系统总误差准则计算结果满足误差要求或训练次数达到上限时即停止计算。误差准则公式如下[26]：

$$E_P = \frac{1}{2}\sum_{m=1}^{M}\sum_{d=1}^{D}(T_d - t_d)^2 \tag{7-29}$$

式中，M 和 D 分别为样本数量和输出层节点数；T_d 和 t_d 分别为实际输出和神经网络输出层的输出。

2) 遗传算法

遗传算法 (genetic algorithm，GA) 是一种模拟生物在自然界中的遗传机制和进化过程而形成的自适应全局搜索最优解的算法。遗传算法将优化参数编码成基因组成染色体，然后通过模拟自然界的选择和遗传过程，利用选择算子、交叉算子、变异算子来变换染色体携带的信息，经过多次重复的操作产生能够代表优化函数所需的染色体[27]。

4. 组合模型

1) 灰色神经网络

灰色预测模型的系统中允许存在未知项，所需数据少，并且不要求数据具有一致性，这些特点使得该模型适用于对 SCR 脱硝催化剂的寿命预测。另外，由于神经网络具有并行分布处理的特点，对无法用具体数学模型解决的问题有很好的处理能力，可以使预测精度得到很大程度的提高[28]。故有学者将灰色预测模型与人工神经网络算法结合在一起，形成的灰色神经网络结合了两种模型的优点，克服了单一模型的不足，为催化剂寿命预测提供了一种新的研究思路。按照 BP 神经网络的输出数据类别，可将灰色神经网络模型分为残差输出和直接输出两类。

(1) 残差修正模型。

灰色神经网络中的残差修正模型是指利用 L-M (Levenberg-Marquardt) 算法优化后的 BP 神经网络修正 GM (1,1) 残差序列的方法，即将灰色预测结果的残差同时作为 BP 神经网络的输入输出，达到自身修正的目的，计算过程如下：

① 利用灰色预测 GM (1,1) 模型对催化剂相对活性序列 $\{k^{(0)}(h)\}$ 预测后得到序列预测值 $\{k^{(1)}(h)\}$，两者相减，得到残差序列。

$$\varepsilon^{(0)}(h) = k^{(0)}(h) - k^{(1)}(h), \quad h = 1,2,3,\cdots,g \tag{7-30}$$

② 将残差 $\varepsilon^{(0)}(h-1)$、$\varepsilon^{(0)}(h-2)$、$\varepsilon^{(0)}(h-3)$ 作为网络的输入值，$\varepsilon^{(0)}(h)$ 作为网络输出值对网络进行仿真和预测，此时 $h=4, 5, 6, \cdots, g$。

③ 将利用 L-M 算法改进后的 BP 神经网络模型计算得出新残差值 $\varepsilon^{(1)}(h-1)$ 与预测序列 $\{k^{(1)}(h)\}$ 相加，构造新的催化剂相对活性预测值，即

$$k^{(2)}(h) = k^{(1)}(h) - \varepsilon^{(1)}(h), \quad h = 1,2,3,\cdots,g \tag{7-31}$$

(2) 直接输出模型。

灰色神经网络的直接输出模型即首先将原始的催化剂相对活性用灰色预测模型预测，随后将灰色预测结果与催化剂服役时间同时作为 BP 神经网络的输入，

催化剂相对活性作为输出，对催化剂寿命直接进行预测的方法。

2) 遗传算法优化 BP 神经网络(GABP 网络)

BP 神经网络因为具有易于实现任何复杂非线性映射功能的特点而成为应用比较广泛的预测方法。但是 BP 神经网络预测模型有两大缺陷：一是模型训练前，BP 神经网络连接权重的随机初始赋值易使其收敛速度变慢且易陷入局部极值点；二是 BP 神经网络结构规模难以确定，易导致训练发生"过拟合"和学习能力不足现象[29]。针对以上问题，有学者提出了通过遗传算法优化 BP 神经网络，弥补 BP 神经网络缺陷，提高其学习能力及预测精度。

遗传算法主要针对 BP 神经网络的初始阈值和权值进行优化，使网络一开始就在一个较优的搜索集合内进行，降低限于局部最优解的风险，进一步提高了 BP 神经网络的稳定性[30]。遗传算法优化 BP 神经网络的流程主要包括：BP 神经网络连接结构的确定、遗传算法优化 BP 神经网络权值和阈值、BP 神经网络预测三个部分[31]，算法流程如图 7-2 所示。

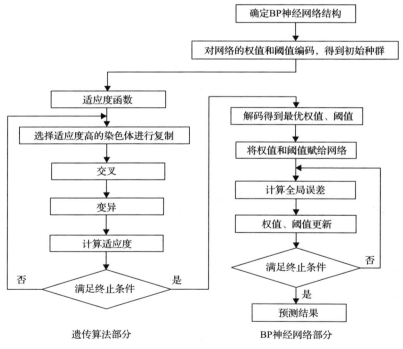

图 7-2　遗传算法优化 BP 神经网络流程图

7.1.2　工程实例

针对某公司给出的相关运行数据[32](以下简称数据一)，笔者团队利用上述预测模型和方法对 SCR 脱硝催化剂运行前 14000h 数据进行拟合并预测后续时间的活性变化情况[33-35]，相关数据如表 7-1 所示。

表 7-1　催化剂活性数据（数据一）

服役时间/h	4000	6000	8000	10000	12000	14000
相对活性	0.84	0.70	0.70	0.60	0.56	0.50

1. 整体失活模型

根据国内外有关的研究和工程上给出的相关数据，SCR 脱硝催化剂的失活动力学模型与独立失活模型中的指数型模型相近[36]，其形式如下：

$$r = -\frac{dK}{dt} = AK \tag{7-32}$$

对式（7-32）进行积分，其解为

$$K = K_0 e^{-At} \tag{7-33}$$

式中，K_0 为催化剂的初始活性，对于新鲜催化剂，K 与 K_0 的比值为 1；t 为催化剂的服役时间；A 为失活速率。

根据烟气流量 V_{test}、催化剂表面积 A_{test} 及服役时间 t 等参数可计算出失活速率 A_0，即可确定该催化剂的失活函数方程，结合催化剂使用过程中实际测定的 K 与 K_0 的比值，最终得到催化剂的使用寿命 t 和剩余寿命。计算流程图如图 7-3 所示。

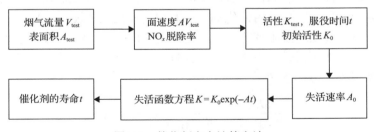

图 7-3　催化剂寿命计算方法

针对表 7-1 所给出的相关运行数据，根据运行 2000h 后的相对活性进行计算，得出失活速率 $A=0.0000754$，并以此来估计运行时间，计算值与实际值如表 7-2 所示。根据表 7-2 的计算结果可知，仅以方程式（7-33）来预估催化剂的寿命具有较大的误差，理论计算值与实际运行结果偏差较大，这是由于催化剂使用过程中会受到多种因素的影响而发生一系列的物理和化学失活，而上述失活模型并没有考虑这些影响因素，因此需要对方程式（7-33）修正以更为准确地进行寿命预估。

表 7-2　催化剂的实际以及计算使用性能

服役时间/h	相对活性	计算时间/h	绝对误差	相对误差/%
4000	0.84	2312.37	1687.62	42.19
6000	0.70	4730.43	1269.56	21.16
8000	0.70	4730.43	3269.56	40.87
10000	0.60	6774.87	3225.12	32.25
12000	0.56	7689.90	4310.10	35.92
14000	0.50	9192.93	4807.07	34.34
16000	0.48	9734.34	6265.66	39.16
18000	0.39	12488.18	5511.82	30.62
20000	0.40	12152.39	7847.60	39.24

2. 整体失活模型修正

1) 失活模型的物理修正

SCR 脱硝催化剂的活性组分为 V_2O_5、载体为 TiO_2。V_2O_5 分子为八面体的层状结构，在 TiO_2 上呈现单分子层分布且存在阈值范围，阈值计算公式[37]为

$$W_{V_2O_5} = \frac{S \cdot M_{V_2O_5}}{(N_A \times 3.14 \times 10^{-19})} \tag{7-34}$$

式中，S 为催化剂的比表面积，m^2/g；N_A 为阿伏伽德罗常量；$M_{V_2O_5}$ 为 V_2O_5 的相对分子质量。

催化剂的活性与比表面积有着密切的联系[38]，烟气冲蚀催化剂表面以及堵塞孔道等造成的物理伤害均可用催化剂比表面积的变化来描述。与此同时，V_2O_5 单层分布的阈值也会随之发生变化。当超过该阈值范围时，V_2O_5 会由于形成微晶或结晶区而引起催化剂活性的下降。这种活性值的变化是可逆的，将其称作可逆失活，定义 K_r 为可逆活性函数：

$$-\frac{dK_r}{dt} = \frac{1}{1 + \dfrac{W_{0V_2O_5} - W_{V_2O_5}}{W_{0V_2O_5}}} A_1 K_r \tag{7-35}$$

积分为

$$K_r = \frac{1}{1 + \dfrac{W_{0V_2O_5} - W_{V_2O_5}}{W_{0V_2O_5}}} e^{(-A_1 t)} \cdot K_{r0} \tag{7-36}$$

式中，A_1 为可逆失活速率。

除了物理中毒和物理损失之外，催化剂还会由于化学中毒而活性降低，如碱金属元素通过与活性位结合的方式来改变活性位结构和数量。通常化学中毒会使 SCR 脱硝催化剂 Brönsted 酸性位 V—OH 中 V 的含量和价态发生变化[39]，对催化剂的活性产生不利影响，因此 V 金属价态的改变也是催化剂失活的原因之一。当发生化学中毒时，若催化剂的失活过程是不可逆的，则称为不可逆失活，用 β 表示 V^{5+} 与 V^{4+} 的比值时，不可逆活性函数 K_{nr} 定义为

$$-\frac{\mathrm{d}K_{nr}}{\mathrm{d}t} = \beta A_2 K_{nr} \tag{7-37}$$

积分为

$$K_{nr} = \beta K_{nr0} \mathrm{e}^{(-A_2 t)} \tag{7-38}$$

式中，A_2 为不可逆失活速率。

Gayubo 等[40]提出的催化剂活性 K 可以用如下形式表示：

$$K = K_{nr} \cdot K_r \tag{7-39}$$

则 SCR 脱硝催化剂的活性方程可以表示为

$$K = \frac{1}{1 + \dfrac{W_{0V_2O_5} - W_{V_2O_5}}{W_{0V_2O_5}}} K_{r0} \mathrm{e}^{(-A_1 t)} \cdot \beta K_{nr0} \mathrm{e}^{(-A_2 t)} \tag{7-40}$$

令 $A = A_1 + A_2$，并引入修正系数 φ，整理得到 SCR 脱硝催化剂活性寿命预估方程为

$$K = \varphi \cdot \beta \cdot \frac{1}{1 + \dfrac{\Delta W_{V_2O_5}}{W_{0V_2O_5}}} \mathrm{e}^{(-At)} \cdot K_0 \tag{7-41}$$

式中，φ 为修正系数；β 为 V^{5+} 与 V^{4+} 的比值；A 为失活速率；K_0 为催化剂初始活性；t 为催化剂的使用时间；$\Delta W_{V_2O_5}$ 为阈值的绝对误差。

结合电厂的实际催化剂参数，当 $t=0$ 时，新鲜催化剂的比表面积为 $60\mathrm{m}^2/\mathrm{g}$，计算阈值为 5.78%，五价钒相对含量与四价钒相对含量比值为 4.7。当运行 2000h 时，催化剂的相对活性为 0.86，比表面积为 $58\mathrm{m}^2/\mathrm{g}$，钒的价态比值为 4.5，阈值为 5.58%，代入式 (7-41) 中，得到催化剂失活模型为

$$K = 0.966649 K_0 \exp(-0.000461t) \tag{7-42}$$

以方程式 (7-42) 来预估催化剂的使用性能，结果如表 7-3 所示。采用该修正失活模型的计算结果，远优于未经修正的失活模型的计算结果，说明该物理模型

具有一定的修正意义。此外，从表 7-3 的结果中可知，催化剂在前 8000h 的误差相对较大，可能的原因是前期催化剂是新鲜的，受到冲刷和飞灰堵塞的影响比较严重，失活速率比较快，而随着运行时间的增加，催化剂表面已经被覆盖，因此受到飞灰堵塞的影响相对降低，此时误差率逐渐降低。

表 7-3　基于物理修正模型的 SCR 脱硝催化剂性能计算结果

运行时间/h	计算时间/h	绝对误差	相对误差/%
2000	2541.37	541.37	27.07
4000	3052.90	−947.10	23.68
6000	7016.42	1016.42	16.94
8000	7016.42	−983.58	12.29
10000	10367.52	367.52	3.68
12000	11867.36	−132.64	1.11
14000	14331.03	331.03	2.36
16000	15218.46	−781.54	4.88
18000	19732.36	1732.36	9.62
20000	19181.98	−818.02	4.09

2）失活模型的数学修正

由于 SCR 脱硝催化剂的失活机理极为复杂，采用上述物理方法进行修正难以准确反映所有的失活因素。除了物理修正方法外，还可以采用数学方法对催化剂的失活模型进行修正。通过实验可知 SCR 脱硝催化剂的失活方式属于一级失活，因此最简单的数学修正即在失活模型 K_0 的前面增添一个修正系数 φ，建立数学修正模型一：

$$K = \varphi K_0 e^{-At} \tag{7-43}$$

通过采用最小二乘法计算参数 φ 和 A，得到的失活模型为

$$K = 0.9615782 K_0 \exp(-0.000451 t) \tag{7-44}$$

除了在失活模型前增添系数外，可以在 $K(t)$ 的表达式中将时间 t 以 γ 次方表示，在此基础上可以建立数学修正模型二，则失活模型可修正为

$$K = K_0 e^{-At^\gamma} \tag{7-45}$$

用 0～10000h 的数据进行最小二乘法拟合计算，失活模型表示为

$$K = K_0 \exp(-0.00037696 t^{0.77222}) \tag{7-46}$$

　　从失活动力学模型的一般式(7-32)出发，通过在方程式右侧加入某种活性修正函数，同样也可实现对失活模型的修正。参照符合一级失活规律催化剂的失活模型[41]，建立数学修正模型三，则 SCR 脱硝催化剂的失活速率可以表示为

$$-\frac{\mathrm{d}K}{\mathrm{d}t} = A \cdot K \cdot Z(t)^m \tag{7-47}$$

当 $m=0$ 时，自抑制因子 $Z(t)$ 表示为

$$Z(t) = 1 - k_z t \tag{7-48}$$

则失活模型为

$$K = K_0 \exp\left(-At + \frac{1}{2} A k_z t^2\right) \tag{7-49}$$

　　采用修正的 Gauss-Newton 法进行参数估值确定参数 A 和 k_z，经计算 $A=0.00006$，$k_z=0.00003$，则失活模型为

$$K = K_0 \exp(-0.00006t + 9 \times 10^{-10} t^2) \tag{7-50}$$

　　利用上述三种数学修正模型来预估催化剂的使用性能，结果如表 7-4 所示。分析可知，运行 10000h 以后，模型一的相对误差可以很好地控制在 10%左右，而模型二和模型三的相对误差约为 20%，对比表明模型一具有相对较好的修正效果；同时，数学模型一的修正效果略优于物理修正模型，且该模型不需要对催化剂进行检测，易于计算。

表 7-4　基于三种数学修正模型的 SCR 脱硝催化剂性能计算结果

运行时间/h	模型一		模型二		模型三	
	计算时间/h	相对误差/%	计算时间/h	相对误差/%	计算时间/h	相对误差/%
2000	2475.67	23.78	2342.79	17.14	2503.13	25.16
4000	2997.41	25.06	2826.62	29.33	2837.35	29.07
6000	7040.02	17.33	7141.66	19.03	5850.44	2.49
8000	7040.02	12.00	7141.66	10.73	5850.44	26.87
10000	10458.00	4.58	11371.41	13.71	8536.43	14.64
12000	11987.77	0.10	13398.70	11.66	9545.55	20.45
14000	14500.60	3.58	16883.64	20.60	11566.89	17.38
16000	15405.75	3.71	18182.31	13.64	12241.59	23.49
18000	20009.72	11.17	25104.69	39.47	15791.35	12.27
20000	19448.35	2.76	24234.07	21.17	15283.45	23.58

通过计算结果发现，数学修正模型一中得到的催化剂服役时间计算值与实验值最相近，表明该模型的修正拟合程度最优，为了进一步检验该模型的精度，对其进行相关指数法和 F 统计检验，将数学修正模型一中的时间计算值与实验值这两组数据当作两个样本进行比较，得到的相关指数为 $R=0.95$，说明此模型对实验数据值的拟合精度较高。在显著性水平 $\alpha=0.05$ 下，F 检验的计算值为 1.11，查表得到 $F_{表}=6.26$，$F<F_{表}$，表明两组数据没有显著差异，即模型一的计算值更贴近实验值。经过以上分析计算，可以得出数学修正中的模型一 $K=\varphi K_0 e^{-At}$ 具有较高的可信度和拟合精度，是较为理想的修正模型。

3. 曲线拟合

曲线拟合预测方法可利用 Matlab 软件中基于最小二乘法的 cftool 工具包，对曲线参数进行拟合。因为催化剂活性会随着运行时间的延长而逐渐下降，故取催化剂服役时间为自变量，催化剂相对活性为因变量，得到拟合和预测结果如表 7-5 所示，表 7-6 为误差分析。从表中可以看出，采用二阶多项式模型，预测结果平均误差最小，仅有 5.51%。

表 7-5 催化剂活性曲线拟合和预测结果

服役时间/h	相对活性	一阶多项式	二阶多项式	三阶多项式	指数模型	高斯模型
0	1.0000	0.9583	0.9833	0.9918	0.9810	0.9499
2000	0.8600	0.8902	0.8938	0.8877	0.8912	0.8635
4000	0.8400	0.8221	0.8114	0.8029	0.8096	0.7849
6000	0.7000	0.7540	0.7361	0.7325	0.7355	0.7133
8000	0.7000	0.6859	0.6680	0.6717	0.6682	0.6481
10000	0.6000	0.6178	0.6071	0.6156	0.6070	0.5888
12000	0.5600	0.5497	0.5533	0.5594	0.5515	0.5348
14000	0.5000	0.4816	0.5066	0.4982	0.5010	0.4858
16000	0.4800	0.4135	0.4671	0.4271	0.4551	0.4411
18000	0.3900	0.3454	0.4347	0.3414	0.4135	0.4005
20000	0.4000	0.2773	0.4095	0.2362	0.3756	0.3636

注：表中数据结果，服役时间为 0～14000h 催化剂为模型拟合值，服役时间为 16000～20000h 催化剂为模型预测值。

表 7-6　不同模型误差分析

模型名称	拟合模型	预测值平均误差/%	相关系数平方值 R^2
一阶多项式	$K = -3.405 \times 10^{-5}t + 0.9583$	18.66	0.96
二阶多项式	$K = 8.929 \times 10^{-10}t^2 - 4.655 \times 10^{-5}t + 0.9833$	5.51	0.98
三阶多项式	$K = -1.01 \times 10^{-13}t^3 + 3.014 \times 10^{-9}t^2 - 5.766 \times 10^{-5}t + 0.9918$	21.47	0.96
指数模型	$K = 0.981\exp(-4.8 \times 10^{-5}t)$	5.76	0.98
高斯模型	$K = 4.345 \times 10^{12}\exp\left[-\left(\dfrac{\frac{t}{1000}+1224}{226.7}\right)^2\right]$	6.63	0.98

4. 灰色预测

灰色预测模型计算方法如下：将表 7-1 数据代入式 (7-21)，得到矩阵 B 和列向量 y_n，将矩阵 B 和列向量 y_n 代入式 (7-20) 得出：$\hat{a} = [a,u]^{\mathrm{T}} = [0.0913, 1.0112]^{\mathrm{T}}$，即 $a = 0.0913$，$u = 1.0112$，即灰色预测模型为

$$\frac{\mathrm{d}k^{(1)}}{\mathrm{d}t} + 0.0913k^{(1)} = 1.0112 \tag{7-51}$$

其解为

$$k^{(1)}(m+1) = -10.0756\mathrm{e}^{-0.0913m} + 11.0756 \tag{7-52}$$

根据灰色预测模型所得拟合预测结果见表 7-7。

表 7-7　催化剂活性灰色预测结果

服役时间/h	相对活性	GM (1,1) 模型拟合值	预测平均误差/%	相关系数 R^2
0	1.0000	1.0000		
2000	0.860 0	0.8792		
4000	0.8400	0.8025		
6000	0.7000	0.7325		
8000	0.7000	0.6686		
10000	0.6000	0.6103		
12000	0.5600	0.5570		
14000	0.5000	0.5084		
16000	0.4800	0.4641		
18000	0.3900	0.4236	5.09	0.99
20000	0.4000	0.3867		

但要注意的是，GM(1,1)模型只适用于等时距情况下的相对活性预测。而真实情况中，由于电厂环境复杂多变，许多电厂会不定期检测催化剂活性，所以当检测条件不满足灰色预测模型使用要求时，根据表 7-5 和表 7-6 可知，曲线拟合模型中二阶多项式拟合效果最好，误差最小。

5. BP 神经网络

将 SCR 脱硝催化剂运行时间和相对活性分别作为 BP 神经网络的输入和输出，利用经验公式(7-24)计算得出隐含层神经元个数为 $\sqrt{2} + v$，经计算比较后最终构造 BP 神经网络模型的拓扑结构为 1-2-1 时，结果较准确，网络参数设置见表 7-8。

表 7-8　BP 神经网络参数设置表

参数名称	参数设置
隐含层激励函数	tansig
输出层激励函数	purelin
网络训练函数	trainlm
学习迭代次数	5000
网络学习精度	0.000001

利用表 7-8 中所设置的参数，对 SCR 脱硝催化剂寿命进行预测，数据及预测结果见表 7-9(前 2 列为训练网络所需数据，后 2 列为 BP 神经网络预测结果)。分析表 7-9 可知，利用 BP 神经网络对 SCR 脱硝催化剂寿命进行预测时，拟合效果较好，预测结果准确，预测值平均相对误差为 5.02%。

表 7-9　BP 神经网络预测结果表

服役时间/h	相对活性	BP 神经网络拟合(预测)值 [a]	相对误差/%
0	1.0000	1.0000	0.00
2000	0.8600	0.8694	1.09
4000	0.8400	0.8078	3.84
6000	0.7000	0.7416	5.95
8000	0.7000	0.6747	3.62
10000	0.6000	0.6106	1.77
12000	0.5600	0.5528	1.29
14000	0.5000	0.5031	0.62
16000	0.4800	0.4622	3.71
18000	0.3900	0.4297	10.18
20000	0.4000	0.4047	1.18

a. 0～14000h 结果为拟合值，16000～20000h 结果为预测值。

6. 灰色神经网络

1) 残差修正模型

对表 7-1 数据利用 GM(1,1) 模型预测出 SCR 脱硝催化剂相对活性序列为 $k^{(1)}$={1.00000, 0.87919, 0.8025, 0.73249, 0.66859, 0.61027, 0.55703, 0.50844, 0.46409, 0.42361, 0.38665}，残差序列为 $\varepsilon^{(0)}$={0.00000, –0.01919, 0.03751, –0.03249, 0.03141, –0.01027, 0.00297, –0.00844, 0.01591, –0.03361, 0.01335}。利用灰色神经网络法中的残差修正模型对催化剂寿命进行预测即对残差序列数据 $\varepsilon^{(0)}$ 进行 BP 神经网络预测，网络输入输出数据见表 7-10。

表 7-10　灰色神经网络残差修正样本数据表

样本名称	输入值			输出值
	0.00000	–0.01919	0.03751	–0.03249
	–0.01919	0.03751	–0.03249	0.03141
训练样本	0.03751	–0.03249	0.03141	–0.01027
	–0.03249	0.03141	–0.01027	0.00297
	0.03141	–0.01027	0.00297	–0.00844
	–0.01027	0.00297	–0.00844	—
测试样本	0.00297	–0.00844	0.01591	—
	–0.00844	0.01591	–0.03361	—

基于经验公式和后续计算发现，该网络隐含层神经元个数为 3 时，计算结果较为准确，故网络的拓扑结构为 3-3-1，其他设置与上文中 BP 神经网络相同。将得到的新残差预测序列利用公式 (7-31) 计算后即可得到催化剂相对活性预测结果，如表 7-11 所示。

表 7-11　灰色神经网络残差修正预测结果表

服役时间/h	相对活性	残差修正模型拟合(预测)值 [a]	相对误差/%
0	1.0000	—	—
2000	0.8600	—	—
4000	0.8400	—	—
6000	0.7000	0.7001	0.01
8000	0.7000	0.6999	0.01
10000	0.6000	0.5998	0.03
12000	0.5600	0.5600	0.00
14000	0.5000	0.5006	0.12
16000	0.4800	0.4347	9.44
18000	0.3900	0.4017	3.00
20000	0.4000	0.3924	1.90

a. 0~14000h 为拟合值，16000~20000h 为预测值。

分析表 7-11 可以发现，利用灰色神经网络残差修正模型对催化剂寿命进行预测时，预测值平均相对误差为 4.78%，优于单独使用 BP 神经网络的 5.02%和单独使用灰色预测模型的 5.09%，证明该组合模型比单一模型更适用于对 SCR 脱硝催化剂的寿命预测。然而，由于该模型需要通过前项残差修正后项残差来预测催化剂寿命，因此若不及时更新数据，则在长期预测中难以保证其预测准确性。

2) 直接输出模型

将 GM(1,1) 模型预测出的 $k^{(1)}$ 序列和催化剂服役时间同时作为 BP 神经网络的输入，催化剂相对活性作为网络输出，利用经验公式(7-24)计算得出隐含层神经元个数为 $\sqrt{3}+v$，经计算比较，当构造的 BP 神经网络模型拓扑结构为 2-5-1，其余参数设置与上文相同时，计算结果较准确，样本数据表及计算结果见表 7-12 和表 7-13。

表 7-12 灰色神经网络直接输出样本数据表

样本名称	输入值		输出值
	服役时间/h	GM(1,1)预测值	相对活性
训练样本	0	1.0000	1.0000
	2000	0.8792	0.8600
	4000	0.8025	0.8400
	6000	0.7325	0.7000
	8000	0.6686	0.7000
	10000	0.6103	0.6000
	12000	0.5570	0.5600
	14000	0.5084	0.5000
测试样本	16000	0.4641	—
	18000	0.4236	—
	20000	0.3867	—

表 7-13 灰色神经网络直接输出模型预测结果表

服役时间/h	相对活性	直接输出模型拟合(预测)值 [a]	相对误差/%
0	1.0000	1.0000	0.00
2000	0.8600	0.8600	0.00
4000	0.8400	0.8259	1.68
6000	0.7000	0.7403	5.76
8000	0.7000	0.6678	4.59
10000	0.6000	0.6060	1.00
12000	0.5600	0.5529	1.26
14000	0.5000	0.5070	1.40
16000	0.4800	0.4671	2.69
18000	0.3900	0.4321	10.79
20000	0.4000	0.4013	0.32

a. 0~14000h 为拟合值，16000~20000h 为预测值。

分析表 7-13 可知，虽然灰色神经网络直接输出模型中 BP 神经网络的拓扑结构为 2-5-1，比单一的 BP 神经网络结构稍微复杂，但该模型的拟合和预测结果更优秀，预测值平均相对误差仅为 4.60%，优于单一的 BP 神经网络和灰色神经网络中的残差修正模型。

7.2　基于 SCR 脱硝系统的寿命预测方法

7.2.1　预测方法

燃煤电厂的实际脱硝过程中，当脱硝系统开始运行时，很难随时停机采集到催化剂的活性数据，且随着负荷的变化，脱硝系统内部始终处于动态平衡中，流经催化剂的烟气参数不可能时时相同，故 SCR 脱硝催化剂活性及运行时间的数据量繁多且不具有一致性。针对电厂实际数据的特性，在进行预测时需要首先对数据进行预处理，即以烟气量为标准进行筛选后再使用 7.1 节中所述模型进行预测。

7.2.2　工程实例

1. 数据预处理

以电厂 1 为例，该电厂给出了 2016 年 1 月 10 日到 2017 年 1 月 3 日期间的运行数据，包括机组负荷、烟气量、SCR 反应器入口和出口 NO_x 浓度等，笔者团队通过催化剂活性计算公式得到不同运行时间对应的 SCR 脱硝催化剂活性[42]，如图 7-4 所示。

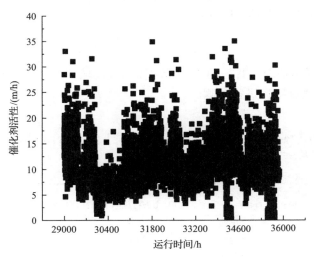

图 7-4　电厂 1 催化剂活性变化示意图

从图 7-4 中可以发现，电厂的催化剂活性数据十分繁杂，难以观察到催化剂活性的变化规律。如果直接使用这些数据进行模拟预测而不考虑数据内在特征，会导致最终预测结果误差较大，因此在使用数据之前需进行相应的预处理。预处理步骤如下：

(1) 从每一天不同时刻的催化剂活性中选出最大值。

(2) 算出每五天最大值的平均值。

(3) 找到五天中与最大值的平均值最接近的实际数据，并去掉明显不符合催化剂活性变化规律的数据，最后得到预测样本。

对电厂 1 的数据进行上述预处理后得到催化剂活性变化情况如图 7-5 所示。

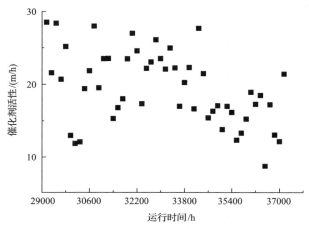

图 7-5　电厂 1 数据预处理后催化剂活性变化示意图

预处理后的数据更便于观察，也更符合电厂 SCR 脱硝催化剂活性变化规律，可直接用于催化剂活性预测研究。

2. 预测结果

在进行数据预处理后共得到 51 组数据，取 1～46 组数据作为样本数据，47～51 组数据作为测试数据进行预测。

1) 曲线拟合

采用曲线拟合进行预测，结果如表 7-14 所示，不同模型误差分析如表 7-15 所示。

表 7-14　催化剂活性预测

服役时间 t/h	催化剂真实活性 $K/(m/h)$	二阶多项式活性拟合值/(m/h)	三阶多项式活性拟合值/(m/h)	指数模型活性拟合值/(m/h)	高斯模型活性拟合值/(m/h)
34479	8.7111	15.0682	11.4228	17.0492	30.8052
35009	17.1930	13.1631	6.1208	16.7026	34.1288
35130	13.0267	12.6946	4.6702	16.6245	35.0013
35273	12.1402	12.1247	2.8322	16.5326	36.0931
35376	21.3819	11.7035	1.4228	16.4668	36.9226

表 7-15　不同模型误差分析

模型名称	拟合模型	预测值平均误差/%	相关系数平方值 R^2
二阶多项式	$K=-4.269\times10^{-7}t^2+0.02607t-376.3$	28.87	0.1595
三阶多项式	$K=-2.814\times10^{-10}t^3+2.639\times10^{-5}t^2$ $-0.8247t+8608$	65.94	0.1911
指数模型	$K=99.13\exp(-5.041\times10^{-5}t)$	38.18	0.1160
高斯模型	$K=21.75\exp\{-[(t-3.063\times10^4)/6524]^2\}$	158.16	0.1574

2）灰色预测

预处理后的电厂 1 数据满足等时距特性，此时可以使用 GM(1,1) 模型进行预测，结果如表 7-16 所示。

表 7-16　灰色预测结果与误差

	47 组	48 组	49 组	50 组	51 组	平均误差/%
实际活性/(m/h)	8.7111	17.1930	13.0267	12.1402	21.3819	
预测活性/(m/h)	17.6092	17.2591	17.1726	17.0866	17.0010	39.12
误差/%	102.15	0.38	31.83	40.74	20.49	

3）BP 神经网络

以电厂 1 为例，经过社会科学统计软件包（statistical package for the social sciences，SPSS）分析可知，机组负荷、脱硝效率、烟气温度、烟气量、时间、FGD 出口 NO_x 浓度、喷氨量、煤中硫含量、煤中砷含量都与催化剂活性显著相关，因此将这些影响因素作为 BP 神经网络的输入并进行归一化，催化剂活性作为网络的输出。经过计算比较后发现，当网络拓扑结构为 9-4-1 时误差最小，预测结果与误差如表 7-17 所示。

表 7-17　BP 神经网络预测结果与误差

	47 组	48 组	49 组	50 组	51 组	平均误差/%
实际活性/(m/h)	8.7111	17.1930	13.0267	12.1402	21.3819	
预测活性/(m/h)	10.1708	17.6694	13.4647	18.3439	23.8998	17.15
误差/%	16.76	2.77	3.36	51.10	11.78	

4）灰色神经网络

（1）残差模型。经过计算比较后发现当网络拓扑结构为 3-6-1 时预测误差最小。其预测结果与误差如表 7-18 所示。

表 7-18　残差模型预测结果与误差

	47 组	48 组	49 组	50 组	51 组	平均误差/%
实践活性/(m/h)	8.7111	17.1930	13.0267	12.1402	21.3819	
预测活性/(m/h)	15.2618	14.4289	13.0786	16.3732	15.9668	30.37
误差/%	75.20	16.08	0.40	34.87	25.33	

(2)直接输出模型。计算比较后发现当网络拓扑结构为 2-5-1 时误差最小，预测结果与误差如表 7-19 所示。

表 7-19　直接输出模型预测结果与误差

	47 组	48 组	49 组	50 组	51 组	平均误差/%
实际活性/(m/h)	8.7111	17.1930	13.0267	12.1402	21.3819	
预测活性/(m/h)	15.5743	15.5694	15.5688	15.5685	15.5681	32.63
误差/%	78.79	9.44	19.51	28.24	27.19	

为了进一步降低误差，将催化剂活性影响因素也作为直接输出模型的输入，即 BP 神经网络的输入包括残差和机组负荷、进出口 NO_x 含量等影响因素，对直接输出模型进行优化。经过计算比较后发现当拓扑结构为 10-2-1 时误差最小，结果如表 7-20 所示。

表 7-20　直接输出模型(优化后)预测结果与误差

	47 组	48 组	49 组	50 组	51 组	平均误差/%
实际活性/(m/h)	8.7111	17.1930	13.0267	12.1402	21.3819	
预测活性/(m/h)	11.5894	16.0019	14.0697	14.2502	23.8624	15.39
误差/%	33.04	6.93	8.01	17.38	11.60	

5)不同预测方法比较

将上述计算结果进行汇总如表 7-21 所示，对比可知灰色神经网络中优化后直接输出模型的预测误差最小。

表 7-21　电厂 1 预测误差汇总

项目	二阶多项式	三阶多项式	指数模型	高斯模型	灰色预测	BP 神经网络	残差模型	直接输出模型	直接输出(优化后)模型
误差/%	28.87	65.94	38.18	158.16	39.12	17.15	30.37	32.63	15.39

3. 预测模型优化

为进一步降低误差，在数据预处理时不再采用前文所述的预处理方法，而是将烟气量作为标准对数据进行筛选然后再代入模型预测。电厂 1 的原始数据中烟气量变化范围为 527.8～1564.5km³/h，以烟气量在 1000～1021km³/h 范围内为标准，筛选后共得到 70 组数据。此时数据样本不再具有等时距特性，不满足灰色神经网络预测模型的使用条件，故使用 BP 神经网络进行预测。将 1～65 组数据作为训练样本，66～70 组作为预测样本，结果如表 7-22 所示。

表 7-22　数据优化后电厂 1 BP 神经网络预测结果与误差

	66 组	67 组	68 组	69 组	70 组	平均误差/%
实际活性/(m/h)	12.0693	10.9001	15.5051	15.1143	11.8912	
预测活性/(m/h)	11.9703	10.7577	16.0853	14.8625	11.4898	2.18
误差/%	0.82	1.31	3.74	1.67	3.38	

比较表 7-21 和表 7-22，以烟气量为标准进行筛选后使用 BP 神经网络预测的误差显著降低，改进后的平均误差仅为 2.18%。因此，对于在运燃煤电厂尤其是烟气量波动较大的在运电厂，先以烟气量为标准对数据进行筛选，再使用 BP 神经网络预测的方法可进一步降低误差，提高预测精度。

7.3　SCR 脱硝系统的催化剂体积设计

SCR 脱硝催化剂是脱硝系统的关键与核心，其成本费用占总投资费用的 20% 以上[43, 44]，因此，合理的催化剂体积设计方案对于电厂的经济安全运行具有重要意义。

7.3.1　预测模型

SCR 脱硝催化剂体积设计与电厂烟气条件密切相关，烟气温度、烟气流量、入口 NO$_x$ 浓度等是决定催化剂体积的主要因素[45]。有学者基于 AVL BOOST 软件建立了 SCR 脱硝催化剂模型，对柴油机 SCR 脱硝催化剂的尺寸进行仿真和优化设计[46]。目前，行业中尚未有统一的催化剂体积计算公式，大多情况下仍使用经验公式计算[47]，但由于影响催化剂体积的参数众多，每增加一个影响参数便会在很大程度上提高其公式的复杂性，从而降低计算准确性。

BP 神经网络模型具有良好的非线性自学习能力和归纳能力，可以把寻找数值关系的复杂任务交给计算机，尤其适合处理多因素耦合的信息。因此，可以 SCR 脱硝催化剂实际数据和相应烟气参数为基础，建立 BP 神经网络预测 SCR 脱硝催化剂体积模型，并使用遗传算法优化该模型结构上的缺陷，提高设计的准确性。

7.3.2　工程实例

笔者团队从得到的不同工作环境的 SCR 脱硝催化剂运行数据中选取预测所

用训练样本和测试样本[48]，部分样本如表 7-23 所示。

表 7-23　部分训练样本数据

序号	烟气量 /(Nm³/h)	进口 NOₓ /(mg/m³)	出口 NOₓ /(mg/m³)	温度 /℃	灰分 /(g/m³)	氨逃逸 /(mg/m³)	24000h 后活性 /(m/h)	氨氮比	几何比表面积/(m²/m³)	催化剂体积用量/m³
1	270000	135	100	350	24.6	6.07	28.05	0.27	276	26.27
2	140000	140	100	350	24.6	6.07	28.05	0.33	276	15.57
3	454274	140	64	350	16	2.50	32.30	0.56	288	75.23
4	431651	140	60	350	16	2.50	30.60	0.59	276	80.84
5	197986	168	60	359	30	7.59	28.05	0.70	316	31.01
6	1191600	400	80	365	62	2.50	28.05	0.81	276	388.67
7	847020	450	88	370	35	2.28	28.90	0.81	276	280.36
8	1239689	600	200	385	50	2.28	28.05	0.67	276	412.33
9	1106790	650	100	353	65	2.28	28.05	0.85	276	439.07
10	1100000	700	150	387	41	1.90	28.05	0.79	316	377.72
11	252500	400	50	350	36	2.28	28.05	0.89	316	79.68
12	672775	600	90	348	70	2.28	28.05	0.85	276	260.82
13	735469	600	90	350	47.9	2.28	28.05	0.85	276	285.12
14	1170000	850	90	396	40	2.28	28.05	0.90	282	519.11
15	474807	400	50	360	25	2.28	28.05	0.88	316	148.87
16	560000	700	50	360	30	2.28	28.05	0.93	316	220.56
17	350000	200	80	350	40	2.28	28.05	0.61	294	76.97
18	206899	300	100	340	45	3.95	28.05	0.68	276	51.40
19	1300000	600	100	370	42	2.28	28.05	0.84	276	498.71
20	65629.4	1000	100	350	1	2.28	28.05	0.90	314	27.82

1. BP 神经网络

1）BP 神经网络结构设计

（1）输入输出变量。

SCR 脱硝催化剂的工作环境是多个因素耦合的复杂系统，因此在设计时首先需要在已有参数中筛选出与催化剂体积有明确因果关系的数据作为输入变量。SCR 脱硝催化剂体积设计与电厂烟气条件密切相关，因此将烟气量、NOₓ 进口浓度、NOₓ 出口浓度、温度、灰分浓度、氨逃逸浓度、24000h 后的催化剂活性、氨氮比、催化剂比表面积 9 个参数作为输入变量，催化剂体积为输出变量。此外，为加快程序运行时的收敛速度，确保所有数据信息可以有效地影响催化剂体积计算结果，在选定网络输入参数后需要对数据进行统一的归一化处理[49]。

（2）训练和测试样本的确定。

原始样本数据有 48 组，选择其中 45 组为训练样本，另外 3 组作为预测样本。

（3）隐含层神经元个数。

由于输入数据为 9 个因素，输出数据为催化剂体积量 1 个因素，通过经验公式（7-24）计算后，隐含层神经元个数应为 $4+v$ 个。将训练样本和预测样本数据输入 BP 神经网络，分别计算不同隐含层神经元个数时预测的平均误差。对比发现，当隐含层神经元个数为 4 时，计算结果更为准确，故 BP 神经网络的拓扑结构为 9-4-1。

（4）设定训练参数。

因为样本数据较少，故选择适合中小型网络的 L-M 算法对网络进行训练，即选择 trainlm 函数。其余参数设置如表 7-24 所示。

表 7-24　BP 神经网络参数设置表

参数名称	参数设置
隐含层激励函数	tansig
输出层激励函数	purelin
学习迭代次数	2000
网络学习精度	0.00001

2）BP 神经网络预测结果

根据创建的 BP 神经网络，对 3 个预测样本进行仿真测试及误差检验。其中，3 个预测样本的输入参数如表 7-25 所示，BP 神经网络预测结果如表 7-26 所示。

表 7-25　预测样本输入参数

烟气量 /(m³/h)	进口 NO_x /(mg/m³)	出口 NO_x /(mg/m³)	温度 /℃	灰分 /(g/m³)	氨逃逸 /(mg/m³)	24000h 后活性/(m/h)	氨氮比	几何比表面积/(m²/m³)
2099165	380	57	386	72	2.28	29.16	0.86	284
750000	350	70	360	40	2.28	34	0.81	276
1169150	100	40	385	70	2.28	30.6	0.62	276

表 7-26　BP 神经网络预测值及误差

催化剂体积 真实值/m³	BP 神经网络 预测值/m³	预测值相对 误差/%	预测值平均 相对误差/%	均方根误差 /%	相关系数 平方值 R^2
675.13	705.03	4.43			
197.96	195.51	1.24	3.32	3.63	0.9998
211	201.97	4.28			

将训练样本输入神经网络中，利用表 7-24 中的网络设置，对其进行训练，最终预测值平均相对误差为 3.32%，相关系数平方值为 0.9998，均方根误差为 3.63%。预测效果较好，可以利用该方法对催化剂体积进行预测。

2. 遗传算法优化 BP 神经网络

1) 遗传算法参数的确定

使用遗传算法优化 BP 神经网络(GABP 网络)的要素主要包括种群初始化、适应度函数、选择因子、交叉因子以及变异算子[50]。

(1) 种群初始化。

GABP 网络的训练样本、预测样本同 BP 神经网络一样,BP 神经网络程序调试的结果隐含层神经元个数设定为 4 个,但在遗传算法优化后有所调整。根据经验公式分别计算不同神经元个数的预测误差,当隐含层神经元个数为 6 时,平均相对误差最小。因此,设置 GABP 网络的拓扑结构为 9-6-1。

(2) 适应度函数的选择。

在本研究中,使用 GABP 网络的目的是使期望值与预测值之间的误差尽可能小,所以目标函数选择测试样本的期望值与预测值的均方差加 1 的倒数,此倒数越大,均方差越小,网络的预测精度越高。

①选择算子。采用轮盘赌法选择新算子。其基本思想是:每个个体被选中的概率与其适应度大小成正比。

②交叉算子。交叉算子选择简单的单点交叉方式,交叉概率值设定为 0.9。

③变异算子。变异时以较小的概率随机产生变异基因,设置变异概率为 0.1。

GABP 网络的各个参数选择如表 7-27 所示。

表 7-27 GABP 网络运行参数设定表

参数名称	参数设置
隐含层激励函数	tansig
输出层激励函数	purelin
学习迭代次数	500
网络学习精度	0.001
进化代数	40
种群规模	10
交叉概率	0.9
变异概率	0.1

2) GABP 网络预测结果

使用遗传算法对 BP 神经网络初始权值、阈值进行优化后对 3 个预测样本进行仿真测试及误差检验,预测结果如表 7-28 所示。

表 7-28　GABP 网络预测值及误差

催化剂体积 真实值/m³	GABP 网络 预测值/m³	预测值相对 误差/%	预测值平均 相对误差/%	均方根 误差/%	相关系数 平方值 R^2
675.13	685.28	1.50			
197.96	205.24	3.68	2.14	2.41	0.9997
211	208.35	1.25			

使用遗传算法优化后，3 个预测样本的预测值比优化前更接近真实值，网络预测平均相对误差从 3.32%减少到 2.14%，均方根误差从 3.63%减少到 2.41%。显然遗传算法优化后的网络拟合度更好，其预测值更接近真实值。此外，遗传算法优化后 BP 神经网络的学习迭代次数由优化前的 2000 次降低到 500 次，大大提高了网络的学习效率。因此，将基于遗传算法优化的 BP 神经网络预测模型用于 SCR 脱硝催化剂体积预测是可行的。

7.4　SCR 脱硝系统管理技术

20 世纪 70 年代，SCR 脱硝法首先在日本的工业锅炉和电站机组中得到了应用，由于其技术成熟、脱硝效率高等特点，很快在全世界范围内得到了广泛的应用[51]。国外研究者根据脱硝反应过程的机理建立了数学模型，并在 SCR 小型实验装置进行脱硝试验获取了数学模型中的关键参数，对所建立的数学模型的模拟结果进行了验证[52-54]。Schaub 等[55]研究过滤式以及蜂窝式的 SCR 反应器，采用 Eley-Rideal 机理模型，先用实验数据对模型的参数进行回归，然后分析空速变化和温度变化对脱硝效率的影响。Staudt 和 Engelmeyer[56]提出了 SCR 脱硝催化剂管理策略的模型，其中还介绍了反应器中需要重点考虑的因素以及评价方法，并对两种不同的催化剂管理策略进行了对比分析，他们还分析了用不同评价标准管理催化剂方案的特点，并给出了更换新催化剂和使用再生催化剂的优缺点[57]。Pritchard 等[58]为优化整个机组的经济运行并保证氮氧化物排放量最低提供了一种包括更换时间表的生成模块和优化模块的数学管理方法。

目前，国内学者也开始对 SCR 脱硝系统管理进行研究。廖永进等[59]对服役过一段时间后的催化剂活性进行研究，给出了动力学方程。邓柱[60]结合 SCR 脱硝反应器的具体特点，建立了反应器性能计算模型，对不同催化剂更换策略进行了模拟研究并建立了基于浏览器/服务器 (B/S) 结构的催化剂管理系统。董建勋等[61]利用催化剂失活模型和 SCR 烟气脱硝反应过程的数学模型对反应器的设计进行了模拟分析，发现采取较大氨氮比可减少催化剂用量。此外，也有学者总结了 SCR 脱硝催化剂的失活机理，并针对不同失活原因提出从生产、运行、维护等方面应采取的催化剂寿命管理措施。催化剂整体的管理可以分为催化剂投运前管理、运行管理、维护与检测、催化剂的更换管理四个方面[62]。

7.4.1　催化剂投运前管理

1. 催化剂的选择

SCR 脱硝催化剂的选择至关重要，需要根据电厂的运行情况(煤质灰分、烟气、喷氨量等)对催化剂性能提出要求，最大程度地满足电厂的运行工况。催化剂的成分、结构及相关参数都会直接影响系统的脱硝效率和运行时间[63]，因此要求催化剂具有耐磨损、耐冲刷、工作寿命长并且运行过程中可保持较高的活性和热稳定性等性能。

目前常用的 SCR 脱硝催化剂按照成型工艺的不同可以分为蜂窝式、平板式和波纹板式[64]。其中蜂窝式催化剂是以 TiO_2 为基材，负载活性组分后挤压成蜂窝状，经过干燥、焙烧而得；平板式催化剂以金属网板为骨架，在金属网板上涂覆催化剂物料，而后经干燥、焙烧而成；波纹板式催化剂是将玻璃纤维或陶瓷纤维加固的 TiO_2 基材放进催化剂活性溶液中浸泡，经过高温烘干制成催化剂。三种催化剂的性能对比如表 7-29 所示，其中波纹板式催化剂在国内应用较少，国内主要以蜂窝式和平板式催化剂为主。

表 7-29　催化剂性能对比表

	蜂窝式催化剂	平板式催化剂	波纹板式催化剂
系统	陶制均匀，整体充满活性组分	以金属为担体，表面涂层为活性组分	波纹状玻璃纤维为担体，表面涂层为活性组分
特点	比表面积大、活性高、催化剂体积小	烟气通过性好，不易堵塞	比表面积介于蜂窝式与平板式之间，质量轻，烟气流动性敏感
适用范围	主要适用于低尘烟气	主要适用于高尘烟气	主要用于低尘或无尘，燃油燃气烟气

2. 催化剂的安装管理

催化剂的安装管理是指催化剂生产完成后，从厂家运输至火电企业安装及安装后的性能验收。在催化剂运输、卸载及存储过程中，需要防止催化剂的机械损伤，避免催化剂跌落、磨损。催化剂应存放在干燥低温环境中，避免催化剂表面吸潮而缩短使用寿命。

催化剂性能检验包括两部分。一是催化剂的到货验收，到货后，电厂需对催化剂的供应数量、技术资料、催化剂结构进行检查确认，检查各项参数和数据是否达到标准。同时对催化剂外观进行检测，包括催化剂表面有无损坏、几何尺寸是否合适等。二是催化剂性能验收，为确保脱硝效率、氨逃逸、催化剂层阻力等指标达到运行要求，需要对脱硝系统工况进行测试，性能验收一般由第三方测试并出具测试报告。

3. SCR 脱硝系统启动

SCR 脱硝系统启动前的检查、准备以及启动详见本书第 4 章 4.4 节。

7.4.2　催化剂运行管理

正确的运行方式可以确保脱硝系统的安全经济运行，并延长催化剂的使用寿命。在运行管理中，需要时刻注意烟气量、烟气温度、粉尘、SO_2 含量等参数，一旦参数过度偏离设计值，应及时分析原因并采取补救措施。

1. 运行温度

在锅炉启动和 SCR 脱硝系统投运过程中，应控制烟气温度的上升速度，避免损伤催化剂。催化剂在工作时，必须严格执行厂家给定的催化剂运行温度范围。常规 SCR 脱硝催化剂一般能在 300～420℃ 的烟气温度条件下持续工作，且能够承受 450℃ 的运行温度而不产生损坏，但是持续时间不宜大于 5h，一年内不宜超过 3 次。此外，常规催化剂在 300℃ 以下的烟气环境中工作的持续时间不宜超过 24h。催化剂在低温运行时，应做好脱硝效率、氨逃逸率、出口 NO_x 等相关参数的监控和记录，方便对催化剂运行状态进行分析[65]。

2. 喷氨量

喷氨量是根据设置的期望 NO_x 转化率、锅炉负荷、总空气流量、总燃料量的函数值来控制的。其基本的控制思想是根据入口 NO_x 含量(该含量又是根据总的空气流量与总的燃料量求出一个锅炉负荷，从而对应于某一负荷下的入口 NO_x 含量)及期望的脱硝效率计算出一个氨流量，然后再通过出口 NO_x 实际含量来修正喷氨量，以保持 SCR 脱硝系统出口 NO_x 值在期望的范围内。喷氨分布不均匀会对脱硝效率产生显著的影响[66]，导致脱硝效率不达标，且很容易引起下游空预器冷端堵塞[67]。在锅炉启动和 SCR 脱硝系统投运过程中，如果反应器内温度长时间低于最低运行温度，必须停止喷氨，防止硫酸铵盐沉积在催化剂表面，使催化剂活性降低，影响脱硝效果。此外，要定期进行喷氨优化调整，优化不同格栅喷嘴的喷氨量，保证脱硝系统的高效运行。

3. 催化剂定期吹灰

为了防止催化剂因表面积灰堵塞而导致活性下降，每层催化剂都应设置吹灰器，及时吹扫，目前 SCR 脱硝系统普遍使用的吹灰装置有蒸汽吹灰器和声波吹灰器两种。对于使用蒸汽吹灰器的脱硝系统，必须严格控制吹灰蒸汽源的压力和温度；声波吹灰器需要连续吹扫，在运行方面问题较少，但是要防止其喇叭口积灰，影响清灰效果[68]。两种吹灰器的性能对比如表 7-30 所示。

表 7-30 蒸汽吹灰器和声波吹灰器的性能对比表

项目	蒸汽吹灰器	声波吹灰器
使用条件	结渣性强、熔点低和较黏稠的积灰	灰干度较高、松散度较明显的积灰
结构特点	半伸缩式，活动部件多，故障率高，维护检修量大	结构紧凑，活动部件少，故障率低
吹扫方式	待积灰达到一定厚度后再进行吹灰	预防式吹灰，防止灰分在催化剂表面堆积
吹扫特点	蒸汽流末端的冲击力较小，吹灰效果差，导致局部积灰严重，存在清灰死角	非接触式的清灰方式，不存在死角
副作用	蒸汽会增加烟气湿度，影响催化剂活性，并使尾部的空预器以及除尘器积灰性状发生改变，容易导致积灰板结	无副作用，对催化剂无损害

4. SCR 脱硝系统运行调整

SCR 脱硝系统的运行调整应注意以下事项：①液氨储罐液位正常，罐内压力和温度正常；②氨区应无漏氨，中控氨检测器无报警，无刺鼻的氨味；③汽化器液位正常；④工业水自动喷淋装置设为自动，当储罐内部温度达 40℃时，应自动开启喷水降温、降压以防止压力升高导致安全门动作；⑤废液池液位正常，废水泵设为自动，否则手动启泵排水；⑥氨气分配蝶阀均应在指定开度，不得变动；⑦稀释空气隔离阀必须在"开启"状态，以避免氨气分配管堵灰；⑧检查 SCR 脱硝催化剂出入口压差是否正常。

7.4.3 催化剂维护与检测

催化剂及 SCR 脱硝系统的维护与检测详见本书第 4 章。

7.4.4 催化剂更换管理

1. 催化剂性能计算模型

1) 催化剂失活模型

SCR 脱硝催化剂具有一定寿命，服役过程中会发生中毒、磨损、烧结、堵塞等失活反应，导致催化剂活性逐渐下降。根据催化剂的整体失活特性，其失活方程一般具有指数型特征，方程描述如式(7-32)所示，其积分形式如式(7-33)所示。经研究发现，对式(7-33)添加一个修正系数，可以提高模型准确性，修正方程为式(7-43)。

单个 SCR 脱硝反应器一般安装有 3 层催化剂，烟气从第一层催化剂开始依次通过第二层和第三层，故三层催化剂的失活速率不同。假定 3 层催化剂的失活速率存在线性比例关系，且失活速率从大到小的排序为第 1 层、第 2 层、第 3 层，此时各层催化剂失活模型如式(7-53)所示。

$$K_i = K_0 \exp(-A_i t) \tag{7-53}$$

式中，A_i 为第 i 层催化剂的失活速率，$A_1 > A_2 > A_3$。

2) 反应器模型

反应器催化剂布置方式如图 7-6 所示，烟气从反应器进口流进，从上到下依次经过各层催化剂，发生脱硝反应，最后从反应器出口流出。进行 SCR 脱硝反应器性能计算时，采用逐层催化剂计算的方法，并且作以下几点简化处理：

(1) 上一层催化剂的出口烟气参数作为下一层催化剂的入口烟气参数；

(2) 反应器进口烟气参数作为第一层催化剂的进口烟气参数；

(3) 最后一层催化剂的出口烟气参数作为整个反应器的出口烟气参数。

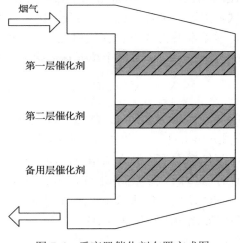

图 7-6　反应器催化剂布置方式图

获得反应器入口烟气条件和催化剂参数后，对催化剂进行逐层计算，当计算完最后一层时，输出反应器出口烟气参数。

其中，反应器内单层催化剂的脱硝效率可以表示为式(7-54)：

$$\eta_i = \begin{cases} 1 - e^{-\frac{K_i}{AV_i}}, & \gamma_i \geqslant 1.0 \\ \gamma_i \left(1 - e^{-\frac{K_i}{AV_i}} \right), & \gamma_i < 1.0 \end{cases} \tag{7-54}$$

式中，η_i 为第 i 层催化剂的脱硝效率；γ_i 为第 i 层催化剂入口氨氮比；K_i 为第 i 层催化剂活性；AV_i 为第 i 层催化剂的面速度。

某层催化剂面速度由式(7-55)给出：

$$AV_i = \frac{V_i}{S_i} \tag{7-55}$$

式中，V_i 为第 i 层催化剂进口烟气流量，m^3/h；S_i 为第 i 层催化剂表面积，m^2。

2. 催化剂活性检测

催化剂在运行过程中会逐渐失活，造成脱硝反应器的性能逐渐下降，最终将不能满足氮氧化物排放标准，故准确测量催化剂活性是管理 SCR 脱硝催化剂过程中非常重要的环节。目前，催化剂活性测试主要有在实验室利用中试装置或小试装置测量和在实际运行过程中在线测量三种方法[69]。

美国电力研究所(Electric Power Research Institute，EPRI)制订的催化剂活性检测标准是在实验室中试模拟烟气装置上进行，与我国国家标准 GB/T 31584—2015 中检测方法大致相同，详见本书第 3 章。在氨氮比为 1.0 的条件下，分别检测每层催化剂单元体样品的脱硝效率，计算每个单元体催化剂活性 K 值：

$$K = -AV \times \ln(1-\eta) \tag{7-56}$$

由于实际工况中的氨氮比通常小于 1，故通过以上方法测试的催化剂活性会存在一定偏差[70]。美国 Cormetech 公司提出通过脱硝效率-氨逃逸法评估催化剂活性，该方法与我国华电强检标准中检测方法相似，详见本书第 3 章。该方法是在中试装置上模拟工程设计入口烟气参数(如 NO 浓度、氨氮比)，对多层串联催化剂单元体样品的进出口 NO 浓度和氨逃逸浓度进行测量，利用实际检测到的参数和式(7-57)计算得到多层催化剂的整体活性 K：

$$K = 0.5 \times AV \times \ln \frac{MR}{(MR-\eta) \times (1-\eta)} \tag{7-57}$$

式中，MR 为氨氮比；η 为脱硝效率。

除了实验室检测方法外，美国 FERCO 公司提出了一种在线检测方法，该方法需要在每层催化剂中选择局部相连的几个单元体作为检测对象，在每层选定区域上方设置氨喷射格栅和烟气流量测量系统，停止整体喷氨，通过测试调节喷射格栅喷入氨气，使氨氮比为 1.0，测试每层催化剂的脱硝效率，计算催化剂活性。

综上所述，关于催化剂活性测试可总结如下：

(1)小试装置只适用于测试催化剂活性的相对值，但因设备较简单，可用于催化剂研发过程。检测催化剂的中试装置可以通入模拟烟气，适用于测量催化剂的绝对活性，当对催化剂进行更换管理时需要利用该装置进行测试。

（2）目前计算催化剂活性的公式主要有脱硝效率法[式(7-56)]和脱硝效率-氨逃逸法[式(7-57)]两种。当设定氨氮比为 1.0 时通常使用式(7-56)，该公式计算简单，但不符合电厂实际工况，若使用此值，需要对测量活性进行一定的修正。式(7-57)虽然较复杂，但由于其使用条件为氨氮比小于 1.0，符合实际使用工况，故更接近催化剂的活性真实值。

（3）测试催化剂活性时，可以分别为每层催化剂进行测试，也可以将三层催化剂串联，将反应器看作整体进行测试。前者测试步骤较复杂但方便分析每层催化剂的失活情况，可以为催化剂后续管理方案提供基础。将反应器看作整体进行测试时，不需考虑各层间烟气变化情况，可以更准确地测量反应器整体能效变化情况，但无法监测各层催化剂间的区别和对反应器的影响。两种方法各有优缺点，选择时需根据具体情况选择最适合的方式。

3. 反应器能效评价标准

催化剂失活涉及三项指标，即脱硝效率、氨逃逸和 SO_2/SO_3 转换率。其中任何一项不能满足运行要求时，必须更换或添加新催化剂，或对催化剂进行再生处理。准确评价反应器性能是催化剂管理过程中的重要环节，为了方便表示反应器总体性能，定义了反应器潜能 $P^{[71]}$，如式(7-58)所示。

$$P = \frac{K}{\text{AV}} \tag{7-58}$$

如上所述，催化剂活性 K 是综合了催化剂材料组分、几何结构以及流动条件等的特征值，而 AV 代表了催化剂单位反应面积所对应的烟气量，因此反应器潜能 P 是 SCR 脱硝装置总体性能的一个综合性表征值。潜能越大，反应器的脱硝能力越强，催化剂的使用时间(寿命)越长。

目前，大部分电厂都用脱硝装置的潜能来表示 SCR 脱硝装置的总体性能[72]。每个脱硝效率都有相对应的潜能 P，每个反应器都有一个最低限度的潜能要求。如果在 24000h 内需要满足脱硝效率不低于 80%，那么尽管潜能会随着活性的衰减而衰减，但在这段时间内催化剂的总潜能必须要高于 80%脱硝效率所对应的潜能。反应器总的潜能 $P_{总}$ 与各层催化剂的潜能 P_i 的关系如式(7-59)所示。

$$P_{总} = \sum_{i=1}^{n} P_i \tag{7-59}$$

如果 SCR 脱硝系统想要达到某个脱硝效率，只需要保证整体潜能高于最低要求脱硝效率对应的潜能即可。

虽然大部分火电厂均利用反应器潜能作为反应器能效的评价标准，但由于各电厂实际运行工况不同，烟气参数复杂多变，很难用一个固定的数值判断催化剂是否失活。也有研究直接利用脱硝效率判断反应器的性能，即当脱硝效率不满足设计保证值的 65% 时即开始加装或更换催化剂。该方法适用于粗略估计新鲜催化剂寿命，当将催化剂实际投入运行时，电厂实际工况主要需保证氨逃逸量不超过 3ppm，不能简单地以脱硝效率作为评判反应器性能的标准。对于以后的研究，应将保证氨逃逸量不超过 3ppm 作为标准，结合电厂实际情况，动态监控反应器性能，在确保脱硝性能的同时尽量降低运行成本，给出最佳的寿命管理方案。

4. 催化剂换装方式

1) 保持最大脱硝效率的催化剂更换方法

国内绝大部分火电厂 SCR 脱硝反应器都设计为可以安装 3 层催化剂。刚开始运行时，安装第 1 层和第 2 层催化剂，第 3 层留空，直到反应器性能不能满足运行要求时再加装第 3 层。往后在脱硝系统运行过程中，依次更换活性最低层催化剂，一般是从第 1 层开始。

当反应器性能不能满足运行要求时，为维持反应器的最大脱硝效率，按照先增加备用层，再依次更换活性最低层催化剂的顺序更换催化剂，以下简称为方案一。

方案一随着运行时间增加，脱硝效率和反应器潜能会不断下降，氨逃逸量会不断上升。当氨逃逸量超过 3ppm 时更换催化剂，各项指标会基本回归到初始水平。有学者研究过该方案后发现，随着催化剂性能的恶化，还原剂有效利用率下降，越来越多的氨没有参与反应就直接离开反应器，造成氨逃逸率上升。同时，系统压降的不断增大还会造成引风机电耗的增加。

可见，做好催化剂管理，及时合理地更换催化剂，对维护 SCR 脱硝系统有十分重要的意义。

2) 保持最低脱硝效率的催化剂更换方法

随着反应器性能不断下降，当氨逃逸量超过 3ppm 时，如果出口 NO_x 浓度还没有超过排放限值，那么可以降低入口氨氮比。这样虽然会降低系统脱硝效率，但也同时降低了氨逃逸量。直到出口 NO_x 浓度超过了排放限值，再进行催化剂更换，这样可以延长催化剂使用时间，以下简称为方案二。

在方案二中，当氨逃逸量就要超过 3ppm 时，逐步降低入口氨氮比，此时氨逃逸量在一段时间基本保持不变，直到脱硝效率下降到最低要求值时开始更换催化剂。经学者研究后发现，方案二可以有效延长催化剂更换时间，同时还会减少还原剂的消耗量，虽然 NO_x 脱除量也会减少，但综合考虑后发现方案二较方案一更具有经济优势。

3）保持 2 层催化剂的更换方法

SCR 脱硝装置开始投入运行时，反应器没有安装第 3 层催化剂，等到第一次需要更换催化剂时，加装第 3 层催化剂，同时把第 1 层催化剂拆走送去再生处理。当反应器脱硝效率或者氨逃逸不符合运行要求时，开始更换催化剂。在空层位置安装再生催化剂，把活性最低的那层催化剂拆走送去再生，以下简称为方案三。

在方案三中，由于反应器内始终只有 2 层催化剂，更换催化剂的周期较 3 层的方式会缩短，但系统压降会相对较低（催化剂压降一般为 200Pa 每层）。同时，由于安装催化剂和拆走催化剂的层位置不同，施工时间可以缩短，具体更换方法见表 7-31。

表 7-31　保持 2 层催化剂的更换和加装方式

时间节点	第 1 层	第 2 层	第 3 层
1	新鲜催化剂	新鲜催化剂	空置
2	拆空	该层催化剂不动	安装新鲜催化剂
3	安装再生催化剂	拆空	该层催化剂不动
4	该层催化剂不动	安装再生催化剂	拆空
5	拆空	该层催化剂不动	安装再生催化剂

方案三在更换催化剂的同时拆走一层催化剂进行再生处理，除了第一次更换了全新的催化剂，后面都是更换了再生的催化剂。由于反应器中只有 2 层催化剂，从而降低了系统压降，进而降低了系统电耗。当催化剂再生技术达到成熟阶段后，该方案会更具有经济潜力。

4）调换催化剂层的更换方法

反应器里面每层催化剂的失活速率不一致，在服役时间相等的前提下，通常是第 1 层催化剂失活速率最大。那么可以考虑在每次更换催化剂时，把活性最低的那层催化剂拆走，其余旧催化剂分别移到第 1 层和第 2 层，空出第 3 层来安装新的催化剂，以下简称为方案四，方案四换装方式如表 7-32 所示。

表 7-32　方案四催化剂更换和加装方式

时间节点	第 1 层	第 2 层	第 3 层
1	新鲜催化剂	新鲜催化剂	空置
2	该层催化剂不动	该层催化剂不动	安装新鲜催化剂
3	第二层催化剂移至该层	第三层催化剂移至该层	安装新鲜催化剂

经学者研究后发现，方案四与方案一相比可以稍微延长催化剂更换时间，分

析原因可能是第 3 层催化剂所处烟气条件相对较好，活性下降较少，与新鲜催化剂相差不大，故可节约系统成本。但每次更换催化剂都要调整所有催化剂位置，导致其施工周期和费用相对较多。

以上四种更换方式各有优点，电厂需根据实际工况选择最优的更换方式。

5. 工程实例

1）模型验证

在燃煤电厂中，新鲜催化剂从开始运行到最终无法使用，寿命约为 24000h。基于上述脱硝反应器的效率模型，假定一个合理的燃煤电厂脱硝运行工况，通过对催化剂寿命进行计算，首先验证模型的准确性，在此基础上进一步对催化剂更换或加装的方案进行分析比较。

笔者团队基于前人报道的一个实际案例[73]，根据上述思路构建了多套燃煤电厂催化剂寿命管理方案并进行分析[74]：某电厂机组 SCR 脱硝系统反应器内加装有两层催化剂，新鲜催化剂活性为 48.74m/h，实际服役三年左右，两层催化剂失活速率分别为：$A_1=2.24\times10^{-5}$，$A_2=1.41\times10^{-5}$；此外，脱硝塔中还有一层（备用层）催化剂空间，当第三层催化剂也加装并投入运行时，$A_3=7.2\times10^{-6}$，故各层催化剂失活函数式如下所示。

第一层催化剂：

$$K_1 = K_0\exp(-0.0000224t) \tag{7-60}$$

第二层催化剂：

$$K_2 = K_0\exp(-0.0000141t) \tag{7-61}$$

第三层催化剂：

$$K_3 = K_0\exp(-0.0000072t) \tag{7-62}$$

当两层催化剂运行时，以氨逃逸排放量最大不超过 3ppm 以及出口氮氧化物浓度小于 50mg/m³ 为标准，计算催化剂的运行时间，即两层催化剂的使用寿命。

假设催化剂运行工况如下：反应器面速度 AV 为 19.25m/h，反应器入口氮氧化物浓度为 300mg/m³，入口氨氮比为 0.8503，初始脱硝效率为 85.01%，经计算可知此时反应器氨逃逸为 0.04ppm，出口氮氧化物浓度为 44.97mg/m³。当反应器氨逃逸为 3ppm 时，计算得到脱硝效率为 84.27%，出口氮氧化物浓度 47.19mg/m³。

根据上文建立的反应器模型及运行工况，首先计算仅运行前两层催化剂时的催化剂失活时间，该时间段计算公式如式(7-63)所示。

$$
\begin{cases}
\eta_{\text{总}} = 1 - \prod_{i}^{2} \dfrac{(MR_i + 1) - \sqrt{(MR_i + 1)^2 - 4MR_i\left(1 - e^{\frac{-2K_i}{AV}}\right)}}{2} \\[4mm]
\eta_1 = 1 - \dfrac{(MR_1 + 1) - \sqrt{(MR_1 + 1)^2 - 4MR_1\left(1 - e^{\frac{-2K_1}{AV}}\right)}}{2} \\[4mm]
MR_1 = 0.8503 \\[2mm]
MR_2 = \dfrac{MR_1 - \eta_1}{1 - \eta_1} \\[3mm]
AV = 19.25 \\[2mm]
K_1 = 48.74 \times \exp(-0.0000224t_{a1}) \\[2mm]
K_2 = 48.74 \times \exp(-0.0000141t_{a1}) \\[2mm]
\eta_{\text{总}} = 0.8427
\end{cases}
\qquad (7\text{-}63)
$$

解方程组式 (7-63) 可得 $t_{a1} = 24009.6329\text{h}$。

经计算发现，利用本书建立的反应器模型及运行工况得到的催化剂失活时间为 24010h，与催化剂寿命约为 24000h 比较吻合，误差仅为 0.4%，故模型准确。

2) 寿命管理方案

当两层催化剂由于失活不能满足电厂脱硝要求时，一般采用进一步加装第三层 (备用层) 催化剂的办法提高反应器脱硝效率。而当备用层催化剂投入使用后再次不满足脱硝要求时，必须更换其中某一层催化剂，以后继续更换不同的催化剂层以确保脱硝性能。该过程中存在着多种可能的催化剂管理方案，需要深入研究与分析。在本书中，只分析两步催化剂管理方案，即加装备用层催化剂和进一步更换某一层催化剂，后续的更换方案可采用同样的方法进行分析。

不改变失活催化剂的位置 (即失活催化剂处于第一和第二层)，可行的催化剂管理方法主要有两种。方案一：首先在第三层加装备用层，而后脱硝反应器不满足脱硝要求时更换第一层催化剂；方案二：首先在第三层加装备用层，而后脱硝反应器不满足脱硝要求时更换位于第二层的催化剂。

采用上述火电厂催化剂管理的通用计算方法，对方案一进行计算，首先计算第三层 (备用层) 投入使用后的催化剂失活时间，如式 (7-64) 所示。

解方程组可得当脱硝效率降为 84.27% 时，运行时间为 $t_{a2} = 70161.1929\text{h}$。

在此基础上，进一步计算更换第一层催化剂后的失活时间，如式 (7-65) 所示。

$$\left\{\begin{array}{l}\eta_{\text{总}}=1-\prod_{i}^{3}\dfrac{(\text{MR}_i+1)-\sqrt{(\text{MR}_i+1)^2-4\text{MR}_i\left(1-\text{e}^{\frac{-2K_i}{\text{AV}}}\right)}}{2}\\[4mm]\eta_i=1-\dfrac{(\text{MR}_i+1)-\sqrt{(\text{MR}_i+1)^2-4\text{MR}_i\left(1-\text{e}^{\frac{-2K_i}{\text{AV}}}\right)}}{2}\\[4mm]\text{MR}_1=0.8503\\[2mm]\text{MR}_2=\dfrac{\text{MR}_1-\eta_1}{1-\eta_1}\\[4mm]\text{MR}_3=\dfrac{\text{MR}_2-\eta_2}{1-\eta_2}\\[4mm]\text{AV}=19.25\\[2mm]K_1=48.74\times\exp(-0.0000224t_{\text{a}1})\\[1mm]K_2=48.74\times\exp(-0.0000141t_{\text{a}1})\\[1mm]K_3=48.74\times\exp[-0.0000072(t_{\text{a}2}-t_{\text{a}1})]\\[1mm]\eta_{\text{总}}=0.8427\end{array}\right. \tag{7-64}$$

$$\left\{\begin{array}{l}\eta_{\text{总}}=1-\prod_{i}^{3}\dfrac{(\text{MR}_i+1)-\sqrt{(\text{MR}_i+1)^2-4\text{MR}_i\left(1-\text{e}^{\frac{-2K_i}{\text{AV}}}\right)}}{2}\\[4mm]\eta_i=1-\dfrac{(\text{MR}_i+1)-\sqrt{(\text{MR}_i+1)^2-4\text{MR}_i\left(1-\text{e}^{\frac{-2K_i}{\text{AV}}}\right)}}{2}\\[4mm]\text{MR}_1=0.8503\\[2mm]\text{MR}_2=\dfrac{\text{MR}_1-\eta_1}{1-\eta_1}\\[4mm]\text{MR}_3=\dfrac{\text{MR}_2-\eta_2}{1-\eta_2}\\[4mm]\text{AV}=19.25\\[2mm]K_1=48.74\times\exp[-0.0000224(t_{\text{a}3}-t_{\text{a}2})]\\[1mm]K_2=48.74\times\exp(-0.0000141t_{\text{a}3})\\[1mm]K_3=48.74\times\exp[-0.0000072(t_{\text{a}3}-t_{\text{a}1})]\\[1mm]\eta_{\text{总}}=0.8427\end{array}\right. \tag{7-65}$$

解方程组可得 t_{a3} =102050.6436h。

对方案二的计算过程与方案一类似，不再赘述，直接给出两种方案的计算结果，见表 7-33 所示(表中 t_{a1}、t_{a2}、t_{a3}、t_{b1}、t_{b2} 和 t_{b3} 分别为方案一和方案二的催化剂更换时间或加装时间)。利用上文建立的反应器模型，还可得出两种方案的脱硝效率曲线图(图 7-7)和氨逃逸曲线图(图 7-8)。

表 7-33　两种方案结果对比

	时间/h	$t<t_{a1}$	$t=t_{a1}$ $t_{a1}=24010$	$t_{a1}<t<t_{a2}$	$t=t_{a2}$ $t_{a2}=70161$	$t_{a2}<t<t_{a3}$	$t=t_{a3}$ $t_{a3}=102051$
方案一	管理方案	运行两层催化剂	添加备用层催化剂	运行三层催化剂	更换第一层催化剂	运行三层催化剂	更换第二层催化剂
	时间/h	$t<t_{b1}$	$t=t_{b1}$ $t_{b1}=24010$	$t_{b1}<t<t_{b2}$	$t=t_{b2}$ $t_{b2}=70161$	$t_{b2}<t<t_{b3}$	$t=t_{b3}$ $t_{b3}=102890$
方案二	管理方案	运行两层催化剂	添加备用层催化剂	运行三层催化剂	更换第二层催化剂	运行三层催化剂	更换第一层催化剂

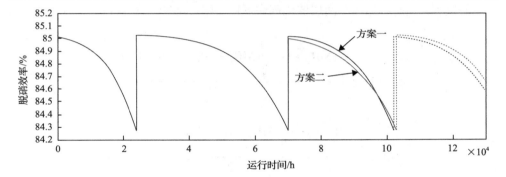

图 7-7　两种方案的脱硝效率曲线图

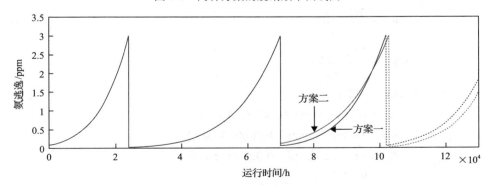

图 7-8　两种方案的反应器氨逃逸曲线图

上述两种方案的前期管理模式相同，故当运行时间小于 70161h 时，两种方案曲线重合。由表 7-33 可知，方案二中的催化剂运行时间比方案一更长，延长了催化剂的使用寿命。比较图 7-7 和图 7-8 可知，虽然方案二中更换的是失活程度较轻的第二层催化剂，但效果反而较好。方案一与方案二相比，虽然初始脱硝效率稍高，但其衰减速率大于方案二。当两种方法达到相同脱硝效率时，方案二的运行时间更长，故先更换第二层催化剂的方法延长了传统的始终更换活性最低层催化剂方案的催化剂寿命，经济性更好。

上述两种方案均不改变催化剂层的位置，若考虑改变催化剂层位置（即处于第一和第二层的失活催化剂和新加装的催化剂均可调整位置），则存在多种可行的管理方案。催化剂位置调整后，失活速率将随之发生变化，因此需要重新计算各阶段催化剂活性，此时可将运行过一段时间的催化剂活性数值看作催化剂初始活性 K_0 进行计算。下面对不同的方案进行分析说明。

方案三：先运行两层催化剂，经过 $t_{c1}=24009.6329h$ 后，脱硝效率降为 84.27%，根据公式(7-60)、公式(7-61)可以计算出此时第一层催化剂活性由初始值48.74m/h降为 28.4653m/h，第二层催化剂活性降为 34.7425m/h。添加备用层催化剂放置在第一层的位置，同时将原来的两层催化剂均下移一层。此时计算过程如式(7-66)所示。

$$
\begin{cases}
\eta_{\text{总}} = 1 - \prod_i^3 \dfrac{(\mathrm{MR}_i + 1) - \sqrt{(\mathrm{MR}_i + 1)^2 - 4\mathrm{MR}_i\left(1 - e^{\frac{-2K_i}{\mathrm{AV}}}\right)}}{2} \\[4mm]
\eta_i = 1 - \dfrac{(\mathrm{MR}_i + 1) - \sqrt{(\mathrm{MR}_i + 1)^2 - 4\mathrm{MR}_i\left(1 - e^{\frac{-2K_i}{\mathrm{AV}}}\right)}}{2} \\[4mm]
\mathrm{MR}_1 = 0.8503 \\[2mm]
\mathrm{MR}_2 = \dfrac{MR_1 - \eta_1}{1 - \eta_1} \\[3mm]
\mathrm{MR}_3 = \dfrac{MR_2 - \eta_2}{1 - \eta_2} \\[3mm]
\mathrm{AV} = 19.25 \\[1mm]
K_1 = 48.74 \times \exp(-0.0000224\Delta t_{c2}) \\[1mm]
K_2 = 28.4653 \times \exp(-0.0000141\Delta t_{c2}) \\[1mm]
K_3 = 34.7425 \times \exp[-0.0000072\Delta t_{c2}] \\[1mm]
\eta_{\text{总}} = 0.8427
\end{cases} \tag{7-66}
$$

解方程可得 $\Delta t_{c2}=38772.2589h$，此次计算相当于将更换过催化剂的反应器看作新反应器进行计算，故求解出的 Δt_{c2} 需要加上 t_{c1} 才为整体更换时间。$t_{c2}=t_{c1}+\Delta t_{c2}=62781.8918h$。此时三层催化剂活性分别降为 20.4504m/h、16.4775m/h 和 26.2799m/h。

下一步更换位于第二层的催化剂，计算公式如式(7-67)所示。

$$
\begin{cases}
\eta_{\text{总}} = 1 - \prod_i^3 \dfrac{(MR_i + 1) - \sqrt{(MR_i + 1)^2 - 4MR_i\left(1 - e^{\frac{-2K_i}{AV}}\right)}}{2} \\[4mm]
\eta_i = 1 - \dfrac{(MR_i + 1) - \sqrt{(MR_i + 1)^2 - 4MR_i\left(1 - e^{\frac{-2K_i}{AV}}\right)}}{2} \\[3mm]
MR_1 = 0.8503 \\
MR_2 = \dfrac{MR_1 - \eta_1}{1 - \eta_1} \\[2mm]
MR_3 = \dfrac{MR_2 - \eta_2}{1 - \eta_2} \\[2mm]
AV = 19.25 \\
K_1 = 20.4504 \times \exp(-0.0000224 \Delta t_{c3}) \\
K_2 = 48.74 \times \exp(-0.0000141 \Delta t_{c3}) \\
K_3 = 26.2799 \times \exp[-0.0000072 \Delta t_{c3}] \\
\eta_{\text{总}} = 0.8427
\end{cases}
\tag{7-67}
$$

解方程可得 Δt_{c3}＝30406.6330h，$t_{c3} = t_{c2} + \Delta t_{c3}$＝93188.5248h。此时三层催化剂活性分别降为 10.3490m/h、31.7460m/h 和 21.1127m/h。

为方便表示更换催化剂位置的方案，第一层、第二层和第三层(备用层)催化剂分别用字母 A、B 和 C 表示，更换催化剂位置时字母不变而字母顺序相应改变，更换催化剂时则在字母后添加"*"表示。因此，方案三催化剂使用管理过程即可表示为：AB→CAB→CA*B。针对不同的催化剂管理方案，采用上述方法进行计算，结果见表 7-34(表中 $t_c \sim t_l$ 分别为方案三到方案十二的催化剂更换时间或加装时间)。

由表 7-34 可知，不同的催化剂管理方案中，方案十的效果最好，即当两层催化剂不满足氨逃逸要求时，添加备用层放置在第三层位置，同时将第一层和第二层催化剂调换位置后继续使用，当再次不满足要求时，更换第二层催化剂。由于第一层位置的催化剂受到的烟气冲刷最严重，失活速率最快，而第三层位置的催化剂失活速率最慢，故将活性较高的原第二层催化剂放置在第一层位置，活性最高的催化剂(新添加的备用层)放置在第三层位置可以使整体脱硝效率衰减最慢，从而延长了更换时间。

表 7-34 更换催化剂位置方案结果对比

方案三	时间/h	$t<t_{c1}$ $t_{c1}=24010$	$t_{c1}<t<t_{c2}$ $t_{c2}=62782$	$t_{c2}<t<t_{c3}$ $t_{c3}=93189$
	管理方案	AB	CAB	CA*B
方案四	时间/h	$t<t_{d1}$ $t_{d1}=24010$	$t_{d1}<t<t_{d2}$ $t_{d2}=62782$	$t_{d2}<t<t_{d3}$ $t_{d3}=88859$
	管理方案	AB	CAB	CAB*
方案五	时间/h	$t<t_{e1}$ $t_{e1}=24010$	$t_{e1}<t<t_{e2}$ $t_{e2}=66673$	$t_{e2}<t<t_{e3}$ $t_{e3}=96430$
	管理方案	AB	ACB	A*CB
方案六	时间/h	$t<t_{f1}$ $t_{f1}=24010$	$t_{f1}<t<t_{f2}$ $t_{f2}=66673$	$t_{f2}<t<t_{f3}$ $t_{f3}=95385$
	管理方案	AB	ACB	ACB*
方案七	时间/h	$t<t_{g1}$ $t_{g1}=24010$	$t_{g1}<t<t_{g2}$ $t_{g2}=64063$	$t_{g2}<t<t_{g3}$ $t_{g3}=96160$
	管理方案	AB	BCA	BCA*
方案八	时间/h	$t<t_{h1}$ $t_{h1}=24010$	$t_{h1}<t<t_{h2}$ $t_{h2}=64063$	$t_{h2}<t<t_{h3}$ $t_{h3}=90976$
	管理方案	AB	BCA	B*CA
方案九	时间/h	$t<t_{i1}$ $t_{i1}=24010$	$t_{i1}<t<t_{i2}$ $t_{i2}=67864$	$t_{i2}<t<t_{i3}$ $t_{i3}=98827$
	管理方案	AB	BAC	B*AC
方案十	时间/h	$t<t_{j1}$ $t_{j1}=24010$	$t_{j1}<t<t_{j2}$ $t_{j2}=67864$	$t_{j2}<t<t_{j3}$ $t_{j3}=103517$
	管理方案	AB	BAC	BA*C
方案十一	时间/h	$t<t_{k1}$ $t_{k1}=24010$	$t_{k1}<t<t_{k2}$ $t_{k2}=61552$	$t_{k2}<t<t_{k3}$ $t_{k3}=87932$
	管理方案	AB	CBA	CB*A
方案十二	时间/h	$t<t_{l1}$ $t_{l1}=24010$	$t_{l1}<t<t_{l2}$ $t_{l2}=61552$	$t_{l2}<t<t_{l3}$ $t_{l3}=91839$
	管理方案	AB	CBA	CBA*

综合表 7-33 和表 7-34 可知，若电厂脱硝系统不允许改变催化剂层位置时采用方案二可以明显延长催化剂的使用时间，若允许改变催化剂层位置，那么采用方案十可以最大限度延长催化剂的使用寿命。

参 考 文 献

[1] 王雪娇, 郭家秀, 尹华强. 我国火电厂烟气脱硝技术综述[C]. 苏州: 火电厂污染物净化与节能技术研讨会, 2013.

[2] 安敬学, 王磊, 秦淇, 等. SCR 脱硝系统催化剂磨损机理分析与治理[J]. 热力发电, 2015, 44(12): 119-125.

[3] 姚燕, 王丽朋, 孔凡海, 等. SCR 脱硝系统蜂窝式催化剂性能评估及寿命管理[J]. 热力发电, 2016, 45(11): 114-119.

[4] 喻小伟, 周瑜, 刘帅, 等. SCR 脱硝催化剂失活原因分析及再生处理[J]. 热力发电, 2014, 43(2): 109-113.

[5] Yun D, Yao Q. Mechanism and analysis of SCR catalyst deactivation[J]. Coal Conversion, 2009, 32(1): 91-96.

[6] Yanke Y, Chi H, Chen J, et al. Deactivation mechanism of de-NO catalyst (V_2O_5-WO_3/TiO_2) used in coal fired power plant[J]. Journal of Fuel Chemistry & Technology, 2012, 40(11): 1359-1365.

[7] 董建勋. 燃煤电厂 SCR 烟气脱硝试验研究及数学模型建立[D]. 保定: 华北电力大学, 2007.

[8] Staudt J. Minimizing the impact of SCR catalyst on total generating cost through effective catalyst management[C]. Baltimore, Maryland, USA: ASME 2004 Power Conference, 2004.

[9] Ghadiri M, Ning Z, Kenter S J, et al. Attrition of granular solids in a shear cell[J]. Chemical Engineering Science, 2000, 55(22): 5445-5456.

[10] Mastellone M L, Arena U. Carbon attrition during the circulating fluidized bed combustion of a packaging-derived fuel[J]. Combustion & Flame, 1999, 117(3): 562-573.

[11] Neil A U, Bridgwater J. Towards a parameter characterising attrition[J]. Powder Technology, 1999, 106(1/2): 37-44.

[12] 左宜赞, 张强, 韩明汉, 等. 铜基甲醇催化剂的高温烧结[J]. 催化学报, 2009, 30(7): 624-630.

[13] 刘大壮. GPLE 失活动力学和烧结动力学[J]. 化工时刊, 2000, (5): 9-12.

[14] Centeno G, Ancheyta J, Alvarez A, et al. Effect of different heavy feedstocks on the deactivation of a commercial hydrotreating catalyst[J]. Fuel, 2012, 100: 73-79.

[15] 孙克勤, 于爱华. SCR 脱硝系统中砷对催化剂的影响及其动力学分析[C]. 宁波: 第四届全国脱硫工程技术研讨会, 2007.

[16] 孙克勤, 钟秦, 于爱华. SCR 催化剂的砷中毒研究[J]. 中国环保产业, 2008, (1): 40-42.

[17] 姜烨. 钛基 SCR 催化剂及其钾、铅中毒机理研究[D]. 杭州: 浙江大学, 2010.

[18] Beck J, Brandenstein J, Unterberger S, et al. Effects of sewage sludge and meat and bone meal co-combustion on SCR catalysts[J]. Applied Catalysis B: Environmental, 2004, 49(1): 15-25.

[19] 杨继旺, 吴煖红. 几种负荷预测方法及其应用[J]. 农村电气化, 2004, (7): 9-10.

[20] 吴剑, 张迎春. 软基路堤最终沉降量的灰色预测[J]. 西部探矿工程, 2003, (7): 30-32.

[21] Zhang W P, Zhao S Q. Forecasting research on the total volume of import and export trade of ningbo port by gray forecasting model[J]. Journal of Software, 2013, 8(2): 466.

[22] 叶珉吕, 花向红, 刘金标, 等. 基于 GM(1,1)模型数据的曲线拟合预测方法在武咸城际铁路中的应用研究[J]. 城市勘测, 2012, (5): 130-133.

[23] 杨俊龙, 柳作栋. 人工智能技术发展及应用综述[J]. 计算机产品与流通, 2018, (3): 132-133.

[24] 胡守仁. 神经网络导论[M]. 长沙: 国防科技大学出版社, 1993.

[25] 万梅芳. 基于 BP 神经网络的最经济控制研究[J]. 无线互联科技, 2014, (2): 133.

[26] 刘博. 基于 BP 神经网络的机械加工精度提升研究[J]. 中国科技纵横, 2015, (3): 29.

[27] Holland J H. Adaptation in Natural and Artificial Systems[M]. Cambridge: MIT Press, 1992.

[28] 柳红, 贺兴时, 刘爱华. 基于并联灰色神经网络的陕西省宏观经济预测[J]. 决策与信息旬刊, 2010, (3): 136-137.

[29] Li S, Liu L J, Zhai M. Prediction for short-term traffic flow based on modified PSO optimized BP neural network[J]. Systems Engineering-Theory & Practice, 2012, 32(9): 2045-2049.

[30] 王小川, 史峰, 郁磊, 等. MATLAB 神经网络 43 个案例分析[M]. 北京: 北京航空航天大学出版社, 2013.

[31] 墨蒙, 赵龙章, 龚媛雯, 等. 基于遗传算法优化的 BP 神经网络研究应用[J]. 现代电子技术, 2018, 41(9): 41-44.

[32] FERCo. Specialists in Environmental and Energy Technologies[OL]. Http://www.ferco.com/In-Situ-SCR-Catalyst-Testing-CatalysTraK-Activity.html, 2015.

[33] 董长青, 马帅, 傅玉, 等. 火电厂 SCR 脱硝催化剂寿命预估研究[J]. 华北电力大学学报, 2016, 43(3): 64-68.

[34] 傅玉, 陆强, 庄柯, 等. 基于灰色预测模型和曲线拟合模型的 SCR 烟气脱硝催化剂寿命预测[J]. 热力发电, 2017, 46(7): 60-65.

[35] 沈勇, 傅玉, 唐诗洁, 等. 基于灰色神经网络的 SCR 脱硝催化剂寿命预测研究[J]. 华北电力大学学报, 2018, 45(3): 74-80.

[36] 郭汉贤. 应用化工动力学[M]. 北京: 化学工业出版社, 2003.

[37] 孙克勤, 韩祥. 燃煤电厂烟气脱硝设备及运行[M]. 北京: 机械工业出版社, 2011.

[38] 王幸宜. 催化剂表征[M]. 上海: 华东理工大学出版社, 2008.

[39] 云端, 宋蔷, 姚强. V_2O_5-WO_3/TiO_2 SCR 催化剂的失活机理及分析[J]. 煤炭转化, 2009, 32(1): 91-96.

[40] Gayubo A G, Aguayo A T, Olazar M, et al. Kinetics of the irreversible deactivation of the HZSM-5 catalyst in the MTO process original research article[J]. Chemical Engineering Science, 2003, 58(23/24): 5239-5249.

[41] 任杰. 催化裂化催化剂水热失活动力学模型[J]. 石油学报(石油加工), 2002, 18(5): 40-46.

[42] 唐诗洁, 陆强, 王则祥, 等. 燃煤电厂 SCR 烟气脱硝催化剂寿命预测研究[J]. 热力发电, 2019, 48(3): 65-72.

[43] 霍秋宝, 田亮, 赵亮宇, 等. 火电机组不同脱硝方式下的运行费用分析[J]. 华北电力大学学报(自然科学版), 2012, 39(5): 87-92.

[44] 王琦, 王树荣, 岑可法, 等. 燃煤电厂 SCR 脱硝技术催化剂的特性及进展[J]. 电站系统工程, 2005, 21(5): 4-6.

[45] 张帅夫, 张珈毓. 烟气条件对火电厂 SCR 催化剂设计的影响[C]. 南宁: 中国环境科学学会学术年会, 2012.

[46] 李鑫, 宋新刚, 高子朋, 等. 基于 AVL BOOST 的柴油机 SCR 催化剂尺寸优化设计[J]. 中国航海, 2015, 38(3): 18-22.

[47] 雷本喜, 尹海滨, 蔺海艳. 玻璃熔窑烟气 SCR 脱硝蜂窝状催化剂的选型计算[J]. 江苏建材, 2015, (3): 11-13.

[48] 唐诗洁, 陆强, 曲艳超, 等. 基于遗传算法优化 BP 神经网络的 SCR 脱硝系统催化剂体积设计[J]. 发电技术, 2019, 40(3): 246-252.

[49] 柳小桐. BP 神经网络输入层数据归一化研究[J]. 机械工程与自动化, 2010, (3): 122-126.

[50] 陈明. MATLAB 神经网络原理与实例精解[M]. 北京: 清华大学出版社, 2013.

[51] Muzio L J, Quartucy G C, Cichanowicz J E. Overview and status of post-combustion NO_x control: SNCR, SCR and hybrid technologies[J]. International Journal of Environment & Pollution, 2002, 17(1/2): 4-30.

[52] Tronconi E, Beretta A, Elmi A S, et al. A complete model of SCR monolith reactors for the analysis of interaction NO_x reduction and SO_2 oxidation reactions[J]. Chemical Engineering Science, 1994, 49(24A): 4277-4287.

[53] Enrico T. Interaction between chemical kinetics and transport phenomena in monolithic catalysts[J]. Catalysis Today, 1997, 34(3/4): 421-427.

[54] Beretta A, Orsenigo C, Ferlazzo N, et al. Analysis of the performance of plate-type monolithic catalysts for selective catalytic reduction De-NO_x applications[J]. Industrial & Engineering Chemistry Research, 1998, 37(7): 2623-2633.

[55] Schaub G, Unruh D, Wang J, et al. Kinetic analysis of selective catalytic NO_x reduction (SCR) in a catalytic filter[J]. Chemical Engineering and Processing, 2003, 42(5): 365-371.

[56] Staudt J E, Engelmeyer A J. SCR catalyst management strategies modeling and experience[C]. Washington, Combined Power Plant Air Pollutant Control Mega Symposium, 2003.

[57] Staudt J E. Minimizing the impact of SCR catalyst on total generating cost through effective catalyst management[C]. Baltimore, ASME (American Society of Mechanical Engineers) Power Conference, 2004.

[58] Pritchard S. Long-term catalyst health care[J]. Power, 2006, 150(1): 26-30.

[59] 李德波, 曾庭华, 廖永进, 等. 600MW 电站锅炉 SCR 脱硝系统全负荷投运改造方案研究与工程实践[J]. 广东电力, 2016, 29(6): 12-17.

[60] 邓柱. 基于 B/S 结构的 SCR 催化剂管理系统研究[D]. 武汉: 华中科技大学, 2012.

[61] 董建勋, 李永华, 冯兆兴, 等. 计及催化剂失活的 SCR 脱硝反应器设计的模拟分析[J]. 动力工程, 2007, (5): 789-792.

[62] 赵瑞, 刘毅, 廖海燕, 等. 火电厂脱硝催化剂寿命管理现状及发展趋势[J]. 洁净煤技术, 2015, 21(2): 134-138.

[63] 张亚平, 汪小蕾, 孙克勤, 等. WO_3 对 MnO_x/TiO_2 低温脱硝 SCR 催化剂的改性研究[J]. 燃料化学学报, 2011, 39(10): 782-786.

[64] 陈崇明, 宋国升, 邹斯诣. SCR 催化剂在火电厂的应用[J]. 电站辅机, 2010, 31(4): 14-17.

[65] 李磊. SCR 催化剂失活机理及寿命管理[J]. 全面腐蚀控制, 2014, 28(11): 82-86.

[66] 方朝君, 余美玲, 郭常青, 等. 燃煤电站脱硝喷氨优化研究[J]. 工业安全与环保, 2014, 40(2): 25-27.

[67] 周冲. 玉环电厂降低 NO_x 的排放措施[J]. 洁净煤技术, 2011, 17(1): 84-87.

[68] 吕宏俊, 刘浩波, 张泽玉, 等. 吹灰器在 SCR 脱硝系统中的选用[J]. 中国环保产业, 2015, (4): 64-66.

[69] 杨恂, 黄锐, 孔凡海, 等. SCR 脱硝催化剂活性的测量和应用[J]. 热力发电, 2013, 42(1): 15-19.

[70] Pritchard S, Kaneko S, Suyama K. Optimizing SCR catalyst design and performance for coal-fired boilers[C]//Joint Symposium of Stationary Combustion NO_x Control, Kansas City, 1995.

[71] 宋玉宝, 王乐乐, 金理鹏, 等. 基于现场性能测试的脱硝装置潜能评估及寿命预测[J]. 热力发电, 2015, 44(5): 39-44.

[72] 宋玉宝, 杨杰, 金理鹏, 等. SCR 脱硝催化剂宏观性能评估和寿命预测方法研究[J]. 中国电力, 2016, 49(4): 17-22.

[73] 李德波, 廖永进, 陆继东, 等. 燃煤电站 SCR 催化剂更换周期及策略优化数学模型[J]. 中国电力, 2013, 46(12): 118-121.

[74] 傅玉, 陆强, 唐诗洁, 等. SCR 脱硝催化剂寿命管理研究[J]. 中国电力, 2018, 51(3): 163-169.

第 8 章　SCR 脱硝催化剂的性能改进

煤炭、石油、天然气、生物质、生活垃圾、工业废弃物等燃料在燃烧发电和供热等过程中均会产生氮氧化物等大气污染物。随着人们环保意识的不断提高，我国制定的污染物排放标准也越来越严格。根据《火电厂大气污染物排放标准》(GB 13223—2011)规定，自 2012 年 1 月 1 日起，新建燃煤锅炉氮氧化物排放低于 100mg/m³，新建燃油锅炉氮氧化物排放低于 100mg/m³，新建燃气锅炉氮氧化物排放低于 50mg/m³。2014 年 9 月 12 日，国家发展和改革委员会、环境保护部、国家能源局联合下发《煤电节能减排升级与改造行动计划(2014—2020 年)》，要求东部地区(辽宁、北京、天津、河北、山东、上海、江苏、浙江、福建、广东、海南等 11 省市)新建燃煤发电机组氮氧化物排放浓度基本达到燃气轮机组排放限值(50mg/m³)。此外，钢铁、水泥、砖瓦、垃圾焚烧等行业陆续更新了大气污染物排放标准：《钢铁烧结、球团工业大气污染物排放标准》(GB 28662—2012)、《轧钢工业大气污染物排放标准》(GB 28665—2012)、《水泥工业大气污染物排放标准》(GB 4915—2013)、《砖瓦工业大气污染物排放标准》(GB 29620—2013)、《生活垃圾焚烧污染控制标准》(GB 18485—2014)等，这些标准对不同行业氮氧化物的排放提出了更为严格的要求。

SCR 脱硝技术是目前应用最广的烟气脱硝技术，其技术核心是 SCR 脱硝催化剂，然而常规钒钛基 SCR 脱硝催化剂仅适用于 300~420℃的中温烟气。催化剂在低于该温度范围的烟气中使用时，易发生硫酸铵盐中毒问题，导致催化剂活性下降；当烟气温度高于此温度范围时，载体二氧化钛晶型发生转变，催化剂出现烧结等不可逆的失活，活性和选择性急剧下降；而当烟气中砷等物质含量较高时，催化剂则容易发生砷中毒或者其他中毒，也会导致催化剂失活。因此，常规钒钛基 SCR 脱硝催化剂无法满足不同行业、不同烟气环境的使用需求。由此，针对不同的烟气条件，开发新型 SCR 脱硝催化剂蕴含着巨大的应用前景，一直是相关领域的研究热点。本章将详细介绍宽温差 SCR 脱硝催化剂、高温 SCR 脱硝催化剂、抗砷中毒 SCR 脱硝催化剂以及联合脱硝脱汞催化剂等新型催化剂的研究进展。

8.1　宽温差 SCR 脱硝催化剂

目前常规商业钒钛基 SCR 脱硝催化剂在燃煤电厂已有广泛应用，其适用的温度窗口为 300~420℃[1]。然而，当温度低于 300℃时，常规催化剂无法适用，主要原因在于：①烟气中的 SO_3 与 NH_3、H_2O 反应生成硫酸氢铵，硫酸氢铵在低温下具有黏性，易吸附烟气中的飞灰覆盖催化剂表面，堵塞催化剂孔道，造成催化剂失活；②常规商业钒钛体系催化剂在 350℃左右具有最佳的脱硝性能，随着烟气温度的降低，脱硝性能逐步下降，在低于 300℃的烟气中使用时，容易造成氮氧化物排放不达标及氨逃逸超标等问题；③部分 V_2O_5 活性组分会与 SO_2 反应生成 $VOSO_4$，造成催化剂活性下降。当燃煤电厂处于低负荷运行时，烟气温度往往会低于 300℃，此时常规 SCR 脱硝催化剂必须停止使用。此外，钢铁冶炼、玻璃制造等行业的烟气温度一般都在 300℃以下[2, 3]。因此，极有必要研发适用温度范围更广的宽温差（180～420℃）SCR 脱硝催化剂。

在宽温差 SCR 脱硝催化剂的研发工作中，需要解决的重点问题主要有两个方面：第一，提升中低温条件下催化剂的脱硝性能，确保催化剂具有较高的脱硝效率；第二，提升中低温条件下催化剂的抗水耐硫性能，避免催化剂硫中毒失活。其中，提升催化剂的抗水耐硫性能是宽温差 SCR 脱硝催化剂开发的难点。

目前，国内外对中低温 SCR 脱硝催化剂的研究主要集中在使用过渡金属氧化物为主要活性组分的负载型催化剂上，活性组分主要包括 V、Ce、Cu、Mn、Fe、Cr 等元素，对贵金属如 Pt、Pd、Rh、Ag 等也有一定的研究，载体一般使用二氧化钛、氧化锆、氧化铝、分子筛和碳材料等多孔结构材料。目前大多数中低温 SCR 脱硝催化剂在烟气中不存在 SO_2 和 H_2O 时具有出色的脱硝活性，但在实际运行过程中，经过除尘、脱硫设备处理后的烟气中仍然含有水蒸气和少量的 SO_2，在这样的烟气条件下，催化剂容易发生中毒失活现象，造成脱硝效率大幅下降。虽然失活催化剂经过高温加热、水洗、酸洗或氢气还原等再生工艺处理后，脱硝活性可得到一定程度的恢复，但再生处理意味着停运与额外成本投入，不利于现代工厂的连续运作和经济效益。因此，改善催化剂在含 SO_2 和 H_2O 烟气条件下的抗中毒性能是将中低温 SCR 脱硝技术推向工业应用的关键所在。

8.1.1　锰基催化剂

锰基催化剂是近年来中低温 SCR 脱硝催化剂领域关注最多的催化剂类型之一。Mn 元素有多种整数和非整数价态，使得 MnO_x 的种类较多，而 Mn 在不同价态之间转化的过程中会产生较多的氧空位，从而使其具备催化 NH_3 还原 NO 的能力[4]。Kang 等[5]研究了不同前驱体和制备方法对单一锰基催化剂性能的影响，以 $Mn(NO_3)_2 \cdot xH_2O$ 为 MnO_x 的前驱物，以 Na_2CO_3 和氨水为沉淀剂，采用共沉淀法制备的锰基金属氧化物催化剂，在 100～300℃范围内具有较好的脱硝活性。Tang 等[6]考察了不同合成方法制备的 MnO_x 催化剂，发现由流变相法和共沉淀法制备的锰基催化剂活性组分高度分散，比表面积与脱硝活性较高，其在 100～150℃温度区间内脱硝效率接近 100%。Yang 等[7]利用共沉淀法制备了 Fe-MnO_x 复合金属氧化物催化剂, 在 150℃时脱硝效率超过 90%, 并在 200℃以下具有较好的氮气选择性。Kang 等[8]制备的 Cu-Mn 复合金属氧化物催化剂, 在 50～200℃的低温区间内具有较高的 NO 转化率。刘炜等[9]使用浸渍法制备的 Ce-MnO$_x$/TiO$_2$ 负载型催化剂, 在空速为 8000h^{-1}、烟气温度为 120℃的实验条件下脱硝效率能达到 95%。

锰基催化剂虽然在低温下具有较高的脱硝效率, 但对烟气成分要求严苛。Kijlstra 等[10]考察了 SO$_2$ 对 MnO$_x$/Al$_2$O$_3$ 催化剂的影响, 发现烟气中不含 SO$_2$ 时, 该催化剂在中低温范围内脱硝活性较高, 而在加入 SO$_2$ 后, 催化剂迅速失去活性, 如图 8-1 所示。进一步研究发现, 催化剂活性中心锰氧化物的硫酸化是催化剂活性下降的根本原因。

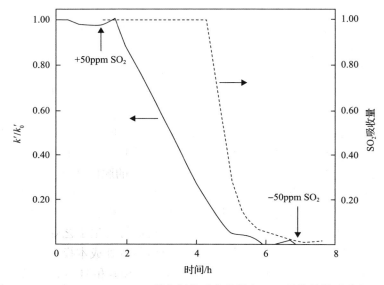

图 8-1　SO$_2$ 对 2% MnO$_x$/Al$_2$O$_3$ 催化剂的反应常数和 SO$_2$ 吸收量的影响 (150℃)

Shen 等[11]研究了 Fe 掺杂对 Mn-Ce/TiO$_2$ 催化剂低温脱硝性能以及抗 SO$_2$、H$_2$O 中毒性能的影响。研究发现, Fe 的掺杂可以提高催化剂的低温活性, Fe(0.1)-Mn-Ce/TiO$_2$ 催化剂在 180℃、空速 50000h^{-1} 条件下, 脱硝效率可达到 96.8%, 并且 Fe 的掺杂还可以显著提高催化剂的抗硫、抗水中毒性能。如图 8-2 所示, Mn-Ce/TiO$_2$ 催化剂在通入 SO$_2$ 和 H$_2$O 条件下, 5h 后催化剂脱硝效率由 91.8%降至 49.5%, 而 Fe(0.15)-Mn-Ce/TiO$_2$ 催化剂脱硝效率仍高达 83.8%。虽然 Fe 的掺杂提高了催化剂的抗硫和抗水中毒性能, 但目前仍需要进一步优化。

8.1.2　铈基催化剂

Ce 元素同样具有多变价态, Ce^{4+}与 Ce^{3+}相互转化过程中形成的氧空位易于吸附分子态氧从而具备氧化还原能力, 被视为一种有效的催化剂活性组分。含有铈

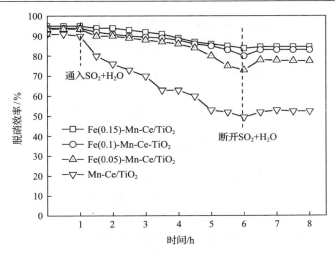

图 8-2　SO_2 和 H_2O 对不同含量 Fe 的 Fe-Mn-Ce/TiO_2 催化剂活性的影响

反应条件：温度=180℃；空速=50000h^{-1}；[O_2]=3%（体积分数，余同）；[H_2O]=3%；[SO_2]=0.01%；Fe(x)-Mn-Ce/TiO_2 催化剂中 Fe/Ti 摩尔比为 x，Mn/Ti 摩尔比为 0.2，Ce/Ti 摩尔比为 0.3

的催化剂表面通常具有较高的化学吸附氧比例，因而具有优良的中低温脱硝活性。但与锰基催化剂类似，CeO_2 易与 SO_2 反应生成稳定的 $Ce_2(SO_4)_3$，从而切断了 Ce^{4+} 与 Ce^{3+} 的循环转化，导致催化剂硫中毒失活[12]。另外，Gu 等[13]的研究表明经过硫酸化处理后的 CeO_2 在 270～520℃ 温度条件下的脱硝效率可由原来的不到 50% 提高至 95% 以上，他们认为硫酸化处理促进了 Ce^{4+} 转变为 Ce^{3+}，形成更多的氧空位，提升了催化剂表面的化学吸附氧比例，进而提高了催化剂的脱硝活性。

Gao 等[14]用共沉淀法制备了铜改性的铈基催化剂，由于铜会优先于铈同 SO_2 反应，形成的 $CuSO_4$ 既具有一定的脱硝活性又能保护附近的 Ce 原子，从而延长了催化剂寿命[15]。$CuSO_4$-CeO_2/TiO_2-SiO_2 催化剂在单独含有 SO_2 或 H_2O 的条件中都能保持较为稳定的脱硝效率，但当 SO_2 与水蒸气共同存在时，催化剂仍会发生较为严重的失活情况。

Shu 等[16]研究发现，铁改性后的铈基催化剂在 200℃ 以上脱硝时遵循 Eley-Rideal 机理，受 SO_2 影响较小，而在 200℃ 以下脱硝时，则遵循 Langmuir-Hinshelwood 机理，硫酸铵盐生成情况较为严重。当温度低于 200℃ 时，吸附在催化剂表面的 NH_3 和 NO_x 物种都参与到 SCR 反应中：一方面，吸附的 NH_3 和 NH_4^+ 会与催化剂表面硝酸盐反应；另一方面，原位形成的 NO_2 作为重要的中间体参与到 SCR 反应中。此时，NH_3、NH_4^+ 以及原位形成的 NO_2 物种参与 NH_3-SCR 反应的过程遵循 Langmuir-Hinshelwood 机理，见式(8-1)。当温度高于 200℃ 时，催化剂表面吸附的 NH_3 在 Fe^{3+} 的 Lewis 酸性位催化作用下，经过脱氢被氧化为 NH_2 物种，而后与气态的 NO 反应形成 NH_2NO 中间体，最后分解生成 N_2 和 H_2O。因此，在较高温度时（＞200℃），Fe^{3+} 的 Lewis 酸性位是 SCR 反应的活性位点，气相或弱吸附的 NO 与 NH_2 物种之间的反应遵循 Eley-Rideal 机理，如式(8-2)和式(8-3)所示。

$$2NH_3 + NO_2 + NO \longrightarrow 2N_2 + 3H_2O \tag{8-1}$$

$$NH_3 \xrightarrow{Fe^{3+}} NH_2 + H^+ + e^- \tag{8-2}$$

$$NH_2 + NO \longrightarrow N_2 + H_2O \tag{8-3}$$

Liu 等[17]采用浸渍法将 CeO_2 负载在 TiO_2-SiO_2 复合氧化物载体上，制备得到 CeO_2/TiO_2-SiO_2 催化剂。与单金属氧化物载体相比，CeO_2 在 TiO_2-SiO_2 表面的分散性更好，更利于 Ce^{4+} 与 Ce^{3+} 之间的转换，从而提高了催化剂的低温脱硝活性。同时，CeO_2/TiO_2-SiO_2 催化剂的抗硫和抗水中毒性能也得到了提高，如图 8-3 所示。添加 SiO_2 后，催化剂表面的 Lewis 酸性位没有增加，但 Brönsted 酸性位却增加了很多。此外，SiO_2 的引入增强了催化剂表面的酸性，导致硫酸盐不容易在 CeO_2/TiO_2-SiO_2 催化剂表面累积，从而提高了催化剂的抗硫和抗水中毒性能。

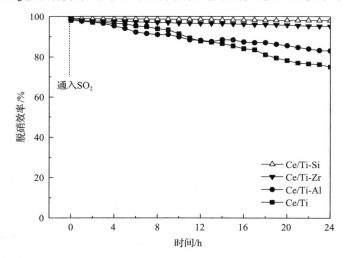

图 8-3　SO_2 对铈基催化剂脱硝活性的影响

反应条件：温度=300℃；空速=28000h^{-1}；[NO]=[NH_3]=500ppm；[O_2]=3%；[H_2O]=10%；[SO_2]=200ppm

8.1.3　贵金属催化剂

以 Ag、Pt、Pd 等为主要活性组分的贵金属类催化剂，通常使用 Al_2O_3 作为载体，H_2、CO、烃类或尿素等作为还原剂。由于价格昂贵，贵金属类催化剂应用于固定源 NO_x 脱除的研究较少，目前主要用于低温移动源 NO_x 的脱除。Qi 和 Yang[18]在铁分子筛催化剂中添加微量（质量分数小于 0.1%）的贵金属后，催化剂的中低温脱硝活性得到显著提高，但催化剂在同时含有水蒸气和 SO₂ 的条件下，只能维持较短时间的高脱硝效率。Doronkin 等[19]制备的 Ag/γ-Al₂O₃ 催化剂对 SO₂ 比较敏感，通入 SO₂ 和 H₂O 后，催化剂的低温脱硝活性显著下降，催化剂中毒后的再生处理需要在高温下使用氢气还原，其中毒及再生机理如图 8-4 所示，但该工艺在实际应用中难以实现。随后的研究表明，银催化剂的失活，是由 SO₂ 或 SO₃ 在活性位上与反应气体分子竞争吸附造成的。

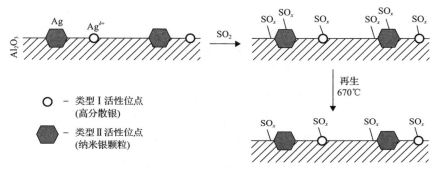

图 8-4　Ag/γ-Al₂O₃ 催化剂硫酸化及再生机理

8.1.4　沸石分子筛型催化剂

自然界存在一种结晶硅铝酸盐，加热时会熔融并发生类似起泡沸腾的现象，人们将此类矿石称为沸石。沸石晶体中含有许多大小相同的"空腔"，空腔之间由许多相同直径的微孔相连，形成均匀的、尺寸大小为分子直径数量级的孔道，因而不同孔径的沸石就能筛选出大小不同的分子，故命名"分子筛"。分子筛按孔径大小可分为三类：微孔($d<2\mathrm{nm}$)、介孔($2\mathrm{nm}<d<50\mathrm{nm}$)和大孔($d>50\mathrm{nm}$)分子筛，它们具有很大的比表面积($50\sim1000\mathrm{m^2/g}$)，典型的微孔分子筛有沸石 X、Y 分子筛及 ZSM-5。

分子筛由于具有均匀的孔结构、较大的比表面积以及表面极性等优点，成为当前的研究热点，但大多数分子筛类催化剂的活性温度范围主要集中在中高温区域，其中以 Cu 和 Fe 离子交换分子筛在 NH₃-SCR 中最为常见。Zhou 等[20]采用浸渍法制备得到 Fe-Ce-Mn/ZSM-5 催化剂，在无水无硫、$200\sim400$℃烟气中，NO 转化率可达 95%以上。Carja 等[21]制备了 Fe-Ce-ZSM-5 催化剂，在 $250\sim550$℃宽温范围内脱硝效率高于 75%，且在通入 2% H₂O 和 25ppm SO₂ 后，催化活性仍可以保持相对稳定，如图 8-5 所示，但抗硫抗水性能仍有待提升。

8.1.5　钒基催化剂

钒基催化剂在常规中温 SCR 脱硝催化剂中的出色表现使得学者们期望通过对其改性以满足中低温脱硝需求。V₂O₅ 作为主要的活性组分，其负载量对 V₂O₅/TiO₂

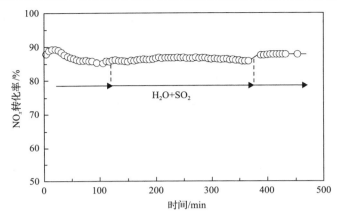

图 8-5　Fe(1.6)-Ce(2.5)-ZSM-5 催化剂的抗 SO$_2$ 和 H$_2$O 性能

Fe(1.6)-Ce(2.5)-ZSM-5 催化剂表示 Fe 元素的含量为 1.6wt%，Ce 元素的含量为 2.5wt%

催化剂的脱硝活性影响显著。朱繁[22]研究发现，当 V$_2$O$_5$ 的负载量为 0.5%～5%时，催化剂脱硝活性与钒含量呈正相关，但随着负载量的增加，催化剂对 SO$_2$ 的氧化率也显著上升。使用其他元素改性钒基催化剂，也能有效改善其脱硝性能。Phil 等[23]、Amiridis 等[24]研究了多种元素掺杂的改性钒基催化剂，发现 Fe、Ce、Sb、Cu 等元素的掺杂均能有效提高 V$_2$O$_5$/TiO$_2$ 催化剂的低温脱硝活性。Bai 等[25]以碳纳米管(CNTs)替代 TiO$_2$ 作为载体制备钒基催化剂，在 190℃时，催化剂脱硝效率可达 90%。Caraba 等[26]从改变制备方法入手，发现采用溶胶-凝胶法制备的 V$_2$O$_5$/SiO$_2$ 催化剂表面酸性位点更多，更有利于反应气体的吸附，从而具有更高的催化剂脱硝活性。上述研究虽然均可提高催化剂低温活性，但催化剂低温下抗硫、抗水中毒性能研究较少。

笔者团队采用等体积浸渍法，以 V$_2$O$_5$ 为活性组分、MoO$_3$ 为助剂，开发了高钒、钼含量的 V$_2$O$_5$-MoO$_3$/TiO$_2$ 型平板式 SCR 脱硝催化剂(V$_2$O$_5$ 质量分数为 3wt%，MoO$_3$ 质量分数为 10wt%)，在温度为 200℃、空速为 3500h^{-1} 且同时含 SO$_2$ 和 H$_2$O 的烟气条件下，经 30 天连续反应，脱硝效率稳定维持在 82%左右，表明该催化剂在中低温下具有优异的抗硫和抗水中毒性能以及优异的稳定性[27, 28]。在实验室验证催化剂性能后，又开展了中试试验验证，下面对此进行详细介绍。

V$_2$O$_5$ 和 MoO$_3$ 含量对催化剂低温活性有重要影响，V$_2$O$_5$ 负载量对催化剂活性影响见图 8-6(a)。由图可知，随着温度的升高，催化剂的脱硝效率大幅提升。以 F-1V$_2$O$_5$-10MoO$_3$/TiO$_2$ 催化剂("F"表示粉末状催化剂)为例，150℃时其脱硝效率为 16.8%，当温度升至 250℃时，脱硝效率升高至 97.4%。当烟气温度为 150℃ 和 200℃时，随着 V$_2$O$_5$ 负载量的升高，催化剂脱硝效率呈先上升后略微下降趋势：当 V$_2$O$_5$ 负载量低于 3%时，脱硝效率随 V$_2$O$_5$ 负载量增加而显著提升；V$_2$O$_5$ 负载量在 3%～5%范围时，脱硝效率增长缓慢，并在 5%时达到最大值；之后随 V$_2$O$_5$

负载量的继续增加，脱硝效率反而略有下降，这可能是由于过高的负载量使得 V_2O_5 在催化剂表面积聚，导致催化剂比表面积下降，活性位点减少[29]。

MoO_3 负载量对催化剂活性影响见图 8-6(b)，由图可知，在烟气温度为 150℃ 和 200℃时，随着 MoO_3 负载量的升高，催化剂脱硝效率同样呈先上升后略微下降趋势。当 MoO_3 负载量低于 6%时，催化剂脱硝效率随 MoO_3 负载量的增加而升高，在 6%时达到最大；MoO_3 负载量在 6%~10%范围时，催化剂脱硝效率变化不大；而负载量超过 10%时，催化剂脱硝效率开始有明显下降。

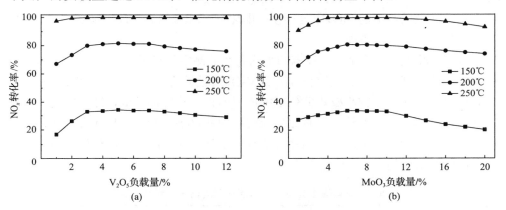

图 8-6 V_2O_5(a) 和 MoO_3(b) 负载量对催化剂脱硝效率的影响

基于粉末状催化剂的研究，笔者团队制备了平板式 B-3V_2O_5-10MoO_3/TiO_2 和 B-5V_2O_5-10MoO_3/TiO_2 催化剂（"B" 表示平板式催化剂），并进行抗硫和抗水中毒性能测试，如图 8-7 所示。由图可知，B-5V_2O_5-10MoO_3/TiO_2 催化剂在开始一周之

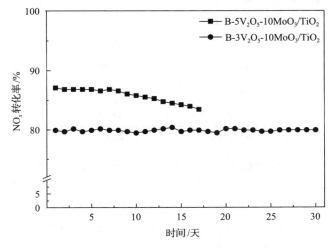

图 8-7 SO_2 和 H_2O 对 B-3V_2O_5-10MoO_3/TiO_2 与 B-5V_2O_5-10MoO_3/TiO_2 催化剂的影响

反应条件：温度=200℃；空速=3500h^{-1}；氨氮比=1.0

内脱硝效率基本稳定,但是从第 8 天开始脱硝效率逐渐缓慢下降,至第 17 天脱硝效率从初始的 87.1%下降至 83.4%,降幅为 3.7%;而 B-3V$_2$O$_5$-10MoO$_3$/TiO$_2$ 催化剂在 30 天内脱硝效率基本稳定在 80%左右。和粉末状催化剂相比,平板式催化剂抗硫和抗水中毒能力大幅提升,可能是由于平板式催化剂之间有充足的缝隙保证烟气流通过程中可以将生成的硫酸铵盐带走,使其不易附着于催化剂表面,而粉末状催化剂堆积于反应器内,烟气在催化剂细小颗粒间的曲折缝隙内流通,使得硫酸铵盐难以被烟气带走,而更多地附着在催化剂表面。此外,制备平板式催化剂使用的成型助剂中的 SiO$_2$ 成分可使得催化剂对 SO$_2$ 的氧化能力减弱[30],从而提高了催化剂的抗硫中毒能力。

典型催化剂的比表面积、孔容和平均孔径的测定结果见表 8-1。由表可知,新鲜粉末状催化剂的比表面积和孔容随着 V$_2$O$_5$ 负载量的增大而显著减小;和新鲜粉末状催化剂相比,新鲜平板式催化剂的比表面积和孔容都较低,这可能是制备工艺和成型助剂的添加所致;而对比反应前后的催化剂可看出,反应后催化剂的比表面积、孔容均有所下降,平均孔径均有所上升,这可能是由硫酸铵盐在催化剂孔道内沉积造成的。

表 8-1　新鲜催化剂与反应后催化剂的比表面积和孔结构

样品	催化剂	比表面积 A/(m^2/g)	孔容 v/(cm^3/g)	平均孔径 d/nm
1	F-3V$_2$O$_5$-10MoO$_3$/TiO$_2$(新鲜)	71.43	0.32	17.8
2	F-5V$_2$O$_5$-10MoO$_3$/TiO$_2$(新鲜)	50.64	0.25	19.6
3	B-3V$_2$O$_5$-10MoO$_3$/TiO$_2$(新鲜)	54.32	0.23	16.7
4	B-5V$_2$O$_5$-10MoO$_3$/TiO$_2$(新鲜)	49.04	0.22	18.0
5	F-3V$_2$O$_5$-10MoO$_3$/TiO$_2$(反应后)	62.09	0.28	18.0
6	F-5V$_2$O$_5$-10MoO$_3$/TiO$_2$(反应后)	35.78	0.17	19.9
7	B-3V$_2$O$_5$-10MoO$_3$/TiO$_2$(反应后)	26.64	0.16	24.4
8	B-5V$_2$O$_5$-10MoO$_3$/TiO$_2$(反应后)	38.14	0.18	19.3

注:5 号和 6 号催化剂 SO$_2$ 和 H$_2$O 稳定性实验持续时间为 167h,7 号催化剂为 120 天,8 号催化剂为 17 天。

典型催化剂 XRF 分析结果见表 8-2。由表可知,新鲜催化剂活性组分的质量分数与理论计算结果基本一致,表明催化剂制备过程中各组分全部成功负载,其中 3、4、7、8 号催化剂中的 Al$_2$O$_3$ 与 SiO$_2$ 为成型助剂(高岭土)的成分;抗 SO$_2$ 和 H$_2$O 性能测试后催化剂元素含量的微小变化可能是由于催化剂上新增了硫酸盐物种而间接影响了各元素的含量。

表 8-2　催化剂中各组分含量

样品	成分含量/%					
	V_2O_5	MoO_3	SiO_2	Al_2O_3	SO_3	TiO_2
1	2.86	8.66	—	—	—	88.27
2	4.98	8.62	—	—	—	86.22
3	2.70	8.04	6.59	5.37	—	75.82
4	4.80	7.96	6.38	5.18	—	74.39
5	2.80	8.46	—	—	1.64	86.19
6	4.74	8.25	—	—	5.43	80.70
7	2.51	7.33	6.21	4.49	8.47	69.06
8	4.34	7.54	6.25	4.93	4.52	71.45

注：5 号和 6 号催化剂 SO_2 和 H_2O 稳定性实验持续时间为 167h，7 号催化剂为 120 天，8 号催化剂为 17 天。

　　催化剂 V $2p_{3/2}$ 轨道的电子能谱如图 8-8 所示。1~8 号催化剂中 V 元素主要以 V^{4+} 和 V^{5+} 形式存在，其中，1~4 号新鲜催化剂 V^{4+}/V^{5+} 比值分别为 0.906、0.578、0.898、0.574，5~8 号反应后催化剂 V^{4+}/V^{5+} 比值分别为 0.784、0.477、1.171、0.481。对于新鲜催化剂，1 和 3 号样品 V^{4+}/V^{5+} 值基本相同，均为 0.90 左右，2 和 4 号样品 V^{4+}/V^{5+} 值基本相同，均为 0.57 左右。V^{4+}/V^{5+} 比值是影响催化剂脱硝活性的重要因素之一，非化学计量钒物种的存在(V^{n+}，$n \leqslant 4$)有利于电子的传递。在一定范围内的相同条件下，V^{4+}/V^{5+} 值与催化剂脱硝活性呈正相关[31, 32]。根据 Sang 等[33] 的报道，钨负载量对 V-W/TiO_2 催化剂中 V^{4+}/V^{5+} 比值有显著影响，其原因在于，钨元素负载量的不同会影响 W^{n+}—O—$V^{5+(4+)}$ 物种中电子在 $V^{5+(4+)}$ 和 W^{n+} 之间的传递，从而引起 V^{4+}/V^{5+} 值的变化，由此推测 Mo 的负载量也会影响 V^{4+}/V^{5+} 比值的

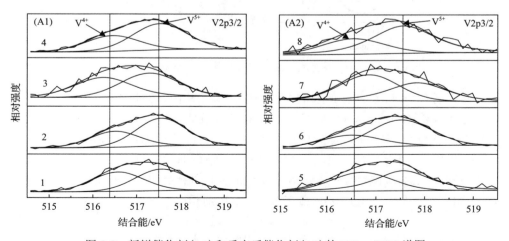

图 8-8　新鲜催化剂(A1)和反应后催化剂(A2)的 V $2p_{3/2}$ XPS 谱图

变化。本组催化剂中，虽然 Mo 的绝对含量都相同，但 1、3 号和 2、4 号催化剂中 Mo/V 比值有明显的差别，由此导致两组催化剂 V^{4+}/V^{5+} 比值的差异。2、4 号样品较 1、3 号样品 V 负载量更高，但 V^{4+}/V^{5+} 比值较后者更低，二者综合影响造成 2、4 号催化剂脱硝活性略优于 1、3 号催化剂。

经抗硫和抗水中毒实验后的催化剂，5、6、8 号样品相对新鲜催化剂 V^{4+}/V^{5+} 比值均有所下降，而 7 号较 3 号样品 V^{4+}/V^{5+} 比值反而有所升高，这可能也是 7 号催化剂在稳定性实验中脱硝效率没有明显下降的原因之一。

催化剂 Mo 3d 轨道的电子能谱如图 8-9 所示。催化剂中 Mo 元素大部分以 Mo^{6+} 形式存在，Mo^{5+} 含量很少[34, 35]。其中，1～4 号新鲜催化剂样品中 M^{6+} 所占百分比 $[Mo^{6+}/(Mo^{5+}+Mo^{6+})]$ 分别为 95.51%、95.22%、96.91% 和 95.00%，5～8 号反应后催化剂样品中 M^{6+} 所占百分比分别为 94.06%、93.40%、92.22% 和 94.76%。1～4 号新鲜催化剂 Mo^{6+} 含量基本相同，均在 95% 以上，而反应后的 5～8 号催化剂 Mo^{6+} 比例均有小幅下降。

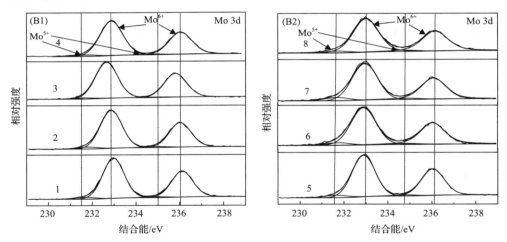

图 8-9　新鲜催化剂(B1)和反应后催化剂(B2)的 Mo 3d XPS 谱图

催化剂 O 1s 轨道的电子能谱如图 8-10 所示。图中结合能位于 530.2～530.4eV 的氧为晶格氧(O^{2-}，记为 O_β)，位于 531.3～531.5eV 的氧为化学吸附氧(O_2^-，记为 O_α)，位于 532.6～533.0eV 的氧为化学吸附水产生的表面氧(O^-，记为 O_r)[36, 37]。1～4 号新鲜催化剂样品中化学吸附氧的比例$[O_\alpha/(O_\beta+O_\alpha+O_r)]$分别为 12.29%、12.72%、12.24% 和 14.25%，较为接近。5～8 号反应后催化剂样品中化学吸附氧的比例分别为 15.52%、14.47%、26.14% 和 23.02%，与反应前相比均有所升高，由高到低顺序为 7>8>5>6。催化剂表面化学吸附氧可以促进 SCR 反应的进行[13, 38]，但 7 号催化剂脱硝效率并没有高于 8 号催化剂，表明催化剂表面化学吸附氧的比例只是在一定程度上影响氧化还原反应的进行，并不对催化剂脱硝活性起决定作用。

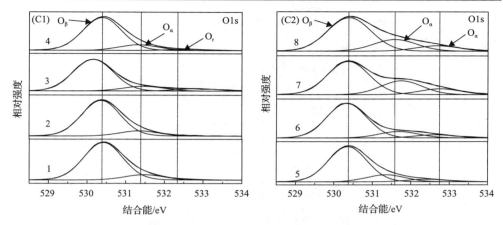

图 8-10　新鲜催化剂(C1)和反应后催化剂(C2)的 O 1s XPS 谱图

催化剂的红外光谱表征结果如图 8-11 所示。与 1～4 号新鲜催化剂相比，5～8 号反应后催化剂在 1400cm^{-1} 处新增了归属于 NH$_4^+$ 的特征峰，在 1045cm^{-1}、1137cm^{-1} 处新增了归属于 SO$_4^{2-}$ 的特征峰，表明使用后的催化剂上有不同程度硫酸铵盐的沉积[39]。根据 NH$_4^+$、SO$_4^{2-}$ 特征峰相对强度的不同，可以判断 8 号平板式催化剂经历 17 天抗硫和抗水中毒实验后，与经历 7 天抗中毒实验的 6 号粉末状催化剂相比，硫酸铵盐的沉积更少，而 7 号催化剂特征峰强度较大是由于其累计进行了 120 天的抗硫和抗水中毒实验。1～4 号新鲜催化剂以及 8 号催化剂在 1376cm^{-1} 处出现较明显的归属于 V=O 基团的特征峰[40]，而 5、6、7 号样品该位置峰不明显，可能是由于沉积的硫酸铵盐覆盖在 V=O 基团上，使其特征峰减弱。

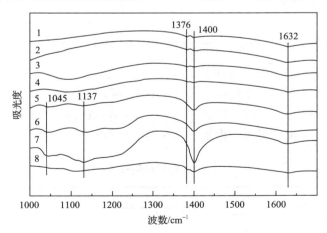

图 8-11　新鲜和反应后催化剂的 FTIR 谱图

为了考察催化剂对烟气条件的适应性，笔者团队研究了温度、NO$_x$ 浓度、SO$_2$ 浓度和空速等因素对催化剂脱硝效率的影响，结果如图 8-12 所示。从图中可以明显看出，催化剂对烟气温度、入口 NO_x 浓度、SO_2 浓度和空速具有很好的适应性，可适用于复杂的烟气工况。

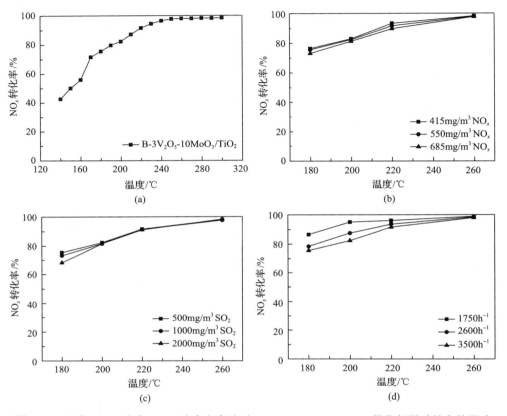

图 8-12　温度、NO_x 浓度、SO_2 浓度和空速对 B-3V_2O_5-10MoO_3/TiO_2 催化剂脱硝效率的影响

为了验证 3V_2O_5-10MoO_3/TiO_2 催化剂在真实烟气中的活性及抗硫、抗水中毒性能，笔者团队在贵州某燃煤电厂进行了真实烟气条件下的中试研究。该电厂建有 2×600MW 超临界燃煤发电机组，锅炉采用 W 型火焰炉，两台机组同步建设脱硝和脱硫装置，电厂煤质分析列于表 8-3，烟气条件列于表 8-4。

表 8-3　电厂煤质分析

	序号	名称	符号	单位	煤种	
	1	煤料品种	—	—	设计煤质	校核煤质
	2	收到基水分	M_{ar}	%	8.1	8.6
工业分析	1	空气干燥基水分	M_{ad}	%	2.2	2.17
	2	收到基灰分	A_{ar}	%	33.02	34.32

续表

	序号	名称	符号	单位	煤种	
工业分析	3	干燥无灰基挥发分	V_{daf}	%	9.61	8.62
	4	收到基低位发热量	$Q_{net,ar}$	kJ/kg	20408	19213
元素分析	1	收到基碳	C_{ar}	%	52.08	50.14
	2	收到基氢	H_{ar}	%	1.15	1.38
	3	收到基氧	O_{ar}	%	1.02	0.39
	4	收到基氮	N_{ar}	%	0.83	0.77
	5	收到基硫	S_{ar}	%	3.80	4.40
	6	哈氏可磨系数	HGI	—	82	81
灰熔融性	1	变形温度	DT	℃	1250	1140
	2	软化温度	ST	℃	1310	1210
	3	半球温度	HT	℃	1330	1230
	4	流动温度	FT	℃	1360	1260

表 8-4　中试装置烟气条件

序号	名称	数值	单位
1	处理烟气量	5000	m^3/h
2	烟气含水量(体积分数)	5	%
3	烟气含氧量(体积分数)	4	%
4	含尘浓度	44	g/m^3
5	NO_x(6% O_2，干基)	1100	mg/m^3
6	SO_2(6% O_2，干基)	12700	mg/m^3
7	SO_3(6% O_2，干基)	64	mg/m^3

在催化剂连续运行 2424h 后，委托西安热工研究院有限公司在中试试验台上对催化剂进行了脱硝性能测试，测试结果如下：

(1)不同温度条件下的脱硝效率和氨逃逸：328.5℃条件下，两层催化剂的中试系统总脱硝效率为 81.1%，对应氨逃逸为 1.5μL/L；311.0℃条件下，中试系统脱硝效率为 81.6%，对应氨逃逸为 1.4μL/L；278.3℃条件下，中试系统脱硝效率为 85.9%，对应氨逃逸为 1.4μL/L。

(2)不同烟气流量条件下的脱硝效率和氨逃逸：保持烟气温度为 248.0℃，当烟气流量为 4069m³/h 时，对应两层催化剂下中试系统的脱硝效率为 80.5%，氨逃逸为 1.4μL/L；烟气流量为 3387m³/h 时，对应两层催化剂下中试系统的脱硝效率为 95.1%，氨逃逸为 $1.7\mu L/L$。

(3) SO_2/SO_3 转化率：$251.9℃$ 条件下，通过中试系统的烟气中约有 0.27% 的 SO_2 被氧化成 SO_3；$329.6℃$ 条件下，通过中试系统的烟气中约有 0.40% 的 SO_2 被氧化成 SO_3。

8.2　高温 SCR 脱硝催化剂

随着大型燃机及燃气-蒸汽联合循环发电机组在国内的迅速发展，新的《火电厂大气污染物排放标准》(GB 13223—2011) 单独对燃气轮机组 NO_x 的排放提出了更为严格的要求，从 2012 年 1 月 1 日开始，所有新建以天然气为燃料的燃气轮机组 NO_x 排放量要低于 $50mg/m^3$ (6% O_2)，到 2014 年 7 月 1 日，已有燃气轮机组 NO_x 排放量要低于 $50mg/m^3$ (6% O_2)，而以油为燃料的燃气轮机组 NO_x 排放量要低于 $120mg/m^3$ (6% O_2)。在此标准基础上，空气污染监控的重点城市和区域针对燃气轮机提出了更为严格的标准，如《固定式燃气轮机大气污染物排放标准》(DB 11/847—2011) 中规定了 $30mg/m^3$ 的 NO_x 排放浓度限制。按此规定，重点区域内已进行低 NO_x 燃烧器改造的燃气轮机发电机组仍需通过烟气脱硝才能满足该排放标准。

对于简单循环的燃气轮机组，其排烟温度一般为 $600℃$ 左右，为了满足常规钒钛 SCR 脱硝催化剂的活性温度，需要将烟气与空气混合降温后进行脱硝；而对于联合循环的燃气轮机组，一般在余热锅炉内两级加热器之间预留脱硝装置位置来保证常规钒钛 SCR 脱硝催化剂的活性温度。实际上，若能在加热器之前的高温烟气条件下直接脱硝，将更有利于联合循环燃气轮机组的改造[41]。

为了解决城市化过程中"垃圾围城"的问题，国内多个地区开始利用焚烧发电的方式对生活垃圾进行综合处理，从而实现生活垃圾的高效处置，而垃圾焚烧炉同样存在 NO_x 排放超标的问题。2014 年 5 月 16 日，环境保护部发布的《生活垃圾焚烧污染控制标准》规定，自 2014 年 7 月 1 日起，新建生活垃圾焚烧炉排放烟气中污染物 NO_x 浓度一小时内平均排放少于 $300mg/m^3$，二十四小时内平均排放少于 $250mg/m^3$，自 2016 年 1 月 1 日起，现有生活垃圾焚烧炉排放烟气中污染物 NO_x 浓度全部执行上述标准。

垃圾焚烧烟气的 SCR 脱硝同样面临烟气温度过高的问题。为了控制垃圾焚烧过程中二噁英的生成，燃烧温度需保持在 $800℃$ 以上，气相停留时间大于 $2s$。同时，为了避免二噁英在炉外低温区的再合成，烟气从锅炉排出后，往往采用急冷技术将烟气在 $0.2s$ 内从 $500℃$ 以上降至 $200℃$ 以下，跃过二噁英合成的温区[42-45]。为了满足常规 SCR 脱硝催化剂的活性温区，需要将冷却后的烟气温度从 $200℃$ 重新加热至 300~400℃，不仅增大了系统的运行成本，而且增加了系统的复杂程度。如果可以直接对急冷之前的 500℃以上烟气进行脱硝，将大幅降低运行成本。

目前常规中温钒钛体系 SCR 脱硝催化剂在 450℃以上高温烟气中长时间使用会出现 NH_3 氧化、催化剂烧结和载体晶型变化等问题，导致脱硝活性大幅下降，无法满足 NO_x 排放标准[46-52]。因此，针对燃气轮机、垃圾焚烧炉等排放的高温 (500℃以上) 烟气的脱硝问题，开发适用于 500℃以上高温烟气的 SCR 脱硝催化剂，具有重要的应用价值与现实意义，本节将介绍几种常见高温 SCR 脱硝催化剂的研究进展。

8.2.1　分子筛类催化剂

分子筛类 SCR 脱硝催化剂是近年来中高温区域研究的热点。Long 和 Yang[53] 以 $FeCl_2$ 为前驱体，采用离子交换法制备的 Fe/ZSM-5 催化剂在 400~600℃具有极高的 NH_3-SCR 活性，但在 SO_2 和 H_2O 存在的条件下，催化剂活性会下降 20%，而 Ce 的添加可以在一定程度上稳定其 SCR 活性。在该催化剂上，较强的 Brönsted 酸性以及较高的 NO 到 NO_2 氧化能力是其具有优异 NH_3-SCR 活性的主要原因。此外，催化剂的制备方法、Fe 交换量以及分子筛的硅铝比等因素均会影响 Fe/ZSM-5 分子筛催化剂的 NH_3-SCR 活性。如表 8-5 所示，随着 Fe 含量的增加，SCR 活性在 400℃以下有所上升，而高温段活性则有所下降。

表 8-5　不同 Fe 含量的 Fe-ZSM-5 催化剂的催化活性

催化剂	温度/℃	NO 转化率/%	活性 $k \times 10^{-3}$/[cm^3/(g·s)]	转换频率 TOF$\times 10^3$/s^{-1}
Fe(1.59)-ZSM-5(10)	300	27.0	0.101	6.49
	350	72.5	0.450	17.4
	400	99.6	2.08	23.9
	450	>99.9	2.79	24.0
	500	>99.9	2.99	24.0
	550	99.2	2.22	23.8
	600	92.0	1.23	22.1
Fe(2.56)-ZSM-5(10)	300	33.0	0.128	4.92
	350	82.0	0.597	12.2
	400	99.0	1.73	14.2
	450	>99.9	2.79	14.9
	500	>99.9	2.99	14.9
	550	95.6	1.26	14.2
	600	91.0	1.18	13.6

催化剂	温度/℃	NO 转化率/%	活性 $k \times 10^{-3}/[cm^3/(g \cdot s)]$	转换频率 TOF$\times 10^3/s^{-1}$
Fe(3.58)-ZSM-5(10)	300	35.0	0.138	3.73
	350	85.4	0.670	9.11
	400	99.1	1.77	10.6
	450	>99.9	2.79	10.7
	500	>99.9	2.99	10.7
	550	98.6	1.97	10.6
	600	91.5	1.20	9.79
Fe(6.94)-ZSM-5(10)	300	57.0	0.270	3.13
	350	97.0	1.22	5.34
	400	99.7	2.19	5.48
	450	95.0	1.21	5.22
	500	90.0	0.995	4.95
	550	86.0	0.905	4.73
	600	67.0	0.541	3.68

注：催化剂=0.05g，[NO]=[NH₃]=1000ppm，[O₂]=2%，He 为平衡气，总流量 500mL/min，空速=450000h⁻¹。Fe(x)-ZSM-5(10)表示催化剂中 Fe 离子含量为 x%，ZSM-5 分子筛的硅铝比=10。

Brandenberger 等[54]研究了铁离子形态对 NH₃-SCR 反应的影响。Fe-O-Fe 桥式物种和更高聚合度的 Fe 物种同时在 Fe-ZSM-5 催化剂表面存在，且不同的铁物种均会促进 NH₃-SCR 反应发生，表 8-6 为 Fe-ZSM-5 催化剂中不同铁物种的相对浓度。作者认为，在反应温度 $T<300℃$ 时，单核铁离子是 SCR 反应的主要活性位；在反应温度 $T>300℃$、$T \geqslant 400℃$ 和 $T \geqslant 500℃$ 时，二聚铁物种、低聚铁物种(三聚物和四聚物铁物种)和部分存在于氧化铁颗粒外围的非配位铁物种逐渐起到关键作用。聚合铁物种不仅促进 NH₃-SCR 反应的进行，同时在 350℃以上会促进非选择性催化氧化 NH₃，而二聚铁物种将在反应温度为 500℃时对 NH₃ 的非选择性氧化起到主要作用。在整个测试温度范围内，单核铁离子对 NH₃ 的非选择性氧化完全没有活性。

表 8-6　Fe-ZSM-5 催化剂中不同铁物种的相对浓度

Fe/Al 摩尔比	Fe /%	单核铁离子/%	非配位铁物种/%	二聚铁物种/%	低聚铁物种/%
0.02	0.14	95	**100**	5	4	1
0.04	0.27	90	**92**	10	8	2
0.08	0.56	79	**78**	21	15	6
0.15	1.0	68	**74**	32	18	14
0.16	1.1	66	**78**	34	18	16
0.30	2.0	46	**44**	54	16	38
0.39	2.6	37	**30**	63	13	50
0.45	3.0	31	—	69	11	58
0.74	5.0	15	**11**	85	4	81

注：表格中第 4 列加粗数字为通过紫外-可见分光光度法测得的波长小于 290nm 范围的单核铁物种浓度。

　　实际烟气中不可避免地含有水汽等组分，因此水热稳定性是分子筛类催化剂应用的一个非常重要的因素。Park 等[55]研究了 Cu-ZSM-5 分子筛催化剂的水热稳定性，将 Cu-ZSM-5 催化剂置于温度 600℃以上、H_2O 含量为 10%的气氛中进行水热老化。结果表明，与未老化处理的催化剂相比，水热老化后的 Cu-ZSM-5 催化剂 NH_3-SCR 反应活性显著降低。Krocher 等[56]将 Fe-ZSM-5 催化剂涂覆在堇青石上进行 SCR 反应，催化剂在 400～650℃范围内的脱硝效率超过 80%，然而Fe-ZSM-5 催化剂经水热处理后，催化剂活性降低 5%～15%。从图 8-13 可以看出，水热老化处理后催化剂的氨气吸附能力下降，说明水热老化通过使催化剂脱铝，进而影响催化剂的 Brönsted 酸性位数量。

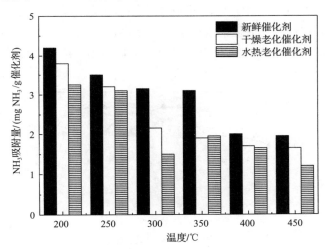

图 8-13　水热老化处理对催化剂氨气吸附能力的影响

8.2.2　金属氧化物类催化剂

　　以 V_2O_5 为活性组分的 SCR 脱硝催化剂，可以将 NO_x 和 NH_3 高效转化为 N_2和 H_2O。钒基催化剂多以金属氧化物为载体，常用的金属氧化物有 ZrO_2、Al_2O_3、SiO_2 和 TiO_2 等[57-59]。在几种金属氧化物中，锐钛矿型 TiO_2 具有良好的孔结构、比表面积和表面酸性，可使 V_2O_5 高度分散在 TiO_2 表面，并形成较多的聚合态钒氧化物，从而提高了 V_2O_5 催化剂的脱硝活性。但锐钛矿型 TiO_2 为亚稳定的 TiO_2同素异形体，易形成热稳定性较强的金红石型 TiO_2，导致锐钛矿型 TiO_2 烧结和比表面积下降。掺杂 WO_3 可提高锐钛矿型 TiO_2 向金红石型 TiO_2 的转化温度，从而提高 V_2O_5/TiO_2 型催化剂的热稳定性[60, 61]。WO_3 的添加还可以增强催化剂的表面酸度，提高催化剂脱硝效率，但催化剂仍无法长时间在高温（＞500℃）烟气中使用，催化剂热稳定性有待进一步提高。

8.2.3　复合金属氧化物类催化剂

　　为克服单一氧化物热稳定性差的缺点，毛东森等[62]、毛金龙等[63]研究了 TiO₂-ZrO₂ 复合氧化物的物理化学性质，并同单一的 TiO₂ 和 ZrO₂ 氧化物进行比较，发现钛锆复合氧化物不仅具备单一氧化物的优势，并且具有更佳的比表面积和热稳定性，被广泛应用于催化剂载体[64-66]。

　　朱孝强等[67]采用共沉淀法制备了不同锆掺杂量的 TiO₂-ZrO₂ 复合载体，并以此为载体制备了 V₂O₅/TiO₂-ZrO₂ 催化剂，同时添加了少量的 CeO₂ 对其进行改性。研究结果表明，TiO₂-ZrO₂ 复合氧化物中并没有检测到单一组分的晶型，复合氧化物主要呈无定形态。V₂O₅/TiO₂-ZrO₂ 催化剂表面有大量的 Lewis 酸性位和 Brönsted 酸性位，加入 CeO₂ 后，催化剂表面酸性位增多，氧化还原性能增强。如图 8-14 所示，V₂O₅-CeO₂/TiO₂-ZrO₂ 催化剂在 200～500℃范围内脱硝效率达到 90%以上，但继续升高温度，催化剂脱硝效率迅速下降。

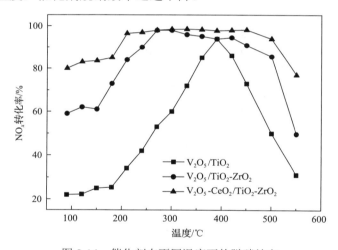

图 8-14　催化剂在不同温度下的脱硝效率

反应条件：[NO]=[NH₃]=[SO₂]=800ppm，[O₂]=5%，空速=24000h⁻¹，温度=340℃

　　李鹏等[68]通过共沉淀法制备了不同比例的钛锆复合氧化物载体，并采用分步等体积浸渍法制备了一系列 V₂O₅-WO₃/TiO₂-ZrO₂ 催化剂。图 8-15 为 SO₂ 对不同比例钛锆复合载体催化剂的影响，当 ZrO₂ 含量为 50%时，催化剂具有较好的热稳定性、较宽的活性窗口以及较强的抗硫中毒能力。

　　王龙飞等[69]采用共沉淀法制备了 WO₃/TiO₂-ZrO₂ 催化剂，当 WO₃ 含量为 9% 时，催化剂脱硝活性最高，在 320～450℃温度范围可保持在 90%以上。同时，王龙飞等还提出了 NH₃ 在 WO₃/TiO₂-ZrO₂ 催化剂表面的活化机理，如图 8-16 所示。当 NH₃ 吸附在催化剂表面时，被极化的 Lewis 酸中心还需要 3 个电子才能达到半充满状态，即能量最低状态，3 种元素的电负性 W(2.36) > Ti(1.54) > Zr(1.33)，与 Ti、Zr 元素相比，W 元素具有更强的吸电子能力，会导致 NH_3 的 N—H 键被强烈极化，促使 NH_3 中的 N—H 键由共价键向离子键过渡，进而使程序升温脱附过程中产生 $NH_3 \rightleftharpoons NH_2 + H^+ + e^-$ 的变化。在 NH_3-SCR 反应中，NH_3 的活化(NH_3 分子的 H 原子转移至催化剂表面的氧化还原中心)是至关重要的一步,而负载 WO_3 后，催化剂 Lewis 酸中心强度有所增强，更利于 NH_3 的活化。

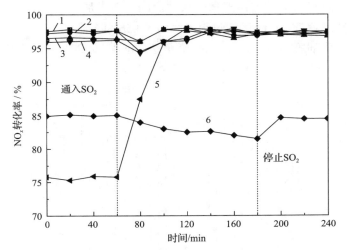

图 8-15　SO_2 对不同比例钛锆复合载体催化剂的影响

1. V_2O_5-WO_3/$Ti_{0.5}Zr_{0.5}O_2$; 2. V_2O_5-WO_3/$Ti_{0.7}Zr_{0.3}O_2$; 3. V_2O_5-WO_3/$Ti_{0.9}Zr_{0.1}O_2$;
4. V_2O_5-WO_3/$Ti_{0.95}Zr_{0.05}O_2$; 5. V_2O_5-WO_3/ZrO_2; 6. V_2O_5-WO_3/TiO_2

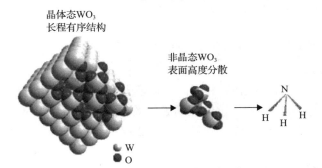

图 8-16　WO_3 对 NH_3 的活化机制推测

　　笔者团队以复合金属氧化物 TiO_2-ZrO_2 为载体，WO_3 为活性组分，制备了适用于高温烟气(500℃以上)的 WO_3/TiO_2-ZrO_2 型 SCR 脱硝催化剂，并考察了复合载体的组成、WO_3 含量和高温老化处理对催化剂脱硝性能的影响[70, 71]。

　　首先考察了 TiO_2-ZrO_2 复合氧化物载体中钛锆比对 20%WO_3/TiO_2-ZrO_2 催化剂

脱硝性能的影响，如图 8-17 所示。以 TiO_2 和 ZrO_2 为载体的催化剂，即 $20\%WO_3/ZrO_2$ 和 $20\%WO_3/TiO_2$ 催化剂，均具有较高的脱硝效率，分别为 90.55% 和 90.89%。对于基于复合载体的脱硝催化剂，随着 TiO_2-ZrO_2 载体中钛锆比的逐渐增加，新鲜催化剂的脱硝效率先降低后升高，最后再略有降低。其中，$20\%WO_3/TiO_2$-ZrO_2(4:6) 催化剂的效率最低，仅为 31.71%；$20\%WO_3/TiO_2$-ZrO_2(7:3) 催化剂的效率可达到 93.66%；新鲜催化剂经过 800℃ 高温处理后，脱硝效率均有一定程度的降低，且随着 TiO_2-ZrO_2 载体中钛锆比的逐渐增加，脱硝效率的降幅逐渐增加。其中 $20\%WO_3/ZrO_2$ 催化剂脱硝效率由 90.55% 降至 87.76%，$20\%WO_3/TiO_2$-ZrO_2(7:3) 催化剂脱硝效率由 93.66% 降至 70.30%，而 $20\%WO_3/TiO_2$ 催化剂的脱硝效率则由 90.89% 降至 17.09%，几乎完全失活。

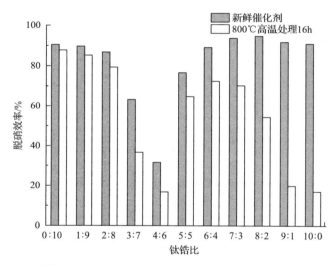

图 8-17　钛锆比对催化剂脱硝效率的影响(温度 550℃，空速 30000h^{-1})

$20\%WO_3/TiO_2$-ZrO_2(7:3) 表示 WO_3 的含量为 20%，7:3 表示 Ti:Zr 摩尔比=7:3

WO_3 作为催化剂的活性组分，其含量对催化剂的脱硝性能具有重要影响，如图 8-18 所示。随着 WO_3 质量分数的增加，催化剂脱硝效率逐渐上升，当 WO_3 质量分数为 20% 时，$20\%WO_3/TiO_2$-ZrO_2(7:3) 和 $20\%WO_3/ZrO_2$ 两种催化剂的脱硝效率均基本达到最大值。

图 8-19 为基于不同钛锆比的新鲜 $20\%WO_3/TiO_2$-ZrO_2 催化剂的 XRD 谱图。从图可以看出，所有催化剂中都没有出现 WO_3 的衍射峰，表明 WO_3 在催化剂表面具有良好的分散性。对于新鲜 $20\%WO_3/TiO_2$ 催化剂，TiO_2 主要以金红石型存在，这是由于催化剂制备过程中焙烧温度为 650℃，高温使得 TiO_2 晶型转变为金红石型，也直接说明常规的钒钛体系催化剂难以用于高温烟气脱硝。而当采用 TiO_2-ZrO_2 复合氧化物为载体时，对于钛锆比为 9:1 至 6:4 的 $20\%WO_3/TiO_2$-ZrO_2

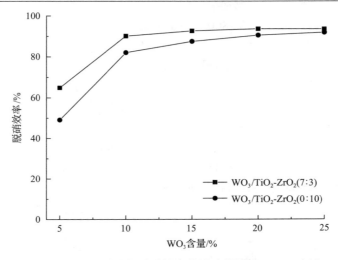

图 8-18　WO$_3$ 质量分数对催化剂脱硝效率的影响(温度 550℃，空速 30000h^{-1})

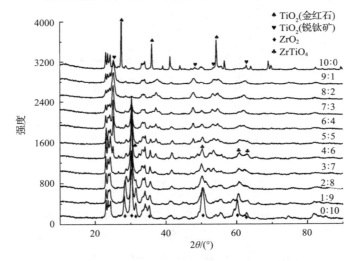

图 8-19　不同钛锆比新鲜催化剂的 XRD 谱图

催化剂中均只能检测到锐钛矿型 TiO$_2$ 晶相，没有金红石型 TiO$_2$ 晶相，这说明 ZrO$_2$ 的存在能够抑制锐钛矿型 TiO$_2$ 向金红石型 TiO$_2$ 的转化[72]，从而使催化剂具有良好的热稳定性。随着钛锆比的降低，TiO$_2$ 晶相逐渐减少。在钛锆比为 9∶1 和 8∶2 的催化剂中，只能检测到 TiO$_2$ 晶相；而在钛锆比为 7∶3 和 6∶4 的催化剂中，除了 TiO$_2$ 晶相，还能检测到 ZrTiO$_4$ 晶相；随着钛锆比的进一步降低(从 5∶5 降至 3∶7)，催化剂主要以 ZrTiO$_4$ 晶相存在，检测不到 TiO$_2$ 和 ZrO$_2$ 晶相，这是由于少量的 TiO$_2$ 和 ZrO$_2$ 可高度分散在 ZrTiO$_4$ 表面[73]；而随着钛锆比的继续降低(2∶8～0∶10)，催化剂中只能检测到稳定的单斜相 ZrO$_2$ 晶相，且其含量逐渐增加。

图 8-20 为新鲜催化剂在 800℃高温老化处理后的 XRD 谱图。由图可知，20%WO$_3$/ZrO$_2$、20%WO$_3$/TiO$_2$-ZrO$_2$(1∶9) 催化剂中单斜相 ZrO$_2$ 结构稳定；20%WO$_3$/TiO$_2$-ZrO$_2$(3∶7) 催化剂中 ZrTiO$_4$ 晶相也稳定存在；20%WO$_3$/TiO$_2$-ZrO$_2$(5∶5) 催化剂中除 ZrTiO$_4$ 外，出现了锐钛矿型 TiO$_2$ 晶相；20%WO$_3$/TiO$_2$-ZrO$_2$(7∶3) 催化剂中 TiO$_2$ 晶相逐渐增多，但仍未出现金红石型 TiO$_2$；当钛锆比高至 9∶1 时，20%WO$_3$/TiO$_2$-ZrO$_2$(9∶1) 催化剂稳定性变差，开始出现少量的金红石型 TiO$_2$；而 20%WO$_3$/TiO$_2$ 催化剂中 TiO$_2$ 则完全转化为金红石型。上述结果表明当 ZrO$_2$ 存在时，锐钛矿型 TiO$_2$ 晶型的稳定性可大幅提高，进一步证实了 20%WO$_3$/TiO$_2$-ZrO$_2$ 催化剂具有很好的热稳定性。

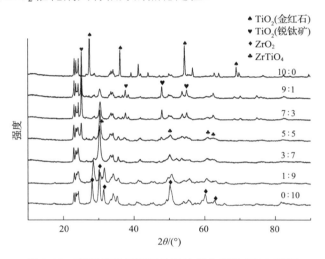

图 8-20　高温处理后不同钛锆比催化剂的 XRD 谱图

基于优化获得的 20%WO$_3$/TiO$_2$-ZrO$_2$(7∶3) 和 20%WO$_3$/ZrO$_2$ 催化剂，笔者团队考察了不同烟气工况，如温度、空速、SO$_2$ 浓度、NO 浓度等对催化剂性能的影响。图 8-21 为温度对催化剂性能的影响，从图中可以看出，当反应温度在 500～600℃时，20%WO$_3$/TiO$_2$-ZrO$_2$(7∶3) 催化剂的脱硝效率随着反应温度的升高缓慢降低，从 95.12%逐渐降至 88.83%；而 20%WO$_3$/ZrO$_2$ 催化剂的脱硝效率则从 87.97%缓慢上升到 90.55%后趋于稳定。可以看出 20%WO$_3$/TiO$_2$-ZrO$_2$(7∶3) 催化剂在 500～575℃时具有较高的脱硝效率，而 20%WO$_3$/ZrO$_2$ 催化剂在 600℃时脱硝效率更高。需要指出的是，实验过程中在烟气出口能检测到少量的 N$_2$O，这是高温下氨气氧化所致[74]。随着烟气温度由 500℃升至 600℃，出口 N$_2$O 浓度缓慢增加，基于 20%WO$_3$/TiO$_2$-ZrO$_2$(7∶3) 催化剂的出口 N$_2$O 质量浓度由 4.54mg/m³ 上升至 5.30mg/m³，基于 20%WO$_3$/ZrO$_2$ 催化剂的出口 N$_2$O 质量浓度由 5.24mg/m³ 上升至 5.68mg/m³。

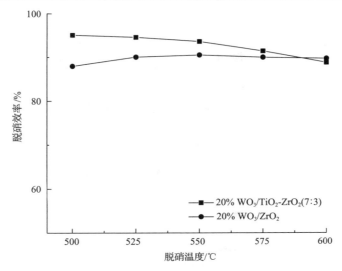

图 8-21　温度对 20%WO$_3$/TiO$_2$-ZrO$_2$(7∶3)和 20%WO$_3$/ZrO$_2$ 催化剂反应活性的影响

图 8-22 给出了烟气中初始 SO$_2$ 质量浓度分别为 0mg/m^3、500mg/m^3 和 1000mg/m^3 时 20%WO$_3$/TiO$_2$-ZrO$_2$(7∶3)和 20%WO$_3$/ZrO$_2$ 催化剂的脱硝效率。由图可知，随着 SO$_2$ 质量浓度的增大，2 种催化剂脱硝效率逐渐提高，这可能是由于 SO$_2$ 在催化剂表面生成了 SO$_4^{2-}$，增加了催化剂表面的酸性位，促进了 NH$_3$ 吸附，从而提高了脱硝效率[75]。

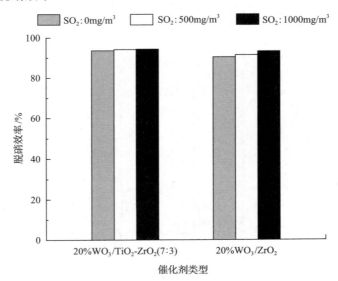

图 8-22　SO$_2$ 质量浓度对 20%WO$_3$/TiO$_2$-ZrO$_2$(7∶3)和 20%WO$_3$/ZrO$_2$ 催化剂反应活性的影响

图 8-23 为空速对催化剂活性的影响。由图可知，随着空速的增大，2 种催化

剂脱硝效率缓慢降低，20%WO$_3$/TiO$_2$-ZrO$_2$(7∶3)催化剂的脱硝效率由 93.66%降至 80.12%，20%WO$_3$/ZrO$_2$ 催化剂脱硝效率由90.55%降至77.82%。空速对催化剂反应活性的影响主要体现在气体与催化剂的接触时间上，随着空速的增大，反应气与催化剂接触时间变短，使反应进行不彻底，脱硝效率降低。在 550℃时，空速对 2 种催化剂脱硝效率的影响均较小，催化剂具有良好的空速适应性。

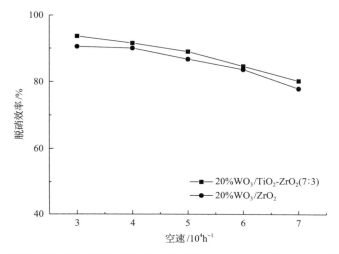

图 8-23　空速对 20%WO$_3$/TiO$_2$-ZrO$_2$(7∶3)和 20%WO$_3$/ZrO$_2$ 催化剂反应活性的影响

图 8-24 给出了烟气中初始 NO 质量浓度分别为 500mg/m^3 和 800mg/m^3 时催化剂的脱硝效率。由图可知，增大 NO 质量浓度后，20%WO$_3$/TiO$_2$-ZrO$_2$(7∶3)催化

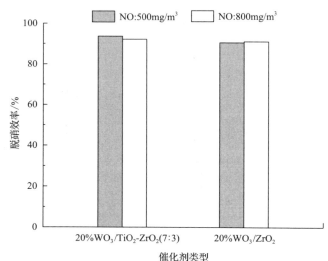

图 8-24　NO 质量浓度对 20%WO$_3$/TiO$_2$-ZrO$_2$(7∶3)和 20%WO$_3$/ZrO$_2$ 催化剂反应活性的影响

剂脱硝效率略有下降，从 93.66%下降至 92.14%，20%WO$_3$/ZrO$_2$ 催化剂脱硝效率从 90.55%上升至 91.08%。可见高 NO 质量浓度下两种催化剂均保持了较好的脱硝效果，具有较好的 NO 质量浓度适应性。

为了进一步提高催化剂的脱硝活性，笔者团队在已开发的 WO$_3$/TiO$_2$-ZrO$_2$（0∶10、7∶3）高温 SCR 脱硝催化剂基础上，添加 V$_2$O$_5$ 对其进行改性，以提高催化剂活性，图 8-25 是 V$_2$O$_5$ 添加量对催化剂脱硝效率的影响。从图可以看出，添加 V$_2$O$_5$ 后，催化剂脱硝效率有所提升。当 V$_2$O$_5$ 添加量为 0.3%时，0.3%V$_2$O$_5$-20%WO$_3$/TiO$_2$-ZrO$_2$（0∶10）催化剂的脱硝效率达到最大，为 96.34%；当 V$_2$O$_5$ 添加量为 0.4%时，0.4%V$_2$O$_5$-20%WO$_3$/TiO$_2$-ZrO$_2$（7∶3）催化剂的脱硝效率达到最大，为 98.05%。继续增加 V$_2$O$_5$ 含量时，催化剂脱硝效率开始下降，这可能是由于 V$_2$O$_5$ 氧化性较强，在高温下容易将 NH$_3$ 氧化为 N$_2$O，从而造成脱硝效率的下降。

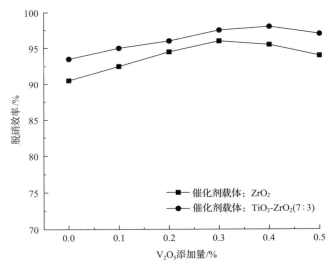

图 8-25　V$_2$O$_5$ 含量对催化剂脱硝效率的影响

烟气温度 550℃、空速 30000h^{-1}、氨氮比 1.03

考虑到催化剂实际生产过程中制备工艺、原料来源及成本等问题，TiO$_2$-ZrO$_2$（0∶10）即 ZrO$_2$ 载体更适用于高温催化剂的工业应用。笔者团队采用三种方法分别制备了 ZrO$_2$，并以三种 ZrO$_2$ 为载体添加成型助剂，制备了平板式高温 SCR 脱硝催化剂，分别记为催化剂一、催化剂二和催化剂三。从图 8-26 可知，平板式高温 SCR 脱硝催化剂在 450～550℃温度范围内具有较高的脱硝效率，都保持在 90%以上，而当温度超过 550℃时，催化剂脱硝效率下降较为显著。

氨氮比对平板式高温 SCR 脱硝催化剂脱硝活性的影响如图 8-27 所示。随着氨氮比的增加，催化剂的脱硝效率逐渐增加。当氨氮比由 0.6 增至 1.0 时，催化剂一、催化剂二和催化剂三脱硝效率分别由 65.54%、63.70%和 64.27%提升至 94.22%、

92.53%和 93.78%，这是由于氨氮比的增加，提高了催化剂表面氨气的吸附速率，促进了脱硝反应的进行。继续提高氨氮比，催化剂脱硝效率增幅显著减缓。

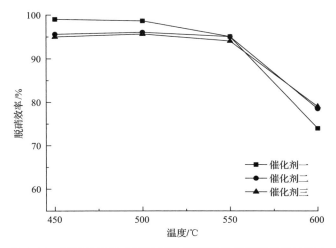

图 8-26　温度对平板式高温 SCR 脱硝催化剂脱硝效率的影响
空速 2380h^{-1}、氨氮比 1.03

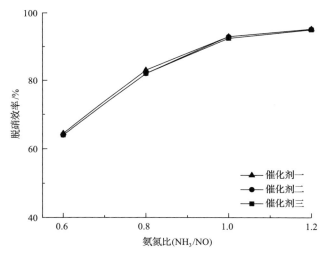

图 8-27　氨氮比对平板式高温 SCR 脱硝催化剂脱硝效率的影响
烟气温度 550℃、空速 2380h^{-1}

　　烟气中 NO 浓度对平板式高温 SCR 脱硝催化剂脱硝效率的影响如图 8-28 所示。结果表明，随着烟气中 NO 浓度由 500mg/m^3 增加到 1000mg/m^3，催化剂的脱硝效率缓慢上升。催化剂一、催化剂二和催化剂三的脱硝效率分别由 91.67%、91.39%和90.48%升至 94.22%、92.53%和 93.78%，可见 NO 浓度的增加同样可以促进脱硝反应的进行，催化剂对烟气中 NO 浓度具有很好的适应性。

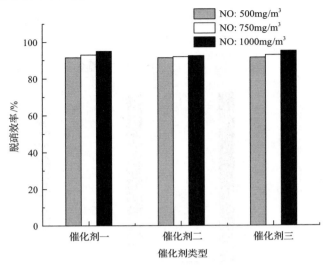

图 8-28　NO 浓度对平板式高温 SCR 脱硝催化剂脱硝效率的影响

烟气温度 550℃、空速 2380h^{-1}、氨氮比 1.03

图 8-29 为烟气中 SO_2 浓度对平板式高温 SCR 脱硝催化剂脱硝活性影响。从图中可以看出，烟气中 SO_2 浓度由 500mg/m^3 增加至 2000mg/m^3 时，催化剂的脱硝效率虽然有轻微的下降，但都维持在 90%以上的较高脱硝效率。

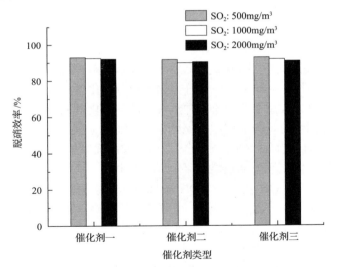

图 8-29　SO_2 浓度对催化剂脱硝效率的影响

烟气温度 550℃、空速 2380h^{-1}、氨氮比 1.03

O_2 是烟气不可缺少的组分，并且在 NH_3-SCR 反应中，O_2 作为反应物具有重要作用。图 8-30 给出了烟气中 O_2 浓度对平板式高温 SCR 脱硝催化剂脱硝效率的影响。结果表明，氧气体积浓度在 1%～5%时，催化剂脱硝效率基本保持不变，说明当 O_2 浓度超过 1%时，NH_3-SCR 反应基本不受 O_2 浓度影响。

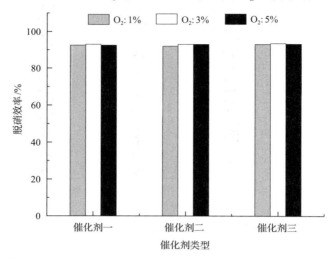

图 8-30　O_2 浓度对平板式高温 SCR 脱硝催化剂脱硝效率的影响

烟气温度 550℃、空速 2380h^{-1}、氨氮比 1.03

8.3　抗砷中毒 SCR 脱硝催化剂

在 SCR 脱硝催化剂的实际运行中，当烟气中的砷含量较高时，砷中毒是导致 SCR 脱硝催化剂失活的重要原因之一，特别是在低飞灰情况下，砷中毒更是催化剂活性下降的主要原因。催化剂砷中毒分为物理中毒和化学中毒。煤在燃烧过程中由于高温和强烈的氧化作用会释放砷，砷蒸气扩散到催化剂表面及孔道内，可与催化剂的活性位与非活性位反应而引起催化剂中毒。气态 As_2O_3 分子远小于催化剂微孔尺寸，可以进入催化剂微孔，并在微孔内以 As_2O_5 形式凝结，形成一个砷的饱和层，阻挡反应物扩散到催化剂内部，导致催化剂物理中毒[76-80]。砷氧化物扩散至催化剂表面后，可以与 V^{5+}—OH 及 Ti^{4+}—OH 等 Brönsted 酸性位结合，导致 NH_3 吸附位点减少。此外，As^{3+} 被 V^{5+} 氧化为 As^{5+}，生成的 V^{4+}—O—As^{5+} 化合物不具有脱硝活性，从而进一步减少了催化剂表面活性位点，导致催化剂发生化学中毒[81-85]。

现阶段，避免 SCR 脱硝催化剂砷中毒的方法主要是利用一系列物理化学方法减少烟气中的砷含量[86,87]，包括：①燃烧前，采用物理化学方法减少原煤中灰分，从而减少富集在灰分中 As 元素的含量；②降低炉膛温度，待气态 As 元素自然凝聚成核后用除尘器捕集，以减少 As 元素的挥发量；③尾部喷射添加剂，如活性炭、石灰、硅藻土等粉末；④燃烧和反应过程中加入添加剂，主要通过钙抑制剂(如高岭土、白云石、石灰石、醋酸钙等)和醋酸镁等抑制气态砷的形成。

就催化剂本身而言，开发抗砷中毒 SCR 脱硝催化剂，通过改善催化剂的物理和化学特性来避免或减少催化剂砷中毒，是更为简单有效的解决方案。目前，提高催化剂抗砷中毒性能的主要方法有活性组分调整、添加抗砷中毒助剂和优化载体结构等。

8.3.1　活性组分调整

1. 活性组分钒含量

气态砷扩散进入催化剂表面后，会与催化剂中钒物种反应，降低催化剂表面酸性位点，减少活性位，导致催化剂活性下降。笔者团队研究了钒含量对砷中毒前后催化剂的影响，如表 8-7 所示。由表可以看出，催化剂中钒含量由 1%升至 2%，新鲜催化剂及砷中毒催化剂脱硝效率均有所提高。对于 1V-10Mo 催化剂，经砷中毒处理后，催化剂脱硝效率由 95.88%下降至 90.53%，下降 5.35 个百分点；对于 2V-10Mo 催化剂，经砷中毒处理后，催化剂脱硝效率由 97.45%降至 93.24%，下降 4.21 个百分点。两者相比，砷中毒处理对催化剂活性降幅影响相差不大，但提高催化剂中钒含量，增加了催化剂的活性位点，增强了催化剂的砷吸附容量，有利于提高催化剂抗砷中毒性能。

表 8-7　钒含量对催化剂脱硝性能的影响

	新鲜催化剂		砷中毒催化剂	
	1V-10Mo	2V-10Mo	1V-10Mo-4As	2V-10Mo-4As
脱硝效率/%	95.88	97.45	90.53	93.24

注：烟气条件：温度 350℃，氨氮比 1.0，NO_x 浓度 657mg/m³，空速 174000h⁻¹；xV-yMo-zAs 表示催化剂中 V_2O_5 含量为 x%，MoO_3 含量为 y%，催化剂经 z 次砷中毒处理。

2. MoO_3 助剂

20 世纪 80 年代，SCR 脱硝催化剂进入欧洲时遇到了液态排渣炉砷中毒的难题，庄信万丰雅偌隆(上海)环保技术有限公司对此进行了深入研究，发现在催化剂中添加大量的 MoO_3 作催化助剂，As_2O_3 蒸气通过催化剂时会优先与 MoO_3 结合，降低了 As_2O_3 与 V_2O_5 结合的概率，从而有效延长了催化剂的使用寿命[88, 89]。

Peng 等[90]系统比较了催化助剂 WO_3 和 MoO_3 对 V_2O_5/TiO_2 体系催化剂砷中毒的影响。图 8-31 为 W 和 Mo 对新鲜催化剂和砷中毒催化剂在不同温度下 NO_x 转化率和 N_2O 生成量的影响。从图中可以看出，新鲜催化剂在 350℃以上，NO_x 转化率即可达到 100%。在低于 250℃时，NO_x 转化率顺序为：F3%Mo＞F1.9%Mo＞F3%W。砷中毒催化剂脱硝活性低于新鲜催化剂，并且活性顺序与新鲜催化剂相同，P3%Mo、P1.9%Mo 和 P3%W 催化剂 NO_x 转化率分别为 60%、55%和 40%。对于同等质量的 WO_3 和 MoO_3，MoO_3 对催化剂脱硝活性的提升优于 WO_3。从图 8-31 中还可以看出，与新鲜催化剂相比，高温下砷中毒催化剂生成了更多的 N_2O，这部分 N_2O 来源于 As_2O_5 的非选择性氧化。

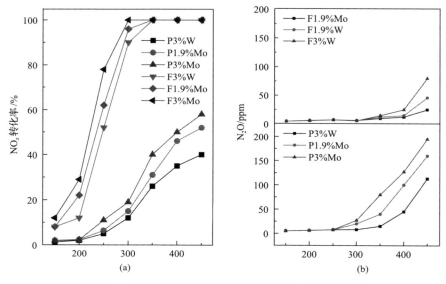

图 8-31　新鲜和砷中毒催化剂在不同温度下的脱硝性能

烟气条件：样品质量=100mg；[NO]=[NH_3]=500ppm；[O_2]=3%；烟气流量=200mL/min；空速=120000mL/(g·h)；F 为新鲜催化剂，P 为中毒催化剂，F/P 后的数字表示 WO_3/MoO_3 的含量

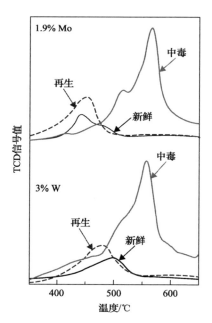

图 8-32　催化剂 H_2-TPR 谱图

Peng 等[90]通过 H_2-TPR 和 NH_3 漫反射傅里叶变换红外谱图对催化剂进行了表征。图 8-32 是催化剂在 350～650℃的 H_2-TPR 谱图，新鲜催化剂在 400～600℃有 2 个峰：①对于 F1.9%Mo 催化剂，其中一个峰位于 450℃，另外一个宽峰位于 480℃；②对于 F3%W 催化剂，两个峰重叠在 500℃附近。低温还原峰对应的是 V^{5+} 物种，高温还原峰对应的是 Mo^{6+} 或 W^{6+} 物种[91, 92]。F1.9%Mo 催化剂最大峰温度低于 F3%W，表明 F1.9%Mo 催化剂的还原性优于 F3%W。N_2O 的形成源于 NO 和 NH_3 的非选择性还原以及高温下 NH_3 的氧化，而这都与催化剂的还原性直接相关，这可能是 F1.9%Mo 催化剂比 F3%W 在高于 350℃时生成更多 N_2O 的原因。对于砷中毒催化剂，还原峰不仅面积急剧增大，并且向高温区移至 550℃附近。还

原峰面积的增加是由于表面 V_2O_5 和一些 As_2O_5 反应形成的新物种。

3. Mo-V-O 复合氧化物

Hums[93]制备了 MoO_3 和 V_2O_5 的复合氧化物 Mo-V-O，并将其负载于锐钛矿型 TiO_2 载体上，制得 TiO_2-Mo-V 催化剂，其中 Mo-V-O 复合氧化物以单分子层形式分散于载体表面，根据 XRD 测试结果，Mo-V-O 主要以 MoO_3 和 $V_9Mo_6O_{40}$ 晶相存在。与常规 TiO_2-MoO_3-V_2O_5 催化剂相比，TiO_2-Mo-V 催化剂的平均孔隙半径为 1000Å，是常规 TiO_2-MoO_3-V_2O_5 催化剂的十倍。将 TiO_2-Mo-V 和 TiO_2-MoO_3-V_2O_5 催化剂置于烟气中 1800h 后，TiO_2-Mo-V 催化剂中的砷含量高于 TiO_2-MoO_3-V_2O_5 催化剂，导致这种差异的原因主要由毛细管作用、表面张力和孔隙凝结引起。从图 8-33 和图 8-34 可以看到，虽然 TiO_2-Mo-V 吸附了较多的 As_2O_3，但其活性仍高于常规 TiO_2-MoO_3-V_2O_5 催化剂。

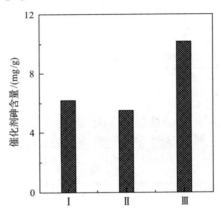

图 8-33　不同催化剂置于液态排渣炉电厂 1800h 后砷含量对比
I. TiW；II. TiO_2-MoO_3-V_2O_5；III. TiO_2-Mo-V

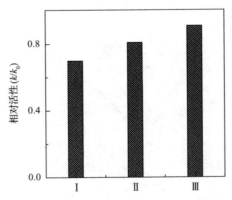

图 8-34　不同催化剂置于液态排渣炉电厂 1800h 后 350℃的相对催化活性 k/k_0 对比
I. TiW；II. TiO_2-MoO_3-V_2O_5；III. TiO_2-Mo-V

8.3.2 抗砷中毒助剂

1. 硫酸根(SO_4^{2-})

Hu 等[94]从中国西南某燃煤电厂取得新鲜和中毒催化剂样品,并系统地研究了 SO_4^{2-}对催化剂砷中毒的影响。从表 8-8 元素分析结果可以看出,#1 失活催化剂中的砷含量以及硫含量远高于新鲜和#2 失活催化剂。其他元素含量在运行前后变化不大,特别是影响催化剂活性较大的 K、Na、Ca 元素的含量,因此可以确定催化剂活性下降主要是由砷元素引起的。

表 8-8　催化剂元素分析结果

样品	成分含量/%							
	V_2O_5	WO_3	As_2O_3	As_2O_3[①]	SO_3	K_2O	Na_2O	CaO
新鲜	0.432	2.41	0	0	1.18	0.195	0.162	1.79
#1 失活催化剂	0.531	2.54	3.37	3.40	3.54	0.117	0.145	2.05
#2 失活催化剂	0.491	2.70	2.48	2.31	0.887	0.103	0.167	2.06

①为 ICP 结果,其他为 XRF 结果;
#1 取自迎风面,#2 取自背风面。

新鲜催化剂和中毒催化剂活性如图 8-35 所示。中毒催化剂 NO_x 转化率在温度高于 350℃时急剧下降,特别是#2 催化剂。在 450℃时,新鲜催化剂 NO_x 转化率大于 95%,#1 催化剂 NO_x 转化率约为 70%,而#2 催化剂 NO_x 转化率仅有 40%。

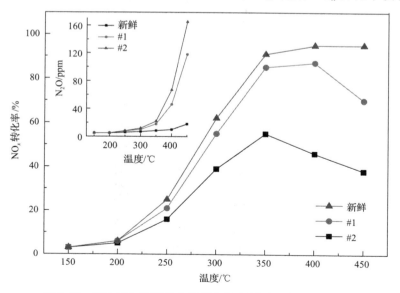

图 8-35　新鲜催化剂和砷中毒催化剂在不同温度下活性对比

虽然#1 催化剂 NO_x 转化率高于#2 催化剂，但#1 催化剂样品中 As 含量(3.37%)高于#2 催化剂(2.48%)，这一结果与前人的报道相反。这种结果可能的原因在于#1 催化剂的 SO_4^{2-} 含量(3.54%)高于#2 催化剂(0.887%)，SO_4^{2-} 的存在能够增加催化剂的表面酸性位，利于 NH_3 的吸附，从而提高了催化剂 SCR 反应活性[95]。当烟气温度低于 300℃时，三种催化剂的 N_2O 的生成量基本相同。当温度继续升高时，N_2O 生成量差异开始逐渐显现，并且三者的差别与 NO_x 转化率规律有关，催化剂 NO_x 转化率越高，N_2O 生成量越少。N_2O 的生成是 NH_3-SCR 反应的副反应，N_2O 生成量高，说明催化剂的 N_2 选择性开始下降，催化剂发生砷中毒会导致脱硝活性与 N_2 选择性下降。

　　图 8-36 是一种砷中毒机理以及 SO_4^{2-} 抗砷中毒机理示意图。由于 As_2O_3 破坏了催化剂表面的酸性位点，导致 NH_3 不能吸附在催化剂表面。相反的，催化剂的氧化性能得到提高，这是由于 As 物种提高了催化剂表面活性氧的数量，在高温下，吸附在 Lewis 酸性位($V\!=\!O$)上的 NH_3 被氧化为酰胺(NH_2^-)，最终氧化生成 N_2O 和 NO；并且中间形成的 NH_2^- 能被氧化成 NH，然后与气相的 NO 反应生成 N_2O。由此可知，砷能降低催化剂表面酸性，减少 NH_3 的吸附，使催化剂 SCR 活性下降，同时能增加更多的非选择性催化还原反应以及高温下的 NH_3 氧化，导致催化剂活性下降。而 SO_4^{2-} 的存在能提供更多的表面活性位点，包括 Lewis 和 Brönsted 酸性位点，使 NH_3 能吸附在新的酸性位点上，并完成 SCR 脱硝反应，因此 SO_4^{2-} 是一种良好的抗砷中毒助剂。

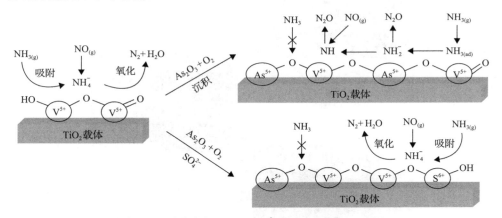

图 8-36　砷中毒机理以及 SO_4^{2-} 抗砷中毒机理示意图

2. 铋和铟

　　张涛[96]发明了一种抗砷中毒 SCR 脱硝催化剂，该 SCR 脱硝催化剂是在二氧化钛载体上，以五氧化二钒、三氧化钼为基础活性组分，添加铋助剂、铟助剂为抗砷助剂。抗砷助剂可以与活性组分五氧化二钒和三氧化钼形成稳定的钒酸盐和钼酸盐，从而对活性组分进行保护，阻止催化剂的砷中毒。同时，添加耐砷中毒的结构助剂钙和锡，可阻止砷在 SCR 脱硝催化剂表面的沉积和聚集，并可与砷形成砷酸钙或砷酸锡，防止催化剂在含砷烟气中深度中毒，提高 SCR 脱硝催化剂的抗砷中毒性能。抗砷中毒 SCR 脱硝催化剂比现有催化剂抗砷中毒能力高 2～4 倍，脱硝效率稳定保持在 88%以上。

8.3.3　载体孔隙结构优化

提升 SCR 脱硝催化剂抗砷中毒性能的另外一种可行方式是通过化学或物理方法优化催化剂的孔结构。

托普索催化剂(天津)有限公司开发了一种 DNX 催化剂，通过引入三峰孔隙结构(包含三种不同尺寸的孔，具有高孔隙率的孔隙结构)提高催化剂的砷耐受性[97, 98]，如图 8-37 所示。这种催化剂是通过将一种波形玻璃纤维同二氧化钛熔合制成，二氧化钛的一次颗粒尺寸直径为 10～20μm，一次颗粒的尺寸和堆积密度决定了微孔结构的尺寸。微孔提供了催化剂活性所必需的高比表面积，这一特性确保了活性部分能接触到 SCR 反应物，而不会受到 As_2O_3 凝结产生的扩散限制。

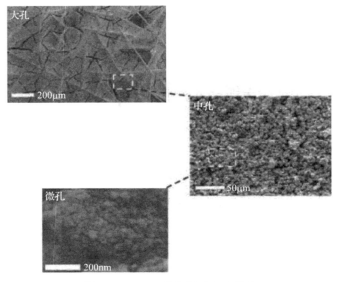

图 8-37　DNX 催化剂孔尺寸分布

托普索催化剂(天津)有限公司在电厂验证了 DNX-362 催化剂的性能。在催化剂的第一个 3000h 测试中，观测到砷在催化剂中的累积非常快；在运行 3000h 后由于更换了另一煤种，累积速度稍有下降；催化剂中砷含量达到 3000ppm，但在

图 8-38 中可以清楚看到催化剂活性没有受到很大的影响。

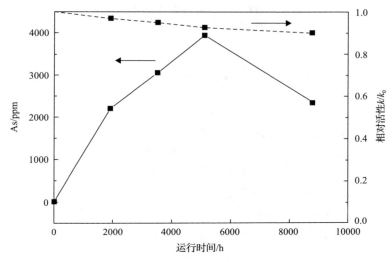

图 8-38　累积砷的催化剂活性变化与新催化剂活性的对比

　　图 8-39 为 Harrison 电站 SCR 脱硝系统中 DNX 催化剂砷累积情况，燃烧使用的是高硫烟煤。开始阶段砷累积非常快，在 3000h 之后，第一床层和第三床层间砷含量有明显的不同；6200h 后砷累积停止，说明砷的吸收已经饱和。6200h 后催化剂活性同新鲜催化剂的活性比为 88%，符合催化剂服务寿命中失活率小于 15%/10000h 的要求。

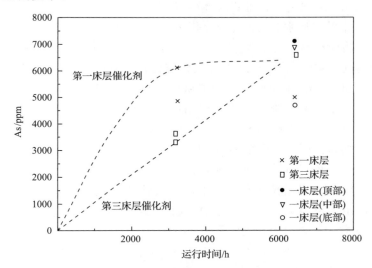

图 8-39　Harrison 电站中不同床层 DNX 催化剂的砷累积

8.4 联合脱硝脱汞催化剂

汞（Hg），俗称水银，是室温下唯一以液态形式存在的金属。汞具有较高的电离势（241kcal/mol），表现为相对惰性的特点，在大气中常以还原态的形式存在。汞是一种对人体和环境都有很大危害的重金属污染物[99]。因此，汞被联合国环境规划署列为全球性污染物，汞排放与碳排放同属于国际争端问题。目前，全球的汞排放约为 7500t/a，其中人为排放约 2300t/a，而化石燃料电厂排放约 800t/a，超过人为排放的 1/3。据测算，我国的人为汞排放量为 500~800t/a，占世界总排放量的 25%~40%。由于我国能源结构中煤一直占主导地位，煤炭的生产和消耗量惊人，因燃煤排放的汞大概占排放总量的 40%左右[100, 101]。2011 年环境保护部发布的《火电厂大气污染物排放标准》中规定，从 2015 年 1 月 1 日起，燃煤锅炉汞及其化合物的排放量应低于 0.03mg/m^3。

汞在燃煤电厂烟气中主要以零价汞（Hg^0）、氧化态汞（Hg^{2+}）和颗粒态汞（Hg^P）三种形态存在。Hg^{2+}易溶于水，可通过燃煤电厂湿法脱硫系统去除；Hg^{P}可随飞灰在除尘设备中去除；Hg^{0}利用电厂现有的污染物控制设备很难除去，主要处理方法有吸附法和氧化法[102]。其中氧化法是利用催化氧化技术将烟气中的 Hg^{0}氧化为易溶于水的 Hg^{2+}，而后再通过湿法脱硫设备除去，该法不需额外安装新设备，相较于活性炭喷射等方法可节约高额的改建和运行成本，更易被接受。因此，Hg^{0}的催化氧化控制技术近几年来得到了广泛关注。

目前的研究已经证实，商业钒钛体系 SCR 脱硝催化剂在保持高效脱硝效率的同时还对烟气中的单质汞兼具催化氧化作用，可将不易脱除的单质汞转化为水溶性的二价汞，最后通过湿法脱硫装置除去[103, 104]。针对燃煤烟气中单质汞的催化氧化，国内外研究者已经开发了多种新型汞氧化催化剂，其中 SiO$_2$-TiO$_2$-V$_2$O$_5$、MnO$_x$-CeO$_2$/TiO$_2$、CuO/TiO$_2$、Fe$_2$O$_3$/TiO$_2$ 和 Cr$_2$O$_3$/TiO$_2$[105-111]等催化剂均获得了较高的汞氧化效率，有的催化剂还兼具高效脱硝性能。然而，这些催化剂组分不同于传统钒钛体系脱硝催化剂，并未得到大规模商业应用和证实，在实际商业应用中具有较大的不确定性。传统商用钒钛体系 SCR 脱硝催化剂在燃煤烟气脱硝方面具有高效性、稳定性以及经济上的可行性，成功应用于电厂烟气脱硝已有 20 多年的历史，但受烟气组分、烟气温度等反应条件的影响较大，对单质汞的氧化效率并不理想。He 等[112]考察了 HCl 和 O$_2$ 气氛下商业 SCR 脱硝催化剂的汞氧化能力，实验结果表明催化剂的最大脱汞效率约为 64%。根据 Zhao 等[113]的研究结果，V/Ti 脱硝催化剂的最高汞氧化效率约为 80%。因此，在不改变现有商用 V$_2$O$_5$-WO$_3$（MoO$_3$）/TiO$_2$ 组分的基础上，对商用 SCR 脱硝催化剂进行改性具有良好的研究前景。

目前对于改性 SCR 联合脱硝脱汞催化剂的研究已取得了一定进展，研究者通过向 V/Ti 体系催化剂中加入贵金属、过渡金属氧化物等，可以显著提升催化剂的汞氧化能力。Zhao 等[114]用浸渍法将贵金属银掺入 V_2O_5/TiO_2 催化剂中，实验结果表明 Ag 的掺杂不仅大幅拓宽了催化剂的温度窗口(150～450℃)，同时在此温度范围内，该催化剂具有优异的汞氧化性能，脱除效率可达 90%以上。Chen 等[115, 116]在商业 $V_2O_5\text{-}WO_3/TiO_2$ 催化剂的配方基础上，运用浸渍法制备了 $CuCl_2\text{-}V_2O_5\text{-}WO_3/TiO_2$ 催化剂，这种催化剂在 350℃下的汞氧化效率高达 92.1%，烟气中的 O_2、HCl 及 NO 等组分能促进汞的脱除，但 SO_2 则对 Hg^0 的氧化具有抑制作用，$CuCl_2\text{-}V_2O_5\text{-}WO_3/TiO_2$ 催化剂表面的 Hg^0 氧化反应机理如图 8-40 所示。

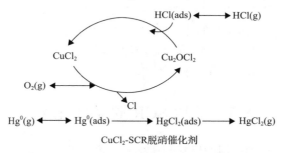

图 8-40　$CuCl_2\text{-}V_2O_5\text{-}WO_3/TiO_2$ 催化剂表面 Hg^0 氧化机理

笔者团队[117, 118]在常规 SCR 脱硝催化剂($1V_2O_5\text{-}9WO_3/TiO_2$)基础上，采用等体积浸渍法负载 Ni、Mn、Cu、Fe 和 Ce 的氧化物，并对催化剂进行 Hg^0 氧化实验，结果如图 8-41 所示。从图中可以看出，在 $10mg/m^3$ HCl+$827mg/m^3$ SO_2 烟气

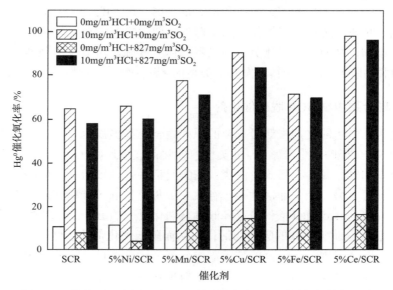

图 8-41　掺杂不同金属元素 SCR 脱硝催化剂对 Hg^0 催化氧化的影响

条件下，掺杂金属 Ni、Mn、Cu、Fe、Ce 改性之后的 SCR 脱硝催化剂均比原 SCR 脱硝催化剂对 Hg^0 的催化氧化效率高，其中掺杂 5% CeO_2 的效果最为明显，相比未掺杂改性金属的 SCR 脱硝催化剂提高了近 40%。此外，还可看出在烟气中没有 HCl 组分时，各催化剂对 Hg^0 的氧化效率都极低，因此可得出 HCl 对 Hg^0 的催化氧化具有明显促进作用。在 HCl 存在的条件下，实验中各催化剂对 Hg^0 的氧化效率均比无 HCl 条件下高 4~6 倍，可见 HCl 是影响 SCR 脱硝催化剂对 Hg^0 催化氧化效率的关键烟气组分。这可能是由于 Ce 可以在氧化和还原条件下实现 CeO_2 与 Ce_2O_3 之间的转换，形成具有强大储氧能力的 Ce^{3+}/Ce^{4+} 氧化还原对，Ce^{3+}/Ce^{4+} 氧化还原对在转换过程中可以产生一些具有高反应活性的氧空位及体相氧，增强了催化剂与烟气中 Hg^0、HCl 等的化学吸附作用，使催化剂上 HCl 转化为活性中间物质，从而提高了氧化率。同时，CeO_2 的加入降低了 SO_2 与 Hg^0 的竞争吸附，使催化剂保持良好的抗 SO_2 中毒性能[119, 120]。

8.5　其他 SCR 脱硝催化剂

我国工业锅炉/窑炉所用的燃料形式多样，产生的烟气特性各异，不同烟气工况对于 SCR 脱硝催化剂的要求不同，只有合适的催化剂才能保证脱硝系统的高效、稳定和安全运行。本章已提到的宽温差 SCR 脱硝催化剂、低温 SCR 脱硝催化剂、高温 SCR 脱硝催化剂、抗砷中毒 SCR 脱硝催化剂、联合脱硝脱汞催化剂以及常规中温 SCR 脱硝催化剂还不能覆盖所有的烟气脱硝需求。例如，某些特殊行业的烟气中含有大量的碱金属或者铅等重金属，亟待开发相应的抗中毒 SCR 脱硝催化剂。此外，SCR 脱硝催化剂除了可以高效脱除 NO_x 外，还可以协同氧化二噁英等污染物，从而实现二噁英等污染物的协同脱除，可避免单独增加二噁英等污染物的脱除装置，因此亟待开发其他类型的多污染物协同脱除 SCR 脱硝催化剂。

8.5.1　抗碱金属中毒 SCR 脱硝催化剂

碱金属是引起催化剂失活最重要的原因之一。高碱煤(如准东煤)和生物质电厂烟气中，碱金属的含量非常高，此类电厂催化剂失活速率比一般燃煤电厂高 2~4 倍。煤中的碱金属存在形式有两类：一类是活性碱，如氯盐、硫酸盐、碳酸盐和有机酸盐等；另一类是非活性碱，存在于云母、长石等硅酸盐矿物中。碱金属可作用于催化剂 Brönsted 酸性位，降低参与催化反应的 Brönsted 酸性位的数目和酸强度，影响还原剂 NH_3 的吸附与活化，从而降低催化剂的活性。

针对抗碱金属中毒催化剂的技术需求，笔者团队通过分析催化剂中各元素赋存形态与催化剂性能之间的关系，深入了解催化剂中毒原理，并从减缓催化剂化学中毒和物理中毒方面切入，成功开发了抗碱金属中毒 SCR 脱硝催化剂，并已在高碱煤电厂成功实现应用。具体措施如下所述。

1. 增加催化剂表面酸性

碱金属对催化剂中毒，主要作用机制为碱金属与活性中心(V)的酸位点发生反应，降低了 Brönsted 酸性位的数目和酸强度，从而造成催化剂活性降低。VIB、ⅠB、Ⅷ副族过渡金属元素，以及稀土金属可以提高催化剂的酸位。通过筛选复配、比例调整、优化催化剂制备工艺等方法，成功选取了合适的助催化剂，提高了 SCR 脱硝催化剂整体酸位，增加了氨的吸附位点和碱金属抗性，从而提高了催化剂的碱金属容量。

2. 添加抗碱金属中毒助剂

为了避免催化剂失活或者降低催化剂失活速率，需要降低碱金属与活性中心的接触，也就是保护催化剂活性中心。通过理论计算及实验验证，筛选出抗碱金属中毒助剂，提高了碱金属与活性中心接触的能垒，并且与催化剂活性组分相比，该助剂更容易与碱金属反应，从而保护了活性中心不受碱金属影响。

3. 调整催化剂配方

调整活性组分和助催化剂的含量及比例，改进催化剂制备工艺，优化催化剂的微观孔隙结构，进一步减缓碱金属导致的化学中毒和物理中毒，提高催化剂抗碱金属中毒性能。

8.5.2　联合脱硝脱二噁英催化剂

二噁英为多氯二苯并二噁英(PCDDs)、多氯二苯并呋喃(PCDFs)和多氯联苯(PCBs)的统称，化学结构式如图 8-42 所示。

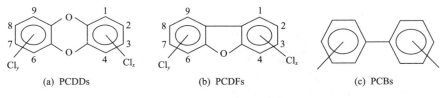

(a) PCDDs　　　　　(b) PCDFs　　　　　(c) PCBs

图 8-42　二噁英化学结构式

化工厂、燃煤电厂、木材燃烧、造纸业、水泥业、焚化处理设施、车辆排放废气等都会释放出二噁英。二噁英可通过皮肤和呼吸道吸收或随饮食进入人体，产生病变或致癌，甚至会将毒素垂直传染至新生胎儿体内，对人体健康产生巨大影响。随着工业发展及环保意识的提高，社会对 NO_x 和二噁英等污染物的排放越来越重视，大气污染物排放标准也越来越严格。表 8-9 为各地区针对生活垃圾焚

烧所制定的 NO_x 和二噁英排放标准。

表 8-9　生活垃圾焚烧大气污染物排放标准限值

污染物名称	单位	国标 GB 18485—2014	北京市标准 DB 11/502—2008	欧盟标准 2000/76/EU
烟尘 (dust)	mg/m³	20	30	10
一氧化碳 CO	mg/m³	80	55	50
氮氧化物 NO_x	mg/m³	250	250	200
硫氧化物 SO_x	mg/m³	80	200	50
氯化氢 HCl	mg/m³	50	60	10
汞 Hg	mg/m³	0.05	0.2	0.05
镉 Cd	mg/m³	镉、铊合计不超过 0.1	0.1	0.05
铅 Pb	mg/m³	锑、砷、铅、铬、钴、铜、锰、镍合计不超过 0.1	1.6	0.5
二噁英 (dioxin)	ng I-TEQ/m³	0.1	0.1	0.1

注：本表规定的各项限值均以标准状态下含 11% O_2 的干烟气为参考值换算。

目前，针对烟气中二噁英的治理，主要采用活性炭吸附和烟气骤冷技术等。活性炭吸附只是将二噁英从烟气中转移到活性炭中，并没有从根本上消除二噁英。而烟气骤冷技术是指将烟气温度从 800℃ 骤降至 200℃ 以下，从而避免二噁英的生成。

开发联合脱硝脱二噁英催化剂，可以避免增设单独脱除二噁英的设备，节省了大量的资金投入，具有良好的经济和环境效益。商业 V_2O_5/TiO_2 体系 SCR 脱硝催化剂具有一定的催化氧化性能，可在一定条件下将二噁英氧化为 CO_2、H_2O 和 HCl，但在常规温度下（300～380℃）其转化率并不高，因此相关的联合脱硝脱二噁英催化剂还需进一步研究。

8.5.3　N_2O 协同脱除 SCR 脱硝催化剂

N_2O 是一种重要的大气污染物，不仅是产生温室效应的主要原因之一，同时还会严重损耗臭氧层。己二酸、硝酸的生产过程及 CFB 燃煤锅炉均会向大气中排放不同浓度的 N_2O。N_2O 常见的脱除方法有高温分解法、选择性催化还原法和催化分解法，其中催化分解法具有工艺简单、分解率高且不产生二次污染等优点而成为时下最具前景的 N_2O 脱除技术，式(8-4)为其主要分解反应式。

$$N_2O \xrightarrow{\text{催化剂},400\sim800℃} N_2 + \frac{1}{2}O_2, \quad \Delta H = 81.5\text{kJ/mol} \tag{8-4}$$

目前 N_2O 分解催化剂包括贵金属基催化剂、分子筛基催化剂和负载型金属氧化物基催化剂。贵金属基催化剂具有活性温度窗口窄、制备成本高等缺点；分子筛基催化剂本身水热稳定性差，高温水蒸气存在时容易发生不可逆失活，这一缺点制约了其在工业上的应用；负载型金属氧化物基催化剂由于具有较大的比表面积、良好的催化活性以及较高的机械强度等优点，在工业催化领域已经获得应用。

常规 SCR 脱硝催化剂对于 N_2O 分解、催化还原能力极其有限，亟待对催化剂进一步进行研究和改性，提高其对 N_2O 的协同脱除能力，节省单独脱除 N_2O 设备的投资。

参 考 文 献

[1] 张强, 许世森, 王志强. 选择性催化还原烟气脱硝技术进展及工程应用[J]. 热力发电, 2004, 33(4): 1-6.

[2] 江博琼. Mn/TiO$_2$ 系列低温 SCR 脱硝催化剂制备及其反应机理研究[D]. 杭州: 浙江大学, 2008.

[3] 唐志雄, 岑超平, 陈雄波, 等. 平板玻璃工业窑炉烟气中低温 SCR 脱硝中试研究[J]. 环境工程学报, 2015, 9(2): 817-822.

[4] 王飞. 锰基低温 SCR 脱硝催化剂制备成型及性能研究[D]. 南京: 南京师范大学, 2012.

[5] Kang M, Yeon T H, Park E D, et al. Novel MnO$_x$ catalysts for NO reduction at low temperature with ammonia[J]. Catalysis Letters, 2006, 34(1): 870-881.

[6] Tang X, Hao J, Xu W, et al. Low temperature selective catalytic reduction of NO$_x$ with NH$_3$ over amorphous MnO$_x$ catalysts prepared by three methods[J]. Catalysis Communications, 2007, 8(3): 329-334.

[7] Yang S, Wang C, Li J, et al. Low temperature selective catalytic reduction of NO with NH$_3$ over Mn-Fe spinel: Performance, mechanism and kinetic study[J]. Applied Catalysis B:Environmental, 2011, 110(41): 71-80.

[8] Kang M, Park E D, Ji M K, et al. Cu-Mn mixed oxides for low temperature NO reduction with NH$_3$[J]. Catalysis Today, 2006, 111(3): 236-241.

[9] 刘炜, 童志权, 罗婕. Ce-Mn/TiO$_2$ 催化剂选择性催化还原 NO 的低温活性及抗毒化性能[J]. 环境科学学报, 2006, 26(8): 1240-1245.

[10] Kijlstra W S, Biervliet M, Poels E K, et al. Deactivation by SO$_2$ of MnO$_x$/Al$_2$O$_3$ catalysts used for the selective catalytic reduction of NO with NH$_3$ at low temperatures[J]. Applied Catalysis B:Environmental, 1998, 16(4): 327-337.

[11] Shen B X, Liu T, Yang X Y, et al. Iron-doped Mn-Ce/TiO$_2$ catalyst for low temperature selective catalytic reduction of NO with NH$_3$[J]. Journal of Environmental Sciences, 2010, 22(9): 1447-1454.

[12] Xu W Q, He H, Yu Y B. Deactivation of a Ce/TiO$_2$ catalyst by SO$_2$ in the selective catalytic reduction of NO by NH$_3$[J]. Journal of Physical Chemistry C, 2009, 113(11): 4426-4432.

[13] Gu T, Liu Y, Wang H, et al. The enhanced performance of ceria with surface sulfation for selective catalytic reduction of NO by NH$_3$[J]. Catalysis Communications, 2011, 12(4): 310-313.

[14] Gao X, Du X S, Cui L W, et al. A Ce-Cu-Ti oxide catalyst for the selective catalytic reduction of NO with NH$_3$[J]. Catalysis Communications, 2010, 12(4): 255-258.

[15] Kantcheva M. FT-IR spectroscopic investigation of the reactivity of NO$_x$ species adsorbed on Cu^{2+}/ZrO$_2$ and CuSO$_4$/ZrO$_2$ catalysts toward decane[J]. Applied Catalysis B:Environmental, 2003, 42(1): 89-109.

[16] Shu Y, Sun H, Quan X, et al. Enhancement of catalytic activity over the iron-modified Ce/TiO$_2$ catalyst for selective catalytic reduction of NO$_x$ with ammonia[J]. Journal of Physical Chemistry C, 2012, 116(48): 25319-25327.

[17] Liu C X, Chen L, Li J H, et al. Enhancement of activity and sulfur resistance of CeO$_2$ supported on TiO$_2$-SiO$_2$ for the selective catalytic reduction of NO by NH$_3$[J]. Environmental Science & Technology, 2012, 46(11): 6182-6189.

[18] Qi G S, Yang R T. Low temperature SCR of NO with NH$_3$ over noble metal promoted Fe-ZSM-5 catalysts[J]. Catalysis Letters, 2005, 100(3/4): 243-246.

[19] Doronkin D E, Khan T S, Bligaard T, et al. Sulfur poisoning and regeneration of the Ag/γ-Al$_2$O$_3$ catalyst for H$_2$-assisted SCR of NO$_x$ by ammonia[J]. Applied Catalysis B:Environmental, 2004, 117-118: 49-58.

[20] Zhou G, Zhong B, Wang W, et al. In situ DRIFTS study of NO reduction by NH$_3$ over Fe-Ce-Mn/ZSM-5 catalysts[J]. Catalysis Today, 2011, 175(1): 157-163.

[21] Carja G, Delahay G, Signorile C, et al. Fe-Ce-ZSM-5 a new catalyst of outstanding properties in the selective catalytic reduction of NO with NH$_3$[J]. Chemical Communication, 2012, 12: 1404-1405.

[22] 朱繁. V$_2$O$_5$-TiO$_2$ 低温 SCR 催化剂活性及应用研究[D]. 北京: 北京化工大学, 2012.

[23] Phil H H, Reddy M P, Kumar P A, et al. SO$_2$ resistant antimony promoted V$_2$O$_5$/TiO$_2$ catalyst for NH$_3$-SCR of NO$_x$ at low temperatures[J]. Applied Catalysis B: Environmental, 2008, 78(3/4): 301-308.

[24] Amiridis M D, Duevel R V, Wachs I E. The effect of metal oxide additives on the activity of V$_2$O$_5$/TiO$_2$ catalysts for the selective catalytic reduction of nitric oxide by ammonia[J]. Applied Catalysis B: Environmental, 1999, 20(2): 111-122.

[25] Bai S L, Zhao J H, Li W, et al. Study of low temperature selective catalytic reduction of NO by ammonia over carbon-nanotube-supported vanadium[J]. Journal of Fuel Chemistry & Technology, 2009, 37(5): 583-587.

[26] Caraba R M, Masters S G, Eriksen K M, et al. Selective catalytic reduction of NO by NH$_3$ over high surface area vanadia-silica catalysts[J]. Applied Catalysis B: Environmental, 2001, 34(3): 191-200.

[27] 蔺卓玮, 陆强, 唐昊, 等. 平板式 V$_2$O$_5$-MoO$_3$/TiO$_2$ 型 SCR 催化剂的中低温脱硝和抗中毒性能研究[J]. 燃料化学学报, 2017, 45(1): 113-122.

[28] 蔺卓玮. 钒钼体系中低温 SCR 脱硝催化剂的研究[D]. 北京: 华北电力大学, 2017.

[29] 闫东杰, 玉亚, 黄学敏, 等. SO$_2$ 对 Mn-Ce/TiO$_2$ 低温 SCR 催化剂的毒化作用研究[J]. 燃料化学学报, 2016, 44(2): 232-238.

[30] Kobayashi M, Kuma R, Masaki S, et al. TiO$_2$-SiO$_2$ and V$_2$O$_5$/TiO$_2$-SiO$_2$ catalyst: Physico-chemical characteristics and catalytic behavior in selective catalytic reduction of NO by NH$_3$[J]. Applied Catalysis B: Environmental, 2005, 60(s 3/4): 173-179.

[31] Arnarson L, Rasmussen S B, Falsig H, et al. Coexistence of square pyramidal structures of oxo vanadium (+5) and (+4) species over low-coverage VO$_x$/TiO$_2$ (101) and (001) anatase catalysts[J]. Journal of Physical Chemistry C, 2015, 119(41): 23445-23452.

[32] Lázaro M J, Boyano A, Herrera C, et al. Vanadium loaded carbon-based monoliths for the on-board NO reduction: Influence of vanadia and tungsten loadings[J]. Chemical Engineering Journal, 2009, 155(1/2): 68-75.

[33] Sang H C, Cho S P, Lee J Y, et al. The influence of non-stoichiometric species of V/TiO$_2$ catalysts on selective catalytic reduction at low temperature[J]. Journal of Molecular Catalysis A: Chemical, 2009, 304(1): 166-173.

[34] Yan W, Shen Y, Zhu S, et al. Promotional effect of molybdenum additives on catalytic performance of CeO$_2$/Al$_2$O$_3$, for selective catalytic reduction of NO$_x$[J]. Catalysis Letters, 2016, 146(7): 1221-1230.

[35] Kornelak P, Su D S, Thomas C, et al. Surface species structure and activity in NO decomposition of an anatase-supported V-O-Mo catalyst[J]. Catalysis Today, 2008, 137(2-4): 273-277.

[36] Al-Kandari H, Al-Kharafi F, Al-Awadi N, et al. The catalytic active sites in partially reduced MoO$_3$ for the hydroisomerization of 1-pentene and n-pentane[J]. Applied Catalysis A General, 2005, 295(1): 1-10.

[37] Liu J, Li X, Zhao Q, et al. Mechanistic investigation of the enhanced NH$_3$-SCR on cobalt-decorated Ce-Ti mixed oxide: *In situ*, FTIR analysis for structure-activity correlation[J]. Applied Catalysis B: Environmental, 2016, 200: 297-308.

[38] Fang J, Bi X, Si D, et al. Spectroscopic studies of interfacial structures of CeO$_2$-TiO$_2$ mixed oxides[J]. Applied Surface Science, 2007, 253(22): 8952-8961.

[39] 曹政, 黄妍, 彭莉莉, 等. V$_2$O$_5$-Sb$_2$O$_3$-TiO$_2$ 催化剂低温 NH$_3$ 还原 NO 及其抗 H$_2$O 和 SO$_2$ 毒化性能[J]. 燃料化学学报, 2012, 40(4): 456-462.

[40] 束航, 张玉华, 范红梅, 等. SCR 脱硝中催化剂表面 NH$_4$HSO$_4$ 生成及分解的原位红外研究[J]. 化工学报, 2015, 66(11): 4460-4468.

[41] 张振江, 吴江全, 张英健. 燃气轮机降低氮氧化物排放的干式方法[J]. 洁净煤技术, 1999, 1: 30-33.

[42] 陆胜勇. 垃圾和煤燃烧过程汇总二噁英的生成、排放和控制机理研究[D]. 杭州: 浙江大学, 2004.

[43] 陈彤, 李晓东, 严建华. 垃圾焚烧炉飞灰中二噁英的分布特性[J]. 燃料化学学报, 2004, 32(1): 59-64.

[44] 陆胜勇, 严建华, 李晓东. 废弃物焚烧飞灰中从头合成二噁英的试验研究-氧、碳、催化剂的影响[J]. 中国电机工程学报, 2003, 23(10): 178-183.

[45] Stanmore B R. The formation of dioxins in combustion systems[J]. Combustion and Flame, 2004, 136: 398-427.

[46] 杨眉, 刘清才, 薛屺, 等. 气相沉积制备 V$_2$O$_5$-WO$_3$/TiO$_2$ 催化剂及其脱硝性能的研究 [J]. 动力工程学报, 2010, 30(1): 52-55.

[47] 盘思伟, 程华, 韦正乐, 等. 钒钛基 SCR 脱硝催化剂失活原因分析[J]. 热力发电, 2014, 43(1): 90-95.

[48] Hori C E, Permana H, Ngk Y S, et al. Thermal stability of oxygen storage properties in a mixed CeO$_2$-ZrO$_2$ system[J]. Applied Catalysis B: Environmental, 1998, 16(2): 105-117.

[49] 任成军, 钟本和. 煅烧过程中二氧化钛微结构参数的变化和相变[J]. 硅酸盐学报, 2005, 33(1): 73-76.

[50] Nova I, Lietti L, Giamello E, et al. Study of thermal deactivation of a de-NO$_x$ commercial catalyst[J]. Applied Catalysis B: Environmental, 2001, 35: 31-42.

[51] Madia G, Elsenner M, Kobebei M, et al. Thermal stability of vanadia-tungsta-titania catalysts in the SCR process[J]. Applied Catalysis B: Environmental, 2002, 39: 181-190.

[52] Cristallo G, Roncari E, Rinaldo A, et al. Study of anatase-rutile transition phase in monolithic catalyst V$_2$O$_5$/TiO$_2$ and V$_2$O$_5$-WO$_3$/TiO$_2$[J]. Applied Catalysis B: General, 2001, 209: 249-256.

[53] Long R Q, Yang R T. Catalytic performance of Fe-ZSM-5 catalysts for selective catalytic reduction of nitric oxide by ammonia[J]. Journal of Catalysis, 1999, 188: 332-339.

[54] Brandenberger S, Krocher O, Tissler A. The determination of the activities of different iron species in Fe-ZSM-5 for SCR of NO by NH$_3$[J]. Applied Catalysis B: Environmental, 2010, 95: 348-357.

[55] Park J H, Park H J, Baik J H. Hydrothermal stability of Cu-ZSM5 catalyst in reducing NO by NH$_3$ for the urea selective catalytic reduction process[J]. Journal of Catalysis, 2006, 240: 47-57.

[56] Krocher O, Devadas M, Elsener M, et al. Investigation of the selective catalytic reduction of NO by NH$_3$ on Fe-ZSM5 monolith catalysts[J]. Applied Catalysis B: Environmental, 2006, 66: 208-216.

[57] Went G T. Study of supported vanadium oxide catalysts for the selective catalytic reduction of nitrogen oxides[D]. Berkeley: University of California, 1991.

[58] Nam I S, Eldridge J W, Kittrell J R. Deactivation of a vanadia-alumina catalyst for nitric oxide reduction by ammonia[J]. Industrial & Engineering Chemistry Product Research and Development, 1986, 25(2): 192-197.

[59] Inomata M, Miyamoto A, Ui T, et al. Activities of vanadium pentoxide/titanium dioxide and vanadium pentoxide/aluminum oxide catalysts for the reaction of nitric oxide and ammonia in the presence of oxygen[J]. Industrial & Engineering Chemistry Product Research and Development, 1982, 21(3): 424-428.

[60] Lietti L, Svachula J, Forzatti P, et al. Surface and catalytic properties of vanadia-titania and tungsta-titania systems in the selective catalytic reduction of nitrogen oxides[J]. Catalysis Today, 1993, 17(1): 131-139.

[61] Economidis N V, Pena D A, Smirniotis P G. Comparison of TiO$_2$ based oxide catalysts for the selective catalytic reduction of NO: Effect of aging the vanadium precursor solution[J]. Applied Catalysis B: Environmental, 1999, 23(2): 123-134.

[62] 毛东森, 卢冠忠, 陈庆龄. 钛锆复合氧化物的制备及催化性能的研究[J]. 工业催化, 2005, 4: 1-6.

[63] 毛金龙, 郭胜慧, 彭金辉, 等. 二氧化锆的相稳定及其制备方法[J]. 无机盐工业, 2008, 1: 5-7.

[64] 李哲, 汪莉, 贠丽, 等. Cr-MnO$_x$/TiO$_2$-ZrO$_2$ 低温选择性催化还原 NO 的活性及抗毒性能[J]. 工程科学学报, 2015, 8: 1049-1056.

[65] 毛东森, 陈庆龄, 卢冠忠. B$_2$O$_3$/TiO$_2$-ZrO$_2$ 催化环己酮肟气相 Beckmann 重排反应研究Ⅳ, TiO$_2$-ZrO$_2$ 组成的影响[J]. 催化学报, 2002, 6: 525-529.

[66] 毛东森, 卢冠忠, 陈庆龄. 钛锆复合氧化物载体的制备、物化性质及在催化反应中的应用[J]. 催化学报, 2004, 6: 501-510.

[67] 朱孝臣, 黄亚继, 沈凯, 等. ZrO$_2$ 掺杂的 V$_2$O$_5$/TiO$_2$ 催化剂表征及催化还原 NO$_x$[J]. 环境化学, 2012, 4: 443-449.

[68] 李鹏, 张亚平, 肖睿, 等. 整体式 V$_2$O$_5$-WO$_3$/TiO$_2$-ZrO$_2$ 催化剂用于 NH$_3$ 选择性催化还原 NO$_x$[J]. 中南大学学报(自然科学版), 2013, 4: 1719-1726.

[69] 王龙飞, 张亚平, 郭婉秋, 等. WO$_3$/TiO$_2$-ZrO$_2$ 脱硝催化剂制备及其 NH$_3$ 活化机理[J]. 化工学报, 2015, 10: 3903-3910.

[70] 王磊. WO$_3$/TiO$_2$-ZrO$_2$ 系列高温 SCR 脱硝催化剂脱硝特性与应用研究[D]. 北京: 华北电力大学, 2016.

[71] 陆强, 王磊, 蔺卓玮, 等. WO$_3$/TiO$_2$-ZrO$_2$ 催化剂的高温脱硝性能[J]. 动力工程学报, 2016, 36(11): 901-906.

[72] 高岩, 栾涛, 徐宏明, 等. 焙烧温度对选择性催化还原催化剂表征及活性的影响[J]. 中国电机工程学报, 2012, 32(s1): 143-150.

[73] Das D, Mishra H K, Parida K M, et al. Preparation physico-chemical characterization and catalytic activity of sulphated ZrO$_2$-TiO$_2$ mixed oxides[J]. Journal of Molecular Catalysis A: Chemical, 2002, 189(2): 271-282.

[74] Motonobu K, Katsunori M. WO$_3$-TiO$_2$ monolithic catalysts for high temperature SCR of NO by NH$_3$: Influence of preparation method on structural and physic-chemical properties, activity and durability[J]. Applied Catalysis B: Environmental, 2007, 72: 253-261.

[75] 姜烨, 高翔, 吴卫红. H$_2$O 和 SO$_2$ 对 V$_2$O$_5$/TiO$_2$ 催化剂选择性催化还原烟气脱硝性能的影响[J]. 中国电机工程学报, 2013, 33(20): 28-33.

[76] 孙克勤, 钟秦, 于爱华. SCR 催化剂的砷中毒研究[J]. 中国环保产业, 2008, 1: 40-42.

[77] 李悦, 周萌萌. SCR 催化剂的砷中毒研究进展[J]. 科技致富向导, 2012, 35: 169.

[78] 孙克勤, 钟秦, 于爱华. SCR 脱硝系统中砷对催化剂的影响及其动力学分析[C]. 第四届全国脱硫工程技术研讨会论文集, 2006.

[79] 黄力, 陈志平, 王虎, 等. 钒钛系 SCR 脱硝催化剂砷中毒研究进展[J]. 能源环境保护, 2016, 30(4): 5-8.

[80] 阮东亮, 盘思伟, 韦正乐, 等. 砷对商业 V$_2$O$_5$-WO$_3$/TiO$_2$ 催化剂脱硝性能的影响[J]. 化工进展, 2014, 33(4): 925-929.

[81] Hums E. Mechanistic effects of arsenic oxide on the catalytic components of DeNO$_x$ catalysts[J]. Industrial Engineering Chemistry Research, 1992, 31: 1030-1035.

[82] Peng Y, Li J H, Si W Z, et al. Insight into deactivation of commercial SCR catalyst by arsenic: An experiment an DFT study[J]. Environmental Science & Technology, 2014, 48: 13895-13900.

[83] Soma M, Tanaka A, Seyama H, et al. Characterization of arsenic in lake sediments by X-ray photoelectron spectroscopy[J]. Geochimica et Cosmochimica Acta, 1994, 58(12): 2743-2745.

[84] Kong M, Liu Q C, Wang X Q, et al. Performance impact and poisoning mechanism of arsenic over commercial V$_2$O$_5$-WO$_3$/TiO$_2$ SCR catalyst[J]. Catalysis Communications, 2015, 72: 121-126.

[85] 云端, 宋蔷, 姚强. V$_2$O$_5$-WO$_3$/TiO$_2$ SCR 催化剂的失活机理及分析[J]. 煤炭转化, 2009, 32(1): 91-96.

[86] 卢志飞, 尹顺利, 刘长东, 等. 浅谈燃煤电厂脱硝催化剂抗砷中毒技术[J]. 低碳世界, 2017, 16: 112-113.

[87] 于洪海, 曲立涛, 林海峰. 浅析燃煤电厂 SCR 催化剂砷中毒对脱硝系统的影响[J]. 资源节约与环保, 2016, (11): 30.

[88] Hums E, Gobel H E. Effects of As$_2$O$_3$ on the phase composition of V$_2$O$_5$-MoO$_3$-TiO$_2$ (anatase) DeNO$_x$ catalysts[J]. Industrial Engineering Chemistry Research, 1991, 30: 1814-1818.

[89] 李锋, 承志, 张朋, 等. 平板式催化剂在电厂高尘、高砷燃煤烟气脱硝中的应用[J]. 华电技术, 2010, 32(5): 8-11.

[90] Peng Y, Si W Z, Li X, et al. Comparison of MoO$_3$ and WO$_3$ on arsenic poisoning V$_2$O$_5$/TiO$_2$ catalyst: DRIFTS and DFT study[J]. Applied Catalysis B: Environmental, 2016, 181: 692-698.

[91] Xiong S C, Liao Y, Xiao X, et al. Novel effect of H$_2$O on the low temperature selective catalytic reduction of NO with NH$_3$ over MnO$_x$-CeO$_2$: Mechanism and kinetic study[J]. The Journal of Physical Chemistry C, 2015, 119(8): 4180-4187.

[92] Sun C Z, Dong L H, Yu W J, et al. Promotion effect of tungsten oxide on SCR of NO with NH$_3$ for the V$_2$O$_5$-WO$_3$/Ti$_{0.5}$Sn$_{0.5}$O$_2$ catalyst: Experiments combined with DFT calculations[J]. Journal of Molecular Catalysis A: Chemical, 2011, 346(1/2): 29-38.

[93] Hums E. A catalytically highly-active, arsenic oxide resistant V-Mo-O phase-results of studying intermediates of the deactivation process of V$_2$O$_5$-MoO$_3$-TiO$_2$ (anatase) DeNO$_x$ catalysts[J]. Research on Chemical Intermediates, 1993, 19(5): 419-441.

[94] Hu W S, Gao X, Deng Y W. Deactivation mechanism of arsenic and resistance effect of SO$_4^{2-}$ on commercial catalysts for selective catalytic reduction of NO$_x$ with NH$_3$[J]. Chemical Engineering Journal, 2016, 293: 118-128.

[95] Giakoumelou I, Fountzoula C, Kordulis C, et al. Molecular structure and catalytic activity of V$_2$O$_5$/TiO$_2$ catalysts for the SCR of NO by NH$_3$: *In situ* raman spectra in the presence of O$_2$, NH$_3$, H$_2$, H$_2$O and SO$_2$[J]. Journal of Catalysis, 2006, 239(1): 1-12.

[96] 张涛. 一种抗砷中毒的 SCR 脱硝催化剂及其制备方法: 2017103676861[P]. 2019-09-05.

[97] 马楠, 孔维亚. 强耐砷选择性催化还原催化剂[C]. 厦门: 二氧化硫、氮氧化物、汞、细颗粒物污染控制技术与管理国际交流会, 2010.

[98] Hans J H, Nan Y T, 崔建华. 选择催化还原(SCR)脱硝技术在中国燃煤锅炉上的应用(上)[J]. 热力发电, 2007, 36(8): 13-18.

[99] 王云彩. 汞污染对人体健康的危害[J]. 生活与健康, 2004, (3): 21-23.

[100] Wang S, Zhang L, Wang L, et al. A review of atmospheric mercury emissions, pollution and control in China[J]. Frontiers of Environmental Science & Engineering, 2014, 8(5): 631-649.

[101] Wu Y, Wang S, Streets D G, et al. Trends in anthropogenic mercury emissions in China from 1995 to 2003[J]. Environmental Science & Technology, 2006, 40(17): 5312-5318.

[102] 赵彬, 易宏红, 唐晓龙, 等. 燃煤烟气汞形态转化及脱除技术[J]. 现代化工, 2015, (35): 58-62.

[103] Pavlish J H, Sondreal E A, Mann M D, et al. Status review of mercury control options for coal-fired power plants[J]. Fuel Processing Technology, 2003, 82(2/3): 89-165.

[104] Granite E J, Pennline H W, Hargis R A. Novel sorbents for mercury removal from flue gas[J]. Industrial and Engineering Chemistry Research, 2000, 39: 1020-1029.

[105] Li H L, Wu C Y, Li Y, et al. CeO₂-TiO₂ catalysts for catalytic oxidation of elemental mercury in low-rank coal combustion flue gas[J]. Environmental Science & Technology, 2011, 45 (17): 7394-7400.

[106] Li Y, Murphy P D, Wu C Y, et al. Development of silica/vanadia/titania catalysts for removal of elemental mercury from coal-combustion flue gas[J]. Environmental Science and Technology, 2008, 42 (14): 5304-5309.

[107] Li H L, Wu C Y, Li Y, et al. Superior activity of MnOₓ-CeO₂/TiO₂ catalyst for catalytic oxidation of elemental mercury at low flue gas temperatures[J]. Applied Catalysis B: Environmental, 2012, 111: 381-388.

[108] Reddy B M, Khan A, Yamada Y, et al. Structural characterization of CeO₂-TiO₂ and V₂O₅/CeO₂-TiO₂ catalysts by Raman and XPS techniques[J]. Journal of Physical Chemistry B, 2003, 107: 5162-5167.

[109] Yamaguchi A, Akiho H, Ito S. Mercury oxidation by copper oxides in combustionflue gas[J]. Powder Technology, 2008, 180: 222-226.

[110] Tan Z, Su S, Qiu J, et al. Preparation and characterization of Fe₂O₃-SiO₂ composite and its effect on elemental mercury removal[J]. Chemical Engineering Journal, 2012, 195-196: 218-225.

[111] Kamata H, Ueno S I, Sato N, et al. Mercury oxidation by hydrochloric acid over TiO₂ supported metal oxide catalysts in coal combustion flue gas[J]. Fuel Processing Technology, 2009, 90 (7/8): 947-951.

[112] He S, Zhou J, Zhu Y, et al. Mercury oxidation over a vanadia-based selective catalytic reduction catalyst[J]. Energy & Fuels, 2009, 23 (1): 253-259.

[113] Zhao B, Liu X, Zhou Z, et al. Effect of molybdenum on mercury oxidized by V₂O₅-MoO₃/TiO₂ catalysts[J]. Chemical Engineering Journal, 2014, (253): 508-517.

[114] Zhao S J, Qu Z, Yan N Q, et al. Ag-modified AgI-TiO₂ as an excellent and durable catalyst for catalytic oxidation of elemental mercury[J]. RSC Advances, 2015, 39 (5): 30841-30850.

[115] Chen C, Jia W, Liu S, et al. Catalytic performance of CuCl₂-modified V₂O₅-WO₃/TiO₂ catalyst for Hg⁰ oxidation in simulated flue gas[J]. Korean Journal of Chemical Engineering, 2018, 35 (3): 637-644.

[116] Chen C, Jia W, Liu S, et al. Mechanism of Hg⁰ oxidation in the presence of HCl over a CuCl₂-modified SCR catalyst[J]. Journal of Materials Science, 2018, 53 (14): 10001-10012.

[117] 赵莉, 何青松, 李琳, 等. 改性 SCR 催化剂对 Hg⁰ 催化氧化性能的研究[J]. 燃料化学学报, 2015, (5): 628-634.

[118] 何青松. 改性 SCR 脱硝催化剂对烟气汞的催化氧化及稳定化处理的研究[D]. 北京: 华北电力大学, 2016.

[119] Nolan M. Molecular adsorption on the doped (110) ceria surface[J]. Journal of Physical Chemistry C, 2009, 113 (6): 2425-2432.

[120] 束锟, 张凡, 王洪昌, 等. SO₂ 和 H₂O 对 CeO₂/TiO₂/堇青石催化剂选择催化还原 NOₓ 性能的影响[J]. 燃料化学学报, 2014, 9: 1111-1118.

附　　表

英文缩写对照表

缩写	全称	中文释义
AC	activated carbon	活性炭
AIG	ammonia injection grid	喷氨格栅
ASTM	American Society of Testing Materials	美国材料与试验协会
B/S	browser/server	浏览器/服务器
BASF	Badische Anilin-und-Soda-Fabrik	德国巴斯夫股份公司
BET	Brunauer-Emmett-Teller BET	比表面积测试法
BP	back propagation	反向传播
CFD	computational fluid dynamics	计算流体动力学
CNTs	carbon nanotubes	碳纳米管
DCS	distributed control system	分布式控制系统
DFT	density functional theory	密度泛函理论
DRIFTS	diffuse reflectance infrared fourier transform spectroscopy	漫反射傅里叶变换红外光谱
E-R	Eley-Rideal	E-R 机理
EDS	energy dispersive spectrometer	X 射线能量色散光谱
EPR	electron paramagnetic resonance	电子顺磁共振
EPRI	Electric Power Research Institute	美国电力研究所
FGD	flue gas desulphurization	烟气脱硫装置
FTIR	Fourier transform infrared spectroscopy	傅里叶变换红外光谱
GA	genetic algorithm	遗传算法
H_2-TPR	H_2-temperature programmed reduction of hydrogen	氢气-程序升温还原
ICI	Imperial Chemical Industries	英国帝国化学工业集团

续表

缩写	全称	中文释义
ICP	inductively coupled plasma	电感耦合等离子体
in situ DRIFTS	in situ diffuse reflectance infrared Fourier transform spectroscopy	原位漫反射傅里叶变换红外光谱
L-H	Langmuir-Hinshelwood	L-H 机理
L-M	Levenberg-Marquardt	L-M 算法
MHI	Mitsubishi Heavy Industries	日本三菱重工
NH_3-TPD	temperature programmed desorption of ammonia	氨气-程序升温脱附
PCDDs	polychlorinated dibenzodioxins	多氯二苯并二噁英
PCDFs	polychlorinated dibenzofurans	多氯二苯并呋喃
PILC	pillared interlayer clays	正柱层黏土
PLC	programmable logic controller	可编程逻辑控制器
Py-FTIR	pyridine adsorption Fourier transform infrared spectroscopy	吡啶吸附红外光谱
QCL	quantum cascade laser	量子级联激光器
ROFA	rotating opposed fired air	空气分级燃烧
SCR	selective catalytic reduction	选择性催化还原
SEM	scanning electron microscope	扫描电子显微镜
SNCR	selective non-catalytic reduction	选择性非催化还原
SPSS	statistical product and service solutions	社会科学统计软件包
TBP	tributyl phosphate	磷酸三丁酯
TOA	trioctylamine	三辛胺
TOF	turn over frequency	转换频率
UOP	Universal Oil Products	环球油品公司
WFGD	wet flue gas desulfurization	湿法烟气脱硫
XPS	X-ray photoelectron spectroscopy	X 射线光电子能谱
XRD	X-ray diffraction	X 射线衍射
XRF	X ray fluorescence	X 射线荧光光谱
ZSM-5	zeolite socony mobile-five ZSM-5	分子筛